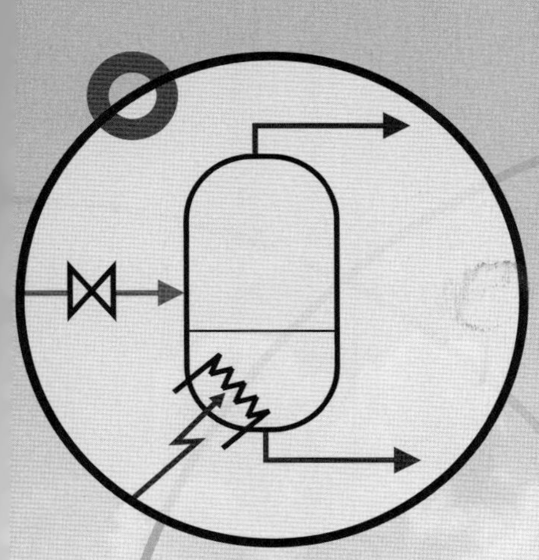
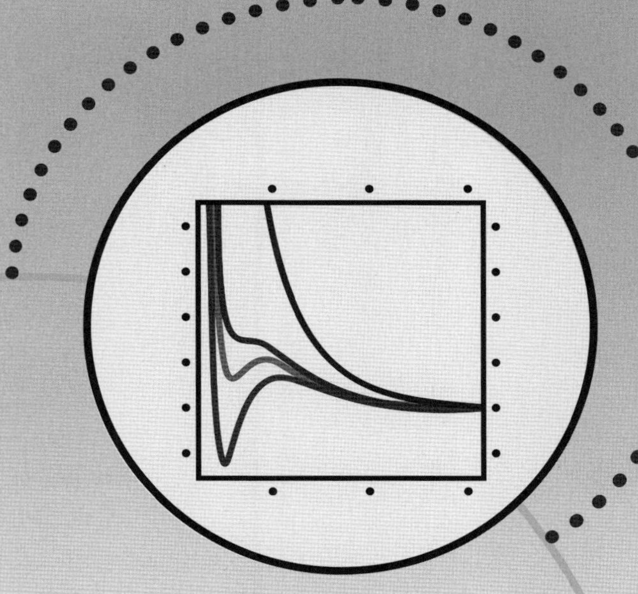

TERMODINÂMICA

NA ENGENHARIA QUÍMICA

gen
Grupo
Editorial
Nacional

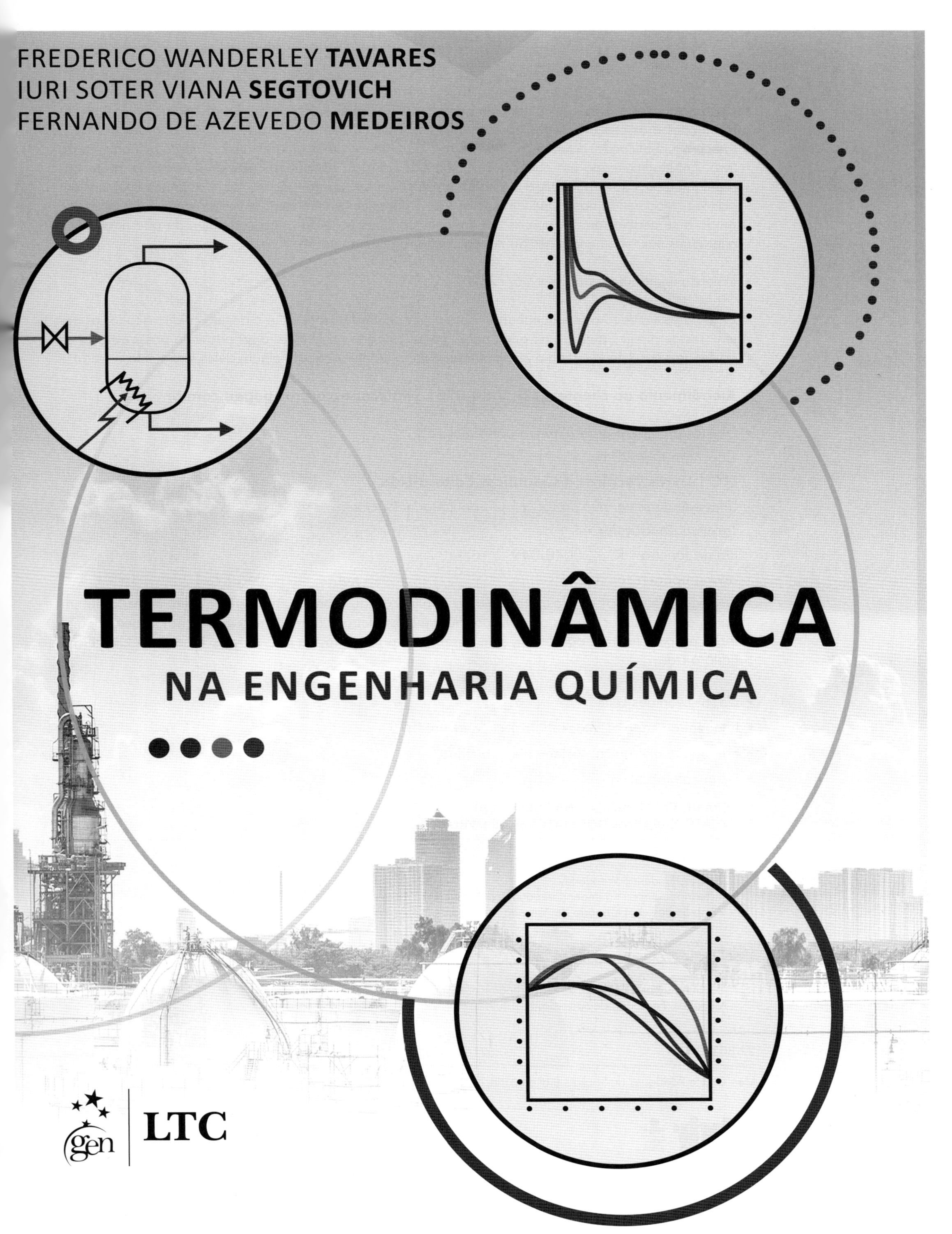
FREDERICO WANDERLEY TAVARES
IURI SOTER VIANA SEGTOVICH
FERNANDO DE AZEVEDO MEDEIROS
TERMODINÂMICA
NA ENGENHARIA QUÍMICA
gen | LTC

- Os autores deste livro e a editora empenharam seus melhores esforços para assegurar que as informações e os procedimentos apresentados no texto estejam em acordo com os padrões aceitos à época da publicação, *e todos os dados foram atualizados pelos autores até a data de fechamento do livro*. Entretanto, tendo em conta a evolução das ciências, as atualizações legislativas, as mudanças regulamentares governamentais e o constante fluxo de novas informações sobre os temas que constam do livro, recomendamos enfaticamente que os leitores consultem sempre outras fontes fidedignas, de modo a se certificarem de que as informações contidas no texto estão corretas e de que não houve alterações nas recomendações ou na legislação regulamentadora.

- Data do fechamento do livro: 06/12/2022

- Os autores e a editora se empenharam para citar adequadamente e dar o devido crédito a todos os detentores de direitos autorais de qualquer material utilizado neste livro, dispondo-se a possíveis acertos posteriores caso, inadvertida e involuntariamente, a identificação de algum deles tenha sido omitida.

- **Atendimento ao cliente: (11) 5080-0751 | faleconosco@grupogen.com.br**

  LTC | Livros Técnicos e Científicos Editora Ltda.

  Uma editora integrante do GEN | Grupo Editorial Nacional

  Travessa do Ouvidor, 11

  Rio de Janeiro – RJ – 20040-040

  www.grupogen.com.br

- Capa: Leonidas Leite
- Imagem de capa: ©iStockphoto | cheangchai4575
- Editoração eletrônica: Viviane Nepomuceno
- Ficha catalográfica

CIP-BRASIL. CATALOGAÇÃO NA PUBLICAÇÃO
SINDICATO NACIONAL DOS EDITORES DE LIVROS, RJ

T23t

Tavares, Frederico Wanderley
Termodinâmica na engenharia química / Frederico Wanderley Tavares, Iuri Soter Viana Segtovich, Fernando de Azevedo Medeiros. - 1. ed. - Rio de Janeiro : LTC, 2023.

Apêndice
ISBN 978-85-216-3822-3

1. Engenharia química. 2. Termodinâmica. I. Segtovich, Iuri Soter Viana. II. Medeiros, Fernando de Azevedo. III. Título.

22-80310 CDD: 621.4021
CDU: 621.43.016

Meri Gleice Rodrigues de Souza - Bibliotecária - CRB-7/6439

Prefácio

O material ora apresentado é fruto de mais de 30 anos de ensino de Termodinâmica para alunos e pesquisadores de Engenharia Química, Química, Química Industrial, Engenharia de Bioprocessos, Engenharia de Alimentos e Engenharia de Petróleo em duas universidades brasileiras de relevância nacional, a Universidade Federal de Uberlândia (UFU) e a Universidade Federal do Rio de Janeiro (UFRJ). O material também foi usado recentemente em curso de especialização para engenheiros da Braskem. O material é introdutório, direcionado a alunos de graduação, e tem como foco as aplicações de Termodinâmica para resolver problemas de Engenharia. O conteúdo também pode ser usado como material introdutório para pesquisadores e alunos de pós-graduação em diversas áreas do conhecimento. O material apresentado contém fundamentação teórica juntamente com exercícios resolvidos e aplicações computacionais, seguidos de problemas propostos. Para utilizar este material, o leitor precisa ter formação em Cálculo básico, sem necessidade de formação em cursos preliminares de Físico-Química. Vale salientar, no entanto, que disciplinas básicas de Físico-Química sempre auxiliam e os resultados da aprendizagem são melhores. Existem várias leituras dos conceitos inerentes às Leis da Termodinâmica e as suas consequências. Como diz o grande professor Kenneth G. Denbigh, *"A termodinâmica é um assunto que deve ser estudado não uma única vez, mas diversas vezes, em níveis cada vez mais avançados"*.

Essa citação/recomendação do Prof. Denbigh é enfatizada e defendida por vários autores e grandes mestres, como o Prof. Horácio Macedo (UFRJ) e o Prof. John M. Prausnitz (Universidade da Califórnia, em Berkeley, nos Estados Unidos) entre vários outros.

Devido à necessidade de trabalhar com conceitos abstratos, parece que a Termodinâmica é assustadora e de difícil entendimento. Aqui, devemos lembrar os grandes professores da Universidade de Berkeley, Lewis e Randall: "*The fascination of any growing science lies in the work of the pioneers at the very borderland of the unknown. But to reach that frontier one must pass over well-traveled roads. One of the safest and surest is the broad highway of Thermodynamics*". Em tradução livre: "O fascínio de qualquer ciência em crescimento reside no trabalho dos pioneiros que trabalham na fronteira do desconhecido. Mas, para chegar a essa fronteira, é preciso passar por estradas muito movimentadas. Uma das mais seguras e reconhecidas é a ampla rodovia da Termodinâmica".

Parece evidente que a Termodinâmica é fundamental para todas as áreas do conhecimento, em particular para as Engenharias. Uma das ideias por trás do material apresentado neste livro é mostrar que os conceitos abstratos e a utilização das Leis da Termodinâmica para o cálculo de propriedades de fluidos puros e de misturas são mais simples do que parecem. Para atingir o objetivo da melhor aprendizagem possível, o conteúdo do livro está dividido em oito capítulos:

Conceitos Fundamentais, Condições de Equilíbrio de Fases, Comportamento *PVT* de Substâncias Puras, Propriedades Termodinâmicas de Substâncias Puras, Termodinâmica de Processos com Escoamento, Propriedades Termodinâmicas de Misturas, Cálculos de Equilíbrio de Fases e Equilíbrio em Sistemas com Reação Química. Além dos capítulos, materiais complementares, como tabelas e diagramas de propriedades termodinâmicas da água e de outras substâncias, são disponibilizados em apêndices. De forma pensada, apresentam-se os conceitos e as ferramentas essenciais, objetivamente, para o melhor entendimento e formação de engenheiros. Ou seja, o texto ressalta o que é fundamental e essencial. Em consonância, os exercícios resolvidos e os problemas propostos não têm o objetivo de adestramento e foram cuidadosamente escolhidos para complementar a formação e as informações dadas no texto. Além de exercícios e problemas propostos que podem ser resolvidos com papel e calculadora científica, estimula-se que os estudantes realizem exercícios e resolvam problemas através da programação científica, ferramenta indispensável para a formação profissional em qualquer área técnica (Engenharia, Química, Física, entre outras). Dentre as possíveis linguagens e ambientes de programação, escolhemos o Python científico, por ser uma linguagem moderna que permite integrações com outras linguagens. Embora os exemplos computacionais sejam resolvidos em Python, outras linguagens podem ser usadas sem perda de conteúdo e sem prejuízo no que é mais essencial: o aprendizado da lógica de programação. Adicionamos um apêndice com lógica de programação em Python científico para aplicações computacionais para os alunos que ainda não tiveram contato com essas ferramentas. Desse modo, apresentam-se materiais básicos sobre lógica de programação, sintaxe, as ferramentas gráficas do Python científico e explicações imprescindíveis para a instalação e utilização das ferramentas. Esse material será essencial para resolver problemas mais complexos e mais próximos de problemas reais de Engenharia.

O material complementar ao livro, disponível na página da editora, contém vários exercícios resolvidos, incluindo exercícios computacionais. Acreditando na importância de um material "vivo", depositaremos materiais referentes aos tópicos que ficaram, de forma pensada, fora deste livro, na página do Laboratório de Termodinâmica Aplicada e Simulação Molecular (ATOMS: http://atoms.peq.coppe.ufrj.br/), em que esse material foi incubado, e na plataforma GitHub (https://iurisegtovich.github.io/PyTherm-applied-thermodynamics/), um ambiente para aplicações computacionais aberto à colaboração.

Esses são os tópicos mais avançados, em nível de pós-graduação e abordagens alternativas aos tópicos de graduação, principalmente a respeito de algoritmos de programação em Python sobre cálculos de equilíbrio através de equações de estado avançadas e algoritmos sofisticados. Nesse sentido, sobre o material apresentado neste livro, gostaríamos de relembrar o primeiro-ministro inglês, Winston Churchill, quando diz que *"This is not the end. It is not even the beginning of the end. But it is, perhaps, the end of the beginning"*. Em tradução livre: "Este não é o fim. Não é nem o começo do fim. Mas, talvez, seja o fim do começo".

Frederico Wanderley Tavares
Iuri Soter Viana Segtovich
Fernando de Azevedo Medeiros

Agradecimentos

Embora o material apresentado no livro seja de responsabilidade direta dos autores, sua parte mais positiva teve a colaboração e a influência de várias pessoas. Nota-se a influência direta e indireta de diversos professores, colegas, amigos e alunos envolvidos em pesquisas nestes últimos anos. Gostaríamos de destacar alguns deles, mesmo correndo o risco de cometer injustiças por deixar de mencionar pessoas importantes que não entraram na lista por mero esquecimento.

Destacam-se aqui os professores que tiveram influência direta em nossa formação, como Horácio Macedo, Marco Antônio Chaer, Krishnaswamy Rajagopal e Affonso da Silva Telles, da Universidade Federal do Rio de Janeiro (UFRJ), além de Stanley I. Sandler (Universidade de Delaware, nos Estados Unidos) e John M. Prausnitz (Universidade da Califórnia, em Berkeley, nos Estados Unidos).

Os colegas e amigos que contribuíram com conversas, discussões, revisões e trabalhos publicados juntos, como Marcelo Castier (UFRJ, Texas & A.M.), Rogério Espósito (Petrobras) e, ainda, Charlles Rubber Abreu, Papa Matar Ndiaye, Amaro Gomes Barreto Jr, Leonardo Travalloni e Carla Luciane Manske Camargo, todos da UFRJ.

Gostaríamos de agradecer a todos os professores da Escola de Química e do Programa de Engenharia Química do Instituto Alberto Luiz Coimbra de Pós-Graduação e Pesquisa de Engenharia (COPPE) da UFRJ.

Em particular, agradecemos também a todos os alunos, pesquisadores e colaboradores nacionais e internacionais do Laboratório de Termodinâmica Aplicada e Simulação Molecular (ATOMS: http://atoms.peq.coppe.ufrj.br/) pelas enormes contribuições, mesmo que despretensiosas, e em conversas regadas a café.

Em especial, ao professor Troner Assenheimer, da Universidade Federal Fluminense (UFF), pela leitura do material e sugestões.

Frederico Wanderley Tavares gostaria de agradecer à Veronica Calado (colega, amiga e, principalmente, esposa), aos filhos (Fred, Raíssa e Guilherme) e aos netos (Helena e Lucas).

Fernando de Azevedo Medeiros deseja agradecer a seus pais, que sempre o apoiaram em seus estudos, e a seus amigos, que estiveram ao seu lado ao longo da feitura desse livro.

Iuri Soter Viana Segtovich deseja agradecer à Luciana, sua esposa, por ter sido muito paciente com ele enquanto fazia hora extra neste material, e a seus pais, que o mandaram estudar acreditando que uma hora ele "concluiria seus estudos".

Material Suplementar

Este livro conta com os seguintes materiais suplementares:

Para todos os leitores:

- *Scripts* e notebooks completos das Aplicações Computacionais com o uso do Python científico: arquivos executáveis de *script* (extensão .py) e de notebook (extensão .ipynb), além de arquivos de pré-visualização (extensão .pdf) (requer PIN);
- Respostas dos "Exercícios de Conceituação" (requer PIN);
- Resoluções completas dos "Exemplos Resolvidos" de cada capítulo (requer PIN);
- Resoluções dos "Exercícios Propostos | Cálculos e Problemas", disponíveis ao final de todos os capítulos (requer PIN).

Observação:
Acreditando na importância de um material "vivo", os autores depositaram materiais referentes aos tópicos que ficaram, de forma pensada, fora deste livro, na página do Laboratório de Termodinâmica Aplicada e Simulação Molecular (ATOMS: http://atoms.peq.coppe.ufrj.br/), em que esse material foi incubado, e também na plataforma GitHub (https://iurisegtovich.github.io/PyTherm-applied-thermodynamics/), um ambiente para aplicações computacionais aberto à colaboração.

Os professores terão acesso a todos os materiais relacionados acima. Basta estarem cadastrados no GEN.

O acesso ao material suplementar é gratuito. Basta que o leitor se cadastre, faça seu *login* em nosso *site* (www.grupogen.com.br), e, após, clique em Ambiente de aprendizagem. Em seguida, insira no canto superior esquerdo o código PIN de acesso localizado na orelha deste livro.

O acesso ao material suplementar online fica disponível até seis meses após a edição do livro ser retirada do mercado.

Caso haja alguma mudança no sistema ou dificuldade de acesso, entre em contato conosco (gendigital@grupogen.com.br).

Sumário

CAPÍTULO 1

Conceitos Fundamentais

Este capítulo apresenta os conceitos fundamentais da Termodinâmica Clássica. Ele engloba desde as definições básicas necessárias para o entendimento da disciplina até os principais conceitos nos quais ela se baseia, explorando, também, os desdobramentos sobre processos reversíveis e irreversíveis e a Primeira e a Segunda Leis da Termodinâmica.

1.1 DEFINIÇÕES BÁSICAS

1.1.1 Sistema, fronteira e vizinhança

Para a aplicação das leis da termodinâmica a uma parte específica e discreta do universo, a definição de um sistema e de sua vizinhança é necessária. O *sistema* pode ser entendido como uma porção do espaço delimitada de forma abstrata que se deseja estudar. Os sistemas de interesse na Termodinâmica Clássica são usualmente finitos e estudados do ponto de vista macroscópico.

A *vizinhança* do sistema passa, então, a ser tudo aquilo que se encontra no entorno do sistema, com o qual o sistema pode ou não trocar massa, calor ou trabalho.

O sistema se separa de sua vizinhança por uma *fronteira*. As fronteiras podem ser *móveis* ou *rígidas* (permitem ou não a realização de trabalho sobre o sistema); *permeáveis* ou *impermeáveis* (permitem ou não a entrada de massa no sistema); e *diatérmicas* ou *adiabáticas* (permitem ou não a entrada de calor no sistema).

Os sistemas são classificados de acordo com a relação que possuem com a sua vizinhança. *Sistemas simples* são aqueles que não possuem barreira de transferência de massa e energia em seu interior; *sistemas fechados* são aqueles em que não há entrada ou saída de massa; *sistemas isolados* são aqueles que não são afetados por sua vizinhança, ou seja, não possuem entrada ou saída de massa e não trocam energia com a vizinhança; *sistemas abertos* são aqueles em que pode haver entrada e saída de massa e energia.

1.1.2 Estado e variáveis de estado

Na Termodinâmica Clássica, um *estado* pode ser entendido como a condição de um determinado sistema que é definida por um certo número de *variáveis de estado*: propriedades macroscópicas diretamente mensuráveis (i. e., temperatura, pressão e volume) e potenciais termodinâmicos (i. e., entropia, energia interna, entalpia, energia de Helmholtz, energia de Gibbs).

As variáveis de estado estão relacionadas apenas ao estado no qual se encontra o sistema e independem do caminho percorrido por ele até atingir tal estado. Assim, as variáveis de estado (temperatura, pressão, volume, energia interna, entropia, número de mols ou massa etc.) diferem de outras propriedades, como trabalho e calor, que não são intrínsecas ao sistema, mas que podem a ele ser adicionadas ou retiradas e que provêm de suas interações com a vizinhança.

Desse modo, uma notação e uma nomenclatura diferenciada são utilizadas em cada uma delas para o conceito de integração e diferenciação. Para as variáveis de estado (M), utiliza-se a seguinte convenção:

$$\int_A^B dM = \Delta M^{B-A} = M_B - M_A \tag{1.1}$$

Isto é, a soma das variações infinitesimais de uma variável de estado qualquer de um estado A a um estado B é igual à diferença entre o valor da variável no estado B e o valor da variável no estado A.

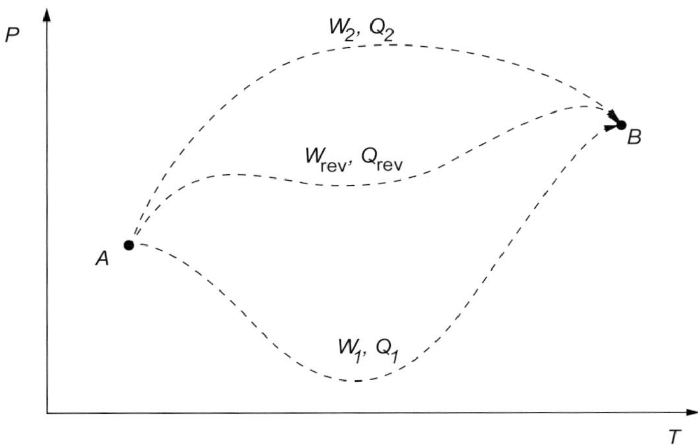

Figura 1.1 – Variação de propriedades entre os estados *A* e *B* por meio de três diferentes caminhos. Entre eles, um caminho passa por um processo reversível.

A variação entre duas propriedades de um estado A a um estado B está descrita na Figura 1.1. Como pode ser observado, a mudança das variáveis de estado do estado A para o estado B independe do caminho de integração e, para uma propriedade de estado M qualquer, vale a seguinte igualdade, não importa o caminho percorrido:

$$\Delta M^{B-A} = M_B - M_A \tag{1.2}$$

1.1.3 Calor e trabalho

Diferentemente das variáveis de estado, as de trabalho e calor, que representam trocas de energia entre o sistema e sua vizinhança, dependem do caminho; por isso, utiliza-se a seguinte convenção:

$$\int_A^B \delta Q = Q^{B-A} \quad \text{ou} \quad \int_A^B \delta W = W^{B-A} \tag{1.3}$$

Isto é, a soma das quantidades infinitesimais de calor ou trabalho adicionadas ao longo do caminho de um estado A a um estado B é igual à quantidade total desta mesma forma de energia (calor ou trabalho) adicionada ao sistema na transição entre os estados. Desse modo, o calor e o trabalho envolvidos na transformação de A para B dependem do caminho de integração e W_1, W_2, W_{rev} e Q_1, Q_2, Q_{rev} não são iguais (Fig. 1.1).

1.1.4 Propriedade extensiva

Uma *propriedade extensiva* é aditiva. Isso significa que, se um sistema que possui um valor qualquer para uma determinada propriedade extensiva for dividido em diversas partes, o valor da propriedade para todo o sistema será igual à soma dos valores da propriedade em questão de suas partes. Exemplos comuns de propriedades extensivas na termodinâmica são massa (m), volume (V), entalpia (H), entropia (S) e energias livres (A ou G).

Porém, é comum, em alguns casos, transformar certas propriedades extensivas em propriedades intensivas, por meio da divisão pelo número de mols dos sistemas. Assim, uma propriedade extensiva qualquer M se relaciona com sua propriedade intensiva correspondente $\overline{M}$, por meio do número de mols (n), da seguinte forma:

$$M = n\overline{M} \tag{1.4}$$

Assim, a propriedade extensiva volume (V), por exemplo, dá origem à propriedade intensiva volume molar ($\overline{V}$).

1.1.5 Propriedade intensiva

Uma *propriedade intensiva* não é aditiva. Isso significa que, se um sistema homogêneo, que possui um valor qualquer para uma determinada propriedade intensiva, for dividido em diversas partes, o valor da propriedade para todo o sistema não será igual à soma dos valores da propriedade de suas partes. Exemplos comuns de propriedades intensivas na termodinâmica são temperatura (T), pressão (P), volume molar ($\overline{V}$), entropia molar ($\overline{S}$), entalpia molar ($\overline{H}$) etc.

As propriedades intensivas ainda podem ser divididas em tipo densidade $(\overline{S}, \overline{H}, \overline{V})$ e tipo campo, (T, P, μ_i). Como será discutido no Capítulo 2, as propriedades tipo densidade possuem valores diferentes para fases distintas em equilíbrio, enquanto as propriedades tipo campo são invariantes ao longo de todo o sistema.

1.1.6 Equilíbrio e processo

De modo geral, todo estado no qual um sistema não experimenta variação de suas propriedades com o tempo, em que não há gradientes de propriedades e fluxos macroscópicos de entrada e de saída, é dito um *estado de equilíbrio*.

Quando um sistema fechado é deslocado do equilíbrio, ele sofre um *processo*, ao longo do qual suas variáveis de estado mudam até que um novo estado de equilíbrio seja atingido. Durante esse processo, o sistema pode interagir com sua vizinhança, trocando massa, calor e trabalho.

Para um sistema simples, fechado e monofásico, o estado de equilíbrio poderá ser unicamente determinado a partir da quantidade de cada componente adicionado no sistema e de duas propriedades independentes, por exemplo, seu volume e energia, associados às interações intramoleculares (i. e., ligações químicas), intermoleculares (i. e., atração e repulsão entre moléculas) e momentos (i. e., velocidades das moléculas no movimento aleatório microscópico). Pode-se dizer que um sistema simples e fechado, sem reações químicas, possui $C + 2$ graus de liberdade; também é possível dizer que um sistema assim pode ser especificado a partir de sua massa ou número total de mols (n), $C - 1$ frações molares ou frações mássicas, e 2 graus de liberdade intensivos, como volume molar e energia molar, ou temperatura e pressão: $C + 1$ graus de liberdade intensivos. Esse raciocínio também se aplica a sistemas multifásicos pelo teorema de Duhem, com alguns cuidados em relação à identificação das variáveis independentes dadas pela regra das fases de Gibbs, conforme será visto adiante.

1.2 GÁS IDEAL

Uma relação muito conhecida que ilustra o conceito dos graus de liberdade é a equação de estado do gás ideal. O gás ideal é aquele em que as moléculas não são atraídas nem repelidas umas pelas outras. As moléculas podem ser entendidas como partículas que não interagem entre si e que, apesar de possuírem massa, não possuem volume (i. e., são massas pontuais no espaço). Fluidos reais se comportam aproximadamente como gás ideal em condição de baixas pressões e, consequentemente, baixa densidade molar, pois nesse caso as moléculas estão em média bastante afastadas. A equação de estado do gás ideal é a seguinte:

$$PV = nRT \tag{1.5}$$

em que R é a constante do gás ideal, mostrada no Apêndice A (Tab. A.2) para alguns sistemas de unidades.

Essa equação relaciona quatro variáveis de estado para um gás ideal: pressão, volume, número de mols (dado diretamente por n, para um gás ideal puro) e temperatura: a partir do valor de três dessas variáveis podemos calcular a restante. No caso de misturas com C componentes, $n = \sum_{i=1}^{C} N_i$, e são necessárias $C + 2$ especificações.

Note que a temperatura denotada pela variável T usada nessa equação e nas demais equações ao longo deste livro (a menos que seja afirmado o contrário) é necessariamente a temperatura em uma escala absoluta (Kelvin ou Rankine), chamada *escala de gás ideal* ou *escala termodinâmica*.

1.3 PRIMEIRA LEI DA TERMODINÂMICA

Existe uma função U (*energia interna*) que é uma função de estado, contínua, diferenciável, aditiva em massa. Ela se refere à média temporal das energias cinética e potencial das moléculas, átomos e partículas subatômicas que constituem o sistema que se deseja estudar, em uma escala microscópica (desse modo, ela não inclui a energia que um sistema possa possuir em função de sua posição ou de seu movimento macroscópico).

Desse modo, para um sistema fechado (cuja massa se conserva), define-se, matematicamente, a Primeira Lei da Termodinâmica em sua forma diferencial:

$$\boxed{dU = \delta Q + \delta W} \tag{1.6}$$

A Primeira Lei estabelece a relação entre a energia interna do sistema (U), o calor trocado entre o sistema e suas vizinhanças (Q) e o trabalho realizado sobre o sistema (W). Nota-se que a convenção de sinais utilizada indica que as transferências de energia para dentro do sistema, sejam elas na forma de calor ou trabalho, possuem sinal positivo.

Fundamentalmente, o trabalho pode ser medido a partir dos conceitos de mecânica. Em uma dimensão, tem-se que o trabalho realizado por um fluido para deslocar um pistão é dado por $\delta W = Fdx$, em que F é uma força de contato e dx é um deslocamento infinitesimal em uma direção x. A convenção em uso nos textos de termodinâmica atuais considera que o trabalho é positivo se exercido sobre o sistema, aumentando a sua energia, e negativo se exercido pelo fluido, diminuindo sua energia; logo, no exemplo ilustrado na Figura 1.2, escreve-se $\delta W = -Fdx$. Ao estender esse raciocínio para um sistema com volume V, em que a força em uma interface de atuação é igual ao produto da pressão pela área normal à força, tem-se $\delta W = -PdV$. Essa é a equação da energia transferida a um sistema por meio de trabalho de expansão ou compressão.

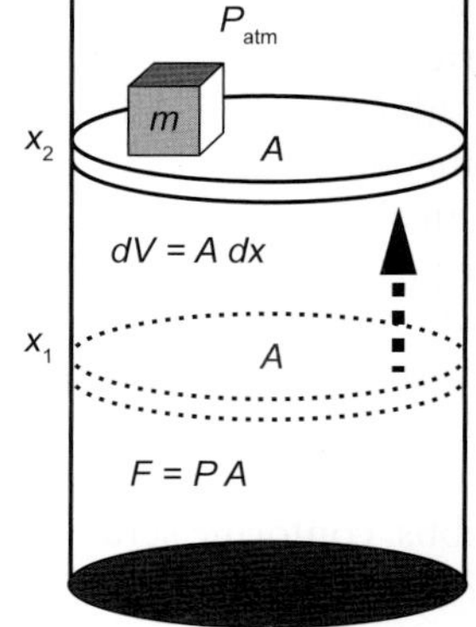

Figura 1.2 – Representação de força, pressão e deslocamento em um sistema de pistão.

Em geral, o trabalho exercido pelo fluido é distribuído entre (1) o deslocamento da atmosfera, (2) troca de energia mecânica com o pistão de massa finita, seja (a) potencial gravitacional ou (b) cinética, e (3) um termo de atrito.

$$\delta W = -PdV = -(P_{\text{atm}}dV + mgdx + mvdv + F_{\text{at}}dx) \tag{1.7}$$

em que P_{atm} é a pressão atmosférica, dV é a variação de volume do fluido, m é a massa do objeto sobre o pistão, g é a aceleração da gravidade, dx é o deslocamento do pistão, v e dv são a velocidade do pistão com o objeto e a variação dessa e F_{at} é a força resultante do atrito entre o pistão e o cilindro. O termo de energia potencial é importante no estudo de elevadores hidráulicos, enquanto o termo cinético é importante no estudo de sistemas do tipo canhão + projétil.[1]

Em contrapartida, trocas de energia por calor são a contribuição presente na energia interna em um processo não adiabático. Essas interações são estudadas nos cursos de transferência de calor, geralmente regidas por diferenças ou gradientes de temperatura, como é caso da Lei de Fourier.

Para fazer declarações a respeito da energia necessária ao consumo de um reservatório para obter determinado efeito no sistema de interesse, é preciso discutir irreversibilidades e a Segunda Lei da Termodinâmica.

Exemplo Resolvido 1.1

Um sistema fechado contendo 1 mol de um fluido passa por um ciclo termodinâmico de quatro etapas. A tabela a seguir mostra os valores de variação de energia interna e as interações de calor e trabalho em cada etapa. Determine os valores numéricos para as grandezas que faltam. Adaptada de SMITH, VAN NESS e ABBOTT, *Introdução à Termodinâmica da Engenharia Química*, 7. ed. (2007).

Etapas	ΔU[J]	Q[J]	W[J]
1-2	–200	?	–6000
2-3	?	–3800	?
3-4	?	800	300
4-1	4700	?	?
1-2-3-4-1	?	?	–1400

Resolução

Aplica-se a Primeira Lei da Termodinâmica para as etapas 1-2:

$$Q^{1-2} = \Delta U^{1-2} - W^{1-2} = 6000\,\text{J} - 200\,\text{J} = 5800\,\text{J}$$

Aplica-se a Primeira Lei da Termodinâmica para as etapas 3-4:

$$\Delta U^{3-4} = Q^{3-4} + W^{3-4} = -800\,\text{J} + 300\,\text{J} = -500\,\text{J}$$

Como o processo é cíclico, a variação de energia interna total do sistema deve ser igual a zero.

$$\Delta U^{\text{total}} = \Delta U^{1-2} + \Delta U^{2-3} + \Delta U^{3-4} + \Delta U^{4-1} = 0\,\text{J}$$

[1] Essa descrição pode ser vista em detalhes no Capítulo 3 de TESTER, J. W., MODELL, M. *Thermodynamics and Its Applications*, 3. ed. (1996).

Então, é possível descobrir o valor de ΔU^{2-3}:

$$\Delta U^{2-3} = \Delta U^{\text{tota}} - \Delta U^{1-2} - \Delta U^{3-4} - \Delta U^{4-1} = 200\text{ J} + 500\text{ J} - 4700 = -4000$$

Agora é possível calcular o trabalho das etapas 2-3 (W^{2-3}):

$$W^{2-3} = \Delta U^{2-3} - Q^{2-3} = -4000\text{ J} + 3800\text{ J} = -200\text{ J}$$

O trabalho total realizado ao longo do ciclo é igual à soma do trabalho realizado em cada uma de suas etapas.

Logo, pode-se calcular o valor de W^{4-1}:

$$W^{4-1} = W^{\text{total}} - W^{1-2} - W^{2-3} - W^{3-4} = -1400 + 6000\text{ J} + 200\text{ J} - 300\text{ J} = 4500\text{ J}$$

Aplica-se a Primeira Lei da Termodinâmica para as etapas 4-1 e determina-se Q^{4-1}:

$$Q^{4-1} = \Delta U^{4-1} - W^{4-1} = 4700\text{ J} - 4500\text{ J} = 200\text{ J}$$

A quantidade de calor total adicionada ao sistema é:

$$Q^{\text{total}} = Q^{1-2} + Q^{2-3} + Q^{3-4} + Q^{4-1} = 5800\text{J} - 3800\text{J} - 800\text{J} + 200\text{J} = 1400\text{J}$$

1.4 CAPACIDADE CALORÍFICA

O conceito de *capacidade calorífica* (C) surge pela observação da quantidade de energia que precisa ser adicionada a um sistema de forma a se obter uma determinada mudança de temperatura. Quanto menor for a variação de temperatura de um corpo para uma dada quantidade de calor, maior será a sua capacidade calorífica.

Como a temperatura está relacionada à energia translacional, a capacidade calorífica mede a quantidade de energia que pode ser "armazenada" em formas vibracionais, rotacionais etc.

De forma geral, o conceito pode ser definido como segue, em que X representa um caminho qualquer percorrido pelo sistema (p. ex., a pressão constante) e n representa o número total de mols do sistema:

$$C_X = \frac{1}{n}\left(\frac{\delta Q}{dT}\right)_X \tag{1.8}$$

Entretanto, esse conceito cria um problema: como a quantidade de calor é uma grandeza que depende do processo, o mesmo aconteceria com a capacidade calorífica. Só é possível relacionar o calor a uma propriedade intrínseca ao sistema em processos reversíveis, e dois tipos de capacidade calorífica são definidos segundo essa premissa, de acordo com dois caminhos e processos bem especificados.

1.4.1 Capacidade calorífica a volume constante

A *capacidade calorífica a volume constante* é, por definição:

$$C_V = \left(\frac{\partial \overline{U}}{\partial T}\right)_{V,N} \tag{1.9}$$

em que $\underline{N}$ é o vetor de número de mols das substâncias, no caso multicomponente. Isso vem do fato de que, em um processo reversível a volume constante, $\delta Q = nd\overline{U} = dU$.

1.4.2 Capacidade calorífica a pressão constante

A *capacidade calorífica a pressão constante* é, por definição:

$$C_P = \left(\frac{\partial \overline{H}}{\partial T} \right)_{P,\underline{N}} \tag{1.10}$$

Isso porque, em um processo reversível a pressão constante, pela definição de entalpia e de trabalho de expansão em um processo reversível, $\delta Q = n\, d\overline{H} = dH$.

Essa expressão vem da Primeira Lei aplicada em processo com pressão constante.

A Primeira Lei diz que, para expansão/compressão, tem-se:

$$\delta Q + \delta W = dU \tag{1.11}$$

$$\delta Q - PdV = dU \tag{1.12}$$

Da definição de entalpia a pressão constante, tem-se:

$$dH = d(U + PV) \tag{1.13}$$

$$dH = dU + PdV \tag{1.14}$$

$$\delta Q = dH \tag{1.15}$$

1.4.3 Capacidade calorífica do gás ideal

Para um gás ideal, a energia interna molar e a entalpia molar são funções unicamente da temperatura:

$$d\overline{H}^{gi} = C_P{}^{gi} dT \tag{1.16}$$

$$d\overline{U}^{gi} = C_V{}^{gi} dT \tag{1.17}$$

Em contrapartida, para fluidos e sólidos reais, há uma contribuição oriunda das interações intermoleculares que será explorada no Capítulo 4.

As capacidades caloríficas de gases ideais a pressão constante podem ser obtidas a partir de medidas de gases reais em baixa pressão e extrapoladas para $P = 0$. Essas medidas são feitas em várias temperaturas, e correlações bastante acuradas para C_P são tabeladas. Valores de parâmetros para capacidade calorífica de gás ideal de algumas substâncias selecionadas estão disponíveis no Apêndice D (Tab. D.3).

Os valores de C_V para gás ideal podem ser obtidos a partir da seguinte relação:

$$C_P{}^{gi} = C_V{}^{gi} + R \tag{1.18}$$

Essa relação poderá ser demonstrada com os conceitos do Capítulo 4.

1.5 REVERSIBILIDADE

Como a Termodinâmica trata principalmente da descrição dos sistemas (e não da sua vizinhança), é interessante que se possa descrever as transformações por eles sofridas e os estados nos quais eles se encontram a partir de grandezas referentes a eles próprios. Para isso, introduz-se o conceito de *reversibilidade*.

Processos reversíveis são um tipo particular de processo em que o sistema vai de um estado inicial a um estado final, podendo ser revertido em qualquer sentido, seguindo a mesma trajetória. Para que isso ocorra, o processo deve obedecer a uma série de requisitos: processos reversíveis não possuem dissipação de energia (p. ex., perdas por atrito), ocorrem de forma infinitesimal e atravessam uma sucessão de estados de equilíbrio (i. e., processos quase-estáticos). Além disso, a força motriz pode ser revertida em qualquer sentido e é infinitesimal, ou seja, o processo nunca está mais do que infinitesimalmente afastado da condição de equilíbrio. Em função desses requisitos, processos reversíveis não ocorrem na realidade, mas são um referencial teórico essencial para o desenvolvimento dos conceitos da Termodinâmica.

1.5.1 Processos reversíveis envolvendo gás ideal

Aplicando as equações de trabalho reversível e de variação de energia interna com temperatura, é possível desenhar as linhas que representam qualquer processo reversível envolvendo 1 mol de um gás ideal, sobre a superfície de propriedades *PVT* dada pela sua equação de estado, como mostra a Figura 1.3.

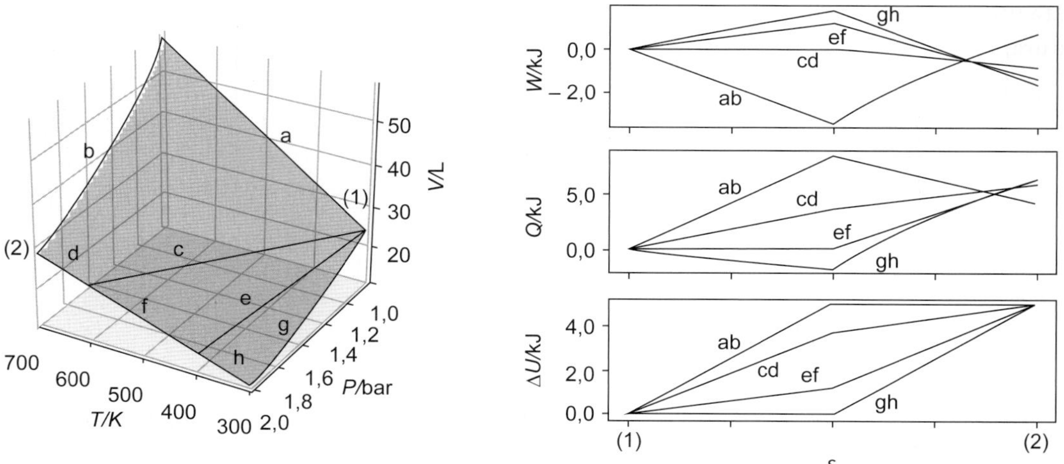

Figura 1.3 – Ilustração de cinco tipos de processos envolvendo gás ideal, em função de um grau de avanço ε: processos isotérmicos (b, g), isobáricos (a, d, f, h), isocóricos (c) e adiabáticos (e), organizados em quatro caminhos que conectam os estados (1) a (2): ab, cd, ef, gh.

Observa-se que, dependendo do caminho tomado (ab, cd, ef ou gh), obtém-se quantidades diferentes de calor e trabalho total, mas a variação de energia interna é sempre a mesma, pois os estados inicial (1) e final (2) considerados foram sempre os mesmos. Observa-se também que todos os caminhos estão desenhados sobre a superfície dada, uma vez que todos os processos considerados foram quase-estáticos, ou seja, compostos por sucessivos estados de equilíbrio. Logo, suas propriedades termodinâmicas são unicamente determinadas a partir de dois graus de liberdade intensivos; no caso do gás ideal, $P(T,\bar{V}) = RT/\bar{V}$.

Exemplo Resolvido 1.2

Para um gás ideal em um processo adiabático reversível, com C_V considerado constante, use a definição de coeficiente de expansão adiabática $\gamma = C_p/C_V$ e demonstre que:

a) o trabalho total é dado por $W = n\ C_V\left(T_f - T_i\right) = \dfrac{1}{(\gamma - 1)}\left(P_f V_f - P_i V_i\right)$

b) as relações $T_f(V_f; V_i, T_i)$, $P_f(V_f; V_i, P_i)$ e $P_f(T_f; T_i, P_i)$ no caminho adiabático são dadas por

$$\text{(i)}\ (V_i)^{\gamma-1} T_i = (V_f)^{\gamma-1} T_f \quad \text{(ii)}\ (V_i)^{\gamma} P_i = (V_f)^{\gamma} P_f \quad \text{(iii)}\ (P_i)^{\frac{1-\gamma}{\gamma}} T_i = (P_f)^{\frac{1-\gamma}{\gamma}} T_f$$

Resolução

a) Trabalho total.

Da Primeira Lei da Termodinâmica:

$$\Delta U = Q + W$$

Para um gás ideal em que C_V não é considerado função de T,

$$\Delta U = \int_{T_i}^{T_f} n\ C_V dT \Rightarrow \Delta U = n\ C_V\left(T_f - T_i\right)$$

No processo adiabático,

$$\delta Q = 0 \Rightarrow Q = \int \delta Q = 0$$

$$\Delta U = W \Rightarrow W = nC_V(T_f - T_i)$$

Ao utilizar a equação do gás ideal, obtém-se

$$P = n\,RT/V \Rightarrow W = nC_V\left(\frac{P_f V_f - P_i V_i}{nR}\right)$$

Dada a relação $C_p = C_V + R$ válida para gás ideal, a definição $\gamma = C_p/C_V$ leva a

$$W = \frac{C_V}{C_p - C_V}\left(P_f V_f - P_i V_i\right) \Rightarrow W = \frac{1}{\gamma - 1}\left(P_f V_f - P_i V_i\right)$$

b) Caminho.

Ademais, para demonstrar as relações ao longo do caminho:

Da Primeira Lei em forma diferencial, para um gás ideal e usando o trabalho de expansão,

$$dU = \delta Q + \delta W, \quad dU = n\,C_V dT, \quad \delta W = -PdV$$

Contudo, P é função de V ao longo do caminho de integração.

É importante, então, utilizar a versão diferencial da Primeira Lei para determinar esse processo:

$$n C_V dT = \delta Q - PdV \quad \Rightarrow n C_V dT = \delta Q - (nRT/V)dV$$

Essa equação diferencial pode ser integrada em um caminho adiabático ($\delta Q = 0$), em um caminho que vai de T_i, V_i a T_f, V_f; para permitir a solução analítica, isola-se os termos dependentes de T e de V, junto com a variação respectiva. Considerando C_V independente de T:

$$\frac{C_V}{T} dT = -\frac{R}{V} dV \quad \Rightarrow \quad C_V \ln\left(\frac{T_f}{T_i}\right) = -R \ln\left(\frac{V_f}{V_i}\right)$$

Dado a relação $C_P = C_V + R$, válida para gás ideal, essa equação é comumente reescrita como

$$\ln\left(\frac{T_f}{T_i}\right) = -\frac{C_P - C_V}{C_V} \ln\left(\frac{V_f}{V_i}\right)$$

e dada a definição $\gamma = C_P/C_V$ tem-se

$$\text{(i)} \quad \ln\left(\frac{T_f}{T_i}\right) = (\gamma - 1)\ln\left(\frac{V_i}{V_f}\right) \Rightarrow \left(\frac{T_f}{T_i}\right) = \left(\frac{V_i}{V_f}\right)^{\gamma-1} \Rightarrow (V_i)^{\gamma-1} T_i = (V_f)^{\gamma-1} T_f$$

ao substituir $T = PV/nR$ nos estados inicial e final, com $n_i = n_f = n$; em seguida, substituir $V = nRT/P$ nos estados inicial e final, com $n_i = n_f$:

$$\text{(ii)} \quad (V_i)^{\gamma} P_i = (V_f)^{\gamma} P_f$$

$$\text{(iii)} \quad (P_i)^{\frac{1-\gamma}{\gamma}} T_i = (P_f)^{\frac{1-\gamma}{\gamma}} T_f$$

1.6 SEGUNDA LEI DA TERMODINÂMICA

Existe uma função S (*entropia*) que é uma função de estado, contínua, diferenciável e aditiva em massa. Ela é definida pela desigualdade de Clausius, que diz que a variação de entropia de um sistema fechado, para qualquer processo, é maior ou igual à razão entre o calor adicionado ao sistema e a sua temperatura, sendo a igualdade verificada apenas no caso limite teórico de um processo reversível:

$$dS \geq \frac{\delta Q}{T_{\text{fonte}}} \tag{1.19}$$

em que dS representa uma variação infinitesimal de entropia, δQ representa uma quantidade infinitesimal de calor e T_{fonte} é a temperatura da fonte. Para processos reversíveis, em que a temperatura da fonte é igual à temperatura do sistema T, é válida a seguinte equação, na qual δQ_{rev} representa uma quantidade infinitesimal de calor adicionada ao sistema por um processo reversível:

$$dS = \frac{\delta Q_{\text{rev}}}{T} \tag{1.20}$$

1.7 DESDOBRAMENTOS DAS PRIMEIRA E SEGUNDA LEIS

1.7.1 Processo reversível

Em processos reversíveis, é válida a seguinte igualdade, de acordo com a Segunda Lei da Termodinâmica:

$$\delta Q_{\text{rev}} = TdS \tag{1.21}$$

Além disso, em processos reversíveis, considerando expansão ou compressão, o trabalho realizado pelo sistema pode ser descrito da seguinte forma:

$$\delta W_{\text{rev}} = -PdV \tag{1.22}$$

Retomando a expressão da Primeira Lei da Termodinâmica (1.6) para sistemas fechados, obtém-se, para processos reversíveis, a seguinte equação:

$$dU = \delta Q_{\text{rev}} + \delta W_{\text{rev}} \tag{1.23}$$

$$\boxed{dU = TdS - PdV} \tag{1.24}$$

Essa é a relação fundamental para número de mols constante (sistema fechado e não reativo), obtida da combinação das Primeira e Segunda Leis. Nota-se que, na Equação (1.24), a energia interna é descrita apenas por propriedades de estado. Portanto, essa relação independe do caminho percorrido pelo sistema e, apesar de ter sido obtida a partir da hipótese de processo reversível, ela pode ser usada para comparar dois estados conectados por qualquer tipo de processo. As variáveis que aparecem nessa equação são chamadas "propriedades termodinâmicas primárias" (U, S, T, P, V).

1.7.2 Processo adiabático

Em um *processo adiabático*, assume-se que não há troca de calor entre o sistema e as suas vizinhanças $\delta Q = 0$. Em um sistema fechado, a Segunda Lei da Termodinâmica diz que:

$$dS \geq \frac{\delta Q}{T} \tag{1.25}$$

$$dS \geq 0 \tag{1.26}$$

Isso significa que, quando um sistema fechado passa por um processo adiabático, sua entropia é não decrescente.

1.7.3 Sistema isolado

Em um *sistema isolado*, não há troca de massa nem de energia entre o sistema e suas vizinhanças. Logo, qualquer processo que ele sofra será adiabático, levando à Equação (1.26), sendo a igualdade válida apenas no caso limite de um processo reversível.

Entretanto, pode-se entender como sistema isolado o conjunto de um dado sistema que se deseja estudar e de sua vizinhança, representado na Figura 1.4.

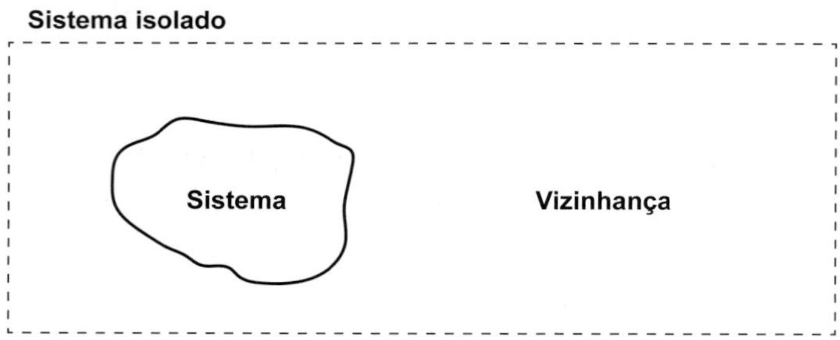

Figura 1.4 – Representação de um sistema qualquer e de sua vizinhança como um sistema isolado.

Desse modo, obtém-se a seguinte equação para descrever a entropia total de um sistema isolado:

$$dS_{\text{total}} = dS_{\text{S}} + dS_{\text{viz}} \geq 0 \tag{1.27}$$

Assim, para qualquer sistema, a variação de entropia total (i. e., a soma das variações de entropia do sistema e de sua vizinhança) deve ser maior ou igual a zero, uma vez que não há troca de calor do sistema total com outros sistemas.

Exemplo Resolvido 1.3

Considere 1 mol de um gás ideal a 27 °C sendo expandido isotermicamente de uma pressão inicial de 3 atm até uma pressão final de 2 atm de duas formas. Adaptada de ATKINS P. e DE PAULA J., *Físico-Química 1* (2008).

a) Reversivelmente (verticalmente, sob pressão atmosférica + pressão correspondente ao peso de um grande número de objetos distribuído sobre a área do pistão, sendo removidos individualmente aos poucos).

b) Contra uma pressão externa constante de 2 atm (verticalmente, 1 atm correspondente à pressão atmosférica + 1 atm correspondente a um objeto com seu peso distribuído sobre a área do pistão).

Determine os valores de calor e trabalho adicionados ao sistema ao longo da transformação, bem como as variações de energia interna e entropia do sistema para ambos os casos.

Resolução

a) O processo descrito pelo caminho (a) se trata de uma expansão isotérmica de um gás ideal. Logo: $\Delta U^{B-A} = 0$.

Para calcular o trabalho realizado, utiliza-se a pressão externa que faz resistência ao movimento. Porém, em um processo reversível, ela é, por essa hipótese, igual à pressão do sistema. Utiliza-se, então, a equação do gás ideal como equação de estado para descrever a variação da pressão com o volume:

$$dW = -PdV = -P(V)dV \quad \Rightarrow \quad \int_A^B dW = \int_A^B -\frac{nRT}{V}dV = \; W^{B-A} = -nRT \ln\left(\frac{V_B}{V_A}\right)$$

Utiliza-se novamente a equação do gás ideal para transformar volume em pressão:

$$W^{B-A} = -n\;RT \ln\left(\frac{P_A\, nRT}{P_B\, nRT}\right) = -1{,}011 \text{ kJ}$$

Aplica-se a Primeira Lei da Termodinâmica:

$$\Delta U^{B-A} = Q^{B-A} + W^{B-A} \quad \Rightarrow \quad Q^{B-A} = -W^{B-A} = 1{,}011 \text{ kJ}$$

Calcula-se a entropia em um processo reversível:

$$dS_{\text{sistema}} = \frac{\delta Q}{T} \quad \Rightarrow \quad \int_A^B dS_{\text{sistema}} = \int_A^B \frac{\delta Q}{T} = \Delta S_{\text{sistema}}^{B-A} = \frac{Q}{T} = 3{,}37 \text{ J/K}$$

Em um processo reversível, $\Delta S_{\text{global}}^{B-A} = 0$, desse modo, a entropia da vizinhança, supondo-a como um reservatório térmico, pode ser calculada por:

$$\Delta S_{\text{global}}^{B-A} = \Delta S_{\text{sistema}}^{B-A} + \Delta S_{\text{viz}}^{B-A} \Rightarrow \Delta S_{\text{viz}}^{B-A} = -\Delta S_{\text{sistema}}^{B-A} = -3{,}37 \text{ J/K}$$

b) Para calcular o trabalho no processo irreversível, é preciso fazer algumas considerações (simplificadoras).

Inicialmente, com a pressão do sistema maior que a pressão externa, há um desequilíbrio de forças. Nesse caso, o pistão deve acelerar, o que pode ser tratado como uma *força inercial*. Para fazer esta análise, considera-se os estados inicial e final em equilíbrio – com o pistão em repouso. Também é preciso considerar que esse é um processo com atrito. Se, em um caso limite, o atrito torna o processo lento, com P_{interna}Área aproximadamente igual a P_{externa}Área + Força de atrito, tem-se:

$$W_{\text{gás}} = \int_{V_1}^{V_2} -P_{\text{int}} dV = \int_{V_1}^{V_2} -\left(P_{\text{atm}} + P_{\text{obj}} + \frac{F_{\text{at}}}{A_{\text{pist}}} \right) dV$$

$$P_{\text{int}} = nRT/V \quad \Rightarrow \quad W^{B-A} = -nRT \ln\left(\frac{P_A nRT}{P_B nRT} \right) = -1{,}011 \text{ kJ}$$

Esse é o trabalho cedido pelo gás, como anteriormente. Porém, desse trabalho, é considerado trabalho útil apenas aquele utilizado para elevar o objeto. As outras partes do trabalho cedido são perdidas, ou como compressão da atmosfera ou dissipadas pelo atrito.

$$dW_{\text{útil}} = -P_{\text{obj}} dV \quad \Rightarrow \quad W_{\text{útil}} = \int_A^B dW = \int_A^B -P_{\text{obj}} dV = -P_{\text{obj}} \Delta V^{B-A}$$

Retoma-se a expressão do volume da equação do gás ideal:

$$\Delta V^{B-A} = \frac{nRT}{P_B} - \frac{nRT}{P_A} = 415{,}6 \times 10^{-5} \text{ m}^3 \quad \Rightarrow \quad \begin{array}{l} W_{\text{útil}}^{B-A} = -P_{\text{obj}} \ \Delta V^{B-A} = -415{,}6 \text{ J} \\ W_{\text{atm}}^{B-A} = -P_{\text{atm}} \ \Delta V^{B-A} = -415{,}6 \text{ J} \end{array}$$

Pode-se observar que a quantidade de trabalho do gás dissipada por atrito é a diferença entre essas:

$$W_{\text{at}} = W_{\text{gás}} - W_{\text{útil}} - W_{\text{atm}} = -179{,}9 \text{ J}$$

Neste cenário, a variação de energia interna continua sendo nula, pois é isotérmica. O que leva à seguinte simplificação da Primeira Lei da Termodinâmica:

$$\Delta U^{B-A} = Q^{B-A} + W^{B-A} \quad \Rightarrow \quad Q^{B-A} = -W^{B-A} = 1{,}011 \text{ kJ}$$

Esse é o calor total necessário para manter o sistema isotérmico. Entretanto, note que parte desse calor pode vir da energia dissipada pelo atrito, e uma quantidade menor precisa ser provisionada a partir de alguma fonte quente. Q^{B-A} vem em parte da fonte quente Q_q e em parte do atrito Q_{at}; o calor Q_{at} vem da completa conversão de parte do trabalho em calor $|Q_{at}| = |W_{at}|$.

A variação de entropia do sistema deve ser a mesma do processo reversível, já que a entropia é uma variável de estado e independe do caminho do processo. Assim,

$$dS_{\text{sistema}} = \frac{\delta Q_{\text{rev}}}{T} \quad \Rightarrow \quad \Delta S_{\text{sistema}}^{B-A} = 3{,}37 \text{ J/K}$$

Já a variação de entropia da vizinhança é calculada a partir do calor adicionado ao sistema.

No caso limite em que a energia dissipada pelo atrito é aproveitada,

$$Q_q = Q^{B-A} - |Q_{at}| = 831\,\text{J} \qquad \Rightarrow \Delta S_q^{B-A} = \frac{-Q_q^{B-A}}{T} = -2{,}77\,\text{J}$$

Finalmente, a variação de entropia total, combinando sistema e vizinhança, é:

$$\Delta S_{\text{global}}^{B-A} = \Delta S_{\text{sistema}}^{B-A} + \Delta S_q^{B-A} \quad = 0{,}599\ \text{J/K}$$

Na comparação entre os resultados obtidos para o processo reversível e o processo irreversível, verifica-se a Equação (1.27), que diz que a variação de entropia global é sempre maior ou igual a zero, sendo igual apenas no limite teórico do processo reversível.

1.8 CONDIÇÃO DE EQUILÍBRIO E ESPONTANEIDADE

A partir da Segunda Lei da Termodinâmica, introduz-se o conceito de *processo espontâneo.* Um processo espontâneo é caracterizado por levar, em um sistema isolado, a um aumento da entropia.

Logo, a partir da Equação (1.27) conclui-se que todos os processos reais realizados em um sistema isolado levam a um aumento de entropia e são, portanto, espontâneos. Dessa maneira, conclui-se que, em um sistema isolado, seu estado de equilíbrio estável é atingido quando a entropia é máxima com respeito a todas as variações permitidas, uma vez que nenhum processo que diminua a entropia ocorrerá naturalmente. Assim, para haver um ponto de equilíbrio estável em um sistema isolado são necessárias e suficientes as seguintes condições (i. e., condições para um ponto de máximo da entropia):

$$\begin{cases} dS = 0 \\ d^2S < 0 \end{cases} \tag{1.28}$$

em que dS representa uma variação infinitesimal na propriedade S causada por uma variação infinitesimal em um ou mais graus de liberdade ξi do sistema $\left(\sum_i \frac{dS}{d\xi_i} d\xi_i\right)$, e d^2S representa uma variação de segunda ordem $\left(\sum_i \sum_j \frac{d^2S}{d\xi_i d\xi_j} d\xi_i d\xi_j\right)$.

1.8.1 Condição geral de equilíbrio e espontaneidade para sistema fechado

Retomando a Primeira Lei da Termodinâmica, juntamente com o raciocínio explicitado no item anterior, pode-se estender a noção de espontaneidade para outros sistemas. Para um sistema fechado:

$$dU = \delta Q + \delta W \tag{1.29}$$

Ao utilizar a expressão do trabalho de expansão reversível, tem-se:

$$\delta Q = dU + PdV \tag{1.30}$$

Retoma-se a Segunda Lei da Termodinâmica (1.20),

$$TdS \geq \delta Q \tag{1.31}$$

e substitui-se na Equação (1.30):

$$dU + PdV \leq TdS \tag{1.32}$$

$$\boxed{dU + PdV - TdS \leq 0} \tag{1.33}$$

Assim, a Equação (1.33) representa um critério geral de espontaneidade em sistemas fechados.

1.8.2 Espontaneidade e equilíbrio com *U*, *V*, *N* constantes

Se, em um sistema fechado, as variáveis energia interna (U), volume (V) e número de mols de todos os componentes ($\underline{N}$) forem constantes, a condição geral de espontaneidade se reduz como segue:

$$\cancel{dU} + \cancel{PdV} - TdS \leq 0 \tag{1.34}$$

$$dS \geq 0 \tag{1.35}$$

Isso faz com que a condição de espontaneidade seja o aumento de entropia, e o equilíbrio será atingido quando a entropia do sistema for máxima com respeito a todas as variações possíveis. Nota-se que este é o caso de sistema isolado, em que não há variação de massa, o volume não se altera e não há troca de calor nem de trabalho (i. e., a energia interna é constante).

1.8.3 Espontaneidade e equilíbrio com *T*, *V*, *N* constantes

Se, em um sistema fechado, as variáveis temperatura (T), volume (V) e número de mols de todos os componentes ($\underline{N}$) forem constantes, a condição geral de espontaneidade se reduz como segue:

$$dU + \cancel{PdV} - TdS \leq 0 \tag{1.36}$$

$$d(U - TS) \leq 0 \tag{1.37}$$

Introduz-se, então, por conveniência, uma nova variável de estado chamada "energia de Helmholtz" (A), calculada a partir de propriedades termodinâmicas primárias:

$$\boxed{A = U - TS} \tag{1.38}$$

Portanto, em um sistema com T, V e $\underline{N}$ constantes, a condição de espontaneidade passa a ser a diminuição da energia de Helmholtz. O equilíbrio será atingido quando a energia de Helmholtz do sistema for mínima com respeito a todas as variações possíveis, já que a condição geral de espontaneidade se reduz a:

$$dA \leq 0 \tag{1.39}$$

E, no ponto de equilíbrio:

$$dA = 0 \tag{1.40}$$

$$d^2A > 0 \tag{1.41}$$

1.8.4 Espontaneidade e equilíbrio com *T*, *P*, *N* constantes

Se, em um sistema fechado, as variáveis temperatura (T), pressão (P) e número de mols de todos os componentes ($\underline{N}$) forem constantes, a condição geral de espontaneidade se reduz a:

$$dU + PdV - TdS \leq 0 \qquad (1.42)$$

Com a introdução de novas variáveis de estado, entalpia (H) e energia de Gibbs (G), calculadas a partir de propriedades termodinâmicas primárias:

$$\boxed{H = U + PV} \qquad (1.43)$$

$$\boxed{G = H - TS} \qquad (1.44)$$

É possível reescrever a condição de espontaneidade:

$$dU + d(PV) - d(TS) \leq 0 \qquad (1.45)$$

$$d(U + PV - TS) \leq 0 \qquad (1.46)$$

$$d(H - TS) \leq 0 \qquad (1.47)$$

$$dG \leq 0 \qquad (1.48)$$

E, no ponto de equilíbrio:

$$dG = 0 \qquad (1.49)$$

$$d^2G > 0 \qquad (1.50)$$

Portanto, em um sistema com T, P e $\underline{N}$ constantes, a condição de espontaneidade passa a ser a diminuição da energia de Gibbs. O equilíbrio será atingido quando a energia de Gibbs do sistema for mínima com respeito a todas as variações possíveis.

1.9 DIREÇÃO DOS PROCESSOS ESPONTÂNEOS E MÁQUINAS TÉRMICAS

Nesta seção, são apresentadas implicações da Segunda Lei da Termodinâmica na direção dos processos espontâneos, por meio de três exemplos distintos, incluindo máquinas térmicas.

1.9.1 Troca térmica

Para observar o uso da Segunda Lei da Termodinâmica na definição da direção do processo de troca térmica, é proposto o seguinte exemplo: dois corpos a temperaturas diferentes (T_1 e T_2) são postos em contato por meio de uma fronteira diatérmica, que permite a passagem de calor. Existe um fluxo de calor do corpo 1 para o corpo 2. Além disso, os corpos representam um sistema isolado e só podem trocar calor entre si. A Figura 1.5 ilustra o exemplo.

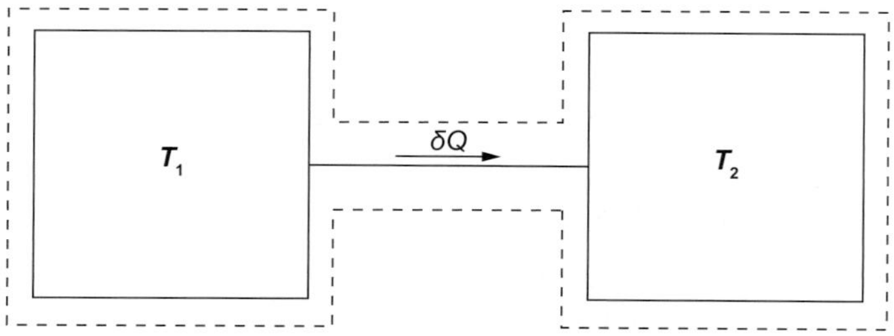

Sistema isolado

T_1 δQ T_2

Figura 1.5 – Esquema representando dois corpos a temperaturas diferentes ligados por uma fronteira diatérmica.

Se cada sistema pode ser descrito como equilíbrio local em T_1 e T_2 (desprezando gradiente de temperatura dentro de cada sistema), e como a entropia é aditiva, pode-se analisar a variação de entropia de cada subsistema independentemente:

$$dS_{\text{total}} = dS_1 + dS_2 \tag{1.51}$$

sendo dS_1 e dS_2 as variações de entropia dos corpos 1 e 2, respectivamente.

Observa-se que o calor sai do corpo 1 para o corpo 2. Além disso, a troca térmica pode ser analisada como um processo internamente reversível (analise a variação de entropia do corpo 1 como se ele tivesse trocado calor reversivelmente com outro corpo 1', e analogamente para o corpo 2 e um outro corpo 2', de modo a atingir o mesmo estado final desse exemplo). Isso leva a:

$$dS_{\text{total}} = -\frac{|\delta Q|}{T_1} + \frac{|\delta Q|}{T_2} \tag{1.52}$$

$$dS_{\text{total}} = |\delta Q|\left(\frac{1}{T_2} - \frac{1}{T_1}\right) \tag{1.53}$$

$$dS_{\text{total}} = |\delta Q|\left(\frac{T_1 - T_2}{T_1 T_2}\right) \tag{1.54}$$

Logo, para que a variação de entropia total seja positiva, Segunda Lei da Termodinâmica, é necessário que a temperatura do corpo 1 seja maior que a do corpo 2 ($T_1 > T_2$), de forma que o fluxo de calor vá do corpo mais quente para o corpo mais frio. A condição de equilíbrio, que corresponde a $dS_{\text{total}} = 0$, é encontrada apenas quando $T_1 = T_2$.

1.9.2 Moto-Contínuo de Segunda Espécie

Outro exemplo é proposto para observar as implicações da Segunda Lei da Termodinâmica: uma máquina térmica que trabalha em ciclo se encontra em um sistema isolado formado pela própria máquina e por sua vizinhança. A máquina recebe um determinado fluxo de calor e espera-se que ela seja capaz de converter todo o calor em trabalho (*Moto-Contínuo de Segunda Espécie*). A Figura 1.6 ilustra o exemplo.

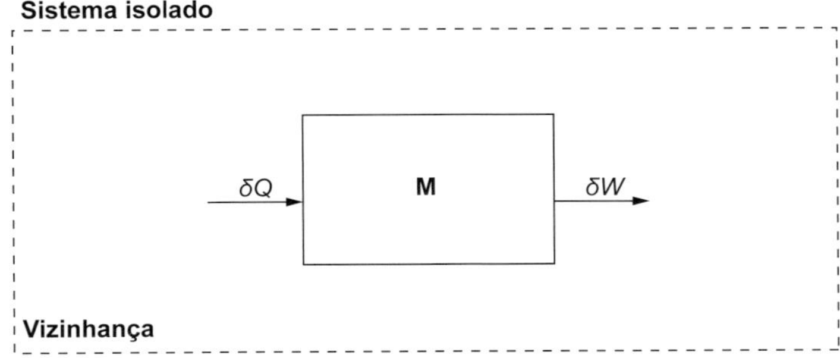

Figura 1.6 – Representação de uma máquina térmica que converte todo o calor em trabalho inserida em um sistema isolado formado pela própria máquina e por sua vizinhança.

Ao se aplicar a Primeira Lei da Termodinâmica, nota-se que não há nenhuma violação no fato de a máquina converter todo o calor em trabalho. Se todo o calor é convertido em trabalho, não há aumento na energia interna do sistema, portanto:

$$dU_{\text{M}} = |\delta Q| - |\delta W| \tag{1.55}$$

Sendo dU_M a variação da energia interna da máquina térmica. Como a máquina trabalha em ciclo, $\Delta U_M = 0$, assim

$$|Q| = |W| \tag{1.56}$$

Isso indica que para produzir algum trabalho $|W|$ é necessário "gastar" um calor $|Q|$. A Primeira Lei da Termodinâmica impõe isso; violar esse ponto seria um moto-contínuo de primeira espécie.

Aplica-se, então, a Segunda Lei da Termodinâmica:

$$dS_{\text{total}} = dS_M + dS_{\text{viz}} \geq 0 \tag{1.57}$$

Como a máquina trabalha em ciclo,

$$\Delta S_M = 0 \tag{1.58}$$

Assim, a variação de entropia total corresponde à variação de entropia da vizinhança, e isso leva a uma violação na Segunda Lei, mostrada a seguir, na Equação (1.60):

$$\Delta S_{\text{total}} = \Delta S_{\text{viz}} \tag{1.59}$$

$$\Delta S_{\text{total}} = \frac{-|Q|}{T_{\text{viz}}} \tag{1.60}$$

A partir desse exemplo, pode-se, então, concluir que não se pode transformar todo o calor em trabalho, já que a Segunda Lei da Termodinâmica diz que a variação de entropia total em um sistema isolado deve ser positiva.

1.9.3 Conversão de trabalho em calor

Na seção anterior, foi demonstrado que não é possível transformar todo o calor em trabalho, uma vez que esse processo violaria a Segunda Lei da Termodinâmica. Nesta seção, estuda-se a transformação de todo o trabalho em calor por meio de uma máquina que opera reversivelmente, ilustrada na Figura 1.7.

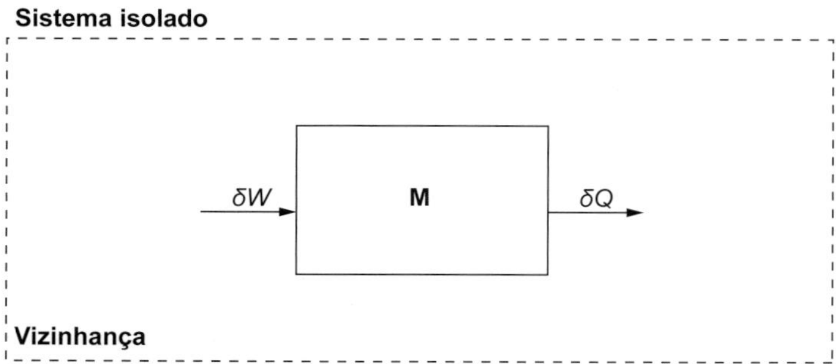

Figura 1.7 – Representação de uma máquina térmica que converte todo o trabalho em calor inserida em um sistema isolado formado pela própria máquina e por sua vizinhança.

Ao se aplicar a Primeira Lei da Termodinâmica, nota-se, como no caso da seção anterior, que não há nenhuma violação no fato de a máquina converter todo o trabalho em calor. Se todo o trabalho é convertido em calor, não há aumento na energia interna da máquina, portanto:

$$dU_M = |\delta Q| - |\delta W| = 0 \quad (1.61)$$

$$\Delta U_M = 0 \quad (1.62)$$

$$|Q| = |W| \quad (1.63)$$

Aplica-se, então, como anteriormente, a Segunda Lei da Termodinâmica sobre todo o sistema (máquina e sua vizinhança):

$$dS_{total} = dS_M + dS_{viz} \geq 0 \quad (1.64)$$

Como a máquina trabalha em ciclo:

$$\Delta S_M = 0 \quad (1.65)$$

$$\Delta S_{total} = \Delta S_{viz} \geq 0 \quad (1.66)$$

Já para a vizinhança, comportando-se como reservatório a T constante, que recebe o calor oriundo da máquina, é possível afirmar que:

$$\Delta S_{viz} = \frac{|Q|}{T_{viz}} \quad (1.67)$$

Retomando a Equação (1.64), pode-se verificar que a variação de entropia do sistema é positiva e que este processo não viola nenhuma das Leis da Termodinâmica:

$$\Delta S_{total} = \frac{|Q|}{T_{viz}} > 0 \quad (1.68)$$

1.9.4 Máquina térmica

O último exemplo desta seção trata do funcionamento de uma máquina térmica. Uma máquina térmica que opera em ciclo inserida em um sistema isolado recebe calor de uma fonte quente com temperatura T_1 e transfere calor para uma fonte fria de temperatura T_2, produzindo trabalho ao longo desse processo. A Figura 1.8 apresenta um esquema simplificado do problema.

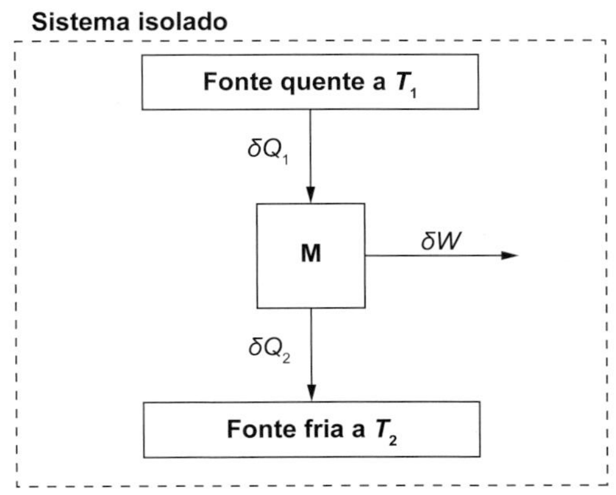

Figura 1.8 – Representação de uma máquina térmica que produz trabalho ao retirar calor de uma fonte quente, liberando calor em uma fonte fria.

Aplicando a Primeira Lei da Termodinâmica à máquina, obtém-se o seguinte:

$$dU_{\text{M}} = |\delta Q_1| - |\delta Q_2| - |\delta W| \tag{1.69}$$

Como a máquina opera em ciclo, a variação de energia interna ao longo do processo é nula:

$$\Delta U_{\text{M}} = |Q_1| - |Q_2| - |W| = 0 \tag{1.70}$$

$$|W| = |Q_1| - |Q_2| \tag{1.71}$$

Já a aplicação da Segunda Lei da Termodinâmica leva a:

$$dS_{\text{total}} = dS_1 + dS_2 + dS_{\text{M}} \geq 0 \tag{1.72}$$

Devido à operação em ciclo ($\Delta S_{\text{M}} = 0$), a equação se transforma em:

$$\Delta S_{\text{total}} = -\frac{|Q_1|}{T_1} + \frac{|Q_2|}{T_2} \geq 0 \tag{1.73}$$

Agora, calcula-se a eficiência da máquina (η), de acordo com a definição:

$$\eta = \frac{\text{Trabalho útil}}{\text{Calor na fonte quente}} = \frac{|W|}{|Q_1|} \tag{1.74}$$

Pela Equação (1.71),

$$\eta = \frac{|Q_1| - |Q_2|}{|Q_1|} = 1 - \frac{|Q_2|}{|Q_1|} \tag{1.75}$$

Assim, admitindo o caso limite em que a máquina funcione de forma reversível: $dS_{\text{total}} = 0$,

$$\Delta S_{\text{total}} = -\frac{|Q_1|}{T_1} + \frac{|Q_2|}{T_2} = 0 \Rightarrow \frac{|Q_1|}{T_1} = \frac{|Q_2|}{T_2} \tag{1.76}$$

Quando a máquina opera de forma reversível, não há geração de entropia na vizinhança, o que faz com que a operação na forma reversível gere a maior eficiência. Assim, por meio das Equações (1.74) e (1.76), pode-se obter a equação da eficiência máxima em função das temperaturas T_1 e T_2.

$$\eta_{\text{máx}} = 1 - \frac{T_2}{T_1} \tag{1.77}$$

1.10 VISÃO MICROSCÓPICA DAS PROPRIEDADES TERMODINÂMICAS

As propriedades termodinâmicas podem ser divididas em duas classes: as de origem mecânica e as que são intrinsecamente termodinâmicas.

Propriedades termodinâmicas de origem mecânica

As propriedades termodinâmicas de origem mecânica, como U, V, N e P, podem ser obtidas a partir de médias temporais de propriedades mecânicas correspondentes de acordo com a hipótese dos sistemas ergódicos.

Sistemas ergódicos

Uma propriedade mecânica média qualquer é igual à média temporal desta propriedade e igual à média no conjunto estatístico.

$$\langle M \rangle = \frac{1}{\Delta t}\int_0^t M(t)dt = \sum_j p_j M_j \tag{1.78}$$

em que M é uma determinada propriedade mecânica e p_j é a probabilidade de encontrar o sistema no estado quântico j do conjunto estatístico definido, e M_j é a propriedade mecânica M no estado quântico j.

Propriedades intrinsecamente termodinâmicas

As propriedades intrinsecamente termodinâmicas, como S, T, A e G, devem ser obtidas a partir de um princípio de medida ou contagem de estados distintos no conjunto estatístico definido usando as hipóteses de Gibbs.[2]

1.10.1 Visão microscópica da energia interna

Apesar de se tratar de um conceito primitivo na Termodinâmica Clássica, a energia interna também pode ser definida a partir de sua interpretação microscópica, como a média temporal do somatório das energias mecânicas das partículas presentes em um sistema, como segue:

$$U = \frac{1}{\Delta t}\int_{t_0}^{t}\sum_i^n E_i(t)dt \tag{1.79}$$

Sendo E_i a contribuição i de energia mecânica, como vibracional, translacional, rotacional etc., enquanto o intervalo Δt representa um tempo de amostragem das configurações microscópicas, para se obter a propriedade média U. Esse tempo deve ser maior que o tempo de relaxação do sistema. Para moléculas de hidrocarbonetos, por exemplo, Δt está na escala de nanosegundos, enquanto o tempo de relaxação está na escala de ~10 picossegundos.

A energia mecânica é função do tempo, não de estado. No entanto, a média temporal da energia mecânica dos estados microscópicos, para um sistema macroscópico – com muitos graus de liberdade – em um tempo de amostragem muito maior que o tempo de relaxação desse sistema, é uma função de estado: a energia interna U.

1.10.2 Visão microscópica da entropia

Apesar de ser um conceito primitivo na Termodinâmica Clássica, a entropia possui interpretações a partir do ponto de vista microscópico. A seguir são desenvolvidas algumas destas interpretações e suas relações com a Termodinâmica Clássica.

Igual a Priori *– Hipótese de Gibbs*

Em um sistema com energia (E), volume (V) e número de partículas (N) fixos, todos os estados quânticos j têm a mesma probabilidade p_j. Portanto, a probabilidade de encontrar o sistema no estado quântico específico j é dada por

[2] Essa discussão pode ser encontrada, em maior profundidade, em MCQUARRIE, D. A. *Statistical Mechanics* (1976) e em HILL, T. *Introduction to Statistical Thermodynamics* (1960).

$$p_j = \frac{1}{\Omega(E,V,N)} \tag{1.80}$$

em que Ω é a degenerescência para o conjunto estatístico microcanônico, isto é, o número total de estados quânticos possíveis com esses valores de E, V e N especificados. Um conjunto estatístico com valores fixos de E, V e N, representando um sistema isolado, é chamado "microcanônico". A hipótese de "igual *a priori*" é consistente com as leis da mecânica clássica e mecânica quântica.

Conjunto estatístico canônico

O conjunto estatístico canônico é o conjunto de estados quânticos com T, V e N fixos. Ele é definido deste modo por ser mais conveniente tratar um sistema com temperatura especificada – uma variável mensurável – do que com energia especificada – uma variável dependente de uma referência. As expressões para esse conjunto são deduzidas a partir de experimentos mentais de troca térmica entre os sistemas do conjunto e um reservatório com temperatura especificada. A Figura 1.9 ilustra um conjunto estatístico (ensemble) com T, V e N especificados.

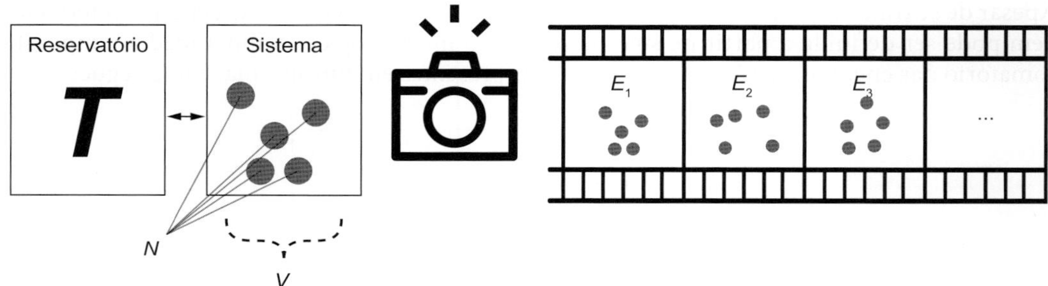

Figura 1.9 – Ilustração de conjunto estatístico canônico, com temperatura T, volume V e número de moléculas N especificado e diversos estados microscópicos possíveis com energias E_1, E_2, E_3.

A energia interna no ensemble canônico é

$$U = \langle E \rangle = \sum_j p_j E_j(V,N) \tag{1.81}$$

Note que a energia mecânica no estado j é função apenas das coordenadas mecânicas V e N.

A probabilidade de encontrar o sistema no estado quântico j no ensemble canônico é dada pelo fator de Boltzmann:

$$p_j = \frac{e^{-\beta E_j}}{Q} \tag{1.82}$$

Sendo β um parâmetro do ensemble com unidades de [Energia]$^{-1}$, e Q a função de partição do ensemble canônico, dada por:

$$Q = \sum_j e^{-\beta E_j} \tag{1.83}$$

A função de partição canônica é a soma sobre todos os estados do conjunto estatístico, sendo, portanto, uma informação macroscópica.

Relação com a Termodinâmica Clássica

As interpretações microscópicas de entropia se relacionam com a Termodinâmica Clássica segundo a equação de Boltzmann. A entropia em um conjunto estatístico microcanônico pode ser calculada como segue:

Isola-se a energia do estado quântico *j*, na Equação (1.82),

$$E_j = -\frac{1}{\beta}\ln Q - \frac{1}{\beta}\ln p_j \tag{1.84}$$

Deriva-se a equação da energia média (Eq. 1.81):

$$d\langle E\rangle = \sum_j p_j dE_j + \sum_j E_j dp_j \tag{1.85}$$

Como a diferencial exata da energia do estado quântico *j* pode ser expressa em função de variações das propriedades mecânicas independentes:

$$dE_j = \frac{\partial E_j}{\partial V}dV + \frac{\partial E_j}{\partial N}dN \tag{1.86}$$

Identifica-se $P_j = -\partial E_j / \partial V$ como sendo a pressão mecânica do estado quântico *j*.

A partir da análise do sistema com o número de moléculas constante, tem-se:

$$d\langle E\rangle = -\sum_j p_j P_j dV + \sum_j E_j dp_j \tag{1.87}$$

em que Q, sendo uma soma sobre todos os estados, não depende de um índice *j*. Consequentemente,

$$d\langle E\rangle = -\sum_j p_j P_j dV - \frac{1}{\beta}\ln Q \sum_j dp_j - \frac{1}{\beta}\sum_j \ln p_j dp_j \tag{1.88}$$

Como, para uma distribuição de probabilidades normalizada, $\sum_j p_j = 1$, tem-se que

$$\sum_j dp_j = d\sum_j p_j = 0 \tag{1.89}$$

$$\sum_j \ln p_j dp_j = d\sum_j p_j \ln p_j \tag{1.90}$$

A equação para variação da energia média se torna

$$d\langle E\rangle = -\frac{1}{\beta}d\sum_j p_j \ln p_j - \sum_j p_j P_j dV \tag{1.91}$$

enquanto a equação da termodinâmica clássica para *N* constante é

$$dU = TdS - PdV \tag{1.92}$$

A pressão termodinâmica, que é uma propriedade de origem mecânica, pode ser calculada através da média no ensemble pela hipótese do sistema ergódico de Gibbs:

$$P = \langle P \rangle = \sum_j p_j P_j \tag{1.93}$$

Logo, deduz-se:

$$\boxed{\beta = 1/k_B T} \tag{1.94}$$

$$\boxed{S = -k_B \sum_j p_j \ln p_j} \tag{1.95}$$

em que k_B a constante de Boltzmann.

Essa é a equação da entropia, chamada "função informação", ou "entropia de Shannon". Embora essa equação tenha sido deduzida para o ensemble canônico, ela é válida em qualquer ensemble, desde que usadas as probabilidades p_j adequadas. No ensemble canônico, $p_j = e^{-E_j/k_B T}/Q$, e $Q = \sum_j e^{-E_j/k_B T}$ é uma soma sobre os fatores de Boltzmann de todos os estados quânticos. Isso mostra que a temperatura está associada microscopicamente à acessibilidade dos estados: quanto maior a temperatura, menores ficam os fatores na exponencial, e maior a probabilidade de acessar estados de alta energia em relação aos de energia mais baixa, quando comparados a menores temperaturas.

A constante de Boltzmann está relacionada à constante do gás ideal (R) por

$$R = k_B N_{Av} \tag{1.96}$$

$k_B = 1{,}300^{-}23 \text{ J K}^{-1}$ $N_{AV} = 6{,}02214076 \times 10^{23} \text{ mol}^{-1}$ $R = 8{,}314 \text{ Jmol}^{-1} K^{-1}$

em que N_{Av} é o número de Avogadro, que estabelece quantas moléculas correspondem a 1 mol.

O fator de Boltzmann também aparece naturalmente em várias equações importantes, como a equação de Arrhenius $\left(k = k_0 e^{-E/RT}\right)$ e a equação de Poisson-Boltzmann $\left(C = C_0 e^{-E/RT}\right)$, em base molar.

A função de partição canônica pode ser reescrita com somatórios em níveis de energia E, em vez dos estados quânticos j, usando a definição da degenerescência: $Q = \sum_E \Omega(E,V,N) e^{-E/k_B T}$. Uma análise interessante que isso traz é que a degenerescência $\Omega(E,V,N)$ cresce rapidamente com E no sistemas moleculares macroscópicos usuais, enquanto o fator de Boltzmann $e^{-E/k_B T}$ decresce monotonicamente com E. Dessa forma, existirá um nível de energia E^* mais provável para dados (T, V, N), com probabilidade máxima dada por

$$p(E^*) = \frac{\Omega(E^*,V,N) e^{\frac{-E^*}{k_B T}}}{Q} \tag{1.97}$$

No caso particular do ensemble microcanônico, com E, V, N especificados, $p_j = 1/\Omega\left(E,V,N\right)$; logo, a partir da Equação (1.95), a entropia é dada pela chamada "equação de Boltzmann":

$$\boxed{S = k_B \ln \Omega} \tag{1.98}$$

A equação de Boltzmann mostra que a entropia está diretamente relacionada com a degenerescência do sistema com E, V e N especificados, ou seja, a entropia é uma medida do número de estados microscópicos possíveis com E, V e N especificados.

Voltando ao caso do ensemble canônico, ao usar a probabilidade de um estado quântico j no ensemble canônico, tem-se:

$$S = -k_B \sum_j p_j \ln p_j = \sum_j E_j p_j / T + k_B \ln Q \sum_j p_j \qquad (1.99)$$

De onde se obtém:

$$TS = \sum_j E_j p_j + k_B T \ln Q \sum_j p_j \qquad (1.100)$$

$$\langle E \rangle - TS = -k_B \, \mathrm{T} \ln Q(T,V,N) \qquad (1.101)$$

Sendo que, na relação de termodinâmica clássica:

$$A = U - TS = < E > -TS \qquad (1.102)$$

$$\boxed{A = -k_B T \ln Q(T,V,N)} \qquad (1.103)$$

Logo, a função de partição canônica está diretamente ligada à energia de Helmholtz, *A*.

1.10.3 Terceira Lei da Termodinâmica

A Terceira Lei da Termodinâmica postula que, em cristais perfeitos, o limite da entropia, quando a temperatura se aproxima do zero absoluto, é igual a zero. Essa lei é explicitada na equação a seguir:

$$\boxed{\lim_{T \to 0\,K} S = 0} \qquad (1.104)$$

Nesse contexto, um cristal perfeito é aquele que não apresenta degenerescência no estado fundamental, isto é, o número de configurações compatíveis com a energia do estado fundamental é $\Omega = 1$, atingido quando a temperatura é igual a zero. Dessa forma, pela equação de Boltzmann (Eq. 1.98), $S = 0$.

Com isso, a Terceira Lei da Termodinâmica possibilita definir uma escala absoluta de entropia. Contudo, escalas relativas, em que *S* é arbitrado como zero em dada temperatura e pressão de referência, $S(T_{ref}, P_{ref}) = 0$, serão mais comumente utilizadas nas aplicações de engenharia.

Aplicação Computacional 1

Considere dois vasos rígidos (*A* e *B*) contendo gás nitrogênio e dióxido de carbono. O primeiro vaso possui 1 m^3 e contém 50 mol de N_2 a 92 °C. O segundo vaso possui 3 m^3 e contém 300 mol de CO_2 e está a 28 °C. Os vasos estão isolados termicamente do ambiente, mas podem trocar calor entre si por uma parede fina com alta condutividade térmica. Assuma comportamento de gás ideal.

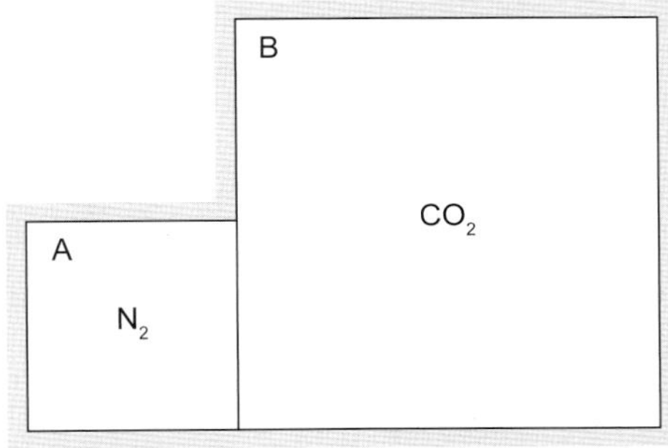

a) Calcule a entropia total do sistema no instante inicial.

b) Demonstre numericamente (por gráfico) o aumento da entropia em função da quantidade de calor trocado Q. Desenhe, também, as temperaturas T_A e T_B em função da quantidade de calor trocado.

c) Qual quantidade de calor trocado é necessária para atingir o equilíbrio? Qual é a temperatura de A e de B no equilíbrio?

Resolução

Da primeira lei, na ausência de trabalho,

$$dU = dQ + dW \Rightarrow \quad dU = dQ$$

Para qualquer comparação de estados de equilíbrio, como demonstrado a partir da combinação da primeira e segunda leis, se V e n são constantes, a relação fundamental se reduz a

$$dU = TdS - PdV \qquad \Rightarrow \; dU = TdS$$

Da definição da capacidade calorífica a V constante (C_V), para energia interna e para entropia,

$$dU = nC_V dT \quad \text{e} \quad dS = \frac{nC_V}{T}\, dT \text{ (} V \text{ constante)}$$

Para os sistemas A e B, escreve-se a entropia total S_T:

$$S_T = S_A + S_B$$

Para fazer os cálculos, deve-se estabelecer uma referência; as densidades iniciais são

$$\rho_{N2} = 50 \text{ mol/1 m}^3 = 50 \text{ mol/m}^3 \quad \text{e} \quad \rho_{CO2} = 300 \text{ mol/3 m}^3 = 100 \text{ mol/m}^3$$

Escolhe-se a entropia molar em uma temperatura e densidade de referência para cada substância:

$$\overline{S}_{N2}\left(25\,°\text{C}, 50 \text{ mol/m}^3\right) = \overline{S}_{N2}^{ref} = 0 \text{ e } \overline{S}_{CO2}\left(25\,°\text{C}, 100 \text{ mol/m}^3\right) = \overline{S}_{CO2}^{ref} = 0$$

Para o desenvolvimento das variações de U e de S (extensivas) a volume constante,

$$\Delta S = \int_{T0}^{T} dS = \int_{T0}^{T} n\frac{C_V}{T} dT = nC_V \ln\,(T/T_0) \quad \Rightarrow \quad S = S_0 + nC_V \ln(T/T_0)$$

Lembre-se de que é importante usar as temperaturas em escala absoluta nessa equação. Aqui, será usada a escala Kelvin.

$$\Delta U = Q = \int_{T0}^{T} dU = \int_{T0}^{T} n\, C_V dT = nC_V (T - T_0)$$

$$Q = U - U_0 = n \; C_V\left(T - T_0\right) \qquad\qquad \Rightarrow \; T = T_0 + Q/\left(nC_V\right)$$

Devido ao acoplamento térmico (balanço de energia), o calor que sai de um sistema é o calor que entra no outro sistema: $Q_B = -Q_A$.

Essa questão pode ser resolvida computacionalmente, utilizando construção de vetores,

```
v_sa = np.zeros(100)
...
```

estabelecendo uma condição inicial,

```
TA_ini=92+273#K
VA=1#m3
nA=50#gmol
TB_ini=28+273#K
VB=3#m3
nB=300#gmol
cv_n2=21.#J/mol/K
Sref_n2=0Tref_n2=25+273#K
SA_ini=Sref_n2+nA*cv_n2*np.log(TA_ini/Tref_n2)
cv_co2=29#J/mol/K
Sref_co2=0Tref_co2=25+273#K
SB_ini=Sref_co2+nB*cv_co2*np.log(TB_ini/Tref_co2)
```

e realizando cálculos iterativamente para montar a curva:

```
for i in range(0,100):
  v_ta[i] = TA_ini + Q_A[i]/(nA*cv_n2)
  v_sa[i] = SA_ini + nA*cv_n2*np.log(v_ta[i]/TA_ini)
  Q_B[i]=-Q_A[i]
  v_tb[i] = TB_ini + Q_B[i]/(nB*cv_co2)
  v_sb[i] = SB_ini+nB*cv_co2*np.log(v_tb[i]/TB_ini)
  v_st[i]=v_sa[i]+v_sb[i]
...
```

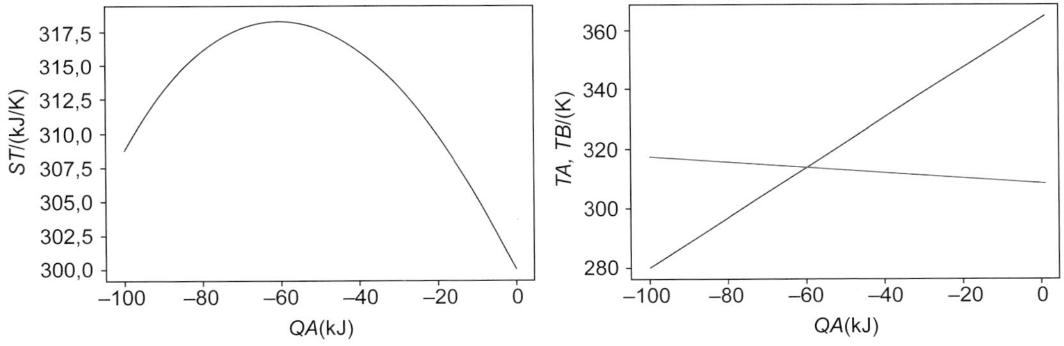

Por meio dessa demonstração, percebe-se que o máximo na entropia total do sistema corresponde à quantidade de calor trocado que iguala a temperatura dos dois subsistemas.

A quantidade de calor obtida é negativa, pois a temperatura do sistema *A* era maior que a do sistema *B*, e perde calor para este até que as temperaturas se igualem.

A versão completa do código para resolver essa questão está disponível no material suplementar.

EXERCÍCIOS PROPOSTOS

Conceituação

1.1 É possível afirmar que, para um sistema completamente isolado com mais de uma fase, as entropias de todas as fases crescem quando o sistema tende à condição de equilíbrio?

1.2 É possível afirmar que, na condição de equilíbrio, a energia de Helmholtz é sempre mínima?

1.3 É possível afirmar que, na temperatura de equilíbrio líquido-vapor, a entropia molar da fase vapor é maior que a da fase líquida?

1.4 Para um gás ideal em processo de expansão isentálpica, pode-se afirmar que não haverá variação de temperatura?

1.5 Para um gás ideal em processo de expansão isentrópica, pode-se afirmar que não haverá variação de temperatura?

1.6 É possível afirmar que um sistema com gradiente de temperatura está em não equilíbrio?

1.7 É possível afirmar que um sistema binário com temperatura uniforme e com gradientes de potenciais químicos está em não equilíbrio?

1.8 Sabendo que a entropia de um sistema contendo fases α e β é aditiva, a probabilidade de encontrar uma configuração (estado quântico) em α é independente da probabilidade de encontrar uma configuração (estado quântico) em β?

1.9 É possível afirmar que, para um sistema com especificações canônicas (T, V e $\underline{N}$ especificados), a condição de equilíbrio corresponde ao máximo de entropia?

Cálculos e problemas

1.1 Um recipiente de paredes rígidas e termicamente isoladas contém 1 mol de hidrogênio e 1 mol de oxigênio. Mediante uma faísca elétrica, provoca-se uma explosão no interior do recipiente. A pressão e a temperatura do sistema antes da explosão são P_1 = 1 atm e T_1 = 25 °C, respectivamente. Depois da explosão, são P_2 e T_2. Calcule o calor, o trabalho e a variação de energia interna, U, no processo. Comente as hipóteses e os cálculos.

1.2 Um sistema fechado contendo 1 mol de um fluido passa por um ciclo termodinâmico de cinco etapas. A tabela a seguir mostra os valores de variação de energia interna e as trocas de calor e trabalho em cada etapa. Determine os valores numéricos para as grandezas que faltam na tabela.

Etapas	ΔU[J]	Q[J]	W[J]
1-2	?	–3000	3000
2-3	2200	–3600	?
3-4	?	–100	?
4-5	800	?	–800
5-1	200	350	?
1-2-3-4-5-1	?	?	–400

1.3 Um recipiente contém 1 kg de água a 20 °C. Esse recipiente possui um agitador giratório, que está acoplado mecanicamente a um peso de massa 10 kg. Conforme o peso desce uma distância de 1 m, sob ação da gravidade, toda a energia potencial gravitacional é transferida para a água pelo agitador giratório, na forma de trabalho irreversível. O experimento ocorre lentamente, pois a viscosidade da água impede que o agitador gire muito rápido, limitando a velocidade de descida do peso. Ao final do experimento, o peso, o agitador e o fluido estão em repouso. Calcule:

a) A quantidade de trabalho irreversível realizado sobre a água.

b) A variação de energia interna da água.

c) A temperatura final da água.

d) A quantidade de calor que deve ser removido para que a água volte ao estado inicial.

e) A variação de entropia da água.

Dados: aceleração da gravidade = 9,8 m/s^2; capacidade calorífica da água = 4,18 kJ/kg/°C.

1.4 Considere um sistema com dois compartimentos (A e B) que estão em contato com um banho térmico (temperatura constante, T = 298 K). O sistema total, soma dos compartimentos A e B, possui volume total constante, mas os compartimentos A e B podem "trocar volume" entre si por meio de um pistão interno. Considere que os fluidos nos compartimentos A e B se comportam como gás ideal. O sistema possui volume total de 100 L, e os compartimentos possuem números de mols iguais a n_A = 1 mol e n_B = 3 mol.

a) Determine os volumes e pressões de cada compartimento A e B, de acordo com os critérios de espontaneidade e equilíbrio termodinâmico.

b) Verifique numericamente que a solução é compatível com o mínimo na energia de Helmholtz para dado volume total e temperatura especificada globalmente.

1.5 Calcule o trabalho e calor realizado por um mol de gás ideal que realiza um ciclo reversível ABCA, sabendo que AB é um processo isotérmico (T_A = 400 K e P_A = 3 atm), BC é um processo isobárico com PB = 1,5 atm e CA é um processo adiabático reversível (com $\gamma = C_p/C_v = 1,4$). Calcule, também, a variação de energia interna, a variação de entalpia e a variação de entropia desse gás.

1.6 A figura a seguir ilustra dois processos reversíveis sofridos por um mol de um gás ideal. As curvas T_1 e T_2 são isotermas, os caminhos B-C e E-F são isóbaros e os caminhos C-A e F-D são isocóricos. Mostre que os trabalhos e os calores totais obtidos nos ciclos ABCA e DEFD possuem o mesmo valor.

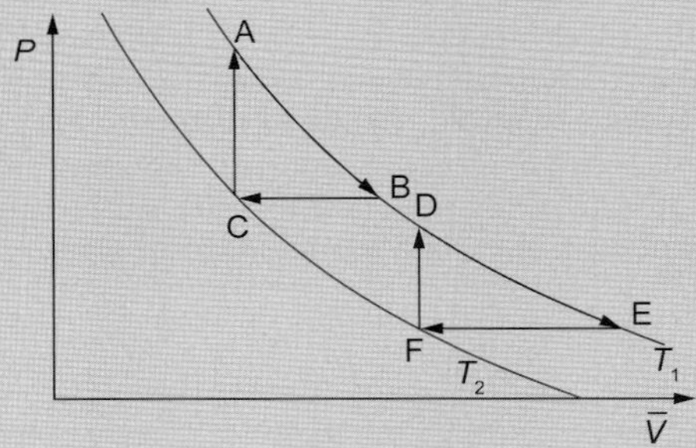

1.7 Considere a proposta de armazenar energia por meio da compressão de gás em um determinado momento e recuperação dessa energia por meio da descompressão do gás em um momento futuro. A partir de um fluido inicialmente em condições ambiente, 20 °C e 1 bar, compare o trabalho consumido na compressão e recuperado na descompressão nos dois processos a seguir:

a) Pressurização isotérmica até 10 bar; despressurização isotérmica de volta a 1 bar.

b) Pressurização adiabática até 10 bar e resfriamento isobárico até a temperatura inicial (20 °C), seguidos de despressurização adiabática de volta a 1 bar e aquecimento isobárico até a temperatura ambiente inicial.

Dado: trate o fluido como gás ideal com Cp aproximado do ar = 1,00 kJ/(kg K) e a massa molar média do ar de aproximadamente 29 g/mol.

1.8 Um gás está contido em um cilindro com 0,5 m de diâmetro por um êmbolo. Sobre esse êmbolo, repousa um contrapeso. Juntos, o êmbolo e o contrapeso possuem massa de 150 kg. Considere a aceleração da gravidade igual a 9,8 m/s^2 e a pressão atmosférica (1 atm). Adaptada de SMITH, VAN NESS e ABBOTT, *Introdução à Termodinâmica da Engenharia Química*, 7. ed. (2007).

a) Qual é a força exercida sobre o gás pela atmosfera e pelo êmbolo + contrapeso, admitindo que não haja atrito estático?

b) Qual é a pressão do gás?

c) Se o gás for aquecido, ele se expande, empurrando o êmbolo + contrapeso para cima. Se o êmbolo + contrapeso forem erguidos em 1 m, qual o trabalho realizado pelo gás sobre eles e qual o trabalho realizado pelo gás sobre a atmosfera?

1.9 Considere um vaso cilíndrico cheio de ar, com um pistão móvel, acoplado a uma mola de acordo com a ilustração a seguir. A pressão externa é de 1 atm, a temperatura inicial do ar é 25 °C. O pistão possui massa de 500 kg. A mola possui comprimento normal (não tensionada) de L_0 = 50 cm e constante de k = 40.000 N/m de acordo com a lei de Hooke $F = k(L - L_0)$. Considere que o ar se comporta como gás ideal com capacidade calorífica constante igual a 20 J/mol. Calcule a quantidade necessária de calor a ser adicionada para que a mola se comprima em 2 cm. Adaptada de SANDLER, *Chemical and Engineering Thermodynamics*, 3. ed. (1999).

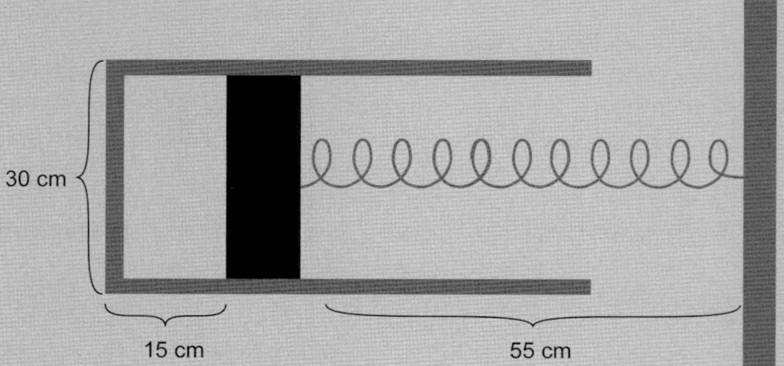

1.10 Uma câmara isolada e de paredes rígidas possui dois compartimentos internos. O primeiro compartimento contém quantidade n_A = 1mol de gás na condição de 1 MPa e 500 K e o segundo compartimento está evacuado (n_B = 0 mol). Havendo um rompimento da parede interna que separa os dois compartimentos, o gás vaza do compartimento *A* para o *B* até que se igualem as pressões e, como a parede interna é boa condutora térmica, também se igualam as temperaturas. Assumindo comportamento de gás ideal com capacidade calorífica constante igual a 20 J/(mol K), calcule a pressão e a temperatura do sistema no final. Adaptada de SANDLER, *Chemical and Engineering Thermodynamics*, 3. ed. (1999).

Resumo de equações

- *Funções de estado*

M = propriedade termodinâmica extensiva

$\overline{M}$ = propriedade termodinâmica intensiva

$$M = n\overline{M}$$

$$dU = TdS - PdV \; (\underline{N} \text{ constante})$$

$$H = U + PV \qquad A = U - TS \qquad G = H - TS$$

$$C_V = \left(\frac{\partial \overline{U}}{\partial T}\right)_{V,\underline{N}} \qquad C_P = \left(\frac{\partial \overline{H}}{\partial T}\right)_{P,\underline{N}}$$

- *Processos*

$$\eta_{\text{máx}} = 1 - \frac{T_{\text{frio}}}{T_{\text{quente}}}$$

$$dU = \delta Q + \delta W \qquad \delta W_{\text{rev}} = -PdV \qquad dS = \frac{\delta Q_{\text{rev}}}{T}$$

- *Gás ideal*

$$PV = nRT$$

$$d\overline{U}^{gi} = C_V{}^{gi} dT$$

$$d\overline{H}^{gi} = C_P{}^{gi} dT$$

CAPÍTULO 2

Condições de Equilíbrio de Fases

Este capítulo introduz o conceito de potencial químico e explora o comportamento de equilíbrio de fases para substâncias puras.

2.1 RELAÇÃO FUNDAMENTAL

A relação fundamental da termodinâmica expressa a variação do potencial termodinâmico dado pela energia interna, a partir das suas variáveis naturais: entropia, volume e número de mols. Esta é a relação fundamental da termodinâmica escrita para um sistema com um só componente e para um sistema multicomponente:

$$\boxed{dU = TdS - PdV + \mu dN} \tag{2.1}$$

$$\boxed{dU = TdS - PdV + \sum_i \mu_i dN_i} \tag{2.2}$$

Na equação, a grandeza μ_i, chamada "potencial químico" do componente i na mistura, é definida como:

$$\mu_i = \left(\frac{\partial U}{\partial N_i} \right)_{S,V,N_{j \neq i}} \tag{2.3}$$

A relação fundamental também pode ser mostrada na forma integral, usando o teorema de Euler (demonstrado no Capítulo 6), reconhecendo que T, P e μ_i sejam propriedades termodinâmicas intensivas:

$$\boxed{U = TS - PV + \sum_i \mu_i N_i} \tag{2.4}$$

E, como $G = H - TS = U + PV - TS$, tem-se que:

$$G = \sum_i \mu_i N_i \tag{2.5}$$

De onde observamos que, para a substância pura, $\bar{G} = G/N = \mu$.

Da relação fundamental, é possível deduzir quais são as condições necessárias para o equilíbrio em sistemas com mais de uma fase.

2.2 CONDIÇÕES DE EQUILÍBRIO

Ao isolar o termo da entropia na Equação (2.2), tem-se:

$$dS = \frac{dU}{T} + \frac{P}{T}dV - \sum_i \frac{\mu_i}{T} dN_i \tag{2.6}$$

Com um sistema isolado, rígido, no qual não há reação química, com duas fases em equilíbrio, é possível utilizar a Equação (2.6) para cada fase, como segue:

$$dS^\alpha = \frac{dU^\alpha}{T^\alpha} + \frac{P^\alpha}{T^\alpha}dV^\alpha - \sum_i \frac{\mu_i^\alpha}{T^\alpha} dN_i^\alpha \tag{2.7}$$

$$dS^\beta = \frac{dU^\beta}{T^\beta} + \frac{P^\beta}{T^\beta}dV^\beta - \sum_i \frac{\mu_i^\beta}{T^\beta} dN_i^\beta \tag{2.8}$$

Além disso, como a entropia é aditiva, a entropia total do sistema é:

$$dS_T = dS^\alpha + dS^\beta \tag{2.9}$$

o que leva a:

$$dS_T = \frac{dU^\alpha}{T^\alpha} + \frac{dU^\beta}{T^\beta} + \frac{P^\alpha}{T^\alpha}dV^\alpha + \frac{P^\beta}{T^\beta}dV^\beta - \sum_i \frac{\mu_i^\alpha}{T^\alpha} dN_i^\alpha - \sum_i \frac{\mu_i^\beta}{T^\beta} dN_i^\beta \tag{2.10}$$

Como o sistema é isolado, rígido e sem reação química, algumas restrições devem ser usadas na escrita da equação em termos das variáveis independentes.

Por ser um sistema isolado:

$$dU_T = 0 \Rightarrow dU^\alpha + dU^\beta = 0 \Rightarrow dU^\alpha = -dU^\beta \tag{2.11}$$

Por ser um sistema rígido:

$$dV_T = 0 \Rightarrow dV^\alpha + dV^\beta = 0 \Rightarrow dV^\alpha = -dV^\beta \tag{2.12}$$

Por ser um sistema sem variação de massa e sem reação química:

$$dN_i = dN_i^\alpha + dN_i^\beta = 0 \Rightarrow dN_i^\alpha = -dN_i^\beta \quad \text{para } i = 1,2,3... \, C \tag{2.13}$$

Assim, com a aplicação das Equações (2.11), (2.12) e (2.13), a Equação (2.10) se transforma em:

$$dS_T = \left(\frac{1}{T^\alpha} - \frac{1}{T^\beta}\right)dU^\alpha + \left(\frac{P^\alpha}{T^\alpha} - \frac{P^\beta}{T^\beta}\right)dV^\alpha - \sum_i \left(\frac{\mu_i^\alpha}{T^\alpha} - \frac{\mu_i^\beta}{T^\beta}\right)dN_i^\alpha \tag{2.14}$$

Entretanto, se um sistema isolado se encontra em equilíbrio, sua entropia é máxima e, como demonstrado na Seção 1.8, a condição suficiente e necessária para determinar o ponto no qual a entropia é máxima é:

$$\begin{cases} dS = 0 \\ d^2S < 0 \end{cases} \tag{2.15}$$

Dessa condição suficiente e necessária – de que a entropia é máxima – é possível deduzir uma condição necessária, menos restritiva, que pode ser útil para a análise de alguns cenários – a condição de otimalidade de primeira ordem:

$$\left(\frac{\partial S}{\partial \varepsilon_i}\right)_{\varepsilon_{j\neq i}} = 0 \tag{2.16}$$

Nessa condição, a derivada parcial da entropia total é zero em relação a quaisquer processos independentes possíveis, $d\varepsilon = dU^\alpha$, dV^α, $dN^\alpha_{i=1\ldots C}$, que possam acontecer dentro das fronteiras do sistema com energia total, volume total e número de moléculas total de cada espécie constantes (essa lógica é comumente abreviada como $dS^T = 0$).

Para que isso aconteça, é necessário que os três termos do lado direito da Equação (2.14) sejam nulos, já que as variações de energia interna, de volume e de número de mols são processos independentes. Assim, para que a condição necessária de equilíbrio seja atingida, as seguintes relações devem ser verdadeiras:

$$\left(\frac{\partial S_T}{\partial U^\alpha}\right)_{V^\alpha,\, \underline{N}^\alpha} = 0 \Rightarrow \frac{1}{T^\alpha} = \frac{1}{T^\beta} \Rightarrow T^\alpha = T^\beta \tag{2.17}$$

$$\left(\frac{\partial S_T}{\partial V^\alpha}\right)_{U^\alpha,\, \underline{N}^\alpha} = 0 \Rightarrow \frac{P^\alpha}{T^\alpha} = \frac{P^\beta}{T^\beta} \Rightarrow P^\alpha = P^\beta \tag{2.18}$$

$$\left(\frac{\partial S_T}{\partial N_i^\alpha}\right)_{U^\alpha,\, V^\alpha,\, N^\alpha_{j\neq i}} = 0 \Rightarrow \frac{\mu_i^a}{T^\alpha} = \frac{\mu_i^\beta}{T^\beta} \Rightarrow \mu_i^a = \mu_i^\beta \quad \text{para } i = 1,2,3\ldots C \tag{2.19}$$

Desse modo, estabelecem-se as condições necessárias para o equilíbrio termodinâmico de duas fases quaisquer:

$$\begin{array}{ll} T^\alpha = T^\beta: & \text{Equilíbrio térmico} \\ P^\alpha = P^\beta: & \text{Equilíbrio mecânico} \\ \mu_i^\alpha = \mu_i^\beta: & \text{Equilíbrio químico, para } i = [1\ldots C] \end{array} \tag{2.20}$$

Logo, a temperatura, a pressão e o potencial químico de cada componente são invariantes ao longo de todo o sistema. Isso justifica que essas variáveis sejam chamadas "propriedades termodinâmicas intensivas tipo campo".

A extensão para sistemas com múltiplas fases (π fases) em equilíbrio pode ser deduzida analogamente, ou seja, seguindo a mesma sequência lógica, e a condição necessária é:

$$\begin{array}{|ll|}\hline T^{\alpha} = T^{\beta} = \ldots = T^{\pi}: & \text{Equilíbrio térmico} \\ P^{\alpha} = P^{\beta} \ldots = P^{\pi}: & \text{Equilíbrio mecânico} \\ \mu_i^{\alpha} = \mu_i^{\beta} = \ldots = \mu_i^{\pi}: & \text{Equilíbrio químico, para } i = [1 \ldots C] \\ \hline \end{array} \tag{2.21}$$

Entretanto, essas condições são necessárias apenas para a condição de máxima entropia de um sistema. Sozinhas, elas não são suficientes, uma vez que, com $dS_T = 0$, pode-se apenas afirmar que a função entropia se encontra em um ponto estacionário, que pode ser um ponto de mínimo, um ponto de máximo ou um ponto de sela.

2.3 ESPONTANEIDADE

Também se pode estudar a condição de espontaneidade indicada pela desigualdade que rege o processo até o equilíbrio, conforme a seguir:

$$dS_T \geq 0 \tag{2.22}$$

Dessa maneira, analisando o processo de transferência de energia a V^{α} e $\underline{N}^{\alpha}$ constantes,

$$\left(\frac{1}{T^{\alpha}} - \frac{1}{T^{\beta}}\right) dU^{\alpha} \geq 0 \tag{2.23}$$

tem-se duas opções: se $T^{\alpha} > T^{\beta}$, então dU^{α} deve ser menor que zero; o sistema quente α perde energia para o sistema frio β; por outro lado, se $T^{\alpha} < T^{\beta}$, então dU^{α} deve ser maior que zero e o sistema frio α ganha energia do sistema quente β.

Analogamente, analisando o equilíbrio mecânico a U^{α} e $\underline{N}^{\alpha}$ constantes (nessa análise, o trabalho de α em β, ou vice-versa, seria compensado por calor entre β e α de modo a manter a energia interna em A constante), tem-se:

$$\left(\frac{P^{\alpha}}{T^{\alpha}} - \frac{P^{\beta}}{T^{\beta}}\right) dV^{\alpha} \geq 0 \tag{2.24}$$

Ao analisar a partir de um cenário com equilíbrio térmico ($T^{\alpha} = T^{\beta}$), tem-se que se $P^{\alpha} > P^{\beta}$, então $dV^{\alpha} > 0$. O sistema α se expande e comprime o sistema β e, analogamente, se $P^{\alpha} < P^{\beta}$, então $dV^{\alpha} < 0$.

Analisando o equilíbrio químico,

$$-\left(\frac{\mu_i^{\alpha}}{T^{\alpha}} - \frac{\mu_i^{\beta}}{T^{\beta}}\right) dN_i^{\alpha} \geq 0 \quad \text{para cada componente } i = [1 \ldots C] \tag{2.25}$$

Analisando a partir de um cenário com equilíbrio térmico ($T^{\alpha} = T^{\beta}$), tem-se que, se $\mu_i^{\alpha} > \mu_i^{\beta}$, então $dN_i^{\alpha} < 0$, e há transferência de massa do componente i do sistema α para o sistema β. Analogamente, se $\mu_i^{\alpha} < \mu_i^{\beta}$, então $dN_i^{\alpha} > 0$.

Em suma, os processos de transferência de calor, expansão e transferência de massa só cessam ($dU^{\alpha} = 0$, $dV^{\alpha} = 0$ e $dN_i^{\alpha} = 0$) quando as respectivas forças motrizes estiverem zeradas e a entropia tiver atingido seu máximo.

2.4 EQUILÍBRIO COM CAMPO EXTERNO

Essa condição de equilíbrio é válida para um sistema sem campo externo (gravitacional, elétrico, magnético etc.) e sem curvatura de interface. Em condições usuais da engenharia química, os campos externos não alteram significativamente as propriedades termodinâmicas e a condição de equilíbrio. Existem algumas aplicações em que o campo externo é extremamente importante, como no caso de sistemas iônicos na presença de campo elétrico. Nesse caso, a energia total e as propriedades derivadas, como o potencial químico, devem ser corrigidos como $\mu_i^{\text{total}} = \mu_i^{\text{clássico}} + \mu_i^{\text{campo}}$. Por exemplo:

Na presença de um campo elétrico E, $\mu_i^{\text{elétrico}} = q_i F \Phi$, em que q_i é a carga da espécie, F é a constante de Faraday e Φ é o campo elétrico local.

Na presença de um campo gravitacional, com aceleração g, $\mu_i^{\text{gravitacional}} = m_i g\left(h - h_0\right)$, em que m_i é a massa molar do componente i, h e h_0 são, respectivamente, a altura do sistema e da referência.

Para o caso de uma gota, bolha ou condensação em poros, a energia associada à curvatura do sistema é importante. A diferença de pressões dentro e fora da gota é dada pela equação de Young-Laplace, $\Delta P = 2\gamma / r$, em que γ é a tensão interfacial e r é o raio de curvatura da interface da gota.

2.5 REGRA DAS FASES DE GIBBS

No estudo de sistemas multifásicos, o número de variáveis independentes que devem ser determinadas de forma a se descrever um estado em equilíbrio é uma informação de grande utilidade. Essa informação pode ser obtida por meio da regra das Fases de Gibbs, que estabelece uma relação entre o número de fases e o número de componentes presentes em um sistema, de acordo com as variáveis intensivas que se pode fixar em cada fase e os graus de liberdade que ainda são necessários para determinar o estado intensivo do sistema.

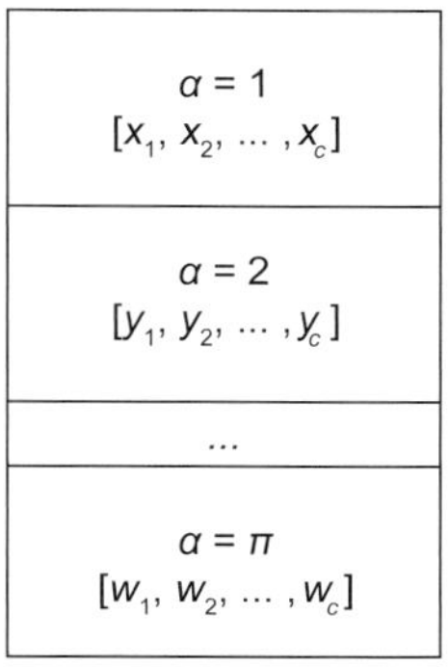

$\alpha = 1$ $[x_1, x_2, \ldots, x_c]$
$\alpha = 2$ $[y_1, y_2, \ldots, y_c]$
...
$\alpha = \pi$ $[w_1, w_2, \ldots, w_c]$

Figura 2.1 – Sistema multicomponente multifásico, sendo C o número de componentes, π o número de fases, e x, y e w frações molares em cada fase.

Um sistema multifásico com C componentes e π fases, como apresentado na Figura 2.1, pode ser descrito pelas seguintes variáveis intensivas independentes de cada uma de suas fases: T_j (temperatura da fase j), P_j (pressão da fase j) e x_{ij} (fração molar do componente i na fase j). Assim, contabilizam-se $\left(2 + C - 1\right)\pi$ variáveis independentes para todo o sistema. Porém, se o sistema está em equilíbrio, são válidas as equações da condição necessária de equilíbrio, demonstradas na Seção 2.2, que relacionam a temperatura, a pressão e os potenciais químicos de cada componente entre as fases do sistema. Assim, contabilizam-se $(\pi - 1)$ equações para as igualdades da temperatura das fases, $(\pi - 1)$ equações para as igualdades da pressão das fases e $C(\pi - 1)$ equações para as igualdades dos potenciais químicos dos componentes entre fases. Desse modo, o número de graus de liberdade do sistema (F) corresponde a:

$$F = \begin{Bmatrix} \text{número de variáveis} \\ \text{intensivas} \end{Bmatrix} - \begin{Bmatrix} \text{número de equações} \\ \text{independentes} \end{Bmatrix} \tag{2.26}$$

$$F = \left(2 + C - 1\right)\pi - \left[2\left(\pi - 1\right) + \left(\pi - 1\right)C\right] \tag{2.27}$$

$$\boxed{F = 2 + C - \pi} \tag{2.28}$$

Regra das Fases de Gibbs

Sendo F o número de variáveis intensivas independentes, ou seja, o número de graus de liberdade intensivos.

2.6 TEOREMA DE DUHEM

O teorema de Duhem, assim como a regra das Fases de Gibbs, provém de uma análise dos graus de liberdade em um sistema. Entretanto, o teorema de Duhem trata do estado extensivo de um determinado sistema fechado em equilíbrio, quando o número de mols ou a massa de cada espécie presente (ou alimentados inicialmente, em um sistema com reação química) são especificados (N_i^{total}). Além de contabilizar as variáveis intensivas que são levadas em conta na regra das Fases de Gibbs (temperatura, pressão e frações molares), que somam $(2 + C - 1)\pi$ variáveis independentes, o teorema de Duhem contabiliza as massas ou número de mols de cada fase (n^α), adicionando, então, π variáveis independentes, totalizando $(2 + C)\pi$ variáveis independentes. Quanto às equações independentes, valem aquelas advindas da condição necessária de equilíbrio, que somam $\left[2(\pi-1)+(\pi-1)C\right]$, e, uma vez que as massas ou o número de mols de cada fase são levados em conta, podem ser feitos C balanços de massa do tipo $\sum_\alpha n^\alpha\, x_i^\alpha = N_i^{total}$, um para cada componente i, com a quantidade total N_i^{total} conhecida. Isso leva a $\left[2(\pi-1)+\pi C\right]$ equações. Assim, os graus de liberdade do sistema em termos de variáveis intensivas e extensivas (F_T) vale:

$$F_T = \begin{Bmatrix} \text{número de variáveis} \\ \text{independentes} \end{Bmatrix} - \begin{Bmatrix} \text{número de equações} \\ \text{independentes} \end{Bmatrix} \tag{2.29}$$

$$F_T = (2+C)\pi - \left[2(\pi-1)+\pi C\right] \tag{2.30}$$

$$\boxed{F_T = 2} \tag{2.31}$$

Teorema de Duhem

Conclui-se então que, em um determinado sistema fechado formado por espécies químicas com quantidades de massa especificadas para todos os componentes alimentados, o estado de equilíbrio é completamente descrito quando são fixadas duas variáveis independentes quaisquer (levando em conta a regra das Fases de Gibbs para identificar quantas intensivas são independentes e, logo, se é necessário especificar uma, duas ou nenhuma extensiva).

2.7 DIAGRAMAS DE FASES DE SUBSTÂNCIAS PURAS

Se uma substância pura sofre uma mudança de fase, de forma que duas fases coexistam em equilíbrio termodinâmico ao longo da mudança, é correto afirmar que o grau de liberdade do sistema é 1, segundo a regra de Fases de Gibbs. Assim, para uma dada temperatura haverá apenas uma pressão de equilíbrio (e vice-versa) e, uma vez fixadas, essas grandezas não se alterarão ao longo da transição de fase. No caso das substâncias puras, o equilíbrio de duas fases é univariante, ou seja, o sistema apresenta diagramas de fases como na Figura 2.2 para as propriedades diretamente mensuráveis.

Note que os gráficos estão na mesma escala. Logo, na Figura 2.2(a), cada interseção de uma isoterma com uma linha de transição de fases corresponde a uma pressão de equilíbrio exatamente igual à interseção da isoterma correspondente com uma fronteira de envelope de fase vista na Figura 2.2(b).

A linha T_2 marca a temperatura crítica e o ponto crítico (T_c, P_c). Em temperatura inferior ao ponto crítico, é possível observar a transição líquido-vapor ao variar a pressão e cruzar a curva de pressão de saturação. De modo semelhante, em pressão inferior ao ponto crítico é possível

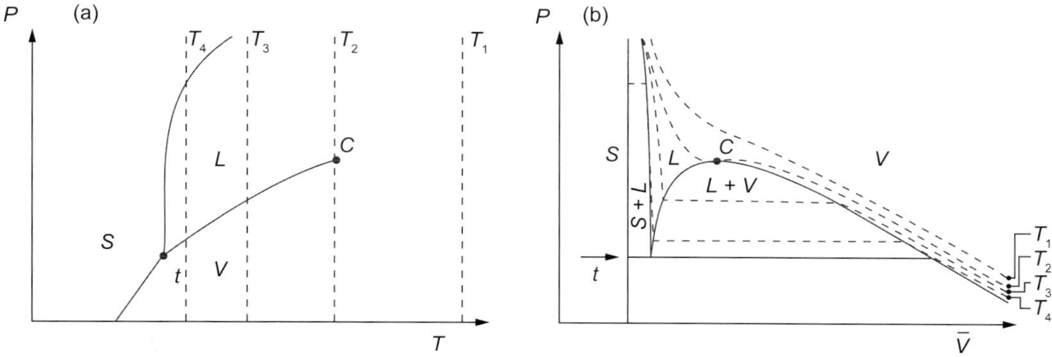

Figura 2.2 – Diagramas de fases $P \times T$ e $P \times \bar{V}$ para substância pura, incluindo fase sólida. O ponto C representa o ponto crítico, em ambos os quadros. O ponto t no quadro (a) e a linha t no quadro (b) representam o "ponto triplo", invariante, restrito a um ponto na representação $P \times T$, pela regra das Fases de Gibbs, e a uma linha na representação $P \times \bar{V}$ devido ao teorema de Duhem, de acordo com o volume e a energia do sistema multifásico.

observar a transição líquido-vapor ao variar a temperatura e cruzar a curva de pressão de saturação. Nessas condições, pode-se dizer que, em pressão abaixo da curva de saturação, o fluido assume o estado físico de gás e, acima da curva de saturação, o fluido assume o estado físico de líquido. Em uma condição de (T, P) pertencente à curva de saturação, líquido e vapor coexistem, e tem-se número de graus de liberdade igual a 1, mas a quantidade relativa de líquido e vapor depende de uma variável do sistema bifásico, como volume total ou entalpia total. Porém, ao se aproximarem do ponto crítico, as propriedades do líquido e vapor em equilíbrio se tornam muito similares, tendendo ao ponto crítico. O líquido e o vapor tendem à mesma densidade e mesma entalpia molar; acima do ponto crítico observa-se apenas uma fase homogênea, com densidade intermediária ao que se espera, tipicamente, para gases ou líquidos.

No diagrama $P \times T$, observa-se que o "ponto triplo" corresponde a um ponto (P_t, T_t), devido à regra das Fases de Gibbs ($C = 1$, $\pi = 3$, então $F = 0$), e a uma linha na representação $P \times \bar{V}$, uma vez que a variável volume molar no interior do envelope de fases corresponde ao volume global das duas ou três fases em equilíbrio. No ponto triplo, temperatura e pressão são especificadas. Logo, as entalpias molares e os volumes molares das três fases são determinados. Resta estabelecer a entalpia global (i. e., entalpia extensiva dividida por número de mols total) e volume global (i. e., volume extensivo dividido pelo número de mols total). Para que seja possível calcular o número de mols de cada uma das fases, deve-se considerar duas variáveis de acordo com o teorema de Duhem, sendo que nenhuma delas deve fazer parte do conjunto contemplado pela regra das Fases de Gibbs.

Para as propriedades medidas indiretamente, como entalpia molar e entropia molar, os valores calculados são relativos a uma condição de referência $\bar{H}_0 = \bar{H}(T_0, P_0)$ e $\bar{S}_0 = \bar{S}(T_0, P_0)$. Os diagramas de fases de $P \times \bar{H}$ e $T \times \bar{S}$ adquirem a forma apresentada na Figura 2.3.

Os diagramas $P \times T$ e $P \times \bar{V}$ são úteis para prever quais fases estarão presentes para um sistema sujeito a uma dada condição de contorno: volume da célula experimental e massa adicionada, ou densidade da amostra; temperatura do banho ou do ambiente; pressão exercida pelo pistão no experimento ou em dado ponto do reservatório ou escoamento.

Já os diagramas $P \times \bar{H}$ e $T \times \bar{S}$ são mais úteis em cálculos de processos em escoamento, com equipamentos que envolvam balanços de energia (calor e trabalho) e que envolvam cálculos de variações de entropia (eficiência de turbinas e compressores). Nota-se que os valores de entalpia e entropia expressos nesses diagramas são sempre relativos a um estado de referência, conceito que será trabalhado no cálculo de propriedades residuais.

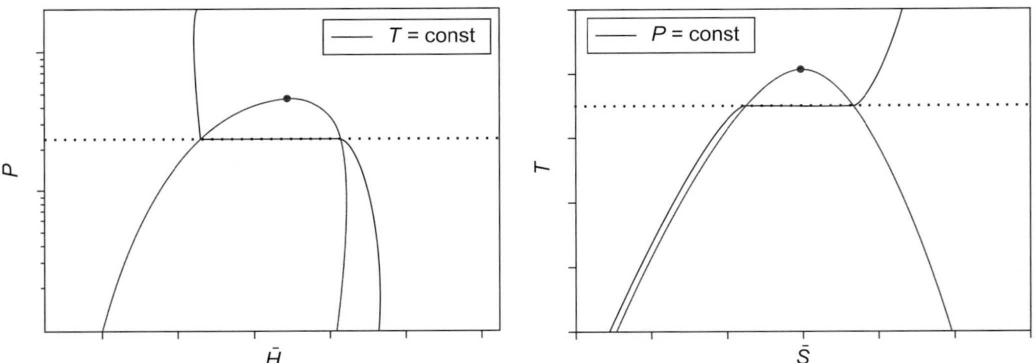

Figura 2.3 – Diagramas de fases $P \times \bar{H}$ e $T \times \bar{S}$ para substância pura, mostrando líquido e vapor.

No plano $P \times T$, duas variáveis intensivas tipo campo, o equilíbrio de fases univariante corresponde a uma curva, enquanto no plano $P \times \overline{V}$, com uma variável intensiva tipo densidade, o equilíbrio de fases univariante corresponde a uma região – para dada pressão, cada ponto dentro da região de equilíbrio bifásico corresponde a uma razão diferente entre quantidades das fases α e β, ou seja, mudança no balanço de massa global.

Exemplo Resolvido 2.1

Considere a evaporação de água em um cilindro contendo um pistão sem fricção como o representado na figura a seguir. Adaptada de SANDLER, *Chemical and Engineering Thermodynamics*, 3. ed. (1999).

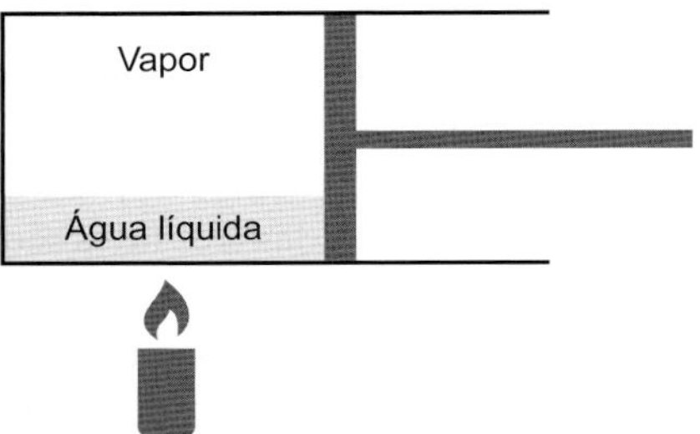

a) Calcule o trabalho obtido pelo sistema quando 1 kg de água líquida saturada é totalmente transformado em vapor saturado a 100 °C. Dado que o volume específico da água líquida e do vapor saturados a 100 °C e 1 atm é de 0,001044 m³/kg e 1,6729 m³/kg, respectivamente, e a entalpia de vaporização da água nessas condições é de 2257 kJ/kg.

b) Mostre que o calor requerido para a vaporização da água é bem maior do que o trabalho realizado.

Resolução

a) Como se trata de um processo reversível, o cálculo do trabalho realizado sobre o pistão é feito da seguinte maneira:

$$dW = -PdV$$

Como se trata de uma expansão a uma pressão constante, o trabalho realizado passa a ser:

$$W^{2-1} = -\int_1^2 PdV = -P\left(V_2 - V_1\right)$$

O volume final e o volume inicial são, respectivamente, o volume do vapor saturado e o volume da água saturada:

$$W^{2-1} = -P\left(V^{Vsat} - V^{Lsat}\right) = -169{,}4 \text{ kJ}$$

b) Considerando o fato de o processo ser reversível e a pressão constante em um sistema fechado, é possível obter uma relação para a entalpia de vaporização e o calor recebido pelo sistema a partir da Primeira Lei da Termodinâmica. A partir da definição de entalpia:

$$dU = \delta Q + \delta W$$

$$dH = dU + \left(PV\right) \Rightarrow dU = dH - d\left(PV\right)$$

Substituindo dU na equação da Primeira Lei da Termodinâmica, a uma pressão constante,

$$dH - d\left(PV\right) = \delta Q + \delta W \quad \Rightarrow \quad dH - PdV = \delta Q + \delta W$$

Como se trata de um processo reversível, apenas com trabalho de expansão, realizado a uma pressão constante:

$$dH = \delta Q \Rightarrow \int_1^2 dH = \int_1^2 \delta Q$$

$$Q^{2-1} = \Delta H^{2-1} = m\,\Delta\overline{H}^{\text{vaporização}}$$

Assim, o calor necessário para vaporizar toda a água é:

$$Q^{2-1} = 2{,}257 \text{ kJ}$$

Aplicando a Primeira Lei da Termodinâmica a todo o processo, obtém-se a seguinte variação de energia interna:

$$\Delta U^{2-1} = Q^{2-1} + W^{2-1} = 2087{,}6 \text{ kJ}$$

Mostra-se que a maior parte da energia inserida no sistema na forma de calor foi armazenada na forma de energia interna (cerca de 92 %), o que evidencia a importância das interações intermoleculares nesse tipo de transformação.

2.8 EFEITOS TÉRMICOS NA MUDANÇA DE FASES DE SUBSTÂNCIAS PURAS

Pode-se afirmar que, se a partir de um ponto de equilíbrio ($\mu^\alpha = \mu^\beta$) houver variação de temperatura e pressão de forma que as fases α e β continuem em equilíbrio, as variações infinitesimais da energia livre de Gibbs em ambas as fases devem ser equivalentes, o que leva a:

$$d\mu^\alpha = d\mu^\beta \tag{2.32}$$

Considerando que o potencial químico da substância pura é igual à energia de Gibbs molar,

$$d\overline{G}^\alpha = d\overline{G}^\beta \tag{2.33}$$

Ao expressar as variações na energia de Gibbs de cada fase em termos de variações de T e P, tem-se:

$$-\overline{S}^{\alpha} dT + \overline{V}^{\alpha} dP^{\text{sat}} = -\overline{S}^{\beta} dT + \overline{V}^{\beta} dP^{\text{sat}} \tag{2.34}$$

$$\frac{dP^{\text{sat}}}{dT} = \frac{\overline{S}^{\beta} - \overline{S}^{\alpha}}{\overline{V}^{\beta} - \overline{V}^{\alpha}} \tag{2.35}$$

$$\frac{dP^{\text{sat}}}{dT} = \frac{\Delta\overline{S}^{\alpha\beta}}{\Delta\overline{V}^{\alpha\beta}} \tag{2.36}$$

Como $\Delta\overline{G}^{\alpha\beta} = \Delta\overline{H}^{\alpha\beta} - T\Delta\overline{S}^{\alpha\beta}$, pode-se afirmar que $\Delta\overline{H}^{\alpha\beta} = T\Delta\overline{S}^{\alpha\beta}$, o que transforma a Equação (2.36) na *equação de Clapeyron*:

$$\boxed{\frac{dP^{\text{sat}}}{dT} = \frac{\Delta\overline{H}^{\alpha\beta}}{T\Delta\overline{V}^{\alpha\beta}} = \frac{\Delta\overline{S}^{\alpha\beta}}{\Delta\overline{V}^{\alpha\beta}}} \tag{2.37}$$

Equação de Clapeyron

2.8.1 Casos particulares: equilíbrio líquido-vapor

Em certos casos, algumas aproximações podem ser feitas sem muito prejuízo da descrição da equação de Clapeyron. No caso da transição entre líquido e vapor em pressões baixas ou moderadas, pode-se afirmar que o volume de líquido é desprezível:

$$\Delta\overline{V}^{VL} = \overline{V}^{V} - \overline{V}^{L} \simeq \overline{V}^{V} \tag{2.38}$$

Isso leva a:

$$\frac{dP^{\text{sat}}}{dT} = \frac{\Delta\overline{H}^{VL}}{T\overline{V}^{V}} \tag{2.39}$$

Caso a fase vapor possa ser descrita pela equação do gás ideal, $\overline{V} = RT/P$, a equação de Clapeyron se transforma em:

$$\frac{dP^{\text{sat}}}{dT} = \frac{\Delta\overline{H}^{VL}}{T\left(\frac{RT}{P^{\text{sat}}}\right)} \Rightarrow \frac{\left(dP^{\text{sat}} / P^{\text{sat}}\right)}{\left(dT / T^{2}\right)} = \frac{\Delta\overline{H}^{VL}}{R} \tag{2.40}$$

E, finalmente:

$$\boxed{\frac{d\ln\left(P^{\text{sat}}\right)}{d\left(1/T\right)} = -\frac{\Delta\overline{H}^{VL}}{R}} \tag{2.41}$$

Equação de Clausius-Clapeyron

Essa equação é chamada *equação de Clausius-Clapeyron*, em que $\Delta\overline{H}^{VL} = \overline{H}^{V} - \overline{H}^{L}$. A diferença de entalpia molar entre vapor e líquido em uma condição de saturação é conhecida como "calor latente de vaporização". Devido às aproximações feitas sobre o volume molar das fases vapor e líquido, essa equação é válida apenas em pressões baixas/moderadas, distantes do ponto crítico da substância.

Exemplo Resolvido 2.2

Estime a entalpia de vaporização do composto A a 3 atm, considerando a seguinte expressão para a determinação das propriedades do composto: $P^{sat}[\text{atm}] = 30\exp\left(7{,}0 - 3500/T[\text{K}]\right)$.

Resolução

A temperatura T pode ser obtida a partir da expressão de pressão de saturação, invertendo algebricamente:

$$P^{sat} = 3 \text{ atm} \quad \Rightarrow \quad T = \frac{3500}{\ln\left(\dfrac{30}{P^{sat}}\right) + 7} = 376{,}2 \text{ K}$$

Utilizando a equação de Clausius-Clapeyron com a correlação de pressão de saturação apresentada,

$$-\frac{\Delta\overline{H}^{VL}}{R} = \frac{d\ln\left(P^{sat}\right)}{d\left(1/T\right)} = \frac{d\ln\left(30\exp\left(7{,}0 - 3500/T[\text{K}]\right)\right)}{d\left(1/T\right)}$$

$$\frac{d\ln\left(P^{sat}\right)}{d\left(1/T\right)} = \frac{d - 3500\left(1/T\right)}{d\left(1/T\right)} = -3500$$

$$\Delta\overline{H}^{VL} = -R\,\frac{d\ln\left(P^{sat}\right)}{d\left(1/T\right)} = 29{,}1\,\frac{\text{kJ}}{\text{mol}}$$

2.8.2 Casos particulares: equilíbrio sólido-vapor

No caso da transição de fases de um sólido para um vapor, outras simplificações podem ser feitas sobre a equação de Clapeyron. O calor de sublimação, $\Delta\overline{H}^{VS}$, pode ser considerado constante com temperatura. Além disso, o volume do sólido é desprezível em comparação com o volume do vapor ($\Delta\overline{V}^{VS} \simeq \overline{V}^{V}$). Essas hipóteses, somadas à descrição da fase gasosa como um gás ideal, transformam a Equação (2.37) em:

$$\frac{dP^{sat}}{dT} = \frac{\Delta\overline{H}^{VS} P^{sat}}{RT^2} \tag{2.42}$$

Resolvendo a equação diferencial, obtém-se a equação:

$$\ln\left(P^{sat}\right) = \frac{\Delta\overline{H}^{VS}}{RT} + B \tag{2.43}$$

em que B é uma constante de integração.

2.8.3 Casos particulares: equilíbrio sólido-líquido

No caso da transição de fases sólido para líquido em condições moderadas, é possível simplificar que as variações de entalpia e volume são constantes, isto é, não dependem da temperatura, o que faz com que a Equação (2.37) assuma a seguinte forma:

$$P^{sat} = \frac{\Delta \overline{H}^{LS}}{\Delta \overline{V}^{LS}} \ln(T) + B \tag{2.44}$$

Sendo B uma constante dependente da substância que pode ser determinada a partir de um ponto de fusão conhecido.

Exemplo Resolvido 2.3

A tabela a seguir mostra a relação entre a temperatura de fusão do gelo e a pressão, assim como a variação de volume associada à mudança de fase. Usando estes valores, calcule a entalpia e entropia de fusão do gelo a –12 °C.

T[°C]	P^{sat}[atm]	$\Delta\overline{V}^{SL}$ [cm³/kg]
0,0	1	–90,0
–5,0	590	–101,6
–10,0	1090	–112,6
–15,0	1540	–121,8
–20,0	1910	–131,3

Resolução

Pela equação de Clausius,

$$\frac{dP_{sat}}{dT} = \frac{\Delta \overline{H}^{\alpha\beta}}{T\Delta \overline{V}^{\alpha\beta}} = \frac{\Delta \overline{S}^{\alpha\beta}}{\Delta \overline{V}^{\alpha\beta}}$$

Realizando uma regressão linear de $P_{sat} \times T$, em unidades do SI, tem-se que:

$$P_{sat}[\text{Pa}] = -9{,}662 \times 10T^6[\text{K}] + 2{,}646 \times 10^9 \quad \Rightarrow \quad \frac{dP_{sat}}{dT} = -9{,}662 \times 10^6 \ \frac{\text{Pa}}{\text{K}}$$

Dessa forma, ao interpolar os valores de variação de volume para –12 °C e substituir os valores na equação acima, tem-se:

$$\Delta \overline{H}^{SL} = T\Delta \overline{V}^{SL} \frac{dP_{sat}}{dT} = -5{,}2 \text{ kJ/mol}, \ \Delta \overline{S}^{SL} = \frac{\Delta \overline{H}^{SL}}{T} = -19{,}9 \ \frac{\text{J}}{\text{mol K}}$$

2.9 MODELOS EMPÍRICOS PARA PRESSÃO DE SATURAÇÃO E ENTALPIA DE VAPORIZAÇÃO

Ao longo desta seção serão discutidos modelos empíricos que descrevem as transições líquido-vapor.

2.9.1 Modelos empíricos para pressão de saturação

Equação de Antoine

A *equacão de Antoine* produz bons resultados para a pressão de saturação e seu uso é bastante difundido, de forma que seja fácil encontrar os parâmetros A, B e C da equação (que dependem de cada espécie) em bancos de dados especializados em propriedades termodinâmicas. A pressão de saturação e a temperatura vêm em unidades variadas a depender da fonte dos parâmetros. No Apêndice D estão disponíveis os parâmetros de algumas substâncias selecionadas.

$$\ln\left(P^{sat}\right) = A - \frac{B}{T + C} \tag{2.45}$$

Aproximação por uma reta

Uma forma simplificada da equação de Antoine é a *aproximação por uma reta* nas variáveis $\ln P \times 1/T$ (em escala absoluta). Essa forma é útil sobretudo para a interpolação de valores de pressão de saturação entre dois pontos de valores conhecidos e não muito espaçados:

$$\ln\left(P^{sat}\right) = a + b\frac{1}{T} \tag{2.46}$$

Equação de Wilson

Esta equação depende apenas das coordenadas críticas e do fator acêntrico da substância e funciona bem para pequenos afastamentos do ponto crítico. Ela é bastante utilizada como estimativa inicial no cálculo de envelopes de fases envolvendo hidrocarbonetos.

$$\ln\left(\frac{P^{sat}}{P_c}\right) = 5{,}373\,(1+\omega)\left(1-\frac{T_c}{T}\right) \tag{2.47}$$

No Apêndice D estão disponíveis as propriedades críticas e o fator acêntrico, w, necessários para aplicar essa equação a algumas substâncias selecionadas.

Equação de Wagner

A *equação de Wagner* possui bastante acurácia e produz resultados satisfatórios em uma ampla faixa de temperaturas. Ela descreve a pressão de saturação de uma determinada substância como uma função dos parâmetros A, B, C e D e da variável $t = 1 - T_r$, em que T_r é a temperatura reduzida ($T_r = T/T_c$):

$$\ln\left(\frac{P^{sat}}{P_c}\right) = \frac{At + Bt^{1,5} + Ct^3 + Dt^6}{1-t} \tag{2.48}$$

2.9.2 Modelos empíricos para calores latentes

Regra de Trouton

A *regra de Trouton* é uma estimativa empírica do calor latente nas condições normais de ebulição (ebulição a 1 atm). Ela fornece um valor razoável para o calor latente de diversas substâncias e sua vantagem é a fácil utilização. A seguir, ela está apresentada em diversas unidades:

$$\frac{\Delta \overline{H}_n^{\,vap}}{T_n} = \Delta \overline{S}_n^{\,vap} \simeq 21 \text{ cal}/(\text{mol K}) \simeq 88 \text{ J}/(\text{mol K}) \simeq 10R \tag{2.49}$$

sendo T_n a temperatura normal de ebulição (temperatura de saturação na pressão de 1 atm).

Equação de Kistiakowsky

A *equação de Kistiakowsky* é uma outra correlação para a entalpia de vaporização a partir da temperatura normal de ebulição, dada em Kelvin na expressão empírica:

$$\frac{\Delta \overline{H}_n^{\,vap}}{RT_n} = 4{,}03 + \ln(T_n\,[\text{K}]) \tag{2.50}$$

Equação de Riedel

A *equação de Riedel* possui o mesmo princípio. Porém, essa equação não é tão simples quanto as anteriores:

$$\frac{\Delta \overline{H}_n^{\,vap}}{RT_n} = \frac{1{,}092\,(\ln\,(P_c/1\text{bar}) - 1{,}013)}{0{,}930 - T_{r,n}} \tag{2.51}$$

Nela, P_c corresponde à pressão crítica em bar de uma determinada substância, e $T_{r,n}$ a sua temperatura normal reduzida (T_n/T_c).

No Apêndice D estão disponíveis os valores de calor latente de vaporização e a temperatura normal de ebulição para algumas substâncias selecionadas.

Equação de Watson

Diferentemente das equações anteriores, a *equação de Watson* estima a entalpia de vaporização em uma nova temperatura, a partir de uma entalpia de vaporização conhecida em uma dada temperatura. Ela pode ser escrita de duas formas equivalentes:

$$\frac{\Delta \overline{H}_2^{\,vap}}{\Delta \overline{H}_1^{\,vap}} = \left(\frac{1 - T_{r2}}{1 - T_{r1}}\right)^{0,38} = \left(\frac{T_c - T_2}{T_c - T_1}\right)^{0,38} \tag{2.52}$$

$$\frac{\Delta \overline{H}^{\,vap}}{\Delta \overline{H}_n^{\,vap}} = \left(\frac{T - T_c}{T_n - T_c}\right)^{0,38} \tag{2.53}$$

Exemplo Resolvido 2.4

A pressão de saturação, o volume molar do líquido e o volume molar do vapor de água a 100 °C são de 1 atm, 18,8 cm³/mol e 30,2 ℓ/mol, respectivamente. Estime a variação de energia interna de um processo de vaporização reversível e a isobárica (1 atm) de um mol de água.

a) Pela regra de Trouton. **b)** Pela equação de Kistiakowsky. **c)** Pela equação de Riedel.

d) Compare com o valor tabelado para $\Delta\bar{H}$ na condição de pressão atmosférica: $40,65$ kJ/mol.

Resolução

Escreve-se a energia interna em função de $\bar{S}$ e $\bar{V}$: $\bar{U} = T\bar{S} - P\bar{V} + \mu$,

sendo que, na condição de equilíbrio, $\mu^L = \mu^V$, o que leva a

$$\Delta\bar{U}^{VL} = T\left(\bar{S}^V - \bar{S}^L\right) - P\left(\bar{V}^V - \bar{V}^L\right)$$

a) Regra de Trouton:

$$\Delta\bar{S}^{vap} = 88\ \frac{\text{J}}{\text{mol K}} \quad \Rightarrow \quad \Delta\bar{U}^{vap} = T\Delta\bar{S}^{vap} - P\Delta\bar{V}^{vap} = 29,766\ \frac{\text{kJ}}{\text{mol}}$$

b) Equação de Kistiakowsky:

$$\Delta\bar{S}^{vap} = R\left(4{,}03 + \ln\left(T_n\left[\text{K}\right]\right)\right) = 2{,}741\ \frac{\text{J}}{\text{K mo l}}$$

$$\Delta\bar{U}^{vap} = T\Delta\bar{S}^{vap} - P\Delta\bar{V}^{vap} = 27,804\ \frac{\text{kJ}}{\text{mol}}$$

c) Equação de Riedel:

$$\Delta\bar{S}^{vap} = R\left(\frac{1,092\left(\ln\left(P_c/1\ \text{bar}\right) - 1,013\right)}{0,930 - T_{r,n}}\right) = 110,3\ \frac{\text{J}}{\text{mol}}$$

$$\Delta\bar{U}^{vap} = T\ \Delta\bar{S}^{vap} - P\Delta\bar{V}^{vap} = 38,089\ \frac{\text{kJ}}{\text{mol}}$$

Aplicação Computacional 2

Implemente funções em um ambiente de programação para as equações empíricas apresentadas neste capítulo. Implemente as funções para pressão de saturação Antoine e Wilson. Compare o desempenho delas para a água, usando o ponto de ebulição normal e o ponto crítico.

Implemente também uma função para calcular o calor latente de vaporização a partir da correlação de Wilson, utilizando a equação de Clausius-Clapeyron. Implemente a regra de Watson para estimar a entalpia de vaporização nas proximidades do ponto crítico.

Resolução

As expressões de pressão de saturação podem ser programadas como funções de uma variável, como a temperatura.

Antoine

```
def calc_pantoine(t):
 #0-200 graus C
 a=16.3872
 b=3885.70
 c=230.170
 psat=1e3*np.exp(a-b/(t-273.15+c))
 return psat
```

Wilson

```
def calc_pwilson(t):
 psat = pc * np.exp(+5.373*(1.+w)*(1.-tc/t))
 return psat
```

Consulte o Apêndice D com os parâmetros da correlação de Antoine disponíveis na Tabela D.1 e propriedades críticas disponíves na Tabela D.2.

Faça os cálculos em sequência, como:

```
vt=np.zeros(100)
vt[0]=273
passo = (tc-273)/99
for i in range(99):
 vt[i+1]=vt[i] + passo
vpantoine=np.zeros(100)
for i in range(100):
 vpantoine[i]=calc_pantoine(vt[i])
```

Ao repeti-los analogamente para Wilson, pode-se traçar um gráfico como o seguinte:

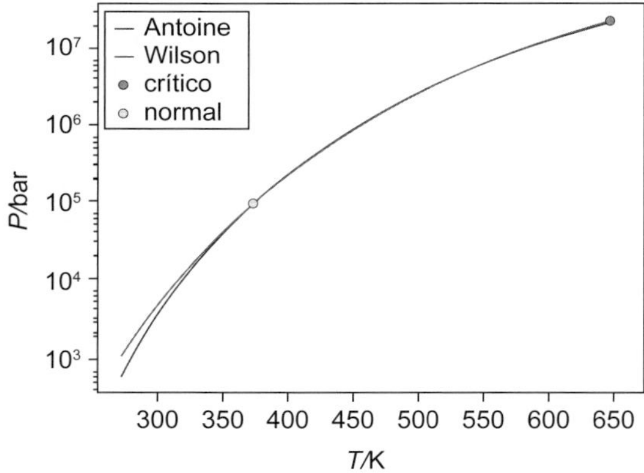

Variação de entalpia:
Desse capítulo, tem-se a expressão simbólica

$$\Delta \bar{H} = -R\frac{d \ln P^{sat}}{d(1/T)}$$

em que, para a expressão de Wilson,

$$P^{sat} = P_c \exp\left(5{,}373(1+w)(1-T_c/T)\right)$$

A derivada necessária pode ser obtida por regras da cadeia e produto, sem recorrer a ferramentas de computação simbólica:

$$d \ln P^{sat} = \frac{1}{P^{sat}} dP^{sat}$$

De acordo com a forma da equação de Wilson,

$$\frac{dP^{sat}}{d1/T} = P_c \exp(\texttt{arg}) \frac{d\texttt{arg}}{d1/T}$$

em que

$$\texttt{arg} = 5{,}373(1+w)(1-T_c/T)$$

$$\frac{d\texttt{arg}}{d1/T} = 5{,}373(1+w)(-T_c)$$

As etapas podem ser traduzidas analogamente para a linguagem de programação. Para esse caso específico, em ordem e de acordo com os termos dependentes de cada cálculo:

```
arg = 5.373*(1.+w)*(1.-tc/t)
darg = 5.373*(1.+w)*-tc
psat = pc * np.exp(arg)
dpsat = pc * np.exp(arg) * darg
dlnpsat = 1/psat * dpsat
dh_wilson = -dlnpsat*r
```

O resultado desse cálculo, para o calor de vaporização na temperatura normal da água, é:

$$\Delta \bar{H} = 38{,}88 \text{ kJ/mol}$$

A equação de Watson para entalpia também pode ser programada como função de uma variável temperatura. Ao aplicar a regra de Watson para prever a entalpia de vaporização nas proximidades do ponto crítico, tem-se:

```
def calc_dhwatson(t):
 tn=373.15
 dhn=40.7e3
 dh=dhn*((t-tc)/(tn-tc))**.38
 return dh
```

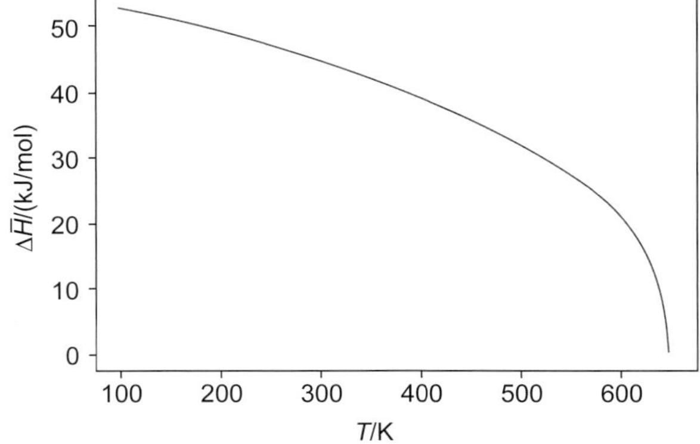

A versão completa do código para solução dessa questão está disponível no material suplementar.

EXERCÍCIOS PROPOSTOS

Conceituação

2.1 É possível afirmar que a condição de equilíbrio mecânico para um sistema com duas fases é a de que as pressões das fases sejam iguais?

2.2 É possível afirmar que a condição de equilíbrio de potenciais químicos para um sistema com duas fases e três componentes é a de que os potenciais químicos de cada componente sejam iguais?

2.3 Usando a regra das Fases de Gibbs, pode-se afirmar que, em um sistema com 2 componentes em equilíbrio sólido-líquido-vapor, com temperatura especificada, as propriedades intensivas estão fixas? Ou seja, o sistema é invariante?

2.4 Usando a regra das Fases de Gibbs, pode-se afirmar que é possível existirem até 4 fases em equilíbrio em um sistema com 2 componentes?

2.5 Usando o teorema de Duhem, pode-se afirmar que, para sistemas em equilíbrio, sabendo-se a massa total de Y componentes, o número total de graus de liberdade, em termos intensivos e extensivos, é igual a 2 + C – Y?

2.6 É possível afirmar que não existe a possibilidade de haver ponto crítico nas transições de fases sólido-líquido e sólido-vapor?

2.7 É possível afirmar que, do ponto de vista termodinâmico, pode existir mais de um ponto crítico líquido-vapor para uma substância pura?

2.8 Usando o diagrama de equilíbrio $T \times P$ para uma substância pura, pode-se afirmar que, em um processo isotérmico, em temperaturas menores que o ponto triplo, o aumento de pressão aumenta a estabilidade da fase sólida?

2.9 É possível afirmar que a substância que tiver maior temperatura normal de ebulição terá maior diferença entre as entalpias molares de líquido e vapor a 1 atm?

Cálculos e problemas

2.1 A tabela a seguir mostra valores de pressão de vapor de chumbo fundido em várias temperaturas. Adaptada de AZEVEDO, *Termodinâmica Aplicada*, 3. ed. (2011).

a) Calcule a entalpia molar de vaporização média no intervalo de temperatura da tabela.

b) Estime o ponto de ebulição normal do chumbo.

c) Compare a entropia de vaporização calculada pela equação de Kistiakowsky.

T[K]	P^{sat}[mmHg]
895,4	$5{,}87 \times 10^{-4}$
922,1	$1{,}54 \times 10^{-3}$
964,5	$4{,}04 \times 10^{-3}$
1009,7	$1{,}05 \times 10^{-2}$
1045,5	$2{,}55 \times 10^{-2}$

2.2 A pressão de vapor do ácido cianídrico (HCN) sólido e a pressão de vapor do líquido são dadas pelas equações a seguir:

$$\log_{10}\left(P^{sublim}\left[\text{torr}\right]\right) = 9{,}3390 - \frac{1864{,}8}{T[\text{K}]}$$

$$\log_{10}\left(P^{sat}\left[\text{torr}\right]\right) = 7{,}7446 - \frac{1453{,}1}{T[\text{K}]}$$

a) Determine a temperatura e a pressão no ponto triplo.

b) Calcule a entalpia e a entropia molares de fusão na temperatura do ponto triplo.

2.3 Considere o processo de transformação de água líquida para água sólida (processo de cristalização) a 1 atm e –15 °C (a partir do líquido super-resfriado).

a) Calcule as variações de entalpia e entropia molares do processo de cristalização a 1 atm e –15 °C.

b) Comente a espontaneidade do processo nas condições do problema.

Dados experimentais: Entalpia de fusão (1 atm e 0 °C) = –6 kJ/mol; capacidade calorífica média do líquido (1 atm) = 75 J/mol/K; capacidade calorífica média do sólido (1 atm) = 38 J/mol/K.

2.4 Em um vaso de pressão, com volume constante, tem-se inicialmente água a 1 atm e 100 °C em equilíbrio líquido-vapor: 1 kg de água líquida e 1 ℓ de água em fase vapor.

Qual quantidade de calor será necessária adicionar para que o vaso atinja a temperatura de 150 °C? E qual será a pressão do vaso nesse momento?

Considere que o vapor de água se comporta como gás ideal com C_V = 1,428 kJ/kg/K, que a água líquida tem massa específica constante igual a 997 kg/m^3, com C_V = 3,7682 kJ/kg/K, e que o calor latente de vaporização é constante e igual a 2256 kJ/kg = 40,608 kJ/mol.

Use pressão de saturação dada por $\ln\left(P_i^{sat}[\text{atm}]\right) = -\frac{\Delta \bar{H}_i^{vap}}{R}\left(\frac{1}{T} - \frac{1}{373\,K}\right)$.

2.5 Calcule o volume total, a entalpia total, a entropia total e a energia interna total de um sistema com 1 kg de água a 100 °C, considerando que metade da massa se encontra em fase líquida e a outra metade em fase vapor.

Dados experimentais: Volume molar da água líquida: 18,8 cm^3/mol; volume molar do vapor de água: 30,2 ℓ/mol; entalpia de vaporização: 40,65 kJ/mol; pressão de saturação da água em 100 °C = 1 atm; massa molar: 18 g/mol. Considere como referência que $\bar{H}^{L,sat}(1\,\text{atm}) = 0\ \text{J/mol}$ e $\bar{S}^{L,sat}(1\,\text{atm}) = 0\ \text{J/(mol K)}$. Adaptada de Sandler, *Chemical and Engineering Thermodynamics*, 3. ed. (1999).

2.6 A 0 °C e 1 atm, a entalpia de fusão da água é $\Delta\bar{H}^{SL} = -5{,}2\ \text{kJ/mol}$, e a diferença entre o volume do gelo e da água líquida é de –90 cm^3/kg. Estime a temperatura de fusão do gelo a 100 atm.

2.7 Estime a entalpia de vaporização de uma substância a 10 atm, considerando a seguinte expressão para determinar a pressão de saturação:

$P^{sat}[\text{atm}] = 40\exp(6{,}0 - 2100/T[\text{K}])$.

2.8 Usando os valores fornecidos no Apêndice D, Tabelas D.1 e D.2, estime a variação de energia interna de um processo de vaporização reversível e isobárica (1 atm) de 1 mol de benzeno.

a) Pela regra de Trouton.

b) Utilizando a equação de Kistiakowsky.

c) Utilizando a equação de Riedel.

d) Utilizando a equação de Clausius-Clapeyron e a correlação de Antoine.

2.9 Com base na equação de Watson, estime o calor de vaporização da água nas condições de temperatura igual a 90 % e 95 % da temperatura crítica. Considere que o calor de vaporização no ponto triplo é 45,76kJ/mol.

2.10 Para um sistema com 1 mol de água, a entalpia de vaporização é 40,66 kJ/mol, a capacidade calorífica da água líquida é 75,6 J/mol/K, o volume molar da água líquida é 18,8 cm^3/mol, o volume molar do vapor de água é 30,2 ℓ/mol e a P^{sat}(100 °C) = 1 atm.

a) Na temperatura de T = 100 °C e pressão de P = 1 atm, quais equações caracterizam o equilíbrio termodinâmico e a massa total (considerando a troca entre as fases L e V) nesse problema? Mostre que não é possível determinar a quantidade de mols de cada fase com as informações dadas.

b) Na temperatura de 100 °C, se, em vez de se especificar a pressão, for especificado que o volume total é igual a 1 ℓ, quais equações caracterizam o equilíbrio termodinâmico, a massa total e o volume total (considerando a troca entre as fases L e V) nesse problema? Qual é a quantidade de mols em cada fase?

c) Na pressão de 1 atm, se, em vez de se especificar a temperatura, for especificado que a entalpia total, em relação à condição de líquido a 0 °C e 1 atm, é igual a 17,89 kJ, quais equações caracterizam o equilíbrio termodinâmico, a massa total e a energia total (considerando troca entre as fases L e V) nesse problema? Qual é a quantidade de mols em cada fase?

Resumo de equações

- *Substâncias puras*

$$dU = TdS - PdV + \mu dn \qquad U = TS - PV + \mu n$$

$$\mu = \left(\frac{\partial U}{\partial n}\right)_{S,V} \qquad \bar{G} = G/n = \mu$$

- *Misturas*

$$dU = TdS - PdV + \sum_i \mu_i dN_i \qquad U = TS - PV + \sum_i \mu_i N_i$$

$$\mu_i = \left(\frac{\partial U}{\partial N_i}\right)_{S,V,N_{j\neq i}} \qquad G = \sum_i \mu_i N_i$$

- *Equilíbrio de fases*

$$\begin{cases} T^\alpha = T^\beta = \ldots = T^\pi \\ P^\alpha = P^\beta = \ldots = P^\pi \\ \mu_i^\alpha = \mu_i^\beta = \ldots = \mu_i^\pi \quad \text{para } i = [1 \ldots C] \end{cases}$$

$$F^{\text{Gibbs}} = 2 + C - \pi \qquad F_T^{\text{Duhem}} = 2$$

Clapeyron

$$\frac{dP^{sat}}{dT} = \frac{\Delta\bar{H}^{\alpha\beta}}{T\Delta\bar{V}^{\alpha\beta}} = \frac{\Delta\bar{S}^{\alpha\beta}}{\Delta\bar{V}^{\alpha\beta}}$$

Clausius-Clapeyron

$$\frac{d\ln\left(P^{sat}\right)}{d(1/T)} = -\frac{\Delta\bar{H}^{vap}}{R}$$

- *Correlações empíricas*

Antoine

$$\ln\left(P^{sat}\right) = A - \frac{B}{T + C}$$

Wilson

$$\ln\frac{P^{sat}}{P_c} = 5{,}373(1+\omega)\left(1 - \frac{T_c}{T}\right)$$

Kistiakowsky

$$\frac{\Delta\bar{H}_n^{vap}}{RT_n} = 4{,}03 + \ln\left(T_n\,[\text{K}]\right)$$

Watson

$$\frac{\Delta\bar{H}^{vap}}{\Delta\bar{H}_n^{vap}} = \left(\frac{T - T_c}{T_n - T_c}\right)^{0{,}38}$$

CAPÍTULO 3

Comportamento *PVT* de Substâncias Puras

Na Engenharia Química, o estudo das propriedades volumétricas de uma substância é importante, uma vez que, para a avaliação do calor e do trabalho oriundos de processos industriais, o conhecimento de propriedades como energia interna, entalpia e entropia é necessário. Entretanto, essas grandezas não são diretamente mensuráveis, visto que são obtidas de relações entre pressão, volume molar e temperatura ($P\overline{V}T$).

Este capítulo trata, então, das formas de descrever a relação entre as propriedades termodinâmicas mensuráveis para substâncias puras, ou seja, temperatura, pressão e volume molar.

3.1 EQUAÇÕES DE ESTADO

3.1.1 Fator de compressibilidade

Como auxílio na avaliação das propriedades volumétricas das substâncias, introduz-se o *fator de compressibilidade* (Z), uma razão adimensional entre o produto da pressão e do volume molar e o produto da temperatura e da constante do gás ideal:

$$Z = \frac{P\overline{V}}{RT} \tag{3.1}$$

Ao contrário do volume molar, que pode variar consideravelmente dentro de uma determinada faixa de pressões e temperaturas, o fator de compressibilidade possui menor variação. Por essa razão, seu uso se torna interessante quando se deseja analisar o comportamento *PVT* de substâncias em geral. O fator de compressibilidade se aproxima da unidade ($Z = 1$) quando o comportamento de um determinado fluido se aproxima do comportamento de um gás ideal. Isso o torna uma espécie de indicador do desvio da idealidade de uma substância em um estado qualquer. O fator de compressibilidade também pode ser interpretado como uma razão entre o volume do fluido real e o volume de um gás ideal nas mesmas condições de temperatura e pressão. Como $P\overline{V}^{gi} = RT$,

$$Z = \frac{\overline{V}}{\overline{V}^{gi}} \tag{3.2}$$

3.1.2 Equação de estado do tipo Virial

Fluidos reais podem apresentar grandes desvios em relação ao comportamento de gás ideal, dependendo das condições de pressão e temperatura que se encontram. Assim, como tentativa de prever o comportamento desses fluidos, foram propostas diversas equações de estado para descrever a relação do fator de compressibilidade com a pressão ou o volume e a temperatura da maneira mais acurada possível. Uma dessas equações é a *equação do tipo Virial.*

O teorema do Virial mostra que o problema de múltiplos corpos pode ser descrito como uma série convergente de problemas de 1 corpo isolado, 2 corpos, 3 corpos etc. Consequentemente, a equação do Virial consiste em uma expansão em séries de potências do fator de compressibilidade. Essa expansão pode ser feita em pressão (empírica) ou em volume molar (com base em termodinâmica estatística), originando assim duas formas da equação do Virial:

$$Z = 1 + B'P + C'P^2 + D'P^3 + \ldots \tag{3.3}$$

$$Z = 1 + \frac{B}{\overline{V}} + \frac{C}{\overline{V}^2} + \frac{D}{\overline{V}^3} + \ldots \tag{3.4}$$

Na expansão em volume, essa equação possui base na mecânica estatística e cada coeficiente possui um significado bem definido. No caso dessa expansão, o termo $B/\overline{V}$ representa a contribuição das interações entre pares de moléculas, enquanto o termo $C/\overline{V}^2$ representa a contribuição das interações entre moléculas tomadas três a três etc. Normalmente, não são utilizados muitos termos da série, já que estes podem ser difíceis de calcular e medir experimentalmente. Para a fase gasosa, as interações entre duas moléculas são mais frequentes do que entre três, que são mais frequentes do que entre quatro e assim por diante. Os coeficientes do Virial, na expansão em volume, podem ser obtidos a partir da Termodinâmica Estatística, por exemplo:

$$B = 2\pi N_{av} \int_0^\infty \left[1 - \exp\left(\frac{-\phi(r)}{k_B T} \right) \right] r^2 dr \tag{3.5}$$

em que a função $\phi(r)$ representa a energia potencial de interação entre duas moléculas em função da distância entre elas.[1]

Existem ainda outras propriedades importantes relacionadas a essa equação de estado. No limite, quando a pressão do sistema tende a zero, o fator de compressibilidade Z tende a uma reta se for observado como função de pressão ($Z(P)$ em dado T). Isso ocorre porque, para a expansão em volume (3.4) e em pressão (3.3), são válidos os seguintes limites, respectivamente:

[1] Essa discussão pode ser encontrada, em maior profundidade, em MC QUARRIE D. A., *Statistical Mechanics* (1976) e em HILL T., *Introduction to Statistical Thermodynamics* (1960).

$$\lim_{\substack{P \to 0 \\ \overline{V} \to RT/P}} \left(\frac{Z-1}{P} \right) = \frac{B}{P\overline{V}} = \frac{B}{RT} \tag{3.6}$$

Considerando que, quando P tende a zero, $\overline{V}$ tende a RT/P, e

$$\left(\frac{\partial Z}{\partial P} \right)_{T,P=0} = B' \tag{3.7}$$

Isto é observado experimentalmente, como mostrará mais adiante a Figura 3.1, que ilustra o fator de compressibilidade para diversas substâncias.

O mesmo raciocínio pode ser aplicado às demais potências para relacionar os coeficientes de ambas as expansões:

$$B' = \frac{B}{RT}; \qquad C' = \frac{C - B^2}{(RT)^2}; \qquad D' = \frac{D - 3BC + 2B^3}{(RT)^3} \quad \ldots \tag{3.8}$$

Com isso, a expansão em P truncada com 1 termo é frequentemente escrita como

$$Z = 1 + \frac{BP}{RT} \tag{3.9}$$

em que o parâmetro B é específico por substância, além de ser função de T. Um método para estimar B é apresentado após a discussão de estados correspondentes (Seção 3.2).

3.1.3 Equação de estado de van der Waals (1873)

A *equação de estado de van der Waals* é uma equação de estado cúbica e foi a primeira equação desse tipo a apresentar resultados satisfatórios na descrição de propriedades volumétricas de fluidos. Ela pode ser definida da seguinte maneira:

$$P = \frac{RT}{\overline{V} - b} - \frac{a}{\overline{V}^2} \tag{3.10}$$

Na equação, a e b são parâmetros não nulos que dependem da substância cujas propriedades PVT se deseja analisar. Uma das premissas da equação de van der Waals é que as moléculas possuem volume finito. Desta forma, o volume disponível para o movimento molecular do fluido deve ser diminuído de uma constante b (i. e., *volume de exclusão* ou *covolume*), característica de cada substância. Além disso, as interações intermoleculares atrativas do fluido levam a uma redução de pressão e, de acordo com a equação de van der Waals, essa redução é proporcional ao número de moléculas presentes em uma unidade de volume e inversamente proporcional ao volume. Essa constatação leva ao termo atrativo da equação de estado ($-a/\overline{V}^2$). Finalmente, o volume corrigido ($\overline{V} - b$) e a pressão corrigida ($P + a/\overline{V}^2$) devem ser compatíveis com a equação do gás ideal. Tem-se, então, a equação de estado:

$$\left(P + \frac{a}{\overline{V}^2} \right) \left(\overline{V} - b \right) = RT \tag{3.11}$$

Os parâmetros a e b podem ser obtidos a partir do comportamento do fluido no ponto crítico. No ponto crítico (T_c,P_c), por ser um ponto de inflexão no gráfico $P \times \bar{V}$, valem as seguintes igualdades:

$$\left(\frac{\partial P}{\partial \bar{V}}\right)_{T_c,P_c} = 0 \tag{3.12}$$

$$\left(\frac{\partial^2 P}{\partial \bar{V}^2}\right)_{T_c,P_c} = 0 \tag{3.13}$$

Assim, a diferenciação da Equação (3.10), juntamente com as Igualdades (3.12) e (3.13), fornecem expressões para estimar a e b em função da pressão e temperatura do ponto crítico.

Além disso, o volume no ponto crítico é chamado *volume crítico* ($\bar{V}_c$):

$$\bar{V}(T_c, P_c) = \bar{V}_c \tag{3.14}$$

Exemplo Resolvido 3.1

Determine expressões para os parâmetros a e b da equação de van der Waals em função das seguintes coordenadas críticas:

a) Aplique os critérios de primeira e segunda derivada e mostre a e b em função de T_c e $\bar{V}_c$.

b) Uma vez que, no ponto crítico, a equação de estado cúbica apresenta três raízes reais iguais a $\bar{V}_c$, mostre $\bar{V}_c$ expresso a partir de T_c e P_c; determine qual é o valor de Z_c e reescreva a e b em função de T_c e P_c.

Resolução

a) Parametrização em volume crítico.

Para determinar os parâmetros, utiliza-se a forma $P(T,\bar{V})$ da equação de estado.

Toma-se a primeira derivada:

$$\frac{\partial P}{\partial \bar{V}} = \frac{-RT}{\left(\bar{V}-b\right)^2} + \frac{2a}{\bar{V}^3} \tag{3.15}$$

Ao aplicar no ponto crítico, temos

$$\frac{-RT_c}{\left(\bar{V}_c - b\right)^2} + \frac{2a}{\bar{V}_c^3} = 0 \tag{3.16}$$

Toma-se a segunda derivada:

$$\frac{\partial^2 P}{\partial \bar{V}^2} = \frac{+2RT}{\left(\bar{V}-b\right)^3} - \frac{a}{\bar{V}^4} \tag{3.17}$$

Ao aplicar no ponto crítico, temos

$$\frac{+2RT_c}{\left(\bar{V}_c - b\right)^3} - \frac{6a}{\bar{V}_c^4} = 0 \tag{3.18}$$

Ao combinar ambas as expressões aplicadas ao ponto crítico, Equação (3.16) com Equação (3.18), de forma a cancelar o primeiro termo delas, tem-se:

$$\frac{-RT_c}{\left(\bar{V}_c - b\right)^2} + \frac{2a}{\bar{V}_c^3} = -\left(\frac{\bar{V}_c - b}{2}\right)\left(\frac{+2RT_c}{\left(\bar{V}_c - b\right)^3} - \frac{6a}{\bar{V}_c^4}\right) \tag{3.19}$$

e obtém-se

$$\frac{2a}{\overline{V}_c^{\,3}} = \frac{3a\left(\overline{V}_c - b\right)}{\overline{V}_c^{\,4}} \tag{3.20}$$

sendo possível simplificar e isolar b

$$b = \frac{1}{3}\overline{V}_c \tag{3.21}$$

Ao substituir b na primeira equação, tem-se

$$\frac{-RT_c}{\left(\overline{V}_c - \left(\frac{1}{3}\overline{V}_c\right)\right)^2} + \frac{2a}{\overline{V}_c^{\,3}} = 0 \tag{3.22}$$

Ao separar os termos na equação e multiplicá-los pelos denominadores cruzados, isola-se a:

$$a = \frac{9}{8} R\, T_c \overline{V}_c \tag{3.23}$$

b) Parametrização em pressão crítica.

Reescrevendo a equação de van der Waals, uma equação polinomial será obtida. Multiplique-a pelos denominadores cruzados, realizando as distributivas dos produtos e identificando os coeficientes de cada potência do volume molar:

$$P = \frac{RT}{\overline{V} - b} - \frac{a}{\overline{V}^2} \Rightarrow \overline{V}^3 - \left(b + \frac{RT}{P}\right)\overline{V}^2 + \frac{a}{P}\overline{V} - \frac{ab}{P} = 0 \tag{3.24}$$

Ao utilizar as demonstrações anteriores aplicadas sobre o ponto crítico:

$$\overline{V}_c^{\,3} - \left(\frac{1}{3}\overline{V}_c + \frac{RT_c}{P_c}\right)\overline{V}^{-2} + \frac{\left(\frac{9}{8}RT_c\overline{V}_c\right)}{P_c}\overline{V} - \frac{\left(\frac{9}{8}RT_c\overline{V}_c\right)\left(\frac{1}{3}\overline{V}_c\right)}{P_c} = 0 \tag{3.25}$$

é possível isolar $\overline{V}_c$

$$\overline{V}_c = \frac{3}{8}\frac{RT_c}{P_c} \tag{3.26}$$

de onde se pode expressar o fator de compressibilidade crítico

$$Z_c = \frac{P_c\overline{V}_c}{RT_c} = \frac{3}{8} \tag{3.27}$$

Ao substituir $\overline{V}_c$, as expressões de a e b podem ser reescritas, levando às seguintes expressões para os parâmetros da equação de estado de van der Waals:

$$a = \frac{27}{64}\frac{R^2T_c^2}{P_c} \tag{3.28}$$

$$b = \frac{1}{8}\frac{RT_c}{P_c} \tag{3.29}$$

3.2 TEOREMA DOS ESTADOS CORRESPONDENTES

Experimentalmente, observa-se que fluidos, quando comparados às mesmas temperatura e pressão reduzidas, possuem aproximadamente o mesmo fator de compressibilidade. Além disso, todos se desviam do comportamento do gás ideal aproximadamente da mesma forma. A Figura 3.1 mostra os fatores de compressibilidade de diversas substâncias em função da temperatura e da pressão reduzidas.

Temperatura e pressão reduzidas são definidas como:

$$T_r = \frac{T}{T_c} \tag{3.30}$$

$$P_r = \frac{P}{P_c} \tag{3.31}$$

sendo T_c e P_c a temperatura e a pressão críticas da substância que se deseja estudar. A equação de van der Waals, por exemplo, com os parâmetros reescritos como $a = 3P_c\bar{V}_c^2$ e $b = \bar{V}_c/3$, pode ser expressa como:

$$P_r = \frac{8T_r}{3\bar{V}_r - 1} - \frac{3}{\bar{V}_r^2} \tag{3.32}$$

Essa equação mostra que, em coordenadas reduzidas (T_r, P_r, V_r), todos os fluidos teriam o mesmo comportamento (i. e., comportamento universal em coordenadas reduzidas).

Como dois parâmetros (T_c e P_c) são necessários para a comparação de fator de compressibilidade entre as substâncias, este é conhecido como o teorema dos Estados Correspondentes a Dois Parâmetros (i. e., estados correspondentes de van der Waals).

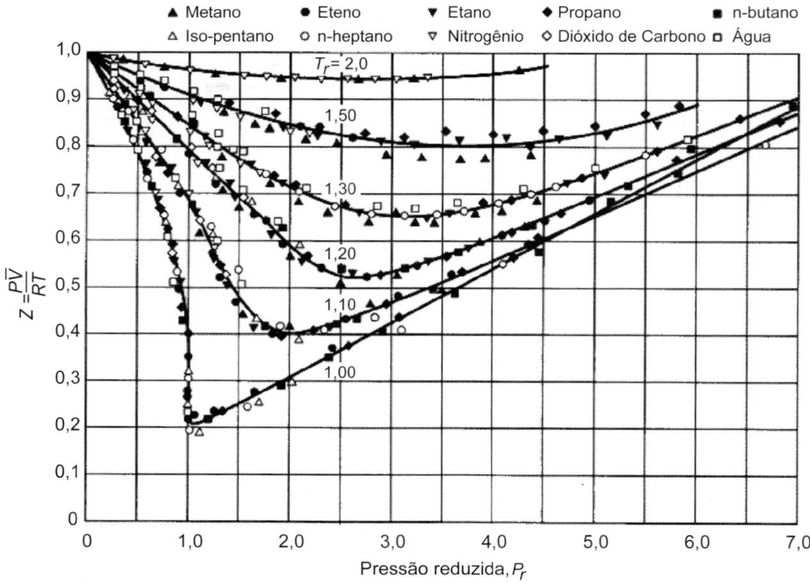

Figura 3.1 – Fator de compressibilidade de diversas substâncias em função da temperatura e da pressão reduzidas. Adaptada de SU, Modified Law of Corresponding States, *Industrial and Engineering Chemistry*, v. 38, p. 803 (1946), com permissão da ACS Publications.

Entretanto, o teorema dos Estados Correspondentes a Dois Parâmetros ainda apresenta desvios consideráveis entre os fatores de compressibilidade generalizados, principalmente para fluidos complexos. A descrição melhora com a inserção de mais um parâmetro, sendo o fator acêntrico (ω) o mais popular. Ele é definido como:

$$\boxed{\omega = -1 - \log_{10} (P^{sat}/P_c)_{T_r = 0,7}} \tag{3.33}$$

Para fluidos simples, como argônio, xenônio e criptônio, a inclinação do logaritmo da pressão de saturação reduzida com o inverso da temperatura reduzida é constante e igual a –2,3. Se o teorema dos Estados Correspondentes a Dois Parâmetros fosse sempre verificado, todos os fluidos possuiriam a mesma inclinação no diagrama $\log_{10}(P^{sat}/P_c) \times 1/T_r$ e isso não é observado. Assim, define-se o fator acêntrico como o desvio do $\log_{10}(P^{sat}/P_c)$ de uma dada substância a $T_r = 0,7$ em relação ao $\log_{10}(P^{sat}/P_c)$ de um fluido simples à mesma T_r, cujo valor é sabidamente –1,0. A Figura 3.2 mostra graficamente o fator acêntrico de um determinado fluido.

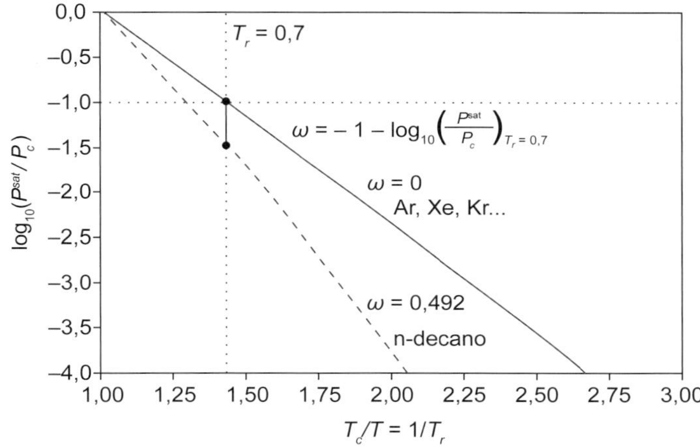

Figura 3.2 – Representação gráfica do fator acêntrico. A linha cheia representa a relação entre $\log_{10}(P^{sat}/P_c)$ e $1/T_r$ para um fluido simples, como argônio, xenônio e criptônio, e a linha tracejada representa a mesma relação para um fluido mais complexo, no caso, o n-decano.

O fator acêntrico, assim definido por Pitzer, é utilizado em algumas equações cúbicas, como PR e SRK, de modo que essas equações possam prever o comportamento de uma classe de fluidos de acordo com o teorema dos Estados Correspondentes a Três Parâmetros.

Na equação do Virial em *P*, truncada (Eq. 3.9), o conceito dos estados correspondentes é usado para estimar o parâmetro *B*:

$$\frac{BP_c}{RT_c} = B°(T_r) + wB'(T_r) \tag{3.34}$$

em quem as funções $B°(T_r)$ e $B'(T_r)$ e suas derivadas são expressas em respeito à temperatura reduzida combinada:[2]

[2] Essa e outras formas de estimar coeficientes do Virial são discutidas em mais detalhes por POLING, PRAUSNITZ e O'CONNELL, *The properties of gases and liquids*, 5. ed. (2001).

$$B^{\circ} = 0,083 - \frac{0,422}{T_r^{\,1,6}} \tag{3.35}$$

$$B' = 0,139 - \frac{0,172}{T_r^{\,4,2}} \tag{3.36}$$

$$\frac{dB^{\circ}}{dT_r} = \frac{0,675}{T_r^{\,2,6}} \tag{3.37}$$

$$\frac{dB'}{dT_r} = \frac{0,722}{T_r^{\,5,2}} \tag{3.38}$$

3.3 CARACTERÍSTICAS GERAIS DAS EQUAÇÕES DE ESTADO CÚBICAS

3.3.1 Estrutura básica

Depois da equação de van der Waals, foram desenvolvidas diversas outras equações cúbicas. Apesar de serem variadas em suas origens e aspirações, as diversas equações de estado cúbicas podem ser representadas matematicamente de forma unificada. Existe uma classe de equações cúbicas bastante utilizada que possui a seguinte estrutura geral:[3]

$$P = \frac{RT}{\overline{V} - b} - \frac{a(T)}{\left(\overline{V} + \varepsilon b\right)\left(\overline{V} + \sigma b\right)} \tag{3.39}$$

Os parâmetros $a(T)$ e b para essa classe de equações de estado são obtidos de forma análoga à equação de van der Waals (Seção 3.1.3):

$$a(T) = a_c \alpha(T_r) = \Psi \frac{\alpha(T_r) R^2 T_c^{\,2}}{P_c} \tag{3.40}$$

$$b = \Omega \frac{RT_c}{P_c} \tag{3.41}$$

Em que Ψ e Ω são números que dependem da equação de estado em questão e $\alpha(T_r)$ é uma função adimensional da temperatura reduzida do sistema (T_r), que é igual à unidade quando a temperatura é igual à temperatura crítica.

Outras equações de estado cúbicas comumente utilizadas apresentam os seguintes valores para os parâmetros mostrados anteriormente:

[3] Baseada na formulação de MARTIN, Cubic equations of state-which?, *Industrial & Engineering Chemistry Fundamentals*, v. 18, p. 81-97 (1979).

Tabela 3.1 – Parâmetros das equações de estado cúbicas mais utilizadas.

Equação de Estado	α	σ	ε	Ω	ψ
van der Waals (1873)	1	0	0	1/8	27/64
Redlich-Kwong (1959)	$T_r^{-1/2}$	1	0	0,08664	0,42748
Soave-Redlich-Kwong (1972)	$\left[1+\kappa_{SRK}\left(1-T_r^{1/2}\right)\right]^2$	1	0	0,08664	0,42748
Peng-Robinson (1976)	$\left[1+\kappa_{PR}\left(1-T_r^{1/2}\right)\right]^2$	$1+\sqrt{2}$	$1-\sqrt{2}$	0,07780	0,45724

No caso das equações de Soave-Redlich-Kwong e de Peng-Robinson, as expressões do parâmetro α são:

$$\kappa_{SRK} = 0,480+1,574\omega-0,176\omega^2 \tag{3.42}$$

$$\kappa_{PR} = 0,37464+1,54226\omega-0,26992\omega^2 \tag{3.43}$$

Nessas expressões, ω é o chamado "fator acêntrico", um parâmetro constante para cada substância. No Apêndice D (Tab. D.1) estão disponíveis propriedades críticas e valores de fator acêntrico necessários para aplicar as equações de estado a algumas substâncias selecionadas.

Exemplo Resolvido 3.2

Calcule a pressão para saber se um tanque com um volume de 2 m^3 e com carga de 50 kg de metano explodiria em um dia quente (T = 40 °C). A pressão limite de trabalho desse tanque é de 10 bar. Use a equação de RK.

Resolução

A equação de RK é dada por

$$P=\frac{RT}{\overline{V}-b}-\frac{a(T)}{\left(\overline{V}+\varepsilon b\right)\left(\overline{V}+\sigma b\right)}\text{, com } \sigma=1 \text{ e } \epsilon=0\text{; com a função } a(T)=a_c T_r^{-1/2}.$$

Os parâmetros críticos são dados por $a_c=\Psi\frac{R^2T_c^{\ 2}}{P_c}$ e $b=\Omega\frac{RT_c}{P_c}$, com $\Omega=0,08664$ e $\psi=0,42748$

Ao usar a massa molar do metano, determina-se o número de mols no tanque e o volume molar:

$$N=m/mm \text{ e } \overline{V}=\frac{V}{N}=6,4\times10^{-4}\ \text{m}^3/\text{mol}$$

Na condição dada, a temperatura reduzida é:

$$T_r=\frac{T}{T_c}=1,643 \Rightarrow \alpha(T_r)=(T_r)^{-0,5}=0,7802$$

$$P=\frac{RT}{\overline{V}-b}-\frac{a(T)}{\overline{V}\left(\overline{V}+b\right)}=3,842\times10^6\ \text{Pa}=38,42\ \text{bar}$$

Como P = 38,42 bar > 10 bar, a conclusão é que o tanque está em risco de explosão.

3.3.2 Multiplicidade de raízes

Equações de estado podem se apresentar de duas formas diferentes. As equações de estado explícitas em volume são aquelas a partir das quais é possível obter diretamente o fator de compressibilidade ou o volume a partir de um par de valores de temperatura e pressão. As equações explícitas em pressão são aquelas nas quais a pressão é obtida diretamente a partir de um par de volume e temperatura e o cálculo do volume é indireto, sendo necessárias algumas manipulações algébricas. Equações cúbicas são equações explícitas em pressão.

Usualmente, essas equações são utilizadas em dois cenários de cálculo: (i) o cálculo da pressão a partir de volume e temperatura fixos ($P = f(\overline{V},T)$), realizado de forma direta a partir da Equação 3.39; (ii) e o cálculo de volume, temperatura e pressão fixas ($\overline{V} = f(T,P)$). Porém, neste último caso, a equação de estado se reduz à seguinte forma em termos de volume:

$$\mathrm{Res}\left(\overline{V}\right) = c_3\overline{V}^3 + c_2\overline{V}^2 + c_1\overline{V} + c_0 \tag{3.44}$$

em que $\mathrm{Res}\left(\overline{V}\right)$ representa a função cuja raiz se deseja encontrar (i. e., função resíduo da representação polinomial) e c_3, c_2, c_1 e c_0 são os coeficientes oriundos da manipulação algébrica da Equação 3.39.

Devido às características matemáticas das equações cúbicas, percebe-se que podem surgir dois tipos de conjunto de raízes de volume para uma dada especificação de temperatura e pressão. São eles: duas raízes complexas e uma raiz real; ou três raízes reais. Em ambos os casos, possuem significado físico apenas as raízes de volume que forem reais, positivas e maiores que o parâmetro de covolume b.

Além disso, o conjunto de raízes de volume está intimamente ligado às condições de pressão e de temperatura que são fixadas. A Figura 3.3 ilustra os diversos casos que serão relatados a seguir.

Para uma dada temperatura maior do que a temperatura crítica ($T > T_C$), há apenas uma raiz real de volume com significado físico para qualquer par de temperatura e pressão (ver Caso 3 da Figura 3.3). Se a temperatura for igual à temperatura crítica ($T = T_C$) haverá apenas uma raiz de volume com significado físico para todas as pressões, exceto para a pressão do ponto crítico (P_C). Em T_C e P_C, a equação apresenta três raízes iguais (ver Caso 2 da Figura 3.3). Já para temperaturas menores do que a temperatura crítica ($T < T_C$), pode haver apenas uma raiz com significado físico, nas regiões afastadas do envelope líquido-vapor, ou até três raízes distintas, nas regiões próximas ao envelope líquido-vapor (ver Caso 1 da Figura 3.3).

Percebe-se, então, que existe uma dificuldade relacionada à multiplicidade de raízes de volume das equações de estado cúbicas. Quando ocorrem três raízes reais, positivas, maiores do que a constante b, não é possível, de imediato, determinar o estado físico no qual o sistema se encontra. É sabido que cada uma das raízes representa algum estado em que o sistema poderia estar, logo faz-se necessário analisar cada uma delas separadamente.

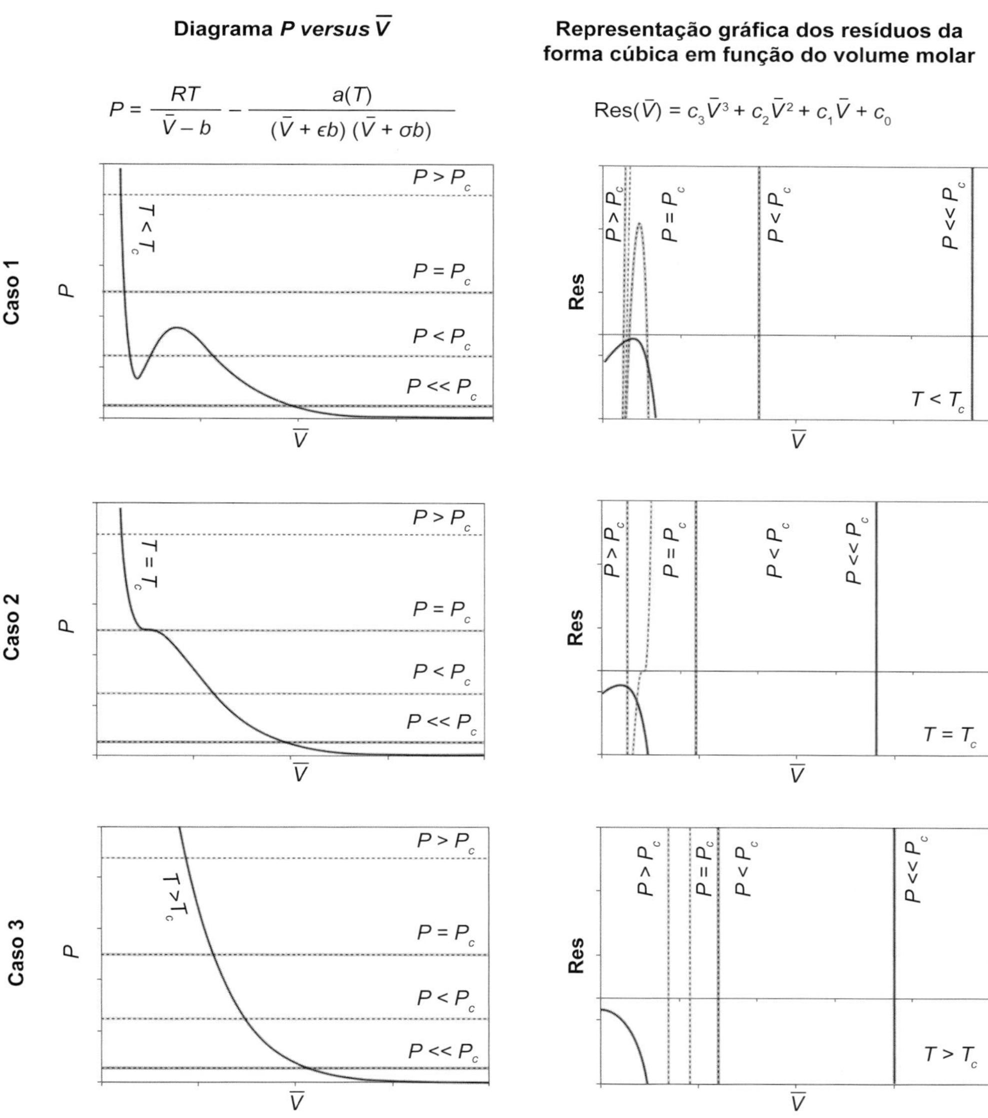

Figura 3.3 – Representação dos resíduos e do diagrama $P \times \overline{V}$ para os possíveis casos de temperatura e pressão em uma equação de estado cúbica.

Exemplo Resolvido 3.3

Demonstre a forma polinomial da equação cúbica geral apresentada na Equação 3.39.

$$P=\frac{RT}{\overline{V}-b}-\frac{a(T)}{(\overline{V}+\varepsilon b)(\overline{V}+\sigma b)} \quad \Rightarrow \quad c_3\overline{V}^3+c_2\overline{V}^2+c_1\overline{V}+c_0=0 \tag{3.45}$$

Resolução

Inicie pela multiplicação cruzada dos denominadores.

$$P\left(\bar{V}+\varepsilon b\right)\left(\bar{V}+\sigma\, b\right)\left(\bar{V}-b\right)=R\,T\left(\bar{V}+\varepsilon b\right)\left(\bar{V}+\sigma\, b\right)-a\left(\bar{V}-b\right) \quad (3.46)$$

Faça as distributivas de todos os produtos:

$$P\bar{V}^3+P\bar{V}^2\epsilon b+P\bar{V}^2\sigma b-P\bar{V}^2 b+P\epsilon\bar{V}\sigma b^2-P\bar{V}\epsilon b^2-P\bar{V}\sigma b^2-P\epsilon\sigma b^3= \quad (3.47)$$
$$RT\bar{V}^2+RT\bar{V}\epsilon b+RT\bar{V}\sigma b+RT\sigma b^2-\bar{V}a+ab$$

Separe cada potência de volume molar em um mesmo lado da equação e identifique os coeficientes.

$$\begin{aligned} c_3 &= P \\ c_2 &= P\epsilon b+P\sigma b-Pb-RT \\ c_1 &= P\epsilon\sigma b^2-P\epsilon b^2-P\sigma b^2-RT\epsilon b-RT\sigma b+a \\ c_0 &= -P\epsilon\sigma b^3-RT\epsilon\sigma b^2-a\,b \end{aligned} \quad (3.48)$$

3.3.3 Estabilidade e equilíbrio de fases

A raiz que possui maior volume molar representa um estado na fase gasosa, enquanto a raiz que possui menor volume molar representa um estado na fase líquida. Já a raiz que possui volume molar entre esses dois limites representa uma fase que é mecanicamente instável e que, por essa razão, é descartada. Isso pode ser verificado nos diagramas $P\times\bar{V}$, na Figura 3.3. A derivada da pressão em relação ao volume e à temperatura constante possui valor positivo. Isso quer dizer que um aumento infinitesimal de volume leva a um aumento infinitesimal de pressão, contrariando a relação observada na natureza entre essas duas grandezas, para uma dada temperatura (Equação 3.49). Esse fato representa a instabilidade mecânica.

$$\left(\frac{\partial P}{\partial \bar{V}}\right)_T>0 \quad (3.49)$$

Para estudar as raízes de volume molar do líquido e do vapor, é necessário realizar uma análise de estabilidade entre as duas fases. A raiz que representa o estado físico real do sistema nas condições de pressão e temperatura determinadas pelo problema será aquela que leva a uma menor energia de Gibbs do sistema. Caso ambas possuam a mesma energia de Gibbs molar, elas se encontram em equilíbrio e as duas fases coexistem. A análise de estabilidade também pode ser feita de duas outras formas. Porém, deve-se ressaltar que ambas as formas de verificação de estabilidade que serão apresentadas são, na verdade, formas indiretas da avaliação da energia de Gibbs do sistema:

(i) Se o fluido em questão possuir pressão de saturação conhecida ao longo de diversas temperaturas, pode-se selecionar as raízes baseando-se na premissa de que não é possível existir fase vapor para uma pressão acima da pressão de saturação em uma dada temperatura, ou fase líquida para uma pressão abaixo da pressão de saturação da substância em uma dada temperatura. Se a pressão for igual à pressão de saturação, as duas fases podem existir. De uma forma mais fundamental, a raiz que tiver a menor energia de Gibbs será a mais estável, e a pressão de saturação é justamente a pressão para a qual as energias de Gibbs molares do vapor e do líquido são iguais. É importante fazer isso de acordo com a mesma equação de estado para não gerar inconsistência.

(ii) A segunda forma consiste em um princípio denominado *Regra da Igualdade de Áreas de Maxwell*, chamado "construção de Maxwell". Segundo essa regra, a partir de uma linha de amarração traçada entre a raiz de líquido e de vapor em um diagrama $P \times \overline{V}$, é possível determinar qual fase é a mais estável a partir da área que se forma entre a linha de amarração e curva da equação de estado ($P = f(T,\overline{V})$). Será estável a fase que possuir maior área. A linha de amarração é uma horizontal e corresponde à pressão do sistema. Quando as áreas forem iguais, $P = P^{sat}$ e as duas fases se encontram em equilíbrio. Podemos demonstrar que esse critério da igualdade das áreas é equivalente ao critério de igualdade de energia de Gibbs molar (potencial químico).

Exemplo Resolvido 3.4

Demonstre a regra da Igualdade de Áreas de Maxwell ilustrada na figura a seguir, a partir do volume molar de líquido ($\overline{V}^L$), do volume molar de vapor ($\overline{V}^V$) e da pressão de saturação (P^{sat}) de uma substância pura em equilíbrio líquido-vapor.

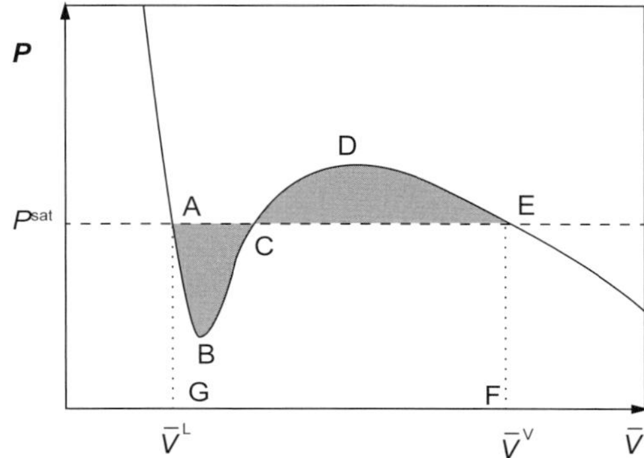

Aplicação da regra da Igualdade de Áreas de Maxwell para um dado sistema.

Expresse a condição de equilíbrio ($\overline{G}^L = \overline{G}^V$) em termos de energia de Gibbs, partindo da energia de Helmholtz, e relacione-a com as áreas que podem ser formadas pelos pontos *A*, *B*, *C*, *D*, *E*, *F* e *G*.

Resolução

A condição de equilíbrio entre as duas fases diz que ($\overline{G}^{-L} = \overline{G}^{-V}$). Porém, pela definição de energia livre de Gibbs, pode-se afirmar que $\overline{A}^L + P\overline{V}^L = \overline{A}^V + P\overline{V}^V$. Como $P = P^{sat}$, a igualdade pode ser escrita como $\overline{A}^L - \overline{A}^V = P^{sat}(\overline{V}^V - \overline{V}^L)$. Entretanto, como a energia livre de Helmholtz é uma propriedade de estado, a variação entre o estado *A* e o estado *E* representados na figura (líquido e vapor, respectivamente) pode ser obtida por meio da integração das variações infinitesimais desta propriedade. Assim,

$$\overline{A}^L - \overline{A}^V = \int_A^E d\overline{A}$$

Retomando a definição da energia de Helmholtz, tem-se que:

$$d\overline{A} = d\overline{U} - d\left(T\overline{S}\right) \quad \Rightarrow \quad d\overline{A} = d\overline{U} - Td\overline{S} - \overline{S}dT$$

Porém, pela relação fundamental de *dU*, *dA* assume a seguinte forma:

$$d\overline{U} = Td\overline{S} - Pd\overline{V} \quad \Rightarrow \quad d\overline{A} = -Pd\overline{V} - \overline{S}dT$$

Sabe-se que o caminho entre A e E passando por B, C e D é isotérmico. Substituindo a relação entre as energias livres de Helmholtz demonstradas anteriormente, tem-se:

$$\overline{A}^L - \overline{A}^V = \int_{EDCBA} -Pd\overline{V} \Rightarrow P^{sat}\left(\overline{V}^V - \overline{V}^L\right) = \int_{ABCDE} Pd\overline{V}$$

Como se trata de um diagrama $P \times \overline{V}$, é possível escrever as grandezas anteriormente citadas em termos de áreas no gráfico de forma direta, como segue:

$$P^{sat}\left(\overline{V}^V - \overline{V}^L\right) = \text{Área}_{AEFGA} \Rightarrow \int_{ABCDE} Pd\overline{V} = \text{Área}_{ABCDEFGA}$$

Logo,

$$\text{Área}_{AEFGA} = \text{Área}_{ABCDEFGA}$$

Da análise do gráfico, também pode-se mostrar, de forma direta, que:

$$\text{Área}_{ABCDEFGA} = \text{Área}_{AEFGA} - \text{Área}_{ABCA} + \text{Área}_{CDEC}$$

Assim, no equilíbrio líquido-vapor:

$$\text{Área}_{ABCA} = \text{Área}_{CDEC}$$

3.3.4 Cálculo de volume e fator de compressibilidade a partir de equações de estado cúbicas

Para resolver o volume, pode-se utilizar um procedimento iterativo. Em função da multiplicidade de raízes de volume para um par de temperatura e pressão, deve-se atentar para a estimativa inicial.

Se a raiz que se deseja encontrar for a raiz com característica de vapor, a estimativa inicial para o método numérico é o volume molar do gás ideal nas mesmas condições:

$$\overline{V}_{(0)} = \frac{RT}{P} \tag{3.50}$$

$$Z_{(0)} = 1 \tag{3.51}$$

Se a raiz desejada for a raiz com característica de líquido, a estimativa inicial para o método numérico é próxima do volume de exclusão do fluido em questão,

$$\overline{V}_{(0)} = 1{,}05b \tag{3.52}$$

$$Z_{(0)} = 1{,}05\beta \tag{3.53}$$

em que

$$\beta = \frac{bP}{RT} \tag{3.54}$$

É possível fazer manipulações algébricas para gerar expressões com convergência razoável para vapor ou para líquido. Para o cálculo do volume de gás, por exemplo, as equações a seguir podem ser usadas iterativamente, partindo da estimativa inicial de gás ideal:

$$\overline{V}^{[k+1]} = \frac{RT}{P} + b - \frac{a}{P}\frac{\overline{V}^{[k]} - b}{\left(\overline{V}^{[k]} + \varepsilon b\right)\left(\overline{V}^{[k]} + \sigma b\right)} \tag{3.55}$$

$$Z^{[k+1]} = 1 + \beta - q\beta\frac{Z^{[k]} - \beta}{\left(Z^{[k]} + \varepsilon\beta\right)\left(Z^{[k]} + \sigma\beta\right)} \tag{3.56}$$

em que

$$q = \frac{a}{bRT} \tag{3.57}$$

Para o cálculo de volume molar ou fator de compressibilidade de líquidos, as expressões recomendadas, partindo de estimativa inicial próxima ao volume de exclusão do fluido, são:

$$\overline{V}^{[k+1]} = b + \left(\overline{V}^{[k]} + \varepsilon b\right)\left(\overline{V}^{[k]} + \sigma b\right)\left(\frac{RT + bP - \overline{V}^{[k]}P}{a}\right) \tag{3.58}$$

$$Z^{[k+1]} = \beta + \left(Z^{[k]} + \varepsilon\beta\right)\left(Z^{[k]} + \sigma\beta\right)\left(\frac{1 + \beta - Z^{[k]}}{q\beta}\right) \tag{3.59}$$

Alternativamente, pode-se usar o método de Newton-Raphson em uma das expressões anteriores, utilizando uma estimativa inicial conveniente, ou através de um método próprio para a resolução de raízes de polinômios de grau 3, a partir da Equação (3.44), como o método de Cardano, ou com pacotes computacionais para solução de polinômios de qualquer grau.

Exemplo Resolvido 3.5

Um vaso de 1000 cm^3 é carregado com metano a 200 °C. Calcule a quantidade máxima de metano dentro do tanque, sabendo que a pressão limite de trabalho é de 15 bar e que o metano pode ser descrito pela equação de Redlich-Kwong.

Resolução

A equação de RK é dada por

$$P = \frac{RT}{\overline{V} - b} - \frac{a(T)}{\left(\overline{V} + \varepsilon b\right)\left(\overline{V} + \sigma b\right)}$$

, com $\sigma = 1$ e $\epsilon = 0$; e com a função $\alpha(T_r) = T_r^{-1/2}$

Os parâmetros críticos são dados por

$$a_c = \Psi \frac{R^2 T_c^2}{P_c} \text{ e } b = \Omega \frac{RT_c}{P_c}, \text{ com } \Omega = 0{,}08664,\ \psi = 0{,}42748, \text{ e } a(T) = a_c \alpha(T_r)$$

Determina-se T_r e α na condição dada

$$T_r = \frac{T_c}{T} = 2{,}482 \text{ e } \alpha = (T_r)^{-0{,}5} = 0{,}6347$$

Encontra-se o volume através da expressão

$$\overline{V} = \frac{RT}{P} + b - \frac{a(T)}{P} \frac{\overline{V} - b}{(\overline{V} + \varepsilon b)(\overline{V} + \sigma b)}$$

Faz-se necessário encontrar a menor raiz (menor volume molar, maior quantidade de massa no mesmo volume):

$$\overline{V}_0 = RT/P = 2{,}623 \times 10^{-3} \frac{\text{m}^3}{\text{mol}}$$

Na primeira iteração:

$$\overline{V}^{[1]} = \frac{RT}{P} + b - \frac{a(T)}{P} \frac{\overline{V}^{[0]} - b}{\left(\overline{V}^{[0]} + \varepsilon b\right)\left(\overline{V}^{[0]} + \sigma b\right)} = 2{,}616 \times 10^{-3} \frac{\text{m}^3}{\text{mol}}$$

Na segunda iteração:

$$\overline{V}^{[2]} = \frac{RT}{P} + b - \frac{a(T)}{P} \frac{\overline{V}^{[1]} - b}{\left(\overline{V}^{[1]} + \varepsilon b\right)\left(\overline{V}^{[1]} + \sigma b\right)} = 2{,}615 \times 10^{-3} \frac{\text{m}^3}{\text{mol}}$$

Nota-se que a diferença entre o volume calculado pela segunda e primeira é de

$$\overline{V}^{[2]} - \overline{V}^{[1]} = 0{,}001 \times 10^{-3} \frac{\text{m}^3}{\text{mol}}$$

Para os propósitos desse exemplo, o desvio será considerado satisfatoriamente pequeno.

Para aplicação industrial, é importante verificar a evolução do desvio calculado na terceira, quarta e demais iterações, para garantir que se satisfaz uma tolerância requerida pela aplicação (p. ex., sem mudança até a 8ª casa decimal).

Assim, em um tanque de 1.000 cm³, a quantidade máxima é de

$$N = V/\overline{V} = 0{,}381 \text{ mol} \quad \Rightarrow \quad \text{m} = \text{n mm} = 6{,}095 \text{ g}$$

3.3.5 Cálculo de temperatura a partir de equações de estado cúbicas

A temperatura, a partir de um volume e uma pressão conhecidos, pode ser calculada a partir de uma equação cúbica, iterativamente, pela expressão:

$$T^{[k+1]} = \frac{\bar{V} - b}{R}\left[P - \frac{a\left(T^{[k]}\right)}{\left(\bar{V} + \varepsilon b\right)\left(\bar{V} + \sigma b\right)}\right] \tag{3.60}$$

Uma estimativa inicial razoável para gases pode ser a do gás ideal,

$$T^{[0]} = P\bar{V}/R \tag{3.61}$$

enquanto para líquidos pode ser a estimativa da correlação de Racket:

$$T^{[0]} = T_c\left[1 - \left(\frac{\ln\left(\bar{V}^L/\bar{V}_c\right)}{\ln Z_c}\right)^{7/2}\right] \tag{3.62}$$

3.4 EXPANSIVIDADE VOLUMÉTRICA E COMPRESSIBILIDADE ISOTÉRMICA DE SÓLIDOS E LÍQUIDOS

Muitas vezes, para a análise do comportamento *PVT* de sólidos e líquidos, convém utilizar propriedades como a *expansividade volumétrica* e a *compressibilidade isotérmica*. Isso se faz necessário uma vez que equações de estado possuem certas limitações na descrição dessas fases. As equações de estado usuais não podem ser usadas para fase sólida. Nesses casos, deve-se utilizar modelos empíricos e dados experimentais de algumas propriedades termodinâmicas (i. e., densidade, calor específico etc.) para calcular outras propriedades de interesse (i. e., potencial químico etc.). Essas duas grandezas (expansividade e compressibilidade) podem ser obtidas experimentalmente e variam pouco para sólidos e líquidos. O conceito dessas duas grandezas surge da derivada total exata do volume em relação à temperatura e pressão:

$$d\bar{V} = \left(\frac{\partial \bar{V}}{\partial T}\right)_P dT + \left(\frac{\partial \bar{V}}{\partial P}\right)_T dP \tag{3.63}$$

Ao dividir essa equação pelo volume molar, tem-se que:

$$\frac{d\bar{V}}{\bar{V}} = \frac{1}{\bar{V}}\left(\frac{\partial \bar{V}}{\partial T}\right)_P dT + \frac{1}{\bar{V}}\left(\frac{\partial \bar{V}}{\partial P}\right)_T dP \tag{3.64}$$

Disso se originam as definições de expansividade volumétrica e compressibilidade isotérmica, respectivamente:

$$\alpha = \frac{1}{\bar{V}}\left(\frac{\partial \bar{V}}{\partial T}\right)_P \tag{3.65}$$

$$\kappa = -\frac{1}{\bar{V}}\left(\frac{\partial \bar{V}}{\partial P}\right)_T \tag{3.66}$$

Transforma-se a Equação (3.64) em:

$$\frac{d\overline{V}}{\overline{V}} = \alpha dT - \kappa dP \tag{3.67}$$

E, na forma integral, em um caminho conveniente:

$$\ln\left(\frac{\overline{V}_2}{\overline{V}_1}\right) = \int_{T_1}^{T_2} \alpha(T,P)|_{P_1}\, dT - \int_{P_1}^{P_2} \kappa(T,P)|_{T_2}\, dP \tag{3.68}$$

É importante lembrar que essa forma de equacionamento para a descrição do comportamento *PVT* de substâncias puras é válida para qualquer tipo de fase homogênea, uma vez que ela é proveniente da derivada total do volume. Entretanto, ela é mais comumente aplicada a sólidos e a líquidos, em que se pode utilizar modelos simples (como formas polinomiais) para $\alpha(T, P)$ e $\kappa(T, P)$.

Exemplo Resolvido 3.6

Comprime-se um sólido isotermicamente a 27 °C. A pressão passa de 1 atm para 100 atm. Dado que a compressibilidade do sólido vale 5×10^{-6} atm^{-1} e o volume é de 100 cm^3, calcule o trabalho de compressão reversível envolvido no processo.

Resolução

Primeiro, determina-se a relação entre a variação do volume e a variação de pressão, com *T* constante:

$$d\overline{V} = \left(\frac{\partial \overline{V}}{\partial T}\right)_P dT + \left(\frac{\partial \overline{V}}{\partial P}\right)_T dP \quad \Rightarrow \quad d\overline{V} = \left(\frac{\partial \overline{V}}{\partial P}\right)_T dP$$

Para o cálculo do trabalho, parte-se da expressão do trabalho de expansão reversível:

$$\delta W = -P\, d\overline{V} = -P\left(\frac{\partial \overline{V}}{\partial P}\right)_T dP \text{ com } \qquad \kappa = -\frac{1}{\overline{V}_0}\left(\frac{\partial \overline{V}}{\partial P}\right)_T$$

Ao substituir $\left(d\overline{V}/dP\right) T = -\kappa \overline{V}_0$, tem-se $\delta W = \kappa \overline{V}_0\, P dP$.

Integrando entre 1 atm e 100 atm:

$$W = \int_{1\text{ atm}}^{100\text{ atm}} \kappa \overline{V}_0 P dP = \kappa \overline{V}_0 \left[\frac{P^2}{2}\right]_{1\text{ atm}}^{100\text{ atm}} = 0,253\ \text{J/mol}$$

Entretanto, ao longo da integração, foi utilizado V_0 constante com a pressão. Para saber se essa hipótese é plausível, é preciso observar o comportamento do volume ao longo do processo:

$$\frac{d\overline{V}}{\overline{V}} = -\kappa dP \qquad \Rightarrow \qquad \overline{V}_f = \overline{V}_i \exp(-\kappa \Delta P^{f-i}) = 99,95\ \text{cm}^3/\text{mol} \simeq 100\ \text{cm}^3/\text{mol}$$

Ou seja, o volume pode ser considerado constante como uma boa aproximação.

3.5 EQUAÇÃO EMPÍRICA PARA VOLUME DE LÍQUIDO SATURADO

A equação de Rackett permite estimar o volume molar de líquidos saturados em qualquer temperatura a partir do conhecimento das suas coordenadas críticas, ou seja, o volume crítico, o fator de compressibilidade no ponto crítico e a temperatura crítica:

$$\bar{V}^{sat} = \bar{V}_c Z_c^{(1-T_r)^{\frac{2}{7}}} \tag{3.69}$$

Dentre outras expressões empíricas para o cálculo do volume molar (i. e., densidade molar) de líquidos, pode-se destacar a equação de Tait para densidade de polímeros fundidos.[4]

Aplicação Computacional 3

Usando o modelo de van der Waals:

a) Desenhe o gráfico de pressão × volume para a água na temperatura normal de ebulição (373 K).

b) Implemente o método de substituição sucessiva descrito para calcular o volume molar das fases líquida e vapor da água na temperatura de 373 K e pressão de 1 atm.

c) Utilize uma ferramenta de solver polinomial com a forma expressa na Equação (3.45).

Resolução

a) Gráfico

Determinar os valores de a e b para água, usando propriedades críticas disponíveis no Apêndice D.

```
tc=647.1 #SI
pc=220.55e5 #SI
r=8.314 #SI
```

Para a equação de van der Waals, a e b são dados por $a = \frac{27}{64}\frac{R^2T_c^2}{P_c}$; $b = \frac{1}{8}\frac{RT_c}{P_c}$.

```
a=27*r**2*tc**2/64/pc #SI
b=r*tc/8/pc #SI
a,b #SI
#>>> (0.5536554356233236, 3.0491891861255952e-05)
```

Na última linha estão apresentados, na forma de comentários, os valores obtidos para esses dois parâmetros.

Vale a pena definir uma função para o cálculo da pressão, para realizar o cálculo de pressão para vários valores diferentes de volume molar.

```
def calc_p(t,v, a,b,r):
  p=r*t/(v-b)-a/(v**2)
  return p
...
```

[4] Essa e outras expressões para densidade de líquidos podem ser encontradas em POLING, PRAUSNITZ e O'CONNELL, *The properties of gases and liquids*, 5. ed. (2001).

Então, o gráfico pode ser feito por construção de vetores e cálculos sequenciais:

```
vp=np.zeros(100)
vv=np.zeros(100)
vv[0]=b*1.001
for i in range(99):
  vv[i+1]=vv[i]*1.1
for i in range(100):
  vp[i]=calc_p(373,vv[i],a,b,r)
```

Ao ajustar a escala, tem-se um gráfico da seguinte forma:

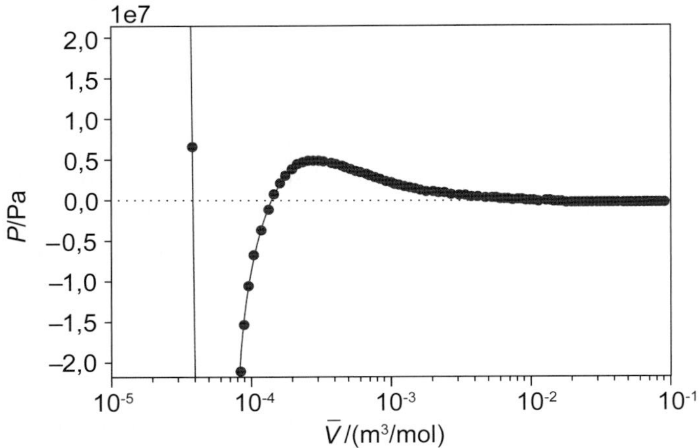

Percebe-se que há resultados de pressão negativa em uma faixa de volumes. Isso é um resultado normal da equação de estado. Esses volumes não são observados na prática em experimentos conduzidos convencionalmente, com pressão positiva.

Observa-se também que há pouca "amostragem" de valores de pressão para valores de $\overline{V}$ pequenos: os pontos correspondem aos valores calculados e as curvas são uma interpolação automática feita pela ferramenta de desenho. Isso pode ser melhorado mudando a forma com que os valores de volume molar foram preestabelecidos para elaboração do gráfico.

b) Método iterativo.

A resolução de volume pode ser feita com um laço iterativo para repetir o procedimento de substituição sucessiva.

Para o vapor, por exemplo:

```
v=r*t/p
for i in range(10):
  v=r*t/p+b-a/p*(v-b)/v**2
...
```

E, para o líquido:

```
v=b*1.05
for i in range(10):
  v_n=b+v**2*(r*t+b*p-v*p)/a
...
```

Utilizando escala logarítmica no eixo x, o resultado esperado tem a forma descrita a seguir, em que a linha marca sucessivos pontos calculados de $P(T, V)$, e os pontos marcam duas raízes (líquido e vapor) obtidas a partir dos métodos iterativos para $VL(T, P)$ e $VV(T, P)$:

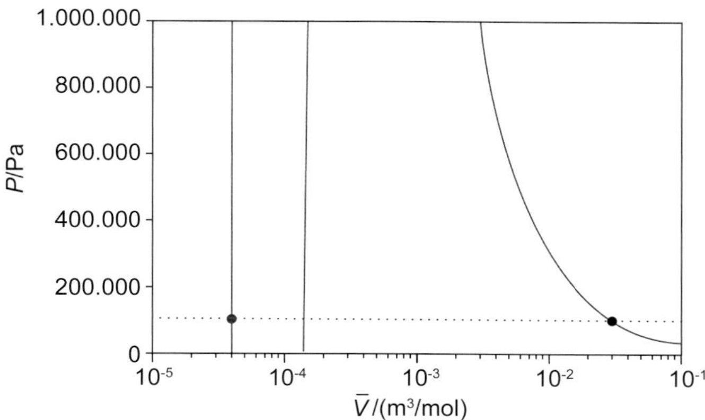

c) Para utilizar a ferramenta de solver polinomial, expressa-se a equação cúbica usando a forma polinomial deduzida no Exemplo Resolvido 3.3 para cúbica geral, com $\sigma = 0$ e $\epsilon = 0$ (ou Exemplo Resolvido 3.1, deduzido especificamente para van der Waals).

Nota-se que a forma polinomial é igualada a zero,

$$P\overline{V}^3 + P\overline{V}^2\epsilon b + P\overline{V}^2\sigma b - P\overline{V}^2 b + P\overline{V}\epsilon\sigma b^2 - P\overline{V}\epsilon b^2 - P\overline{V}\sigma b^2 - P\epsilon\sigma b^3$$
$$-RT\overline{V}^2 - RT\overline{V}\epsilon b - RT\overline{V}\sigma b - RT\epsilon\sigma b^2 + \overline{V}a - ab = 0$$

Logo, é equivalente a usar os coeficientes a seguir (seguindo a forma do Exemplo Resolvido 3.3) ou dividir todos por P não nulo (seguindo a forma do Exemplo Resolvido 3.1).

```
c3=p
c2=-p*b-r*t
c1=a
c0=-a*b
```

Roots é um dos vários métodos computacionais disponíveis no Python científico.

Do manual desse método, disponível no *site* do pacote (www.numpy.org), o argumento para a função roots deve ser um vetor (lista ou *array*), contendo os coeficientes organizados da seguinte maneira:

Se o polinômio for dado como

$$p[0] * x**n + p[1] * x**(n-1) + ... + p[n-1]*x + p[n] = 0$$

chamar o método como

raizes = roots([p[0], p[1], … p[n–1], p[n]]),

ou seja, em ordem com coeficientes da maior potência primeiro, e o da menor por último:

```
volumes=np.roots([c3,c2,c1,c0])
volumes
#>>> array([3.08624949e-02, 1.40201142e-04, 3.90158755e-05])
```

Esse resultado será visualizado em gráfico da mesma forma que o anterior:

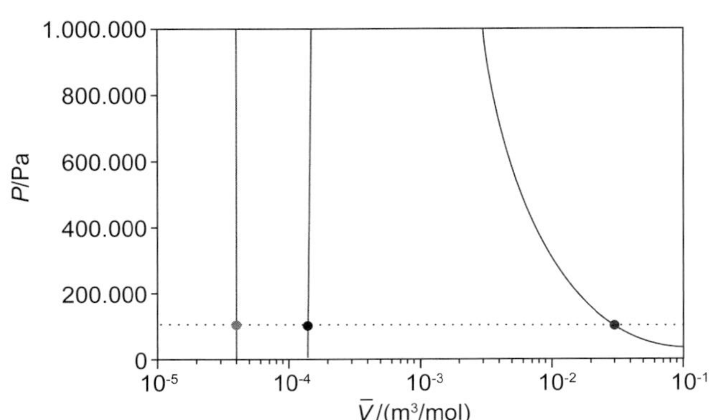

Nota-se que foram determinadas as raízes de vapor e líquido e, também, a raiz intermediária (mecanicamente instável).

O método *roots* do pacote *numpy* pode fornecer raízes complexas ou raízes com volume menor que *b* se usado para determinar as três raízes matemáticas em condição termodinâmica (*T, P*) desde que só exista uma raiz física. Por isso, é importante conferir a correspondência física dos valores retornados pelo método, caso a caso.

A versão completa do código para resolver essa questão está disponível no material suplementar.

EXERCÍCIOS PROPOSTOS

Conceituação

3.1 É possível afirmar que a equação de gás ideal pode ser usada para calcular a densidade de gases e líquidos?

3.2 É possível afirmar que a equação de van der Waals pode ser usada para calcular a densidade de gases e líquidos?

3.3 Em termos de estados correspondentes de van der Waals, pode-se afirmar que as substâncias teriam as mesmas propriedades termodinâmicas (reduzidas) desde que tenham a mesma temperatura reduzida (Tr)?

3.4 É possível afirmar que a equação de estado cúbica, tipo van der Waals, pode ser usada para calcular a densidade de sólidos?

3.5 É possível afirmar que a equação Rackett pode ser usada para calcular a densidade de líquidos?

3.6 Com relação ao fator acêntrico de Pitzer, pode-se afirmar que duas substâncias diferentes com os mesmos fatores acêntricos se comportariam de acordo com os estados correspondentes de van der Waals?

Cálculos e problemas

3.1 Um tanque de 500.000 cm^3 é carregado com 500 gmols de gás natural (metano). Calcule a temperatura máxima de estocagem, sabendo-se que a pressão limite de trabalho é de 50 atm. Use a equação de Redlich-Kwong.

3.2 Uma substância pura de massa molar 30 g/mol se comporta de acordo com expansão do Virial em pressão com um termo. Com o segundo coeficiente do Virial, B, dado por: $B\,[m^3 mol^{-1}] = (4{,}4\times10^{-4} - 0{,}034/T[K])$:

a) Calcule a densidade do fluido na pressão de 10 atm e na temperatura de 298 K.

b) Calcule a maior densidade possível para uma compressão isotérmica (a 298 K) desse fluido.

3.3 Três gmols de um gás, a 27 °C, com um volume inicial igual a 1,1 ℓ, expande-se isotermicamente até o volume de 30 ℓ. O comportamento desse gás é bem descrito pela expansão do virial em pressão com um termo, com o segundo coeficiente do Virial, B, dado por: $B\,[m^3 mol^{-1}] = (4{,}4\times10^{-4} - 0{,}034/T[K])$. Determine o trabalho trocado no processo.

3.4 Estime a densidade da amônia como líquido saturado a 323 K usando a equação de Rackett. Compare a densidade obtida pela equação de Rackett com a densidade estimada, nas mesmas condições, pela equação de van der Waals.
Dado: A pressão de saturação da amônia, a 323 K, é de 2,1 MPa.

3.5 Uma substância *A* em fase gás obedece à equação de estado $PV = n\,R\,T + n\,b\,P$, sendo *b* o covolume que, para a substância *A*, é: b = 200 cm^3/mol. Calcule o trabalho de compressão isotérmica reversível de P_1 = 1 atm e T_1 = 300 K a P_2 = 10 atm.

3.6 Um tanque de 30 ℓ é carregado com 20 kg de oxigênio. Calcule a temperatura máxima de estocagem, sabendo-se que a pressão limite de trabalho é de 70 atm. Use a equação de Redlich-Kwong.

3.7 Utilize a expansão do Virial em pressão com um termo e as correlações de *B°* e *B'* dadas em função das propriedades críticas para calcular a pressão em um vaso de 10 ℓ contendo 3 mol de etano na temperatura de 300 K.

3.8 Um mol de propano, a 30 °C, com um volume inicial igual a 50 ℓ, é comprimido isotermicamente até o volume de 5 ℓ. O comportamento desse gás é bem descrito pela equação de Peng-Robinson. Determine a pressão inicial, a pressão final e o trabalho total.

3.9 Calcule a densidade do dióxido de carbono supercrítico na condição de T = 350 K, P = 90 bar utilizando:

a) A expansão do Virial em pressão com um termo e as correlações de *B°* e *B'* dadas em função das propriedades críticas.

b) A equação de Peng-Robinson.

3.10 A partir de dados de densidade e equilíbrio de fases em temperatura e pressão baixa/moderada de uma substância pura, estimou-se que o valor dos parâmetros *a* e *b* com os quais essa substância é mais bem representado pela equação de *RK* são a = 0,5 Pa (m^3/mol)^2 e $b = 6 \times 10^{-5}$ m^3/mol. Quais os valores de temperatura crítica e pressão crítica previstos para essa substância?

Resumo de equações

■ *Definições*

$$Z = \frac{P\overline{V}}{RT} \qquad \alpha = \frac{1}{\overline{V}}\left(\frac{\partial \overline{V}}{\partial T}\right)_P \qquad \kappa = -\frac{1}{\overline{V}}\left(\frac{\partial \overline{V}}{\partial P}\right)_T$$

$$T_r = \frac{T}{T_C} \qquad P_r = \frac{P}{P_C} \qquad \omega = -1 - \log_{10}\left(P^{\text{sat}}/P_C\right)_{T_r = 0{,}7}$$

■ *Equações de estado*

Virial

$$Z = 1 + \frac{BP}{RT} \qquad \overline{V} = \frac{RT}{P} + B \qquad P = \frac{RT}{\overline{V} - B} \qquad \frac{BP_c}{RT_c} = B°(T_r) + B'(T_r)$$

$$B° = 0{,}083 - \frac{0{,}422}{T_r^{\,1{,}6}} \qquad B' = 0{,}139 - \frac{0{,}172}{T_r^{\,4{,}2}} \qquad \frac{dB°}{dT_r} = \frac{0{,}675}{T_r^{\,2{,}6}} \qquad \frac{dB'}{dT_r} = \frac{0{,}722}{T_r^{\,5{,}2}}$$

Cúbica

$$P = \frac{RT}{\overline{V} - b} - \frac{a(T)}{(\overline{V} + \varepsilon b)(\overline{V} + \sigma b)}$$

$$c_3\overline{V}^3 + c_2\overline{V}^2 + c_1\overline{V} + c_0 = 0$$

$$c_3 = P$$
$$c_2 = P\epsilon b + P\sigma b - Pb - RT$$
$$c_1 = P\epsilon\sigma b^2 - P\epsilon b^2 - P\sigma b^2 - RT\epsilon b - RT\sigma b + a$$
$$c_0 = -P\epsilon\sigma b^3 - RT\epsilon\sigma b^2 - ab$$

$$a(T) = a_c\,\alpha(T_r) = \Psi\frac{\alpha(T_r)R^2T_c^{\ 2}}{P_c} \qquad b = \Omega\frac{RT_c}{P_c}$$

	α	σ	ε	Ω	ψ
van der Waals (1873)	1	0	0	1/8	27/64
Redlich-Kwong (1959)	$T_r^{-1/2}$	1	0	0,08664	0,42748
Soave-Redlich-Kwong (1972)	$\left[1+\kappa_{SRK}\left(1-T_r^{\ 1/2}\right)\right]^2$	1	0	0,08664	0,42748
Peng-Robinson (1976)	$\left[1+\kappa_{PR}\left(1-T_r^{1/2}\right)\right]^2$	$1+\sqrt{2}$	$1-\sqrt{2}$	0,07780	0,45724

$$\kappa_{SRK} = 0{,}480 + 1{,}574\omega - 0{,}176\,\omega^2 \qquad \kappa_{PR} = 0{,}37464 + 1{,}54226\,\omega - 0{,}26992\,\omega^2$$

- *Correlações*

Rackett $\quad \overline{V}^{sat} = \overline{V}_c Z_c^{(1-T_r)^{\frac{2}{7}}} \qquad T = T_c\left[1 - \left(\frac{\ln\left(\overline{V}^L/\overline{V}_c\right)}{\ln Z_c}\right)^{7/2}\right]$

CAPÍTULO 4

Propriedades Termodinâmicas de Substâncias Puras

Neste capítulo, serão demonstradas expressões que relacionam propriedades que não são medidas diretamente, como entalpia, energia interna e entropia, com as propriedades *PVT* e derivadas (C_P, κ, α), para substâncias puras.

4.1 RELAÇÕES ENTRE PROPRIEDADES PARA FASES HOMOGÊNEAS

4.1.1 Primeira Lei para sistemas fechados

Como foi mostrado na Seção 1.7.1 do Capítulo 1, é possível mostrar, a partir da aplicação das Leis da Termodinâmica para um sistema fechado que passa por um processo reversível, a relação entre as variações infinitesimais de energia interna, volume e entropia.

$$\begin{cases} \delta Q_{\text{rev}} = TdS \\ \delta W_{\text{rev}} = -PdV \text{ (considerando trabalho de expansão/compressão)} \end{cases} \tag{4.1}$$

$$\boxed{d\overline{U} = Td\overline{S} - Pd\overline{V}} \tag{4.2}$$

Essa equação estabelece uma relação entre variáveis de estado (que dependem apenas do estado do sistema) para um sistema fechado, apesar de ter sido deduzida a partir de equações que possuíam variáveis dependentes do caminho percorrido pelo sistema (calor e trabalho). Portanto, a equação vale para qualquer sistema fechado que passa por qualquer processo que leve de um estado de equilíbrio a outro, ainda que tenha sido deduzida por meio da hipótese de um processo reversível. Na Equação (4.2), a energia interna está escrita em função de suas coordenadas naturais, $\overline{U}(\overline{S},\overline{V})$.

4.1.2 Propriedades termodinâmicas

A equação mostrada tem como característica a presença das propriedades termodinâmicas mensuráveis $(P,\overline{V},T)$, sendo $\overline{U}$ o potencial termodinâmico, $\overline{S}$ e $\overline{V}$ as coordenadas naturais e T e P as propriedades termodinâmicas conjugadas. Por conveniência, são criados outros potenciais termodinâmicos, como entalpia molar $(\overline{H})$; energia de Helmholtz molar $(\overline{A})$; e energia de Gibbs molar $(\overline{G})$, definidas a partir das propriedades mencionadas:

$$\overline{H} = \overline{U} + P\overline{V} \tag{4.3}$$

$$\overline{A} = \overline{U} - T\overline{S} \tag{4.4}$$

$$\overline{G} = \overline{U} + P\overline{V} - T\overline{S} = \overline{H} - T\overline{S} \tag{4.5}$$

É importante ressaltar que a definição dessas novas propriedades e de sua relação com as propriedades primárias não é arbitrária. Além disso, todas essas variáveis adicionais possuem dimensão de energia e serão empregadas largamente no estudo da Termodinâmica Clássica.

Para cada uma dessas propriedades, é possível estabelecer uma equação fundamental de mesma forma que a Equação (4.2). Para isso, parte-se da própria Equação (4.2) e de cada uma das definições das variáveis adicionais.

Entalpia

A partir da definição de entalpia:

$$\overline{H} = \overline{U} + P\overline{V} \tag{4.6}$$

$$d\overline{H} = d\overline{U} + d(P\overline{V}) \tag{4.7}$$

Ao utilizar a Equação (4.2) para a energia interna, tem-se que:

$$d\overline{H} = Td\overline{S} + \overline{V}dP \tag{4.8}$$

Nesse caso, a entalpia está expressa em função das suas coordenadas naturais $\overline{H}(\overline{S}, P)$.

Energia de Helmholtz

A partir da definição de energia de Helmholtz:

$$\overline{A} = \overline{U} - T\overline{S} \tag{4.9}$$

$$d\overline{A} = d\overline{U} - d(T\overline{S}) \tag{4.10}$$

Utiliza-se a Equação (4.2) para a energia interna:

$$d\overline{A} = -\overline{S}dT - Pd\overline{V} \tag{4.11}$$

Nesse caso, a energia de Helmholtz está expressa em função das suas coordenadas naturais $\overline{A}(T, \overline{V})$.

Energia de Gibbs

A partir da definição de energia de Gibbs, tem-se:

$$\overline{G} = \overline{U} + P\overline{V} - T\overline{S} \tag{4.12}$$

$$d\overline{G}=d\overline{U}+d\left(P\overline{V}\right)-d\left(T\overline{S}\right) \tag{4.13}$$

Utiliza-se a Equação (4.2) para a entalpia:

$$d\overline{G}=-\overline{S}dT+\overline{V}dP \tag{4.14}$$

Nesse caso, a energia de Gibbs está expressa em função das suas coordenadas naturais $\overline{G}\,(T,P)$.

Comentários

As equações mostradas até aqui apresentam as mesmas restrições da Equação (4.2), ou seja, valem para sistemas fechados em um processo que leve de um estado de equilíbrio a outro. Assim, as relações fundamentais entre as propriedades termodinâmicas são equações gerais para um fluido homogêneo com composição constante; elas se encontram sumarizadas a seguir:

$$d\overline{U}=Td\overline{S}-Pd\overline{V} \tag{4.15}$$

$$d\overline{H}=Td\overline{S}+\overline{V}dP \tag{4.16}$$

$$d\overline{A}=-\overline{S}dT-Pd\overline{V} \tag{4.17}$$

$$d\overline{G}=-\overline{S}dT+\overline{V}dP \tag{4.18}$$

4.1.3 Transformadas de Legendre

As variáveis naturais da entropia, S, são U, V, e N, e as variáveis naturais da energia interna, U, são S, V e N. Isso quer dizer que é possível propor modelos (i. e., usando mecânica estatística) para determinar $S(U, V, N)$ ou $U(S, V, N)$. Pelas relações de cálculo, é possível determinar expressões para quaisquer outras propriedades derivadas, tais como: pressão, capacidades caloríficas (C_P, C_V), potencial químico (μ_i) etc., em função das variáveis S, V e N.

No entanto, na prática, a energia não é uma propriedade diretamente mensurável (i. e., mede-se apenas variações de energia), enquanto a temperatura é diretamente mensurável. Logo, seria mais conveniente ter expressões para $U(T, V, N)$ ou $U(T, P, N)$ para poder calcular variações ΔU a partir de duas medidas diretas, uma de T e outra de V ou P.

Para uma expressão $U(T, V, N)$, as variações poderiam ser expressas como:

$$dU=\left(\frac{\partial U}{\partial T}\right)_{V,N}dT+\left(\frac{\partial U}{\partial V}\right)_{T,N}dV+\left(\frac{\partial U}{\partial N}\right)_{T,V}dN \tag{4.19}$$

Entretanto, note que, como $T=(\partial U/\partial S)_{V,N}$, isso demonstra uma troca da expressão para $U(T, V, N)$ por uma expressão para $U\,((\partial U/\partial S)_{V,N}, V, N)$. Fundamentalmente, essa é uma forma de equação diferencial que poderia ser integrada para determinar $U(S, V, N)$, mas apenas se uma condição inicial $U_0(S_0)$, um estado de referência, for conhecida no contexto da termodinâmica. Por isso, diz-se que a forma transformada $U(T, V, N)$, sem especificar o estado de referência, tem um conteúdo de informação menor que a forma dita natural, $U(S, V, N)$.

A técnica de Transformadas de Legendre permite descobrir, por exemplo, que outra função, A (i. e., a energia de Helmholtz), pode ser expressa como $A(T, V, N)$ tendo a mesma informação que $U(S, V, N)$. Ou seja, a partir de $A(T, V, N)$ será possível deduzir expressões para todas as mesmas propriedades derivadas possíveis a partir de $U(S, V, N)$. A técnica de Transformada de Legendre justifica a definição usada para a energia de Helmholtz e, analogamente, as definições da entalpia e energia de Gibbs.

Pode-se usar a Transformada de Legendre para gerar qualquer potencial termodinâmico, M, que seja função de coordenadas (a, b, c), sendo que a primeira coordenada, a, pode ser T ou S; a segunda coordenada, b, pode ser P ou V; e cada coordenada c_i pode ser um μ_i ou um N_i. Os pares de propriedades termodinâmicas intensivas e extensivas são chamados *coordenadas conjugadas*. No contexto da termodinâmica de superfícies, área e tensão superficial aparecem como um novo par de coordenadas conjugadas.

A definição do método da Transformada de Legendre é: para uma função $y(x)$, com derivada $w(x) = \partial y/\partial x$, a transformada $\mathcal{L}_x(y)$ é dada por $z(w) = y(w) - wx(w)$, em que a forma $w(x)$ pode ser obtida a partir da função inversa de $x(w)$, e a forma $y(w)$ pode ser obtida pela composição das funções $y(x(w))$.

A função original $y(x)$ está representada na curva da Figura 4.1(b) em função de sua coordenada natural x; a função transformada z está construída na Figura 4.1(a), a partir dos interceptos entre cada reta (i. e., tangente a y em cada ponto x, com inclinação $w = \partial y/\partial x$) e o eixo $x = 0$.

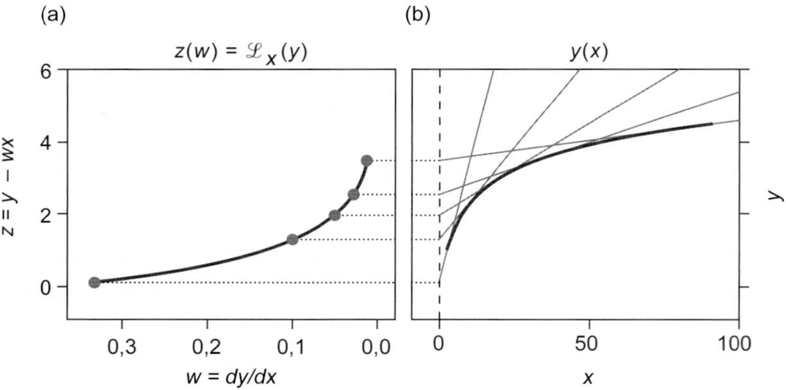

Figura 4.1 – Representação geométrica da Transformada de Legendre usada para obtenção da função $z(w) = y - wx$ no quadro (a), a partir da função $y(x)$, no quadro (b).

A partir da função $z(w)$, a expressão para $x(w)$ pode ser recuperada através de $x = -\partial z/\partial w$, e o potencial termodinâmico original pode ser recuperado ao se refazer a Transformada de Legendre no sentido oposto: $y = y - w\,(\partial z/\partial w) = z + wx$.

Aplicando-se a transformada de Legendre para $U(S, V, N)$ para obtenção dos potenciais H, A, G para um sistema qualquer, tem-se:

$$U(S,V,N) \tag{4.20}$$

$$H(S,P,N) = U - V\left(\frac{\partial U}{\partial V}\right)_{S,N} = U + PV \tag{4.21}$$

$$A(T,V,N)=U-S\left(\frac{\partial U}{\partial S}\right)_{V,N}=U-TS \tag{4.22}$$

$$G(T,P,N)=U-V\left(\frac{\partial U}{\partial V}\right)_{S,N}-S\left(\frac{\partial U}{\partial S}\right)_{V,N}=U+PV-TS \tag{4.23}$$

Outros potenciais, como o potencial Grande-Canônico e o potencial Semi-Grande-Canônico, são obtidos com a troca de todos ou alguns N_i por μ_i, conforme for conveniente;[1] a seguir, o procedimento é exemplificado para um sistema binário.

O potencial Grande-Canônico Ψ^{Ξ} (T, V, μ_1, μ_2) é especialmente útil para cálculos de adsorção:

$$\Psi^{\Xi}(T,V,\mu_1,\mu_2)=A-N_1\left(\frac{\partial A}{\partial N_1}\right)-N_2\left(\frac{\partial A}{\partial N_2}\right)=A-\mu_1 N_1-\mu_2 N_2 \tag{4.24}$$

Já o potencial Semi-Grande-Canônico, Ψ^{Γ} (T, V, N_1, μ_2), é especialmente útil para cálculos de clatratos, soluções de íons ou polímeros:

$$\Psi^{\Gamma}(T,V,N_1,\mu_2)=A-N_2\left(\frac{\partial A}{\partial N_2}\right)=A-\mu_2 N_2 \tag{4.25}$$

Além disso, a equação fundamental da termodinâmica pode ser escrita em vez de energia $U(S, V, N)$, em termos de entropia $S(U, V, N)$. Trata-se do formalismo de Massieu (Eq. (2.6)). Novas funções podem ser obtidas a partir de Transformadas de Legendre:

$$\frac{A}{T}=-S+U\left(\frac{\partial S}{\partial U}\right)_{V,N}=-S+\frac{U}{T}=-\frac{PV}{T} \tag{4.26}$$

$$\frac{G}{T}=\frac{A}{T}+V\left(\frac{\partial S}{\partial V}\right)_{U,N}=\frac{A}{T}+\frac{PV}{T} \tag{4.27}$$

Com as respectivas formas diferenciais para propriedades molares, tem-se:

$$\boxed{d\left(\frac{\overline{A}}{T}\right)=\overline{U}d\left(\frac{1}{T}\right)-\left(\frac{P}{T}\right)d\overline{V}} \tag{4.28}$$

$$\boxed{d\left(\frac{\overline{G}}{T}\right)=\overline{H}d\left(\frac{1}{T}\right)+\left(\frac{\overline{V}}{T}\right)dP} \tag{4.29}$$

[1] Uma discussão mais aprofundada desses potenciais transformados, associados a conjuntos estatísticos e funções de partição, pode ser encontrada em SANDLER, *An Introduction to Applied Statistical Thermodynamics* (2011).

Essas equações são especialmente úteis no contexto de dedução de propriedades termodinâmicas a partir de expressões gerais para G (Seção 4.2.1) ou A, e expressões análogas podem ser deduzidas para outros potenciais.

4.1.4 Relações matemáticas entre funções de várias variáveis e suas derivadas

Ao longo desta seção, serão discutidos conceitos do cálculo diferencial multivariável. As relações matemáticas demonstradas aqui são de grande utilidade na descrição das dependências entre as diversas propriedades termodinâmicas de um sistema.

Relações de Maxwell

A derivada total exata de uma determinada função $Y(X_1, X_2, ..., X_n)$, função das variáveis independentes X_1 até X_n, é obtida da seguinte forma:

$$dY = \left(\frac{\partial Y}{\partial X_1}\right)_{X_{j\neq 1}} dX_1 + \left(\frac{\partial Y}{\partial X_2}\right)_{X_{j\neq 2}} dX_2 + \cdots + \left(\frac{\partial Y}{\partial X_n}\right)_{X_{j\neq n}} dX_n \tag{4.30}$$

Assim, as derivadas parciais podem ser interpretadas como coeficientes, como segue:

$$C_1 = \left(\frac{\partial Y}{\partial X_1}\right)_{X_{j\neq 1}}, C_2 = \left(\frac{\partial Y}{\partial X_2}\right)_{X_{j\neq 2}}, \ldots, C_n = \left(\frac{\partial Y}{\partial X_n}\right)_{X_{j\neq n}} \tag{4.31}$$

A derivada exata de Y se transforma em:

$$dY = \sum_i^n C_i dX_i \tag{4.32}$$

Se Y e suas derivadas forem funções contínuas, pode-se dizer que, para cada par de variáveis independentes X_k e X_l, é válida a seguinte relação:

$$\frac{\partial^2 Y}{\partial X_k \partial X_l} = \frac{\partial^2 Y}{\partial X_l \partial X_k} \tag{4.33}$$

Logo, por conta dessa constatação, surge uma relação interessante para os coeficientes quaisquer C_k e C_l. A partir da definição dos coeficientes, na Equação (4.31),

$$C_k = \left(\frac{\partial Y}{\partial X_k}\right)_{X_{j\neq k}}, C_l = \left(\frac{\partial Y}{\partial X_l}\right)_{X_{j\neq l}} \tag{4.34}$$

Derivando C_k em relação a X_l e C_l em relação a X_k, tem-se que:

$$\left(\frac{\partial C_k}{\partial X_l}\right)_{X_{j\neq l}} = \frac{\partial^2 Y}{\partial X_l \partial X_k}, \quad \left(\frac{\partial C_l}{\partial X_k}\right)_{X_{j\neq k}} = \frac{\partial^2 Y}{\partial X_k \partial X_l} \tag{4.35}$$

Como a ordem de diferenciação das derivadas parciais de segunda ordem com respeito a variáveis independentes distintas pode ser invertida sem que haja mudança no resultado, é possível afirmar que:

$$\left(\frac{\partial C_k}{\partial X_l}\right)_{X_{j\neq l}} = \left(\frac{\partial C_l}{\partial X_k}\right)_{X_{j\neq k}} \tag{4.36}$$

Essas relações são de especial importância para a Termodinâmica. Por exemplo, por meio da Equação (4.30), nota-se que a energia interna é uma função das variáveis volume e entropia, $\overline{U} = \overline{U}\,(\overline{S},\overline{V})$, de forma que a relação apresentada na Equação (4.15) se trate de uma derivada exata da função com respeito a suas duas variáveis independentes, $\overline{S}$ e $\overline{V}$. Isso leva à constatação de que a temperatura e a pressão são, na Equação (4.15), análogas aos coeficientes C_i das demonstrações presentes nesta seção. Desse modo, pode-se escrever:

$$\left(\frac{\partial T}{\partial \overline{V}}\right)_{\overline{S}} = -\left(\frac{\partial P}{\partial \overline{S}}\right)_{\overline{V}} \tag{4.37}$$

Aplicando esse raciocínio à entalpia, à energia de Helmholtz e à energia de Gibbs, enxergadas como $\overline{H} = \overline{H}\,(\overline{S}, P)$, $\overline{A} = \overline{A}\,(T, \overline{V})$ e $\overline{G} = \overline{G}\,(T, P)$, vindas das Equações (4.16), (4.17) e (4.18), é possível obter, respectivamente, as seguintes relações:

$$\left(\frac{\partial T}{\partial P}\right)_{\overline{S}} = \left(\frac{\partial \overline{V}}{\partial \overline{S}}\right)_P \tag{4.38}$$

$$\left(\frac{\partial \overline{S}}{\partial \overline{V}}\right)_T = \left(\frac{\partial P}{\partial T}\right)_{\overline{V}} \tag{4.39}$$

$$-\left(\frac{\partial \overline{S}}{\partial P}\right)_T = \left(\frac{\partial \overline{V}}{\partial T}\right)_P \tag{4.40}$$

Essas relações são chamadas "Relações de Maxwell". Elas se encontram sumarizadas a seguir:

$$\left(\frac{\partial T}{\partial \overline{V}}\right)_{\overline{S}} = -\left(\frac{\partial P}{\partial \overline{S}}\right)_{\overline{V}} \tag{4.41}$$

$$\left(\frac{\partial T}{\partial P}\right)_{\overline{S}} = \left(\frac{\partial \overline{V}}{\partial \overline{S}}\right)_P \tag{4.42}$$

$$\left(\frac{\partial \overline{S}}{\partial \overline{V}}\right)_T = \left(\frac{\partial P}{\partial T}\right)_{\overline{V}} \tag{4.43}$$

$$-\left(\frac{\partial \overline{S}}{\partial P}\right)_T = \left(\frac{\partial \overline{V}}{\partial T}\right)_P \tag{4.44}$$

Transformações Jacobianas

A transformação Jacobiana é um procedimento analítico geral para obtenção das derivadas de potenciais termodinâmicos em termos de coordenadas convenientes (T e P, p. ex.), e em função de propriedades mensuráveis (relações de $P, \bar{V}, T, C_P, C_V, \kappa, \ldots$).

A Jacobiana das funções $f(x, y)$ e $g(x, y)$ em função das coordenadas x e y, simbolizada por $\partial(f, g)/\partial(x, y)$, é dada pelo determinante:

$$\frac{\partial(f,g)}{\partial(x,y)} = \begin{vmatrix} \left(\frac{\partial f}{\partial x}\right)_y & \left(\frac{\partial f}{\partial y}\right)_x \\ \left(\frac{\partial g}{\partial x}\right)_y & \left(\frac{\partial g}{\partial y}\right)_x \end{vmatrix} = \left(\frac{\partial f}{\partial x}\right)_y \left(\frac{\partial g}{\partial y}\right)_x - \left(\frac{\partial f}{\partial y}\right)_x \left(\frac{\partial g}{\partial x}\right)_y \tag{4.45}$$

As quatro propriedades matemáticas seguintes são úteis no desenvolvimento de expressões convenientes entre propriedades termodinâmicas e podem ser demonstradas pela aplicação da transformação Jacobiana:

(i) $$\frac{\partial(f,g)}{\partial(x,y)} = -\frac{\partial(g,f)}{\partial(x,y)} = \frac{\partial(g,f)}{\partial(y,x)} \tag{4.46}$$

(ii) $$\frac{\partial(f,y)}{\partial(x,y)} = \left(\frac{\partial f}{\partial x}\right)_y \tag{4.47}$$

(iii) $$\frac{\partial(f,g)}{\partial(x,y)} = \frac{\partial(f,g)}{\partial(z,w)} \frac{\partial(z,w)}{\partial(x,y)} \tag{4.48}$$

(iv) $$\frac{\partial(f,g)}{\partial(x,y)} = \left(\frac{\partial(x,y)}{\partial(f,g)}\right)^{-1} \tag{4.49}$$

Exemplo Resolvido 4.1

Determine uma expressão para o coeficiente de Joule-Thomson (i. e., efeito Joule-Kelvin), sendo μ_{JT} definido como $(\partial T/\partial P)_{\bar{H}}$, que resulta na variação de temperatura por variação de pressão em uma válvula considerada isentálpica. Em função das coordenadas T, P e das equações de estado $\bar{V}(T, P)$ e $C_p(T, P)$ e suas derivadas, a resolução pode ser feita da seguinte forma:

Resolução

Ao aplicar as propriedades matemáticas apresentadas na definição do coeficiente JT, tem-se:

$$\left(\frac{\partial T}{\partial P}\right)_{\bar{H}} = \frac{\partial(T,\bar{H})}{\partial(P,\bar{H})} = \frac{\partial(T,\bar{H})}{\partial(T,P)} \Bigg/ \frac{\partial(P,\bar{H})}{\partial(T,P)} = J_1/J_2$$

$$J_1 = \frac{\partial(T,\bar{H})}{\partial(T,P)} = \begin{vmatrix} (\partial T/\partial T)_P & (\partial T/\partial P)_T \\ (\partial \bar{H}/\partial T)_P & (\partial \bar{H}/\partial P)_T \end{vmatrix} = \begin{vmatrix} 1 & 0 \\ C_p & (\partial \bar{H}/\partial P)_T \end{vmatrix} = (\partial \bar{H}/\partial P)_T$$

$$J_2 = \frac{\partial(P,\bar{H})}{\partial(T,P)} = \begin{vmatrix} (\partial P/\partial T)_P & (\partial P/\partial P)_T \\ (\partial \bar{H}/\partial T)_P & (\partial \bar{H}/\partial P)_T \end{vmatrix} = \begin{vmatrix} 0 & 1 \\ C_p & (\partial \bar{H}/\partial P)_T \end{vmatrix} = -C_p$$

Desse modo,

$$\mu_{JT} = \left(\frac{\partial T}{\partial P}\right)_{\bar{H}} = -\frac{(\partial \bar{H}/\partial P)_T}{C_p}$$

Usando a relação fundamental de $\bar{H}(S,P)$ e uma relação de Maxwell,

$$d\bar{H} = Td\bar{S} + \bar{V}dP \quad \Rightarrow \quad (\partial \bar{H}/\partial P)_T = T(\partial \bar{S}/\partial P)_T + \bar{V} \quad \Rightarrow \quad (\partial \bar{H}/\partial P)_T = -T(\partial \bar{V}/T)_P + \bar{V}$$

Por fim,

$$\mu_{JT} = \left(\frac{\partial T}{\partial P}\right)_{\bar{H}} = \frac{T(\partial \bar{V}/\partial T)_P - \bar{V}}{C_p}$$

Relações de transformação para sistemas descritos por duas variáveis independentes

Certos sistemas podem ser totalmente descritos por meio da definição de duas variáveis de estado. Para esses sistemas, é possível obter outras relações matemáticas, além das já apresentadas, que vão prestar auxílio na sua descrição. Se as variáveis de estado designadas forem y e z, a partir das quais se calcula a propriedade x, é válida a seguinte relação entre x, y e z:

$$f(x,y,z) = 0 \tag{4.50}$$

Assim, tanto x como y e z podem ser entendidas como $x = x(y, z)$, $y = y(x, z)$ e $z = z(x, y)$. Escrevendo as derivadas exatas para x e y, tem-se:

$$dx = \left(\frac{\partial x}{\partial y}\right)_z dy + \left(\frac{\partial x}{\partial z}\right)_y dz \tag{4.51}$$

$$dy = \left(\frac{\partial y}{\partial x}\right)_z dx + \left(\frac{\partial y}{\partial z}\right)_x dz \tag{4.52}$$

Ao substituir dy da Equação (4.52) na Equação (4.51), tem-se:

$$\left[\left(\frac{\partial x}{\partial y}\right)_z \left(\frac{\partial y}{\partial x}\right)_z - 1\right] dx + \left[\left(\frac{\partial x}{\partial y}\right)_z \left(\frac{\partial y}{\partial z}\right)_x + \left(\frac{\partial x}{\partial z}\right)_y\right] dz = 0 \tag{4.53}$$

Como x e z são independentes, a Equação (4.53) será respeitada apenas quando as contribuições infinitesimais de x e z forem nulas, de forma que ou $dz = dx = 0$, ou os coeficientes que multiplicam essas variações são nulos. Respectivamente, esta última observação leva, para os coeficientes dos termos dx e dz, às seguintes relações:

$$\left(\frac{\partial x}{\partial y}\right)_z = \left(\frac{\partial y}{\partial x}\right)_z^{-1} \tag{4.54}$$

$$\left(\frac{\partial x}{\partial y}\right)_z = -\left(\frac{\partial x}{\partial z}\right)_y \left(\frac{\partial z}{\partial y}\right)_x \tag{4.55}$$

Essas duas expressões, em conjunto, dão origem à equação a seguir:

$$\left(\frac{\partial x}{\partial y}\right)_z \left(\frac{\partial y}{\partial z}\right)_x \left(\frac{\partial z}{\partial x}\right)_y = -1 \tag{4.56}$$

4.1.5 Expressões convenientes para aplicação prática de alguns potenciais termodinâmicos

Entalpia, energia interna e entropia são os potenciais termodinâmicos mais úteis para aplicação em cálculos de processos; nesta seção, algumas das ferramentas matemáticas demonstradas anteriormente (Seção 4.1.3) serão utilizadas para a descrição delas, não mais em função das coordenadas naturais, mas em função das variáveis mensuráveis, como temperatura, pressão e volume molar, que serão mais úteis para as aplicações de engenharia.

É conveniente utilizar a entalpia com especificação de T e P quando se analisam processos com escoamento em regime permanente, como ciclos de potência ou refrigeração, e utilizar energia interna com especificação de T e $\overline{V}$ quando se analisam processos em regime transiente, como enchimento de tanques. Em relação à entropia, é útil ter expressão em ambos os pares de coordenadas, de modo que se possa determinar a energia de Helmholtz com U-TS em dados T e V, ou a energia de Gibbs com H-TS em dados T e P, especialmente úteis para cálculos de equilíbrio de fases.

Entalpia em função de temperatura e pressão

Para realizar aplicações de termodinâmica em processos, é conveniente expressar a entalpia (e variações de entalpia) em função de temperatura e pressão: $\overline{H}(T,P)$.

Escreve-se a diferencial total da entalpia em função das variáveis independentes T e P:

$$d\overline{H} = \left(\frac{\partial \overline{H}}{\partial T}\right)_P dT + \left(\frac{\partial \overline{H}}{\partial P}\right)_T dP \tag{4.57}$$

Para analisar as derivadas parciais presentes na Equação (4.57), parte-se da relação fundamental descrita na Equação (4.16), que pode ser manipulada da seguinte forma:

$$d\overline{H} = Td\overline{S} + \overline{V}dP \tag{4.58}$$

$$\left(\frac{\partial \overline{H}}{\partial P}\right)_T = T\left(\frac{\partial \overline{S}}{\partial P}\right)_T + \overline{V} \tag{4.59}$$

Utilizando a relação de Maxwell obtida a partir da relação fundamental em termos de energia livre de Gibbs (Eq. (4.44)), a Equação (4.59) se transforma em:

$$\left(\frac{\partial \overline{H}}{\partial P}\right)_T = \overline{V} - T\left(\frac{\partial \overline{V}}{\partial T}\right)_P \tag{4.60}$$

Ao retomar o diferencial total da entalpia em função de temperatura e pressão, Equação (4.57), substitui-se a derivada parcial em relação à temperatura, a pressão constante, pela definição de capacidade calorífica a pressão constante; e a derivada parcial da entalpia em relação à pressão a temperatura constante (Eq. 1.10), pela Equação (4.60). Daí, obtém-se uma expressão da variação infinitesimal de entalpia em função apenas das variações infinitesimais de propriedades convenientemente mensuráveis (i. e., pressão e temperatura) e das equações de estado $\overline{V}(T,P)$ e $C_p(T, P)$, funções que podem ser calculadas ou medidas experimentalmente, e de suas derivadas:

$$d\overline{H} = C_P dT + \left[\overline{V} - T\left(\frac{\partial \overline{V}}{\partial T}\right)_P\right] dP \tag{4.61}$$

Entropia em função de temperatura e pressão

De modo similar, é conveniente, para aplicação em engenharia, expressar a entropia e as variações de entropia em função de T e P.

Seguindo os mesmos passos utilizados na demonstração para a entalpia, é possível obter uma relação similar para a entropia. Admitindo que a entropia seja uma função de temperatura e pressão $(\overline{S} = \overline{S}(T,P))$, escreve-se a diferencial total da entalpia em função das variáveis independentes T e P:

$$d\overline{S} = \left(\frac{\partial \overline{S}}{\partial T}\right)_P dT + \left(\frac{\partial \overline{S}}{\partial P}\right)_T dP \tag{4.62}$$

Para analisar as derivadas parciais presentes na Equação (4.62), parte-se da relação fundamental descrita na Equação (4.16), que pode ser manipulada da seguinte forma:

$$d\overline{H} = Td\overline{S} + \overline{V}dP \tag{4.63}$$

A uma pressão constante:

$$d\overline{S} = \frac{d\overline{H}}{T} \tag{4.64}$$

Para uma variação infinitesimal em temperatura:

$$\left(\frac{\partial \overline{S}}{\partial T}\right)_P = \frac{1}{T}\left(\frac{\partial \overline{H}}{\partial T}\right)_P \tag{4.65}$$

Utilizando a definição de capacidade calorífica a pressão constante, da Equação (1.10), tem-se:

$$\left(\frac{\partial \overline{S}}{\partial T}\right)_P = \frac{C_P}{T} \tag{4.66}$$

Ao retomar a diferencial total da entropia em função de temperatura e pressão, da Equação (4.62), substitui-se a derivada parcial em relação à temperatura, a pressão constante, pela Equação (4.66):

$$d\bar{S} = \frac{C_P}{T} dT + \left(\frac{\partial \bar{S}}{\partial P} \right)_T dP \tag{4.67}$$

A derivada parcial da entropia em relação à pressão, como na demonstração para a entalpia, pode ser substituída pela relação de Maxwell oriunda da relação fundamental escrita em termos de energia livre de Gibbs (Eq. (4.44)). Isso leva a:

$$d\bar{S} = \frac{C_P}{T} dT - \left(\frac{\partial \bar{V}}{\partial T} \right)_P dP \tag{4.68}$$

Energia interna em função de temperatura e volume

Admitindo que a entalpia seja uma função de temperatura e volume $(\bar{U} = \bar{U}(T, \bar{V}))$, escreve-se a diferencial total da energia interna em função das variáveis independentes T e $\bar{V}$:

$$d\bar{U} = \left(\frac{\partial \bar{U}}{\partial T} \right)_{\bar{V}} dT + \left(\frac{\partial \bar{U}}{\partial \bar{V}} \right)_T d\bar{V} \tag{4.69}$$

Para analisar as derivadas parciais presentes, parte-se da relação fundamental descrita na Equação (4.15), que pode ser manipulada da seguinte forma:

$$d\bar{U} = Td\bar{S} - Pd\bar{V} \tag{4.70}$$

$$\left(\frac{\partial \bar{U}}{\partial \bar{V}} \right)_T = T \left(\frac{\partial \bar{S}}{\partial \bar{V}} \right)_T - P \tag{4.71}$$

Utilizando a relação de Maxwell obtida pela equação fundamental escrita em termos de energia livre de Helmholtz, Equação (4.43), tem-se que:

$$\left(\frac{\partial \bar{U}}{\partial \bar{V}} \right)_T = T \left(\frac{\partial P}{\partial T} \right)_{\bar{V}} - P \tag{4.72}$$

Ao retomar a diferencial total da energia interna em função de temperatura e volume, Equação (4.69), substituem-se a derivada parcial em relação à temperatura, a volume constante, pela definição de capacidade calorífica a volume constante, Equação (1.9), e a derivada parcial da energia interna em relação ao volume, a temperatura constante, pela Equação (4.72). Daí, obtém-se uma expressão da variação infinitesimal de energia interna em função apenas das variações infinitesimais de volume e temperatura e de funções que se podem calcular: $P(\bar{V}, T)$ e $C_V(\bar{V}, T)$:

$$d\bar{U} = C_V dT + \left[T \left(\frac{\partial P}{\partial T} \right)_{\bar{V}} - P \right] d\bar{V} \tag{4.73}$$

Entropia em função de temperatura e volume

Seguindo os mesmos passos utilizados na demonstração para a energia interna, é possível obter uma relação similar para a entropia. Admitindo que a entropia seja uma função de temperatura e volume $\left(\overline{S}=\overline{S}\left(T,\overline{V}\right)\right)$, escreve-se a diferencial total da entropia em função das variáveis independentes T e $\overline{V}$:

$$d\overline{S}=\left(\frac{\partial \overline{S}}{\partial T}\right)_{\overline{V}} dT+\left(\frac{\partial \overline{S}}{\partial \overline{V}}\right)_{T} d\overline{V} \tag{4.74}$$

Para analisar as derivadas parciais presentes, parte-se da relação fundamental descrita na Equação (4.15), que pode ser manipulada da seguinte forma:

$$d\overline{U}=Td\overline{S}-Pd\overline{V} \tag{4.75}$$

A volume constante:

$$d\overline{S}=\frac{d\overline{U}}{T} \tag{4.76}$$

Para uma variação infinitesimal em temperatura:

$$\left(\frac{\partial \overline{S}}{\partial T}\right)_{\overline{V}}=\frac{1}{T}\left(\frac{\partial \overline{U}}{\partial T}\right)_{\overline{V}} \tag{4.77}$$

Utilizando a definição de capacidade calorífica a pressão constante:

$$\left(\frac{\partial \overline{S}}{\partial T}\right)_{\overline{V}}=\frac{C_{V}}{T} \tag{4.78}$$

Ao retomar a diferencial total da entropia em função de temperatura e volume (Eq. (4.74)), substitui-se a derivada parcial em relação à temperatura, a volume constante, pela Equação (4.78):

$$d\overline{S}=\frac{C_{V}}{T} dT+\left(\frac{\partial \overline{S}}{\partial \overline{V}}\right)_{T} d\overline{V} \tag{4.79}$$

A derivada parcial da entropia em relação à pressão, como na demonstração para a entalpia, pode ser substituída pela relação de Maxwell oriunda da relação fundamental escrita em termos de energia livre de Helmholtz. Isso leva a:

$$\boxed{d\overline{S}=\frac{C_{V}}{T} dT+\left(\frac{\partial P}{\partial T}\right)_{\overline{V}} d\overline{V}} \tag{4.80}$$

Exemplo Resolvido 4.2

Demonstre as seguintes relações entre capacidades caloríficas e relações *PVT*:

a) A partir da expressão da entalpia como função de temperatura e pressão, mostre que:

$$(\partial C_P/\partial P)_T = -T\,(\partial^2 \overline{V}/\partial T^2)_P$$

b) A partir da expressão da energia interna como função de temperatura e volume e da expressão da entalpia como função de temperatura e pressão, demonstre uma relação entre C_P e C_V válida para qualquer fluido.

Resolução

a) Da definição de capacidade calorífica, $C_P = (\partial \overline{H}/\partial T)_P$, tem-se que a derivada de C_P, com relação à pressão, a temperatura constante, é:

$$\left(\frac{\partial C_P}{\partial P}\right)_T = \left(\frac{\partial^2 \overline{H}}{\partial T \partial P}\right)$$

A ordem de derivação para a entalpia, no lado direito da equação anterior, não importa. Assim, da Equação (4.61):

$$d\overline{H} = C_P dT + \left[\overline{V} - T\left(\frac{\partial \overline{V}}{\partial T}\right)_P\right] dP$$

A uma temperatura constante, é possível afirmar que:

$$\left(\frac{\partial \overline{H}}{\partial P}\right)_T = \overline{V} - T\left(\frac{\partial \overline{V}}{\partial T}\right)_P$$

Ao derivar a expressão anterior com respeito à temperatura, tem-se que:

$$\left(\frac{\partial^2 \overline{H}}{\partial P \partial T}\right) = \left(\frac{\partial \overline{V}}{\partial T}\right)_P + \frac{\partial}{\partial T}\left[-T\left(\frac{\partial \overline{V}}{\partial T}\right)_P\right]_P$$

A derivação do segundo termo do lado direito da equação deve ser feita respeitando a regra da cadeia, o que leva a:

$$\left(\frac{\partial^2 \overline{H}}{\partial P \partial T}\right) = \left(\frac{\partial \overline{V}}{\partial T}\right)_P - \left(\frac{\partial T}{\partial T}\right)_P \left(\frac{\partial \overline{V}}{\partial T}\right)_P - T\left(\frac{\partial^2 \overline{V}}{\partial T^2}\right)_P = -T\left(\frac{\partial^2 \overline{V}}{\partial T^2}\right)_P$$

Logo,

$$\left(\frac{\partial C_P}{\partial P}\right)_T = -T\left(\frac{\partial^2 \overline{V}}{\partial T^2}\right)_P$$

b) Partindo da definição de entalpia:

$$\overline{H} = \overline{U} + P\overline{V} \quad \Rightarrow \quad d\overline{H} = d\overline{U} + d\left(P\overline{V}\right) = d\overline{U} + Pd\overline{V} + \overline{V}dP$$

Substituindo as expressões da entalpia em função de pressão e temperatura (4.61) e da energia interna em função de pressão e temperatura (4.73):

$$C_P dT + \left[\overline{V} - T\left(\frac{\partial \overline{V}}{\partial T}\right)_P\right] dP = C_V dT + \left[T\left(\frac{\partial P}{\partial T}\right)_{\overline{V}} - P\right] d\overline{V} + Pd\overline{V} + \overline{V}dP$$

Isso leva a:

$$\left(C_P - C_V\right) dT = T\left(\frac{\partial \overline{V}}{\partial T}\right)_P dP + T\left(\frac{\partial P}{\partial T}\right)_{\overline{V}} d\overline{V}$$

Essa é a expressão diferencial total, que pode ser usada para gerar relações entre derivadas parciais e propriedades termodinâmicas. Transformando cada diferencial em derivadas parciais em relação a T, a volume constante, por exemplo:

$$\left(C_P - C_V\right)\left(\frac{\partial T}{\partial T}\right)_{\overline{V}} = T\left(\frac{\partial \overline{V}}{\partial T}\right)_P \left(\frac{\partial P}{\partial T}\right)_{\overline{V}} + T\left(\frac{\partial P}{\partial T}\right)_{\overline{V}} \left(\frac{\partial \overline{V}}{\partial T}\right)_{\overline{V}}$$

Ou seja,

$$\left(C_P - C_V\right) = T\left(\frac{\partial \overline{V}}{\partial T}\right)_P \left(\frac{\partial P}{\partial T}\right)_{\overline{V}}$$

É interessante notar que a relação desenvolvida na Equação (1.18) para o gás ideal é um caso particular dessa expressão, já que, para o gás ideal:

$$\left(\frac{\partial P}{\partial T}\right)_{\overline{V}} = \frac{R}{\overline{V}} \text{ e } \left(\frac{\partial \overline{V}}{\partial T}\right)_T = \frac{R}{P} \quad \Rightarrow \quad \left(C_P^{gi} - C_V^{gi}\right) = T\frac{R}{\overline{V}}\frac{R}{P} = \frac{TR^2}{P\overline{V}} = \frac{TR^2}{TR} = R$$

Comentários sobre variações de propriedades entre estados

O cálculo das variações de entalpia e de entropia entre um estado e outro está muitas vezes sujeito à falta de informação a respeito do comportamento de determinadas propriedades, principalmente capacidade calorífica, para toda a faixa de temperaturas ou pressões que a mudança de estados abrange. Pode-se imaginar, por exemplo, que se deseja calcular a variação de entalpia e de entropia entre dois estados a T_1 e P_1 e T_2 e P_2, como mostrado na Figura 4.2, porém, com a capacidade calorífica a pressão constante conhecida apenas para a pressão P^*.

Nesse caso hipotético, deve ser feita a integração das Equações (4.61) e (4.68). Porém, a integração do termo dependente de temperatura pode ser feita apenas na pressão em que a capacidade calorífica é conhecida, ou seja, a pressão P^*. Assim, é necessário realizar a integração em pressão em duas etapas: indo de P_1 até P^* e depois de P^* a P_2, como mostrado na Figura 4.2.

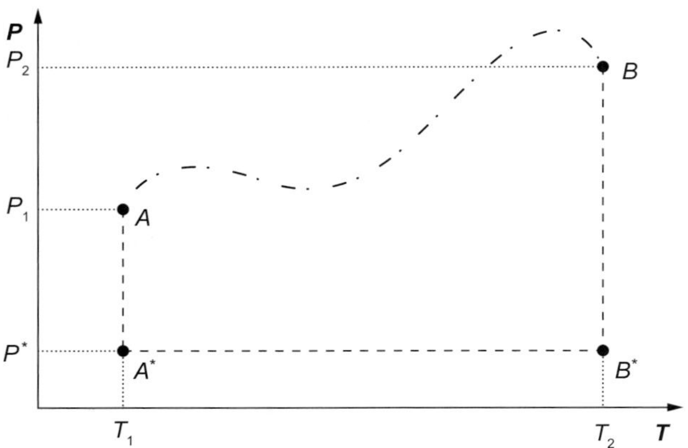

Figura 4.2 – Variação de propriedade termodinâmica entre os estados *A* e *B*. O caminho 1 é parametrizado pela linha traço e ponto. O caminho 2, definido pela linha tracejada, é composto por duas etapas isotérmicas e uma etapa isobárica na pressão P^*.

A expressão integrada que liga o estado inicial e o estado final, passando pelo caminho descrito na Figura 4.2 para a variação de entalpia, é:

$$\Delta\overline{H}^{AB} = \Delta\overline{H}^{AA^*} + \Delta\overline{H}^{A^*B^*} + \Delta\overline{H}^{B^*B} \tag{4.81}$$

$$\Delta\overline{H}^{AB} = \int_{P_1}^{P^*}\left[\overline{V} - T\left(\frac{\partial\overline{V}}{\partial T}\right)_P\right]_{T_1} dP + \int_{T_1}^{T_2} C_P\left(T, P^*\right)dT + \int_{P^*}^{P_2}\left[\overline{V} - T\left(\frac{\partial\overline{V}}{\partial T}\right)_P\right]_{T_2} dP \tag{4.82}$$

E, para a variação de entropia:

$$\Delta\overline{S}^{AB} = \Delta\overline{S}^{AA^*} + \Delta\overline{S}^{A^*B^*} + \Delta\overline{S}^{B^*B} \tag{4.83}$$

$$\Delta\overline{S}^{AB} = \int_{P_1}^{P^*}\left[-\left(\frac{\partial\overline{V}}{\partial T}\right)_P\right]_{T_1} dP + \int_{T_1}^{T_2}\frac{C_P\left(T, P^*\right)}{T}dT + \int_{P^*}^{P_2}\left[-\left(\frac{\partial\overline{V}}{\partial T}\right)_P\right]_{T_2} dP \tag{4.84}$$

Em alguns casos, para uma determinada substância, apenas a capacidade calorífica de gás ideal é conhecida, ao mesmo tempo que o comportamento $P\overline{V}T$ do fluido que se deseja analisar é descrito satisfatoriamente por um modelo que leva da pressão real do sistema à pressão igual a zero, por exemplo, uma equação de estado. Nesses casos, deve-se fazer a integral em temperatura, das Equações (4.82) e (4.84), na pressão P^* igual a zero.

Uma aparente dificuldade desse procedimento é o cálculo da entropia ou energia de Gibbs em relação à condição de pressão zero, uma vez que, nesse caso, e o primeiro e o último termos, $\overline{S}(T,0)-\overline{S}(T,P_1)$ e $\overline{S}(T,P_2)-\overline{S}(T,0)$, são singulares, já que a medida P tende a zero e o termo $-\left(\partial\overline{V}/\partial P\right)_T$ tem limite infinito. No entanto, a soma dessas duas parcelas, $\overline{S}(T,P_2)-\overline{S}(T,P_1)$, tem limite finito, e a abordagem por propriedades residuais, que será apresentada em breve, é matematicamente equivalente à combinação desses termos sem incorrer na singularidade.

Exemplo Resolvido 4.3

Demonstre as relações das propriedades de estado de um gás ideal com a pressão, a temperatura e o volume:

a) $\Delta\overline{U}$ **b)** $\Delta\overline{H}$ **c)** $\Delta\overline{S}$

Resolução

a) Retomando a Equação (4.73),

$$d\overline{U}=C_V dT+\left[T\left(\frac{\partial P}{\partial T}\right)_{\overline{V}}-P\right]d\overline{V}$$

Como se trata de um gás ideal,

$$P\overline{V}=RT \quad\Rightarrow\quad \left(\frac{\partial P}{\partial T}\right)_{\overline{V}}=\frac{R}{\overline{V}}=\frac{P}{T}$$

Desse modo, com a substituição, tem-se que:

$$d\overline{U}=C_V^{gi}dT+\left[T\left(\frac{P}{T}\right)-P\right]dP \quad\Rightarrow\quad d\overline{U}=C_V^{gi}dT$$

Observa-se que a energia interna de um gás ideal é função apenas de sua temperatura: $\overline{U}=\overline{U}(T)$.

Ao integrar a equação, mostra-se que $\Delta\overline{U}=\int_{T_1}^{T_2}C_V^{gi}dT$.

b) Para a entalpia, retoma-se a expressão (Eq. (4.61)) demonstrada na Seção 4.1.5:

$$d\overline{H}=C_P^{gi}dT+\left[\overline{V}-T\left(\frac{\partial\overline{V}}{\partial T}\right)_P\right]dP$$

Como se trata de um gás ideal:

$$P\overline{V}=RT \quad\Rightarrow\quad \left(\frac{\partial\overline{V}}{\partial T}\right)_P=\frac{R}{P}=\frac{\overline{V}}{T}$$

Assim, ao substituir, tem-se que:

$$d\overline{H}=C_P^{gi}dT+\left[\overline{V}-T\left(\frac{\overline{V}}{T}\right)\right]dP \quad\Rightarrow\quad d\overline{H}=C_P^{gi}dT$$

E, assim como a energia interna, verifica-se que a variação de entalpia de um gás ideal é função apenas da temperatura: $\overline{H} = \overline{H}(T)$. Ao integrar a equação, mostra-se que:

$$\Delta\overline{H} = \int_{T_1}^{T_2} C_P^{gi} dT \tag{4.85}$$

Dessa forma, pode-se resumidamente dizer que, no que concerne à energia interna e à entalpia, para um gás ideal valem as seguintes relações:

$$\begin{cases} d\overline{U} = C_V^{gi} dT \\ \Delta\overline{U}^{2-1} = \int_{T_1}^{T_2} C_V^{gi} dT \end{cases} \qquad \begin{cases} d\overline{H} = C_P^{gi} dT \\ \Delta\overline{H}^{2-1} = \int_{T_1}^{T_2} C_P^{gi} dT \end{cases}$$

c) Para entropia, retoma-se a expressão para $d\left[\overline{S}(T,\overline{V})\right]$:

$$d\overline{S} = \frac{C_V}{T} dT + \left(\frac{\partial P}{\partial T}\right)_{\overline{V}} d\overline{V}$$

Como se trata de um gás ideal,

$$P\overline{V} = RT \quad \Rightarrow \quad \left(\frac{\partial P}{\partial T}\right)_{\overline{V}} = \frac{R}{\overline{V}}$$

Logo,

$$d\overline{S} = \frac{C_V}{T} dT + \frac{R}{V} d\overline{V}$$

$$\Delta\overline{S} = \int_{T_1}^{T_2} \frac{C_V^{gi}}{T} dT + R\ln\left(\frac{V_2}{V_1}\right) \text{com } \overline{V} = RT/P$$

$$\Delta\overline{S} = \int_{T_1}^{T_2} \frac{C_V^{gi}}{T} dT - R\ln\left(\frac{P_2}{P_1}\right) \tag{4.86}$$

4.1.6 Formas práticas para sólidos e líquidos

Para sólidos e líquidos, muitas vezes é mais conveniente expressar as propriedades termodinâmicas em termos de expansividade volumétrica (α) e compressibilidade isotérmica (κ), cujas definições foram mostradas na Seção 3.4. Assim, a derivada do volume com a temperatura, a pressão constante, pode ser expressa como:

$$\left(\frac{\partial \overline{V}}{\partial T}\right)_P = \overline{V}\alpha \tag{4.87}$$

As variações de entalpia e de entropia como função de temperatura e pressão passam a ser escritas, respectivamente, como:

$$d\overline{H} = C_P dT + \overline{V}\left[1 - T\alpha\right]dP \tag{4.88}$$

$$d\overline{S} = \frac{C_P}{T}dT - \overline{V}\alpha dP \tag{4.89}$$

Para desenvolver uma expressão para a variação de energia interna e de entropia a partir dos conceitos de compressibilidade isotérmica e expansividade térmica, é necessário fazer uso da relação matemática demonstrada na Seção 4.1.3 (Eq. (4.56)). A partir dela, é possível afirmar que:

$$\left(\frac{\partial P}{\partial T}\right)_{\overline{V}} \left(\frac{\partial T}{\partial \overline{V}}\right)_P \left(\frac{\partial \overline{V}}{\partial P}\right)_T = -1 \tag{4.90}$$

Como $\left(\partial \overline{V}/\partial T\right)_P = \overline{V}\alpha$ e $\left(\partial \overline{V}/\partial P\right)_T = -\overline{V}\kappa$, a derivada parcial da pressão com respeito à temperatura a volume constante é:

$$\left(\frac{\partial P}{\partial T}\right)_V = -\frac{\left(\frac{\partial \overline{V}}{\partial T}\right)_P}{\left(\frac{\partial \overline{V}}{\partial P}\right)_T} = -\frac{\overline{V}\alpha}{-\overline{V}\kappa} = \frac{\alpha}{\kappa} \tag{4.91}$$

Em seguida, é possível substituir a derivada parcial nas expressões da energia interna e da entropia como funções de temperatura e volume (Eqs. (4.73) e (4.80)), que se transformam, respectivamente, em:

$$d\overline{U} = C_V dT + \left(\frac{\alpha}{\kappa}T - P\right)d\overline{V} \tag{4.92}$$

$$d\overline{S} = \frac{C_V}{T}dT + \frac{\alpha}{\kappa}d\overline{V} \tag{4.93}$$

Potencial químico

O potencial químico de um sólido puro pode ser expresso em uma temperatura e pressão qualquer, a partir de uma condição conhecida e da integração termodinâmica de $d\mu$ ou $d\mu/RT$.

Para o dióxido de carbono sólido, por exemplo, existem correlações acuradas para as curvas de sublimação $P^{sublim}(T)$ e de fusão $P^{fus}(T)$. Sabe-se que o potencial químico do componente em fase sólida, em uma condição de T, P pertencente a uma curva de equilíbrio, é igual ao potencial químico desse componente na outra fase em equilíbrio. Desse modo, para dada temperatura, é possível calcular o potencial químico na fase gás ou na fase líquido através do uso de uma dessas correlações para a temperatura especificada. Considera-se a equação de estado para líquido puro, se a temperatura for superior à temperatura do ponto triplo, e a do gás puro, se a temperatura for inferior à temperatura do ponto triplo.

Desse modo, para uma pressão qualquer, o potencial químico do CO_2 sólido é igual ao potencial químico do CO_2 na fase fluida, na pressão de saturação correspondente, mais a integração termodinâmica na pressão.

$$\mu^S(T,P) = \mu^F(T,P^{\text{sat}}) + \int_{P^{\text{sat}}}^{P} \overline{V}^S dP \tag{4.94}$$

Similarmente, para modelar gelo convencional, pode-se montar um esquema de integração termodinâmica através do uso de um ponto da curva de fusão – por exemplo, a temperatura de fusão normal e pressão atmosférica – e de integrais tanto em T como em P, sabendo que, no ponto usado como referência, o potencial químico da água em forma de gelo é igual ao potencial no líquido.

$$\frac{\Delta\mu^{SL}(T,P)}{RT} = \frac{\Delta\mu^{SL}\left(T_n^{\text{fus}}, P^{\text{atm}}\right)}{RT_n^{\text{fus}}} - \int_{T_n^{\text{fus}}}^{T} \left.\frac{\Delta\overline{H}^{SL}}{RT^2}\right|_{P^{\text{sat}}} dT + \int_{P^{\text{sat}}}^{P} \left.\frac{\overline{V}^S - \overline{V}^L}{RT}\right|_T dP \tag{4.95}$$

em que $\Delta\mu^{SL} = \mu^S - \mu^L$. Logo, $\Delta\mu^{SL}\left(T_n^{\text{fus}}, P^{\text{atm}}\right) = 0$, e

$$\Delta\overline{H}^{SL}(T) = \int_{T_n^{\text{fus}}}^{T} \left(-\Delta\overline{H}^{\text{fus}} + \Delta C_P^{SL}\right) dT \tag{4.96}$$

com $\Delta\overline{H}^{\text{fus}} = \overline{H}^L - \overline{H}^S$ na condição de T_n^{fus} e P^{atm}.

Essas abordagens podem ser aplicadas junto aos conhecimentos de modelagem de misturas de gases e líquidos para prever a formação de sólidos puros nessas misturas em variadas condições. É possível citar, por exemplo, a formação do CO_2 sólido de correntes de gás natural multicomponente, a formação de gelo em temperaturas reduzidas, na presença de álcoois ou glicóis, sais, líquidos iônicos etc.

4.2 PROPRIEDADES RESIDUAIS

Uma das formas usuais de cálculo de propriedades termodinâmicas é aquela feita por meio das chamadas *propriedades residuais*. Denomina-se propriedade residual aquela definida como a diferença entre a propriedade da substância ou mistura real e a propriedade da substância ou mistura no estado de gás ideal, a uma mesma temperatura e pressão (e, no caso de mistura, a uma mesma composição), conforme a seguir, para substância pura e para misturas com C componentes:

$$\overline{M}^R(T,P) = \overline{M}(T,P) - \overline{M}^{gi}(T,P) \tag{4.97}$$

$$\overline{M}^R(T,P,\underline{x}) = \overline{M}(T,P,\underline{x}) - \overline{M}^{gi}(T,P,\underline{x}) \tag{4.98}$$

Nesta equação, $\overline{M}$ é o valor de uma propriedade qualquer do sistema real e $\overline{M}^{gi}$ corresponde à mesma propriedade, nas mesmas condições (T, P, x) do sistema, mas para gás ideal. Assim, para sistemas descritos em função de temperatura e pressão, serão utilizadas as equações de estado apresentadas para obter as expressões das propriedades residuais.

De forma equivalente ao que foi mostrado na Figura 4.2, para calcular a variação de propriedades entre dois estados é possível utilizar as propriedades residuais.

$$\Delta \overline{M} = \overline{M}(T_2, P_2) - \overline{M}(T_1, P_1) \tag{4.99}$$

Somando e subtraindo a propriedade $\overline{M}^{gi}$ para gás ideal em cada estado (T_2, P_2) e (T_1, P_1),

$$\Delta \overline{M} = \left(\overline{M}(T_2, P_2) - \overline{M}^{gi}(T_2, P_2)\right) - \left(\overline{M}(T_1, P_1) - \overline{M}^{gi}(T_1, P_1)\right) + \left(\overline{M}^{gi}(T_2, P_2) - \overline{M}^{gi}(T_1, P_1)\right) \tag{4.100}$$

Através da definição de propriedade residual:

$$\Delta \overline{M} = \overline{M}^{R}(T_2, P_2) - \overline{M}^{R}(T_1, P_1) + \Delta \overline{M}^{gi} \tag{4.101}$$

A Figura 4.3 mostra o caminho termodinâmico equivalente, para a transformação do fluido real em gás ideal e de volta em fluido real.

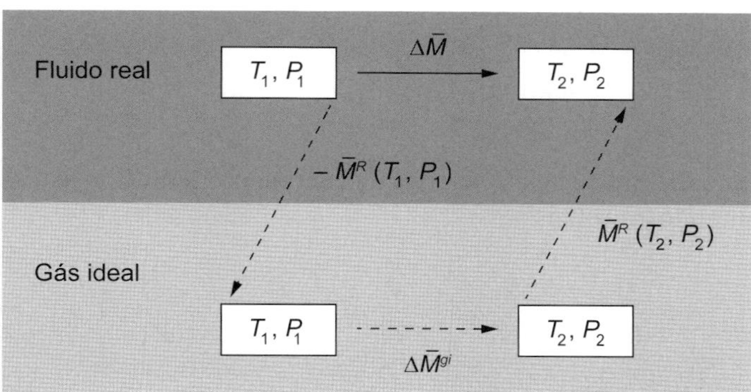

Figura 4.3 – Variação de propriedade termodinâmica $\overline{M}$ entre os estados (T_1, P_1) e (T_2, P_2). O caminho 1 (linha contínua) é determinado diretamente a partir de propriedades termodinâmicas do fluido real. O caminho 2 (linhas tracejadas), composto por três etapas, é determinado a partir de propriedades residuais e propriedades de gás ideal.

As equações aqui denominadas "propriedades residuais" podem ser mais especificamente chamadas "propriedades residuais isobáricas", em contraste com a definição de propriedades residuais isométricas. As propriedades residuais isométricas são aquelas definidas como a diferença entre a propriedade da substância ou mistura real e a propriedade da substância ou mistura no estado de gás ideal à mesma temperatura, volume e composição:[2] $\overline{M}^{R,\text{isoV}}(T, \overline{V}, \underline{x}) = \overline{M}(T, \overline{V}, \underline{x}) - \overline{M}^{gi}(T, \overline{V}, \underline{x})$. As propriedades residuais isobáricas são especialmente úteis para cálculos de equilíbrio de fases abordados neste livro, como será demonstrado nas próximas seções. Em contrapartida, as propriedades residuais isométricas são úteis no desenvolvimento de modelos a partir da termodinâmica estatística e de teorias de rede ou de perturbação.

[2] Essa distinção pode ser conferida em uma discussão mais detalhada de O'CONNELL, J. P. e HAILE, J. M., *Thermodynamics: Fundamentals for Applications* (2005).

4.2.1 Propriedades termodinâmicas a partir da energia de Gibbs

Modelos termodinâmicos com base microscópica são muitas vezes derivados a partir de um certo potencial termodinâmico original. Cada um dos potenciais termodinâmicos *U*, *H*, *A* e *G* está relacionado a um par específico de variáveis naturais (ou canônicas) das quais dependem. Assim, fundamentalmente, cada um deles pode ser entendido como $\overline{U}=\overline{U}\left(\overline{S},\overline{V}\right)$, $\overline{H}=\overline{H}\left(\overline{S},P\right)$, $\overline{A}=\overline{A}\left(T,\overline{V}\right)$, $\overline{G}=\overline{G}\left(T,P\right)$, sendo a relação diferencial entre as funções *U*, *H*, *A* e *G* e suas respectivas variáveis naturais definidas pelas equações fundamentais (4.15) a (4.18).

Assim, dentre as quatro funções, a energia de Gibbs se destaca por ser naturalmente uma função dependente de temperatura e pressão, variáveis que podem ser diretamente mensuradas. Por essa razão, muitos modelos foram obtidos a partir de uma expressão geral de energia de Gibbs em termos de pressão e temperatura do sistema. Desse modo, faz-se necessário obter relações para todas as propriedades termodinâmicas a partir da energia de Gibbs, utilizando as manipulações algébricas demonstradas a seguir.

Primeiramente, estabelece-se uma identidade matemática para a variação infinitesimal da razão $\overline{G}/RT$ em função das variações infinitesimais de temperatura e de energia livre de Gibbs:

$$d\left(\frac{\overline{G}}{RT}\right)=\frac{1}{RT}d\overline{G}-\frac{\overline{G}}{RT^2}dT \tag{4.102}$$

A variação infinitesimal da energia de Gibbs pode ser substituída por meio da relação fundamental escrita em termos de energia de Gibbs (Eq. (4.15)),

$$d\left(\frac{\overline{G}}{RT}\right)=-\frac{\overline{S}}{RT}dT+\frac{\overline{V}}{RT}dP-\frac{\overline{G}}{RT^2}dT \tag{4.103}$$

enquanto $\overline{G}$ pode ser substituído pela definição da energia de Gibbs $\overline{G}=\overline{H}-T\overline{S}$, levando à eliminação do termo contendo entropia:

$$d\left(\frac{\overline{G}}{RT}\right)=-\cancel{\frac{\overline{S}}{RT}}dT+\frac{\overline{V}}{RT}dP-\frac{\overline{H}}{RT^2}dT+\cancel{\frac{\overline{S}}{RT}}dT \tag{4.104}$$

$$\boxed{d\left(\frac{\overline{G}}{RT}\right)=\frac{\overline{V}}{RT}dP-\frac{\overline{H}}{RT^2}dT} \tag{4.105}$$

Nota-se que a equação anterior é análoga à Equação (4.27), obtida por Transformadas de Legendre no formalismo de Massieu. Após a dedução dessa equação, o volume e a entalpia de um dado sistema podem ser obtidos por meio das derivadas com temperatura e pressão constantes, respectivamente, como segue:

$$\boxed{\frac{\overline{V}}{RT}=\left[\frac{\partial\left(\overline{G}/RT\right)}{\partial P}\right]_T} \tag{4.106}$$

$$\boxed{\frac{\overline{H}}{RT}=-T\left[\frac{\partial\left(\overline{G}/RT\right)}{\partial T}\right]_P} \tag{4.107}$$

Assim, quando a energia livre de Gibbs como função de temperatura e pressão é conhecida, as outras propriedades, como volume, entalpia, energia interna e entropia, são facilmente obtidas, seja pelas manipulações algébricas mostradas anteriormente, seja pela própria definição das propriedades termodinâmicas, como ocorre no caso da entropia e da energia interna:

$$\frac{\overline{S}}{R} = \frac{\overline{H}}{RT} - \frac{\overline{G}}{RT} \tag{4.108}$$

$$\frac{\overline{U}}{RT} = \frac{\overline{H}}{RT} - \frac{P\overline{V}}{RT} \tag{4.109}$$

Da Equação (4.105) para as propriedades reais do sistema, tem-se que:

$$d\left(\frac{\overline{G}}{RT}\right) = \frac{\overline{V}}{RT}dP - \frac{\overline{H}}{RT^2}dT \tag{4.110}$$

Para o gás ideal,

$$d\left(\frac{\overline{G}^{gi}}{RT}\right) = \frac{\overline{V}^{gi}}{RT}dP - \frac{\overline{H}^{gi}}{RT^2}dT \tag{4.111}$$

Ao subtrair essas duas equações, é possível obter uma expressão similar em termos de propriedades residuais:

$$d\left(\frac{\overline{G}^{R}}{RT}\right) = \frac{\overline{V}^{R}}{RT}dP - \frac{\overline{H}^{R}}{RT^2}dT \tag{4.112}$$

Logo, da mesma forma que nas Equações (4.106) e (4.107), é possível obter uma expressão para o volume residual e para a entalpia residual a partir da Equação (4.112) a uma temperatura e pressão constantes, respectivamente:

$$\frac{\overline{V}^{R}}{RT} = \left[\frac{\partial\left(\overline{G}^{R}/RT\right)}{\partial P}\right]_T \tag{4.113}$$

$$\frac{\overline{H}^{R}}{RT} = -T\left[\frac{\partial\left(\overline{G}^{R}/RT\right)}{\partial T}\right]_P \tag{4.114}$$

A energia de Gibbs residual também é especialmente útil para o cálculo de equilíbrio de fases, visto que o critério de equilíbrio estabelecido anteriormente para substâncias puras ($\overline{G}^{\alpha} = \overline{G}^{\beta}$) entre duas fases A e B pode ser transformado em uma forma mais prática da seguinte maneira:

$$\overline{G}^{\alpha}(T,P)=\overline{G}^{\beta}(T,P) \tag{4.115}$$

$$\overline{G}^{\alpha}(T,P)-\overline{G}^{gi}(T,P)=\overline{G}^{\beta}(T,P)-\overline{G}^{gi}(T,P) \tag{4.116}$$

$$\overline{G}^{R,\alpha}(T,P)=\overline{G}^{R,\beta}(T,P) \tag{4.117}$$

Nas próximas seções, serão apresentadas expressões práticas para o cálculo de $\overline{G}^{R}(T,P)$ a partir de alguma equação de estado.

Até aqui, explorou-se o uso da energia de Gibbs como função principal a partir da qual as outras propriedades termodinâmicas são obtidas. O mesmo procedimento pode ser feito para outras propriedades termodinâmicas, como comumente ocorre com a energia de Helmholtz, por exemplo. Modelos obtidos de equações de estado cúbicas são frequentemente deduzidos originalmente para volume e temperatura, gerando uma expressão para a energia de Helmholtz. A partir daí, utilizando a Equação (4.28) (i. e., Transformada de Legendre de A/T), pode-se deduzir expressões para outras propriedades termodinâmicas.

4.2.2 Energia de Gibbs residual

A expressão da energia de Gibbs residual, definida como uma diferença em relação ao gás ideal, pode ser obtida de uma equação de estado qualquer a partir de uma integral, levando em consideração o caso limite em que, para a pressão zero resultando em volume infinito, a equação de estado tende à descrição do gás ideal. Primeiramente, da Equação (4.112), a temperatura constante, afirma-se que

$$d\left(\frac{\overline{G}^{R}}{RT}\right)=\frac{\overline{V}^{R}}{RT}dP \tag{4.118}$$

em que o volume residual é definido como

$$\overline{V}^{R}=\overline{V}-\overline{V}^{gi}=\overline{V}-\frac{RT}{P}=\frac{RT}{P}(Z-1) \tag{4.119}$$

Integrando essa equação desde a pressão zero até a pressão do sistema, a temperatura constante, tem-se que:

$$\frac{\overline{G}^{R}}{RT}=\left.\frac{\overline{G}^{R}}{RT}\right|_{P=0}+\int_{0}^{P}\frac{\overline{V}^{R}}{RT}dP \tag{4.120}$$

O termo $\overline{G}^{R}/RT$ calculado em $P = 0$ é uma constante de integração que também pode se mostrar independente de T e será substituído arbitrariamente pela constante J.[3]

Sendo Z o fator de compressibilidade e através do uso da expressão do volume residual, a integral da Equação (4.120) se transforma em:

$$\frac{\overline{G}^{R}}{RT}=J+\int_{0}^{P}(Z-1)\frac{dP}{P} \tag{4.121}$$

[3] A discussão sobre a constante J é feita em mais detalhes por SMITH, VAN NESS e ABBOTT, *Introdução à Termodinâmica da Engenharia Química*, 7. ed. (2007).

4.2.3 Relação entres as propriedades residuais (isobáricas) e as correspondentes isométricas

Para dado *estado termodinâmico* descrito por T, $\bar{V}$ e $P(T,\bar{V})$,

$$\bar{H}(estado) = \bar{H}(T,P) = \bar{H}(T,\bar{V})$$

$$\bar{S}(estado) = \bar{S}(T,P) = \bar{S}(T,\bar{V})$$

A relação $P\bar{V}T$ é imposta pela equação de estado.

Primeiramente, em relação à entalpia, nota-se que a definição de entalpia residual isobárica $\bar{H}^R$ e isométrica $\bar{H}^{R,\text{isoV}}$ são equivalentes, uma vez que são definidas, respectivamente, como:

$$\bar{H}^R = \bar{H}(T,P) - \bar{H}^{gi}(T,P) \quad (4.122)$$

$$\bar{H}^{R,\text{isoV}} = \bar{H}(T,\bar{V}) - \bar{H}^{gi}(T,\bar{V}) \quad (4.123)$$

Visto que a entalpia do gás ideal é dependente apenas da temperatura,

$$\bar{H}^{gi}(T) = \bar{H}^{gi}(T,\bar{V}) = \bar{H}^{gi}(T,P) \quad (4.124)$$

tem-se:

$$\bar{H}^R(estado) = \bar{H}^{R,\text{isoV}}(estado) = \bar{H}(estado) - \bar{H}^{gi}(T) \quad (4.125)$$

O mesmo raciocínio e conclusões se aplicam à energia interna.

$$\bar{U}^R(estado) = \bar{U}^{R,\text{isoV}}(estado) = \bar{U}(estado) - \bar{U}^{gi}(T) \quad (4.126)$$

Em contrapartida, a entropia do gás ideal depende de T e $\bar{V}$ (ou, analogamente, de T e P); logo, a entropia residual isobárica e a residual isométrica não são equivalentes.

O mesmo se aplica para outros potenciais termodinâmicos com contribuições de entropia, como energia de Helmholtz e de energia Gibbs.

A entropia residual isobárica é definida por

$$\bar{S}^R = \bar{S}(T,P) - \bar{S}^{gi}(T,P) \quad (4.127)$$

enquanto a entropia residual isométrica é definida por

$$\bar{S}^{R,\text{isoV}} = \bar{S}(T,\bar{V}) - \bar{S}^{gi}(T,\bar{V}) \quad (4.128)$$

em que a entropia do gás ideal corresponde a

$$\bar{S}^{gi}(T,\bar{V}_2) = \bar{S}^{gi}(T,\bar{V}_1) + R\ln\left(\frac{V_2}{V_1}\right) \quad (4.129)$$

Dessa maneira, a relação entre a entropia do gás ideal em um estado $\bar{S}^{gi}(T,P)$, com volume dado por RT/P, e a entropia do gás ideal em outro estado $\bar{S}^{gi}(T,\bar{V})$ é

$$\bar{S}^{gi}(T,\bar{V}) = \bar{S}^{gi}(T,P) + R\ln\left(\frac{\bar{V}}{RT/P}\right) \quad (4.130)$$

Logo, a relação entre entropia residual (i. e., isobárica) e entropia residual isométrica para um fluido qualquer é dada por

$$\overline{S}^{R}(estado)-\overline{S}^{R,\text{isoV}}(estado)=\left[\overline{S}(estado)-\overline{S}^{gi}(T,P)\right]-\left[\overline{S}(estado)-\overline{S}^{gi}(T,\overline{V})\right] \tag{4.131}$$

$$\overline{S}^{R}(estado)-\overline{S}^{R,\text{isoV}}(estado)=R\ln\left(\frac{\overline{V}}{RT/P}\right)=R\ln Z \tag{4.132}$$

em que Z é o fator de compressibilidade do fluido no *estado* que está sendo descrito.

Esse raciocínio pode ser aplicado à relação de quaisquer propriedades em suas definições residuais isobáricas e isométricas. Em particular, é útil mostrar a relação entre a energia de Gibbs residual (i. e., isobárica) e a energia de Helmholtz residual isométrica, uma vez que a primeira é a mais conveniente para cálculos de equilíbrio de fases, enquanto a segunda aparece com muita frequência em textos sobre desenvolvimento de modelos a partir de termodinâmica estatística.

Definições:

$$\overline{G}^{R}=\overline{G}(T,P)-\overline{G}^{gi}(T,P) \tag{4.133}$$

$$\overline{A}^{R,\text{isoV}}=\overline{A}(T,\overline{V})-\overline{A}^{gi}(T,\overline{V}) \tag{4.134}$$

Com o *estado termodinâmico* descrito por T, $\overline{V}$ e $P(T,\overline{V})$, $\overline{H}(estado)=\overline{H}(T,P)=\overline{H}(T,\overline{V})$ e $\overline{S}(estado)=\overline{S}(T,P)=\overline{S}(T,\overline{V})$, conectados pela equação de estado, sendo que $\overline{G}=\overline{H}-T\overline{S}$ e $\overline{A}=\overline{U}-T\overline{S}$, tem-se, em qualquer estado:

$$\overline{G}^{R}=\left[\overline{H}(T,P)-T\overline{S}(T,P)\right]-\left[\overline{H}^{gi}(T,P)-T\overline{S}^{gi}(T,P)\right] \tag{4.135}$$

$$\overline{A}^{R,\text{isoV}}=\left[\overline{U}(T,\overline{V})-T\overline{S}(T,\overline{V})\right]-\left[\overline{U}^{gi}(T,\overline{V})-T\overline{S}^{gi}(T,\overline{V})\right] \tag{4.136}$$

Logo, $\overline{G}^{R}-\overline{A}^{R,\text{isoV}}$ é dado por:

$$\begin{aligned}\overline{G}^{R}-\overline{A}^{R,\text{isoV}}=&\left[\overline{H}(T,P)-T\overline{S}(T,P)\right]-\left[\overline{H}^{gi}(T,P)-T\overline{S}^{gi}(T,P)\right]\\&-\left[\overline{U}(T,\overline{V})-T\overline{S}(T,\overline{V})\right]+\left[\overline{U}^{gi}(T,\overline{V})-T\overline{S}^{gi}(T,\overline{V})\right]\end{aligned} \tag{4.137}$$

$$\begin{aligned}\overline{G}^{R}-\overline{A}^{R,\text{isoV}}=&\left[\overline{H}(estado)-T\overline{S}(estado)\right]-\left[\overline{H}^{gi}(T)-T\overline{S}^{gi}(T,P)\right]\\&-\left[\overline{U}(estado)-T\overline{S}(estado)\right]+\left[\overline{U}^{gi}(T)-T\overline{S}^{gi}(T,\overline{V})\right]\end{aligned} \tag{4.138}$$

$$\boxed{\overline{G}^{R}-\overline{A}^{R,\text{isoV}}=P\overline{V}-RT-RT\ln Z} \tag{4.139}$$

4.3 PROPRIEDADES RESIDUAIS VIA EQUAÇÃO DE ESTADO

Para a avaliação das integrais expressas nas Equações (4.141) e (4.144), que determinam os valores da entalpia e da entropia residuais, faz-se necessário determinar a funcionalidade do fator de compressibilidade do fluido em relação à pressão em uma dada temperatura. Isso pode ser feito com o auxílio de equações de estado. É importante lembrar que as diversas equações de estado possuem naturezas distintas quanto à forma em que se apresentam, podendo ser explícitas em volume ou em pressão. Estas últimas não podem ser utilizadas diretamente nas Equações (4.141) e (4.144).

Nesta seção, serão abordadas as metodologias para o cálculo de propriedades residuais a partir da equação de estado do Virial com expansão em pressão (explícita no volume) e para uma equação cúbica genérica (explícita em pressão).

4.3.1 Entalpia residual a partir da energia de Gibbs

A expressão de entalpia residual deduzida anteriormente é função da derivada da energia livre de Gibbs residual. Partindo da relação explicitada na Equação (4.114), juntamente com a Equação (4.112), a uma temperatura constante, é possível deduzir outra expressão mais conveniente para entalpia residual como função apenas de pressão, temperatura e fator de compressibilidade.

Derivando essa expressão com relação à temperatura, a uma pressão constante:

$$\frac{\partial}{\partial T}\left(\frac{\overline{G}^R}{RT}\right)=\int_0^P \frac{\partial(Z-1)}{\partial T}\frac{1}{P}dP \tag{4.140}$$

E, por fim, pela Equação (4.114), em dada temperatura constante,

$$\frac{\overline{H}^R}{RT}=-T\int_0^P\left(\frac{\partial Z}{\partial T}\right)_P\frac{dP}{P} \tag{4.141}$$

4.3.2 Entropia residual a partir da energia de Gibbs

Para encontrar uma expressão da entropia residual a partir da energia livre de Gibbs residual, parte-se da definição da energia livre de Gibbs ($\overline{G}=\overline{H}-T\overline{S}$) que, em termos de propriedades residuais, pode ser escrita como:

$$\frac{\overline{S}^R}{R}=\frac{\overline{H}^R}{RT}-\frac{\overline{G}^R}{RT} \tag{4.142}$$

Ao substituir os termos $\overline{H}^R/RT$ e $\overline{G}^R/RT$ pelas expressões obtidas nas Equações (4.141) e (4.121), é possível afirmar que:

$$\frac{\overline{S}^R}{R}=-T\int_0^P\left(\frac{\partial Z}{\partial T}\right)_P\frac{dP}{P}-J-\int_0^P(Z-1)\frac{dP}{P} \tag{4.143}$$

Usualmente, são utilizadas apenas diferenças de entropia, de forma que o termo J, que é uma constante, não possui importância prática. Assim, simplifica-se o texto estipulando $J = 0$ adiante. Desse modo, a expressão para a entropia residual é:

$$\frac{\overline{S}^R}{R} = -T\int_0^P \left(\frac{\partial Z}{\partial T}\right)_P \frac{dP}{P} - \int_0^P (Z-1)\frac{dP}{P} \tag{4.144}$$

Exemplo Resolvido 4.4

Deduza expressões para a entalpia molar residual e entropia molar residual a partir da expansão do Virial em pressão com 1 termo.

Resolução

A equação do Virial com expansão em pressão possui a seguinte forma:

$$Z = 1 + \frac{BP}{RT}$$

Assim, o volume pode ser obtido de forma direta a partir de P e T:

$$\overline{V} = \frac{RT}{P} + B$$

Para o cálculo da entalpia residual e da entropia residual, é necessário conhecer a expressão da derivada parcial do volume em relação à temperatura, a pressão constante. Ela possui a seguinte forma:

$$\left(\frac{\partial Z}{\partial T}\right)_P = \frac{P}{R}\left(\frac{1}{T}\frac{dB}{dT} - \frac{1}{T^2}B\right)$$

Entalpia residual

A substituição da derivada na expressão da entalpia residual obtida a partir da energia livre de Gibbs, juntamente com a expressão do volume, resulta em:

$$\frac{\overline{H}^R(T,P)}{RT} = -T\int_0^P \left[\frac{P}{RT^2}\left(T\frac{dB}{dT} - B\right)\right]\frac{dP}{P} = \frac{1}{RT}\int_0^P \left[\left(B - T\frac{dB}{dT}\right)\right] dP$$

Como nenhum dos termos remanescentes dentro da integral depende da pressão, a entalpia residual é:

$$\overline{H}^R(T,P) = P\left[B - T\frac{dB}{dT}\right]$$

Entropia residual

Um procedimento análogo é feito para a obtenção da entropia residual. A partir da entropia residual em função de temperatura e pressão e da derivada parcial do volume, com temperatura a pressão constante para a equação do Virial em pressão, tem-se que:

$$\frac{\overline{S}^R(T,P)}{R}=\int_0^P\left\{-T\left[\frac{P}{RT^2}\left(T\frac{dB}{dT}-B\right)\right]-1-\frac{BP}{RT}+1\right\}\frac{dP}{P}$$

Então,

$$\overline{S}^R(T,P)=-P\frac{dB}{dT}$$

4.3.3 Equações com volume implícito

Para que o cálculo de propriedades residuais a partir de equações de estado explícitas em pressão possa ser realizado, é necessário manipular algebricamente as Equações (4.121), (4.141) e (4.144), de forma que o volume seja a variável de integração, devido à multiplicidade de raízes de volume molar para dado P. Deseja-se chegar à condição em que $P = 0$ associada à equação, comportando-se como gás ideal, com $\overline{V} \rightarrow \infty$. Para isso, é mais conveniente que a variável de integração seja a densidade molar, que se relaciona diretamente com o volume molar $\left(\rho = 1/\overline{V}\right)$.

Usando a definição de fator de compressibilidade $Z = P\overline{V}/RT$ com $\rho = 1/\overline{V}$, é possível expressar P como

$$P = Z\rho RT \tag{4.145}$$

A uma temperatura constante, tem-se a seguinte expressão para variação em P em função de uma variação em ρ:

$$dP = ZRT\,d\rho + \rho RT\frac{\partial Z}{\partial \rho}d\rho \tag{4.146}$$

Ao dividir por P, tem-se que:

$$\frac{dP}{P}=\frac{ZRT}{P}d\rho+\frac{\rho RT}{P}\frac{\partial Z}{\partial \rho}d\rho \tag{4.147}$$

Ao substituir ZRT/P por $1/\rho$ e $\rho RT/P$ por $1/Z$, de acordo com a Equação (4.145), é possível chegar a:

$$\frac{dP}{P}=\frac{d\rho}{\rho}+\frac{1}{Z}\frac{\partial Z}{\partial \rho}d\rho \tag{4.148}$$

Pela substituição dP/P na Equação (4.121), dado que, para os limites, quando $P_{inf} = 0$, $\rho_{inf} = 0$ e quando $P_{sup} = P$, $\rho_{sup} = \rho$, tem-se que

$$\frac{\overline{G}^R}{RT}=\int_0^\rho (Z-1)\left(\frac{d\rho}{\rho}+\frac{1}{Z}\frac{\partial Z}{\partial \rho}d\rho\right) \tag{4.149}$$

que se dividem entre duas integrais, com mudança de limite conforme for conveniente. Dado que, quando $\rho_{\text{inf}} = 0$, $Z_{\text{inf}} = 1$ e quando $\rho_{\text{sup}} = \rho$, $Z_{\text{sup}} = Z$, tem-se que

$$\frac{\overline{G}^R}{RT} = \int_0^\rho (Z-1)\,\frac{d\rho}{\rho} + \int_1^Z \left(\frac{Z-1}{Z}\right) dZ \tag{4.150}$$

Visto que a segunda integral tem solução simbólica simples,

$$\int \left(\frac{Z-1}{Z}\right) dZ = Z - \ln Z + \mathbb{C} \tag{4.151}$$

com os limites especificados, tem-se

$$\int_1^Z \left(\frac{Z-1}{Z}\right) dZ = Z - \ln Z - 1 \tag{4.152}$$

Finalmente, chega-se a

$$\boxed{\frac{\overline{G}^R}{RT} = \int_0^\rho \frac{(Z-1)}{\rho}\,d\rho + Z - \ln Z - 1} \tag{4.153}$$

Entalpia residual e entropia residual

As integrais para entalpia e entropia são análogas, com derivada em relação à temperatura com pressão fixa reescrita a partir da derivada com densidade fixa, por:

$$d\frac{\overline{G}^R}{RT} = \frac{\overline{V}^R}{RT}dP - \frac{\overline{H}^R}{RT^2}dT \tag{4.154}$$

$$\frac{\overline{H}^R}{RT^2} = \left(\frac{Z-1}{P}\right)\left.\frac{dP}{dT}\right|_\rho - \left.\frac{d\overline{G}^R/RT}{dT}\right|_\rho \tag{4.155}$$

em que valem

$$\left.\frac{dP}{dT}\right|_\rho = \left.\frac{dRTZ\rho}{dT}\right|_\rho = RZ\rho + RT\rho\left.\frac{dZ}{dT}\right|_\rho \tag{4.156}$$

$$\left.\frac{d\overline{G}^R/RT}{dT}\right|_\rho = \int_0^\rho \frac{dZ}{dT}\frac{d\rho}{\rho} + \frac{dZ}{dT} - \frac{d\ln Z}{dT} \tag{4.157}$$

Então,

$$\frac{\overline{H}^R}{RT} = -T\int_0^{\rho}\left(\frac{\partial Z}{\partial T}\right)_{\rho}\frac{d\rho}{\rho} + Z - 1 \tag{4.158}$$

E, considerando que $\overline{S}^R = (\overline{H}^R - \overline{G}^R)/T$,

$$\frac{\overline{S}^R}{R} = \ln Z - T\int_0^{\rho}\frac{dZ}{dT}\frac{d\rho}{\rho} - T\int_0^{\rho}\frac{Z-1}{\rho}\frac{d\rho}{\rho} \tag{4.159}$$

Finalmente,

$$\frac{\overline{S}^R}{R} = \ln Z - T\int_0^{\rho}\left(\frac{\partial Z}{\partial T}\right)_{\rho}\frac{d\rho}{\rho} - \int_0^{\rho}\frac{(Z-1)}{\rho}d\rho \tag{4.160}$$

Exemplo Resolvido 4.5

Deduza expressões para a entalpia molar residual e entropia molar residual a partir da equação cúbica genérica apresentada.

Resolução

Dada a seguinte forma de uma equação cúbica genérica,

$$P = \frac{RT}{\overline{V} - b} - \frac{a(T)}{(\overline{V} + \varepsilon b)(\overline{V} + \sigma b)}$$

é possível calcular a entalpia residual, a entropia residual e a energia de Gibbs residual utilizando as Equações (4.158), (4.160) e (4.153).

O primeiro passo é obter uma expressão de Z em função de T e ρ, para que se integre de acordo com a Equação (4.153):

$$\frac{\overline{G}^R}{RT} = \int_0^{\rho}\frac{(Z-1)}{\rho}d\rho + Z - \ln Z - 1$$

Multiplica-se a equação cúbica genérica por $\left(\frac{\overline{V}}{RT}\right)$ para obter Z.

$$Z = P\left(\frac{\overline{V}}{RT}\right) = \frac{RT}{\overline{V} - b}\left(\frac{\overline{V}}{RT}\right) - \frac{a}{(\overline{V} + \varepsilon b)(\overline{V} + \sigma b)}\left(\frac{\overline{V}}{RT}\right) = \frac{\overline{V}}{\overline{V} - b} - \frac{a\overline{V}}{RT(\overline{V} + \varepsilon b)(\overline{V} + \sigma b)}$$

Ao substituir $\overline{V} = 1/\rho$ e aplicar a definição de $q = a/bRT$, tem-se

$$Z = \frac{1}{1-\rho b} - \frac{a\rho}{RT(1+\varepsilon\rho b)(1+\sigma\rho b)} = \frac{1}{1-\rho b} - q\frac{b\rho}{(1+\varepsilon\rho b)(1+\sigma\rho b)}$$

A integração de $Z - 1$ feita em densidade, com b constante, pode ser reescrita como

$$\int_0^{\rho} \frac{(Z-1)}{\rho} d\rho = \int_0^{\rho b} \frac{(Z-1)}{\rho b} d(\rho b)$$

com dois termos,

$$\int_0^{\rho} \frac{(Z-1)}{\rho} d\rho = \int_0^{\rho b} \left(\frac{1}{1-\rho b}\right) d(\rho b) + \int_0^{\rho b} \left(-q\frac{1}{(1+\varepsilon\rho b)(1+\sigma\rho b)}\right) d(\rho b)$$

em que

$$\int \left(\frac{1}{1-\rho b}\right) d(\rho b) = -\ln(1-\rho b) + \mathbb{C} \quad \text{com} \quad -\ln(1-\rho b)|_{\rho_{\text{inf}}=0} = 0$$

$$\int \left(\frac{1}{(1+\varepsilon\rho b)(1+\sigma\rho b)}\right) d(\rho b) = \frac{1}{\sigma - \epsilon} \ln\left(\frac{1+\sigma\rho b}{1+\epsilon\rho b}\right) + \mathbb{C} \quad \text{com} \quad \ln\left(\frac{1+\sigma\rho b}{1+\epsilon\rho b}\right)|_{\rho_{\text{inf}}=0} = 0$$

Esse termo é definido como

$$I = \frac{1}{\sigma - \varepsilon} \ln\left(\frac{1+\sigma\rho b}{1+\varepsilon\rho b}\right) \text{ se } \sigma \neq \epsilon, \text{ ou } \quad I = \frac{\rho b}{1+\varepsilon\rho b} = \frac{\beta}{Z+\varepsilon\beta} \text{ se } \sigma = \epsilon$$

Finalmente,

$$\frac{\overline{G}^R}{RT} = -\ln(Z-\beta) - qI + Z - 1 \text{ com } \beta = bP/RT = b\rho Z$$

Para entalpia e entropia, a partir das Equações (4.158) e (4.160), com b constante em relação a T, leva-se a:

$$\frac{\overline{H}^R}{RT} = Z - 1 + \left[\frac{T}{a}\frac{da(T)}{dT} - 1\right] qI \quad \text{e} \quad \frac{\overline{S}^R}{R} = \ln(Z-\beta) + \frac{T}{a}\frac{da(T)}{dT} qI$$

A Tabela 4.1 apresenta expressões para propriedades residuais obtidas a partir de equações de estado cúbicas utilizadas na engenharia.

Tabela 4.1 – Propriedades residuais a partir de diversas equações de estado.

Equação de estado		$\bar{H}^R/RT$	$\bar{S}^R/R$
Equações para gases, $Z(T, P)$			
Virial truncada em P	$Z=1+\frac{BP}{RT}$ $\frac{BP_C}{RT_C}=B^{\circ}(T_r)+\omega B'(T_r)$ $B^{\circ}=0{,}083-\frac{0{,}422}{T_r^{1,6}}$ $B'=0{,}139-\frac{0{,}172}{T_r^{4,2}}$	$\frac{P}{R}\left(\frac{B}{T}-\frac{dB}{dT}\right)$	$-\frac{P}{R}\frac{dB}{dT}$
Equações para gases e líquidos, $Z(T,\rho)$			
Virial truncada em ρ	$Z=1+B\rho+C\rho^2$	$T\left[\left(\frac{B}{T}-\frac{dB}{dT}\right)\rho+\left(\frac{C}{T}-\frac{1}{2}\frac{dC}{dT}\right)\rho^2\right]$	$\ln Z-T\left[\left(\frac{B}{T}+\frac{dB}{dT}\right)\rho+\frac{1}{2}\left(\frac{C}{T}+\frac{dC}{dT}\right)\rho^2\right]$
Equações para gases e líquidos, cúbicas, $P(T,\bar{V})$			
van der Waals (1873) $\sigma=\epsilon=0$	$P=\frac{RT}{\bar{V}-b}-\frac{a}{\bar{V}^2}$	$Z-1-\frac{a}{RT\bar{V}}$	$\ln\left(Z-\frac{bP}{RT}\right)$
Redlich-Kwong (1949), Soave-Redlich-Kwong (1972), Peng-Robinson (1976). $\sigma\neq\epsilon$	$P=\frac{RT}{\bar{V}-b}-\frac{a(T)}{(\bar{V}+\varepsilon b)(\bar{V}+\sigma b)}$ $\beta=bP/(RT)$ $q=a/(bRT)$ $I=\left(\frac{1}{\sigma-\epsilon}\right)\ln\left(\frac{\bar{V}+\sigma b}{\bar{V}+\epsilon b}\right)$	$Z-1+\left(\frac{T}{a}\frac{da}{dT}-1\right)qI$	$\ln(Z-\beta)+\left(\frac{T}{a}\frac{da}{dT}\right)qI$

Obs.: $\bar{G}^R=\bar{H}^R-T\bar{S}^R$.

Tabela 4.2 – Propriedades residuais a partir de diversas equações de estado (expressões abertas).

Equação de estado		$\bar{H}^R/RT$	$\bar{S}^R/R$
Redlich-Kwong (1949)	$P=\frac{RT}{\bar{V}-b}-\frac{a_c T_r^{-1/2}}{\bar{V}(\bar{V}+b)}$ $b=0{,}08664\frac{RT_c}{P_c}$ $a_c=0{,}42748\frac{R^2T_c^{\ 2}}{P_c}$	$Z-1-\frac{3a_c\,T_r^{-1/2}}{2bRT}\ln\left(\frac{\bar{V}+b}{\bar{V}}\right)$	$\ln\left(Z-\frac{bP}{RT}\right)-\frac{a_c\,T_r^{-1/2}}{2bRT}\ln\left(\frac{\bar{V}+b}{\bar{V}}\right)$
Soave-Redlich-Kwong (1972)	$P=\frac{RT}{\bar{V}-b}-\frac{a(T)}{\bar{V}(\bar{V}+b)}$ $b=0{,}08664\frac{RT_c}{P_c}$ $a(T)=a_c\,\alpha(T_r)$ $a_c=0{,}42748\frac{R^2T_c^{\ 2}}{P_c}$ $\alpha(T_r)=\left[1+\kappa_{SRK}\left(1-\sqrt{T_r}\right)\right]^2$ $\kappa_{SRK}=0{,}48508+1{,}55171\omega-0{,}1761\omega^2$	$Z-1+\frac{\left(T\frac{da}{dT}-a\right)}{bRT}\ln\left(\frac{\bar{V}+b}{\bar{V}}\right)$ $\frac{da}{dT}=-a_c\kappa_{SRK}\frac{\sqrt{\alpha\,T_r}}{T}$	$\ln\left(Z-\frac{bP}{RT}\right)+\frac{\frac{da}{dT}}{bR}\ln\left(\frac{\bar{V}+b}{\bar{V}}\right)$
Peng-Robinson (1976)	$P=\frac{RT}{\bar{V}-b}-\frac{a(T)}{\bar{V}(\bar{V}+b)+b(\bar{V}+b)}$ $b=0{,}07780\frac{RT_c}{P_c}$ $a(T)=a_c\,\alpha(T_r)$ $a_c=0{,}45724\frac{R^2T_c^{\ 2}}{P_c}$ $\alpha(T_r)=\left[1+\kappa_{PR}\left(1-\sqrt{T_r}\right)\right]^2$ $\kappa_{PR}=0{,}37464+1{,}54226\omega-0{,}26992\omega^2$	$Z-1+\frac{\left(T\frac{da}{dT}-a\right)}{2\sqrt{2}bRT}\ln\left(\frac{\bar{V}+(1+\sqrt{2})b}{\bar{V}+(1-\sqrt{2})b}\right)$ $\frac{da}{dT}=-a_c\kappa_{PR}\frac{\sqrt{\alpha T_r}}{T}$	$\ln\left(Z-\frac{bP}{RT}\right)+\frac{\frac{da}{dT}}{2\sqrt{2}bR}\ln\left(\frac{\bar{V}+(1+\sqrt{2})b}{\bar{V}+(1-\sqrt{2})b}\right)$

Aplicação Computacional 4

Para saber se a equação de Peng-Robinson funciona para descobrir a pressão de saturação da água, faça o seguinte:

a) Calcule G molar residual de líquido e de vapor na temperatura de 298 K e 1 bar, para mostrar qual fase é mais estável.

b) Elabore o gráfico de G molar residual de líquido × P e de G molar residual de vapor × P na temperatura de 373 K, para mostrar em qual pressão (aproximadamente) as fases líquidas e vapor coexistem.

Para obter uma forma mais prática de determinar pressão de saturação em dada temperatura, faça o seguinte:

c) Implemente uma função pressão de saturação para calcular P^{sat} em dado T utilizando um método numérico adequado.

d) Utilize uma ferramenta de solver algébrico para determinar P^{sat} com o critério $\overline{G}^{R,L} - \overline{G}^{R,V} = 0$.

Resolução

a) Primeiramente, deve-se calcular a energia de Gibbs residual, utilizando dado T, P e cada raiz de volume para determinar a mais estável.

```
def calc_gres (t,v, a,b,r):
  p = calc_p(t,v, a,b,r)
  gres = (p*v)-(r*t)-(a/v)-t*(r*np.log(p*(v-b)/(r*t)))
  return gres
```

b) Deve-se fazer um cálculo sequencial em pressão. Para cada pressão, determinam-se ambos os volumes candidatos.

```
vp = np.logspace(4,6,100)#de 1e3 até 1e7 Pa, em passo multiplicativo
gl = np.zeros(100)
gv = np.zeros(100)
```

O cálculo pode ser feito reaproveitando o método de resolução de volumes apresentado na aplicação computacional do Capítulo 3, se convenientemente agrupado em uma *função*.

```
for i inrange(100):
  alpha = f_alpha_pr(T,tc,wpitzer)
  a = ac*alpha
  vl,vv,nfis = calc_v_cub(t = T, p = vp[i], r = r,
                sig = sig, eps = eps, a = a, b = b)
  gl[i] = calc_gres(T,vl,a,b,r)
  gv[i] = calc_gres(T,vv,a,b,r)
```

Isso resulta em um gráfico como o seguinte:

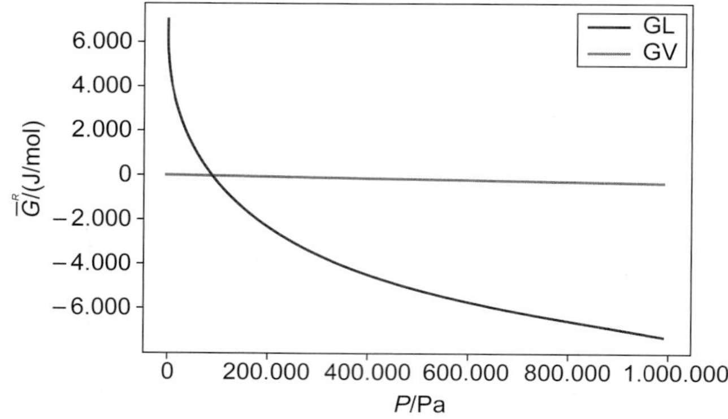

Em baixas pressões, a energia de Gibbs residual do vapor é menor e o vapor é estável. Em altas pressões, o oposto: a energia de Gibbs residual do líquido é menor e o líquido é estável. No encontro das duas curvas, tem-se a pressão de saturação desse fluido na temperatura especificada.

c) A implementação de um método numérico para encontrar a pressão de saturação pode seguir a esta lógica:

Para encontrar P tal que $\overline{G}^{R,L} - \overline{G}^{R,V} = 0$, deve-se pensar em uma busca em escala logarítmica, para a qual o ln P tal que $\overline{G}^{R,L} - \overline{G}^{R,V} = 0$.

Esboçando o método de Newton, tem-se

$$\ln P = \ln P_0 + \Delta_{\ln P}$$

em que o passo é dado por

$$\Delta_{\ln P} = -\frac{\left(\overline{G}^{R,L} - \overline{G}^{R,V}\right)}{d\left(\overline{G}^{R,L} - \overline{G}^{R,V}\right)/d\ \ln P}$$

e a derivada em escala log resulta em

$$d\left(\overline{G}^{R,L} - \overline{G}^{R,V}\right)/d\ln\ P = P\ \ d\left(\overline{G}^{R,L} - \overline{G}^{R,V}\right)/dP$$

Buscando uma derivada aproximada para criar um método de substituição sucessiva, considera-se $\overline{G}^{R,V}$ aproximadamente constante e igual a zero (i. e., a fase gás não foge muito da idealidade). Logo,

$$d\overline{G}^{R,V} = 0$$

Para a fase líquida, tem-se que

$$\overline{G}^{R,L} = \overline{G}_0^{R,L} + \int\left(\overline{V}^L - \frac{RT}{P}\right)dP$$

Logo, a derivada em relação à pressão é

$$d\overline{G}^{R,L} = \overline{V}^L - RT/P$$

que, com volume de líquido pequeno, em relação ao termo RT/P,

$$d\overline{G}^{R,L} = -RT/P$$

Logo,

$$\ln P = \ln P_0 - (\overline{G}^{R,L} - \overline{G}^{R,V})/\ (P(-RT/P))$$

Finalmente,

$$\ln P = \ln P_0 + (\overline{G}^{R,L} - \overline{G}^{R,V})/(RT)$$

que, em escala natural, torna-se

$$P = P_0 \exp((\overline{G}^{R,L} - \overline{G}^{R,V})/(RT))$$

A implementação é mais direta que a dedução:

```
def calc_psat(t,p_est):
  res = 1
  tol = 1e-9
  i = 0
  imax = 100
  p = p_est*1 #cópia
  while res>tol and i<imax:
    alpha = f_alpha_pr(t,tc,wpitzer)
    a = ac*alpha
    vl,vv,nfis = calc_v_cub(t = t,p = p,r = r,
                      sig = sig,eps = eps,a = a,b = b)
    if nfis ! = 3:
      print('algoritmo saiu da faixa de nfis = 3')
      return np.nan #retorna valor inválido
    gl = calc_gres(t,vl,a,b,r)
    gv = calc_gres(t,vv,a,b,r)
    p = p*np.exp((gl-gv)/r/t)
    res = np.abs((gl-gv)/r/t)
    i + = 1
  return p
```

Para o uso dos elementos típicos de métodos numéricos: uma estimativa inicial para a variável procurada, pressão; uma definição de resíduo recalculada em cada iteração usando a função módulo; uma tolerância para esse resíduo; um contador de iterações e um número máximo de iterações para evitar um *loop* infinito. Toma-se um cuidado especial para o caso de se chegar a uma faixa de pressão em que não existam três raízes físicas de volume.

Nota-se que, se $\overline{G}^{R,L} > \overline{G}^{R,V}$, o vapor é mais estável e aumenta-se a pressão buscando estabilizar o líquido e achar o equilíbrio.

Ao testar com a temperatura anterior, tem-se

```
calc_psat(373,1e5)
#>>> 95488.54402702792
```

testando com T ligeiramente maior

```
calc_psat(400,1e5)
#>>> 238084.9986704596
```

d) É possível usar a definição de resíduo em uma ferramenta *solver* especializada do SciPy e a função *root* do pacote *optimize*:

```
from scipy import optimize as opt
def calc_psat(t,p_est):
  def res_psat(p):
    p = p[0]#desempacota argumento da forma vetorial
    alpha = f_alpha_pr(t,tc,wpitzer)
    a = ac*alpha
    vl,vv,nfis = calc_v_cub(t = t, p = p, r = r,
                      sig = sig,eps = eps,a = a,b = b)
    if nfis! = 3:
```

```
        print('algoritmo saiu da faixa de nfis = 3')
        return np.nan #retorna valor inválido
      gl = calc_gres(t,vl,a,b,r)
      gv = calc_gres(t,vv,a,b,r)
      res = [gl-gv] #resíduo em forma vetorial
      return res
    ans = opt.root(res_psat,[p_est]) #empacota argumento em forma vetorial
    print(ans)
    psat = ans.x[0] #desempacota solução da forma vetorial
    return psat
```

Para testar:

```
psat1 = calc_psat(640,200e5)
#>>> fjac: array([[-1.]])
#>>> fun: array([8.47964543e-09])
#>>> message: 'The solution converged.'
#>>> nfev: 9
#>>> qtf: array([-8.49814306e-07])
#>>> r: array([0.01370648])
#>>> status: 1
#>>> success: True
#>>> x: array([238084.99867102])
```

O resultado do método *root* vem agrupado em uma estrutura de dados com informações sobre a convergência; o vetor solução está no atributo x, acessível como ans.x, e o valor da pressão de saturação buscada corresponde ao escalar na primeira posição desse vetor, acessível como ans.x[0].

```
psat1
#>>> 238084.99867102
```

A versão completa do código para resolver essa questão está disponível no material suplementar.

EXERCÍCIOS PROPOSTOS

Conceituação

4.1 É possível afirmar que as propriedades termodinâmicas de substâncias puras podem ser obtidas apenas com dados de *PVT* (experimentais ou equações de estado)?

4.2 É possível afirmar que as relações de Maxwell são importantes para escrever as propriedades termodinâmicas em termos de funções relacionadas com *PVT* e C_p?

4.3 Para as fases líquida e sólida, pode-se afirmar que a expansividade volumétrica e a compressibilidade isotérmica são relações *PVT* simplificadas em alternativa ao uso das equações de estado convencionais?

4.4 É possível afirmar que, para um gás ideal, a energia interna e a entalpia estão diretamente relacionadas às interações intramoleculares (i. e., graus de liberdade vibracionais, rotacionais etc.)?

4.5 É possível afirmar que as propriedades termodinâmicas residuais contabilizam as contribuições das interações intermoleculares em cada condição de temperatura e pressão?

Cálculos e problemas

4.1 Um mol de gás (sistema fechado) a 27 °C, inicialmente com volume igual a 1,1 ℓ, expande-se isotérmica e reversivelmente para 24,5 ℓ. O comportamento desse gás é bem descrito pela equação de estado de van der Waals, com parâmetros a = 0,44 Pa (m^3/mol)^2 e b = 5,5 × 10^{-5} m^3/mol.

a) Calcule as variações de entropia, entalpia e energia interna de mol de gás no processo.

b) Determine o trabalho na expansão e o calor fornecido ao gás para se manter em temperatura constante durante a expansão.

4.2 Calcule a temperatura final, o trabalho, o calor e as variações de energia interna, de entalpia e de entropia na expansão adiabática e reversível de um mol de gás de T_1 = 298 K e P_1 = 10 bar até P_2 = 1 bar. Considere que o gás se comporta de acordo com a expansão do Virial em pressão com 1 termo, com o segundo coeficiente do Virial, B, dado por $B\left[\text{m}^3\ \text{mol}^{-1}\right]=4,4\times10^{-4}$ (aproximado como constante) e C_P (1 bar) = 29 J/(mol K).

4.3 Calcule o volume molar final, o trabalho, o calor e as variações de energia interna, entalpia e entropia na expansão isobárica de um gás a partir de T_1 = 298 K e P_1 = 10 bar até T_2 = 373 K. Use a equação do Virial em P, com 1 termo, com o segundo coeficiente do Virial, B, dado por $B\left[\text{m}^3\ \text{mol}^{-1}\right]=\left(4,4\times10^{-4}-0,034/T\,[\text{K}]\right)$. Dado C_P de gás ideal = 17 J/(mol K).

4.4 Calcule a energia de Gibbs molar residual para o composto A em fase sólida a T = 200 K e P = 100 bar, sabendo que, em fase gasosa, essa substância (A) obedece à expansão do Virial em P, com 1 termo, com o segundo coeficiente do virial, B, dado por $B\left[\text{m}^3\ \text{mol}^{-1}\right]=\left(4,4\times10^{-4}-0,034/T\,[\text{K}]\right)$.

Dados da fase sólida:
A pressão de sublimação a 200 K é 0,02 bar.
O volume molar do sólido segue a relação empírica a seguir:

$$\bar{V}_{sólido}=\left[\bar{V}_0+a_1\left(T-T_0\right)\right]\exp\left[-\kappa\left(P-P_0\right)\right]$$

$$\alpha_1 = 1,3\times10^{-7}\ \text{m}^3/(\text{mol K}),\quad \kappa = 8,1\times10^{-9}\ \text{Pa}^{-1},$$

$$\bar{V}_0=\bar{V}\left(T_0=200\ \text{K}, P_0=1\ \text{bar}\right)=1,1\times10^{-5}\ \text{m}^3/\text{mol}.$$

4.5 Um mol de metano a 27 °C, inicialmente com volume igual a 45 ℓ, é comprimido isotérmica e reversivelmente para 3 ℓ. Considere que o comportamento desse gás é bem descrito pela equação de estado de van der Waals. Utilize os valores de propriedades críticas apresentadas no Apêndice D.

a) Calcule as variações de entropia, entalpia e energia interna do mol de gás no processo.

b) Determine o trabalho na expansão e o calor fornecido ao gás para se manter em temperatura constante durante a expansão.

4.6 Um processo conduz a expansão adiabática e reversível de um mol de gás nitrogênio de T_1 = 300 K e P_1 = 20 bar até P_2 = 1 bar. Considere que o gás se comporta de acordo com a expansão do Virial em pressão com 1 termo, com o segundo coeficiente do virial, B, dado pelas correlações apresentadas em função das propriedades críticas. Use $B(T)$ e $C_P(T)$ aproximados como independentes de temperatura: $B = B(T_1)$ e $\langle C_P \rangle$(1 bar) = 37 J/mol/K.

4.7 Calcule o volume molar final, o trabalho, o calor e as variações de energia interna, entalpia e entropia na expansão isobárica de um mol de gás dióxido de carbono a partir de T_1 = 300 K e P_1 = 15 bar até T_2 = 400 K. Considere que o gás se comporta de acordo com a expansão do Virial em pressão com 1 termo, com o segundo coeficiente do Virial, B, dado pelas correlações apresentadas em função das propriedades críticas. Utilize a correlação de C_P^{gi} de gás ideal do Apêndice D.

4.8 Utilizando a equação do Virial com as correlações apresentadas em função das propriedades críticas, aproximando $B(T)$ e $C_P(T)$ como independentes de temperatura, $B = B(T_1)$ e $<C_P>(1 \text{ bar}) = 37$ J/mol/K, calcule o volume molar final, o trabalho, o calor e as variações de energia interna, entalpia e entropia na expansão isentálpica de um mol de gás etileno a partir de $T_1 = 300$ K e $P_1 = 15$ bar até $P_2 = 0{,}1$ bar.

4.9 Considere o aquecimento isométrico de gás benzeno a 0,1 bar de $T = 350$ K até $T = 460$ K. Utilizando a equação de SRK e a correlação para capacidade calorífica de gás ideal, calcule o volume molar final, o trabalho, o calor e as variações de energia interna, entalpia e entropia.

4.10 Calcule a energia de Gibbs molar residual para o composto A em fase sólida a $T = 200$ K e $P = 100$ bar, sabendo que em fase gasosa essa substância (A) obedece à expansão do Virial em P, com 1 termo, com o segundo coeficiente do virial, B, dado por $B\left[\text{m}^3\ \text{mol}^{-1}\right] = \left(4{,}4\times10^{-4} - 0{,}034/T\,[\text{K}]\right)$.

A temperatura de fusão a 100 bar é 250 K, a entalpia de fusão na pressão de 100 bar é $\Delta\bar{H}^{fus} = 50\,\text{kJ/mol}$ e a diferença de capacidade calorífica é $\Delta C_P^{LS} = 15\,\text{J/mol/K}$.

Resumo de equações

■ *Relações úteis*

$$d\bar{U} = Td\bar{S} - Pd\bar{V} \qquad d\bar{H} = Td\bar{S} + \bar{V}dP$$

$$d\bar{A} = -\bar{S}dT - Pd\bar{V} \qquad d\bar{G} = -\bar{S}dT + \bar{V}dP$$

$$d\bar{H} = C_P dT + \left[\bar{V} - T\left(\frac{\partial\bar{V}}{\partial T}\right)_P\right]dP \qquad d\bar{U} = C_V dT + \left[T\left(\frac{\partial P}{\partial T}\right)_{\bar{V}} - P\right]d\bar{V}$$

$$d\bar{S} = \frac{C_P}{T}dT - \left(\frac{\partial\bar{V}}{\partial T}\right)_P dP \qquad d\bar{S} = \frac{C_V}{T}dT + \left(\frac{\partial P}{\partial T}\right)_{\bar{V}} d\bar{V}$$

$$d\left(\frac{\bar{G}}{RT}\right) = \frac{\bar{V}}{RT}dP - \frac{\bar{H}}{RT^2}dT$$

$$\bar{V} = \left[\frac{\partial\bar{G}}{\partial P}\right]_T \qquad \bar{H} = -RT^2\left[\frac{\partial\left(\bar{G}/RT\right)}{\partial T}\right]_P \qquad \bar{S} = -\left[\frac{\partial\bar{G}}{\partial T}\right]_P$$

■ *Definições*

$$\bar{M}^R(T,P) = \bar{M}(T,P) - \bar{M}^{gi}(T,P)$$

$$\bar{M}^R(T,P,\underline{x}) = \bar{M}(T,P,\underline{x}) - \bar{M}^{gi}(T,P,\underline{x})$$

$$\bar{M}^{R,\text{isoV}}(T,\bar{V},\underline{x}) = \bar{M}(T,\bar{V},\underline{x}) - \bar{M}^{gi}(T,\bar{V},\underline{x})$$

■ *Forma integral em pressão*

$$\frac{\bar{G}^R}{RT} = \int_0^P (Z-1)\frac{dP}{P}$$

$$\frac{\overline{H}^R}{RT}=-T\int_0^P\left(\frac{\partial Z}{\partial T}\right)_P\frac{dP}{P}\qquad \frac{\overline{S}^R}{R}=\int_0^P\left[-(Z-1)-T\left(\frac{\partial Z}{\partial T}\right)_P\right]\frac{dP}{P}$$

- *Forma integral em densidade molar*

$$\frac{\overline{G}^R}{RT}=\int_0^\rho\frac{(Z-1)}{\rho}d\rho+Z-1-\ln Z$$

$$\frac{\overline{H}^R}{RT}=-T\int_0^\rho\left(\frac{\partial Z}{\partial T}\right)_\rho\frac{d\rho}{\rho}+Z-1\qquad \frac{\overline{S}^R}{R}=\ln Z-T\int_0^\rho\left(\frac{\partial Z}{\partial T}\right)_\rho\frac{d\rho}{\rho}-\int_0^\rho\frac{(Z-1)}{\rho}d\rho$$

- *Conversão entre referência isobárica e isométrica*

$$\overline{S}^R-\overline{S}^{R,\text{isoV}}=R\ln Z\qquad \overline{G}^R-\overline{A}^{R,\text{isoV}}=P\overline{V}-RT-RT\ln Z$$

C A P Í T U L O 5

Termodinâmica em Processos com Escoamento

Este capítulo tratará do estudo de processos industriais com escoamento, analisando-os sob o ponto de vista da Termodinâmica. Os capítulos anteriores se referiam, sobretudo, a problemas envolvendo sistemas fechados. Porém, neste capítulo, como um processo com escoamento ocorre em um sistema com entrada e saída de massa, a primeira discussão apresentada será a aplicação da Primeira Lei da Termodinâmica para sistemas abertos. Depois, serão estudados individualmente alguns equipamentos da indústria de processos e, por fim, serão apresentados processos de interesse industrial para a produção de potência, para a refrigeração ou aquecimento e para liquefação.

5.1 APLICAÇÃO DA PRIMEIRA LEI DA TERMODINÂMICA EM SISTEMAS ABERTOS

5.1.1 Primeira Lei para sistemas abertos

Diferentemente do que já foi apresentado, para a aplicação da Primeira Lei da Termodinâmica a sistemas abertos, é necessário levar em consideração a entrada e a saída de massa no volume de controle do sistema estudado. Assim, partindo de um balanço de energia sobre um volume de controle qualquer, representado na Figura 5.1,

$$\boxed{\{\text{entradas}\}-\{\text{saídas}\}+\{\text{geração}\}=\{\text{acúmulo}\}} \tag{5.1}$$

Em sistemas fechados, as trocas de energia entre o sistema e suas vizinhanças se dão apenas por meio de calor e de trabalho. Porém, uma vez considerada a entrada e a saída de massa, é necessário lembrar que cada quantidade de massa δm que atravessa a fronteira do sistema carrega consigo uma quantidade de energia δE, que pode ser desmembrada em forma de energia interna, energia cinética e energia potencial.

No caso do volume de controle representado na Figura 5.1, admite-se que as correntes entram com velocidade v_E e saem com velocidade v_S, ao longo das seções A_E e A_S, nas alturas de Z_E e Z_S, e estão submetidas a um campo gravitacional g. As taxas de massa dessas correntes são representadas pelas grandezas $\overset{o}{m}_E$ e $\overset{o}{m}_S$, respectivamente. As energias internas molares que essas partículas carregam valem $\overline{U}_E$ e $\overline{U}_S$ e são uniformes ao longo das duas seções. Caso também seja levada em consideração a entrada ou saída de energia por meio de taxas de calor e trabalho, $\overset{o}{Q}$ e $\overset{o}{W}_{tot}$, adicionadas ao sistema, o balanço de energia sobre o sistema se transforma em

$$\frac{d\left(U_{VC}+m_{VC}\frac{v_{VC}^{2}}{2}+m_{VC}gz_{VC}\right)}{dt}=\mathring{m}_E\left(\overline{U}_E+\frac{v_E^{2}}{2}+gz_E\right)-\mathring{m}_S\left(\overline{U}_S+\frac{v_S^{2}}{2}+gz_S\right)+\mathring{Q}+\mathring{W}_{tot} \tag{5.2}$$

em que U_{VC} é a energia interna extensiva do volume de controle.[1]

O balanço de massa diz que

$$\frac{d(m_{VC})}{dt}=\mathring{m}_E-\mathring{m}_S \tag{5.3}$$

Com isso, desprezando variações na velocidade do fluido e no nível no volume de controle, chega-se, de forma mais concisa, a:

$$\frac{dU_{VC}}{dt}+\Delta_{S-E}\left[\mathring{m}\overline{U}+\mathring{m}\frac{\left(v^2-v_{VC}^{2}\right)}{2}+\mathring{m}g\left(z-z_{VC}\right)\right]=\mathring{Q}+\mathring{W}_{tot} \tag{5.4}$$

O símbolo Δ^{S-E} representa a diferença entre o valor na saída e na entrada do termo entre colchetes. O termo $\mathring{W}_{tot}$ representa a taxa de trabalho total que entra no sistema. É possível dividir o trabalho total em quatro contribuições:

$$\mathring{W}_{tot}=\mathring{W}_E+\mathring{W}_V+\mathring{W}_S+\mathring{W}_R \tag{5.5}$$

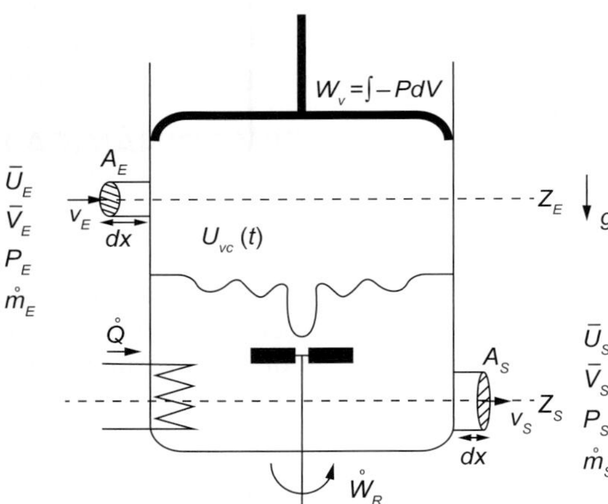

Figura 5.1 – Exemplo de volume de controle para um sistema aberto. Tem-se taxas de trabalho de eixo rotativo $\mathring{W}_R$ e de trabalho de expansão $\mathring{W}_V$, taxa de calor $\mathring{Q}$, taxas de entrada de massa $\mathring{m}_E$ e saída de massa $\mathring{m}_S$.

Na Equação (5.5), $\mathring{W}_R$ representa a taxa de trabalho de eixo rotativo, adicionada ou extraída do sistema, usualmente associado a um sistema de transmissão mecânica ou conversão elétrica.

O termo $\mathring{W}_V$ representa a taxa de trabalho de expansão do volume de controle, que aparece no caso de um vaso com um pistão móvel.

[1] Esse equacionamento de balanço de energia é discutido com atenção especial aos termos de velocidade e elevação do volume de controle em SANDLER, *Chemical and Engineering Thermodynamics*, 3. ed. (1999).

$$\delta W_V = -PdV_{VC} \tag{5.6}$$

$$\overset{o}{W}_V = \frac{\delta W_V}{dt} = -P\frac{dV_{VC}}{dt} \tag{5.7}$$

Por fim, $\overset{o}{W}_E$ e $\overset{o}{W}_S$ representam as taxas de trabalho que um fluido realiza ao entrar e sair do sistema (i. e., trabalho de fluxo). Estes estão relacionados à energia que uma quantidade de fluido aporta ao sistema ao entrar no volume de controle e comprimir as partículas que lá se encontram, e que uma quantidade de fluido carrega ao ser expelido do sistema pela força exercida por essas partículas. O trabalho de entrada, por unidade de massa, é definido, para a geometria apresentada na Figura 5.1, por:

$$\delta W_E = F_E dx_E = P_E A_E dx_E \tag{5.8}$$

em que dx_E representa o deslocamento da unidade de massa que entra no volume de controle e F_E a força exercida por essa unidade de massa sobre o sistema, para que ela consiga entrar.

A taxa de trabalho pode, então, ser escrita como:

$$\overset{o}{W}_E = \frac{\delta W_E}{dt} = P_E A_E \frac{dx_E}{dt} \tag{5.9}$$

Em termos da taxa mássica que entra, a expressão é escrita como:

$$\overset{o}{W}_E = P_E \overline{V}_E \overset{o}{m}_E \tag{5.10}$$

Enquanto na corrente de saída há remoção de energia do sistema, o trabalho, nessa convenção, é negativo.

$$\overset{o}{W}_S = -P_S \overline{V}_S \overset{o}{m}_S \tag{5.11}$$

No caso do sistema representado na Figura 5.1, a taxa líquida desse tipo de trabalho é:

$$\overset{o}{W}_{S-E} = P_S \overline{V}_S \overset{o}{m}_S - P_E \overline{V}_E \overset{o}{m}_E \tag{5.12}$$

Substituindo as Equações (5.5) e (5.12) na Equação (5.4), tem-se que:

$$\begin{aligned} &\frac{dU_{VC}}{dt} - \overset{o}{m}_E\left(\overline{U}_E + P_E\overline{V}_E + \frac{\left(v_E^2 - v_{VC}^2\right)}{2} + g\left(z_E - z_{VC}\right)\right) \\ &+ \overset{o}{m}_S\left(\overline{U}_S + P_S\overline{V}_S + \frac{\left(v_S^2 - v_{VC}^2\right)}{2} + g\left(z_S - z_{VC}\right)\right) = \overset{o}{Q} + \overset{o}{W}_V + \overset{o}{W}_R \end{aligned} \tag{5.13}$$

É possível usar o símbolo Δ^{S-E} para simbolizar a diferença entre saída e entrada:

$$\frac{dU_{VC}}{dt} + \Delta^{S-E}\left[\overset{o}{m}\overline{U} + \overset{o}{m}P\overline{V} + \overset{o}{m}\frac{\left(v^2 - v_{VC}^2\right)}{2} + \overset{o}{m}g\left(z - z_{VC}\right)\right] = \overset{o}{Q} + \overset{o}{W}_R + \overset{o}{W}_V \tag{5.14}$$

Pela definição de entalpia, é possível estabelecer, então, que:

$$\frac{dU_{VC}}{dt}+\Delta^{S-E}\left[\overset{o}{m}\overline{H}+\overset{o}{m}\frac{\left(v^2-v_{VC}{}^2\right)}{2}+\overset{o}{m}g\left(z-z_{VC}\right)\right]=\overset{o}{Q}+\overset{o}{W}_V+\overset{o}{W}_R \tag{5.15}$$

Desse modo, a entalpia aparece naturalmente no balanço de energia do sistema aberto, devido ao termo $P\overline{V}$ originado do trabalho que um elemento de fluido realiza ao entrar e sair do volume de controle na pressão de cada ponto de entrada e saída.

5.1.2 Primeira Lei Simplificada para escoamento em unidades rígidas em estado estacionário

Admitindo que não haja acúmulo de massa nem de energia, que as variações de energia cinética e potencial sejam desprezíveis e que o volume do equipamento não varia, a equação assume a seguinte forma simplificada, que será largamente utilizada ao longo deste capítulo, para duas correntes, uma entrada e uma saída:

$$\overset{o}{m}_S\,\overline{H}_S-\overset{o}{m}_E\,\overline{H}_E=\overset{o}{Q}+\overset{o}{W}_R \tag{5.16}$$

Enquanto isso, pelo balanço de massa em regime estacionário,

$$\overset{o}{m}_S=\overset{o}{m}_E \tag{5.17}$$

Frequentemente, em processos industriais, é razoável considerar desprezíveis as variações em energias cinética e potencial em comparação com as variações de entalpia. Como ordem de grandeza de variação de entalpia, pode-se tomar a capacidade calorífica da água à temperatura ambiente que, em muitos casos, é considerada constante em 1 kcal/(kg K) ou 4,16 kJ/(kg K). Uma mudança de um Kelvin em um quilograma de água resultaria em um aumento de entalpia de 1 kcal ou 4,16 kJ. Se a mesma variação de energia para um quilograma de água ocorresse em termos de energia potencial, seria necessária uma grande diferença de altura: 424,5 m. Já em termos de energia cinética, se um fluido que escoa a 5 m/s sofre um aumento de energia da ordem de 4,16 kJ/kg, sua velocidade final seria 91 m/s.

Variações dessa ordem de grandeza em altura ou velocidade não ocorrem nos equipamentos estudados neste capítulo. Assim, a variação de entalpia é bem mais importante do que as variações em energia potencial e cinética na descrição dos processos industriais aqui presentes. O contrário, porém, ocorre quando um escoamento de um fluido incompressível pode ser considerado isotérmico. Nesse caso, as variações de entalpia são mínimas e o interesse se volta às energias cinética e potencial. Esses fenômenos são geralmente abordados no escopo da Mecânica dos Fluidos.

5.1.3 Equações gerais para volumes de controle com múltiplas entradas e saídas

Generalizando para um volume de controle com múltiplas entradas e múltiplas saídas, o balanço total se torna:

$$\begin{aligned}\frac{dU_{VC}}{dt}=&\sum_{j}^{\text{entradas}}\overset{o}{m}_j\left(\overline{H}_j+\frac{v_j^2-v_{VC}{}^2}{2}+g\left(z_j-z_{VC}\right)\right)\\&-\sum_{i}^{\text{saídas}}\overset{o}{m}_i\left(\overline{H}_i+\frac{v_i^2-v_{VC}{}^2}{2}+g\left(z_i-z_{VC}\right)\right)+\overset{o}{Q}+\overset{o}{W}_R\end{aligned} \tag{5.18}$$

Já o balanço para o estado estacionário, desprezando as variações de energia cinética e potencial, é:

$$\sum_i^{\text{saídas}} \overset{o}{m}_i \overline{H}_i - \sum_j^{\text{entradas}} \overset{o}{m}_j \overline{H}_j = \overset{o}{Q} + \overset{o}{W}_R \quad (5.19)$$

5.2 BALANÇOS DE MASSA E ENERGIA EM PROCESSOS TRANSIENTES

Em processos transientes, ocorre a variação das propriedades do sistema ao longo do tempo. Desse modo, certas simplificações realizadas na Seção 5.1.2 não têm validade. Partindo do balanço de energia para sistemas abertos, aplicando-o para um sistema com uma entrada e uma saída e admitindo que as variações em energia cinética e potencial são desprezíveis, surge a seguinte equação:

$$\frac{dU_{VC}}{dt} + \Delta^{S-E}\left(\overset{o}{m}\overline{H}\right) = \overset{o}{Q} + \overset{o}{W}_R + \overset{o}{W}_V \quad (5.20)$$

Porém, ao escrever o balanço de massa para esse sistema aberto, tem-se que:

$$\frac{dm_{VC}}{dt} = \overset{o}{m}_E - \overset{o}{m}_S \quad (5.21)$$

Isso leva ao seguinte sistema de equações:

$$\begin{cases} \dfrac{dU_{VC}}{dt} = \overset{o}{m}_E \overline{H}_E - \overset{o}{m}_S \overline{H}_S + \overset{o}{Q} + \overset{o}{W}_R + \overset{o}{W}_V \\ \dfrac{dm_{VC}}{dt} = \overset{o}{m}_E - \overset{o}{m}_S \end{cases} \quad (5.22)$$

Tanto as vazões e entalpias de entrada e saída quanto o calor e trabalho adicionados ao sistema podem variar com o tempo.

O termo $\overset{o}{W}_V$ é desprezado nos casos de enchimento e esvaziamento de vasos fechados rígidos com gases e líquidos. Entretanto, ele é importante em casos de enchimento e esvaziamento de vasos fechados tipo seringa, ou para líquidos não voláteis em tanques abertos à atmosfera, por exemplo.

5.2.1 O problema do enchimento de um tanque por diferença de pressão

Um caso interessante de processo transiente está ilustrado na Figura 5.2. Ela mostra o instante em que um tanque, contendo um determinado fluido a uma pressão P_0, é conectado a um reservatório do mesmo fluido a uma pressão P_E, maior que P_0. O reservatório é um sistema que contém uma quantidade de substância significativamente maior que a do tanque e que, por definição, é tratado como possuindo propriedades termodinâmicas constantes ao longo do processo. Nesse caso, será considerado que o desnível entre o reservatório e o tanque é desprezível ($z_E - z_{VC} = 0$), e a diferença de velocidades também ($v_E^2 - v_{VC}^2 \approx 0$), pressupondo, por exemplo, que o reservatório e o tanque estão em repouso. Nesse caso, não há bombas ou compressores entre o tanque e o reservatório, de forma que a única força motriz para o escoamento do fluido seja a diferença de pressões. Como não há corrente de saída, o balanço de massa e energia sobre o tanque se transforma em:

$$\begin{cases} \dfrac{dU_{VC}}{dt} = \mathring{m}_E \, \overline{H}_E - \cancel{\mathring{m}_S \overline{H}_S} + \mathring{Q} + \mathring{W}_R \\ \dfrac{dm_{VC}}{dt} = \mathring{m}_E - \cancel{\mathring{m}_S} \end{cases} \tag{5.23}$$

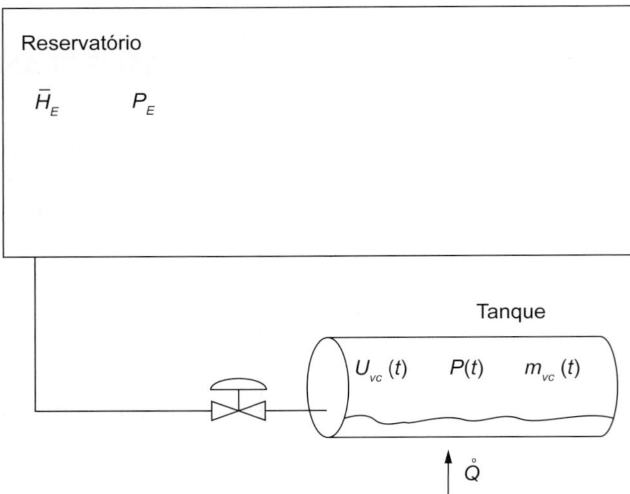

Figura 5.2 – Esquema ilustrativo do enchimento de um tanque a partir de um reservatório com propriedades constantes (por definição).

Assim,

$$\frac{dU_{VC}}{dt} = \frac{dm_{VC}}{dt} \overline{H}_E + \mathring{Q} + \mathring{W}_R \tag{5.24}$$

No esquema da Figura 5.2, a taxa de calor pode ser escrita como:

$$\mathring{Q} = \frac{\delta Q}{dt} \tag{5.25}$$

De modo geral, é possível trabalhar com uma bomba ou um compressor para aumentar a pressão do fluido e forçar o escoamento do reservatório para o tanque:

$$\mathring{W}_R = \frac{\delta W_R}{dt} \tag{5.26}$$

Porém, no caso de maior interesse, ilustrado na Figura 5.2, o escoamento do fluido é regulado por uma válvula, que não atua com trabalho, de modo que a pressão no tanque seja sempre menor ou igual à do reservatório.

$$\mathring{W}_R = 0 \tag{5.27}$$

Isso transforma a Equação (5.24) em:

$$\frac{dU_{VC}}{dt} = \frac{dm_{VC}}{dt} \overline{H}_E + \frac{\delta Q}{dt} \tag{5.28}$$

Para integrar a Equação (5.28) ao longo do tempo, é necessário lembrar que, pelo teorema Fundamental do Cálculo, vale a seguinte relação, em que $F(x)$ é a função primitiva de $f(x)$ e $f(x)$ é a função derivada de $F(x)$:

$$\int_a^b f(x)dx = F(b) - F(a) \quad (5.29)$$

Admitindo que as propriedades do reservatório sejam constantes ao longo do tempo (i. e., a entalpia molar de entrada não depende do tempo) e integrando a Equação (5.28) do tempo inicial até o tempo final (i. e., momento no qual a pressão do tanque se iguala à pressão do reservatório), surge a seguinte relação:

$$\Delta U_{VC} = \Delta\left(m_{VC}\bar{U}_{VC}\right) = \bar{H}_E \,\Delta m_{VC} + Q_{tot} \quad (5.30)$$

Exemplo Resolvido 5.1

Pretende-se encher um tanque de 2 m³ com nitrogênio a partir de um reservatório a 10 bar e 298 K. Inicialmente, o tanque contém nitrogênio a 1 bar e na mesma temperatura. Considere o comportamento de gás ideal tanto no tanque como no reservatório.

Supondo o processo adiabático, qual será a temperatura e quantidade final de nitrogênio no tanque? Use a capacidade calorífica aproximada constante: $C_V^{gi} = 21$ J/mol/K.

Resolução

Por "encher o tanque", entende-se que se deve calcular a maior quantidade possível de nitrogênio transferido. Nesse caso, será na condição em que se igualam as pressões do reservatório e do tanque, em que não há escoamento natural.

Equaciona-se o balanço de energia transiente, integrada, como demonstrado anteriormente (Eq. (5.30)), usando quantidades extensivas e intensivas em base molar: $\Delta U_{VC} = \bar{H}_E \,\Delta n_{VC} + Q_{tot}$.

Na abertura em condição inicial e final, tem-se $\left(n_f \bar{U}_f - n_i \bar{U}_i\right) = \bar{H}_E \left(n_f - n_i\right) + Q_{tot}$.

Para fazer o cálculo de energia interna e de entalpia, é necessário estabelecer uma referência.

Diz-se, por conveniência, que a entalpia do gás é zero na temperatura do reservatório (constante em 298 K) e independente da pressão, por ser gás ideal.

$$T_{ref} = 298 \text{ K} \Rightarrow \bar{H}_{ref} = 0 \text{ J/mol}$$

Assim, a entalpia de entrada é sempre igual à entalpia de referência $\bar{H}_E = 0$ J/mol

A energia interna na condição de referência deve ser calculada a partir dessa entalpia de referência (i. e., não pode ser arbitrada independentemente): $\bar{U}_{ref} = \bar{H}_{ref} - P_{ref}\bar{V}_{ref}$. Como a referência é gás ideal,

$$\bar{U}_{ref} = \bar{H}_{ref} - RT_{ref} = -2{,}478 \times 10^3 \text{ J/mol}$$

Logo, a energia interna no tanque na condição inicial, que tem a mesma temperatura de referência e é independente da pressão por ser gás ideal, é

$$\bar{U}_i = \bar{U}_{ref} = -2{,}478 \times 10^3 \text{ J/mol}$$

Ao equacionar a energia interna do estado final em função da temperatura, tem-se:

$$\bar{U}_f = \bar{U}_{\text{ref}} + C_V{}^{gi}\left(T_f - T_{\text{ref}}\right)$$

O balanço de energia para esse caso, com $Q_{\text{tot}} = 0$, resulta em $\left(n_f\,\bar{U}_f - n_i\bar{U}_i\right) = 0$

Conhecendo a condição inicial do tanque (T_i, P_i) com volume extensivo V fixo, pode-se determinar a quantidade inicial $n_i = P_iV/(RT_i) = 80{,}724$ mol.

Agora, é possível equacionar a quantidade final n_f em função da temperatura final, $n_f = P_fV/(RT_f)$, e substituir no balanço de energia a expressão de n_f e a expressão de $\bar{U}_f$:

$$\left(\left(\frac{P_fV}{RT_f}\right)\left(\bar{U}_{\text{ref}} + C_V{}^{gi}\left(T_f - T_{\text{ref}}\right)\right) - n_i\bar{U}_i\right) = 0$$

Resolvendo para T_f, tem-se:

$$T_f = \frac{\left(\bar{U}_{\text{ref}} - C_V{}^{gi}T_{\text{ref}}\right)}{\left(n_i\bar{U}_i/\left(P_f\,V/\text{R}\right) - C^{gi}\right)} = 400{,}138 \text{ K}$$

Essa temperatura pode ser usada para determinar a quantidade de gás no tanque através da expressão equacionada anteriormente:

$$n_f = P_fV/(RT_f) = 601{,}19 \text{ mol}$$

5.3 BALANÇOS DE ENERGIA VIA MECÂNICA DOS FLUIDOS

No estudo da Termodinâmica, a lei de conservação de energia origina-se diretamente de um balanço de energia, conforme o que foi mostrado no início deste capítulo. Nesta seção, a Equação (5.15) será comparada a um balanço equivalente, de conservação de energia mecânica, usualmente obtido no estudo da mecânica dos fluidos. Na mecânica dos fluidos, o balanço de energia mecânica origina-se de um balanço de momento,[2] e a sua forma para um volume de controle integral em estado estacionário está explicitada na equação a seguir:

$$\Delta^{S-E}\,\overset{o}{m}\left[\frac{v^2}{2} + gz + P\bar{V}\right] = \overset{o}{W}_R - \overset{o}{\Psi}_{\text{vis}} - \overset{o}{\Psi}_{\text{com}} \tag{5.31}$$

Nesta equação, Ψ_{vis} representa a quantidade de energia perdida por dissipação viscosa (i. e., perdas locais relacionadas ao cisalhamento do fluido dentro do volume de controle), Ψ_{com} representa a energia mecânica convertida em compressão e expansão local (i. e., para fluidos compressíveis) dentro do volume de controle. Essa equação é uma forma mais geral da equação de Bernoulli. Ela pode ser usada para se obter uma equação para a energia interna, a partir da equação do balanço de energia total no estado estacionário, Equação (5.15), retomada a seguir:

[2] Uma análise dos balanços de energia mecânica, de energia total e de energia interna, com um formalismo mais detalhado em termos de mecânica dos fluidos, pode ser encontrada em BIRD, STEWART e LIGHTFOOT, *Transport Phenomena*, 2. ed. (2001).

$$\Delta^{S-E}\ \overset{\circ}{m}\left[\overline{U}+P\overline{V}+\frac{v^2}{2}+gz\right]=\overset{\circ}{Q}+\overset{\circ}{W}_R \quad (5.32)$$

Subtraindo-se a energia mecânica da energia total, tem-se que:

$$\Delta^{S-E}\ \overset{\circ}{m}\left(\overline{U}\right)=\overset{\circ}{Q}+\overset{\circ}{m}\overline{\Psi}_{vis}+\overset{\circ}{m}\overline{\Psi}_{com} \quad (5.33)$$

Percebe-se que os termos $\overset{\circ}{m}\overline{\Psi}_{vis}$ e $\overset{\circ}{m}\overline{\Psi}_{com}$ atuam roubando e convertendo energia mecânica em energia interna no sistema. A energia interna varia devido a razões externas, como o calor Q entrando ou saindo pelas fronteiras do sistema, e razões internas, como a compressão e expansão ao longo do escoamento no volume de controle e a dissipação viscosa.

O termo de compressão é positivo quando há compressão e negativo quando há expansão do fluido dos pontos E ao S. O termo de dissipação viscosa é sempre positivo em escoamentos viscosos.

Com certa aproximação na fluidodinâmica, o termo $\overset{\circ}{m}\overline{\Psi}_{com}$ pode ser escrito como:

$$\overset{\circ}{m}\overline{\Psi}_{com}=-\overset{\circ}{m}\Delta^{S-E}\left(P\overline{V}\right)+\overset{\circ}{m}\int_E^S\overline{V}dP \quad (5.34)$$

Para um escoamento reversível, vale que $\overset{\circ}{Q}_{rev}=\overset{\circ}{m}\int_{\overline{S}_E}^{\overline{S}_S}Td\overline{S}$. Assim, a Equação (5.33) se transforma em:

$$\Delta^{S-E}\ \overset{\circ}{m}\left(\overline{U}+P\overline{V}\right)=\overset{\circ}{m}\int_{\overline{S}_E}^{\overline{S}_S}Td\overline{S}+\overset{\circ}{m}\overline{\Psi}_{vis}+\overset{\circ}{m}\int_{P_E}^{P_S}\overline{V}dP \quad (5.35)$$

Porém, pode-se expressar o primeiro termo em uma integral da entalpia no volume de controle:

$$\Delta^{S-E}\ \overset{\circ}{m}\left(\overline{U}+P\overline{V}\right)=\Delta^{S-E}\ \overset{\circ}{m}\left(\overline{H}\right)=\overset{\circ}{m}\int_E^S d\overline{H} \quad (5.36)$$

Pela relação fundamental escrita em termos de entalpia, tem-se que:

$$\overset{\circ}{m}\int_E^S d\overline{H}=\overset{\circ}{m}\int_{\overline{S}_E}^{\overline{S}_S}Td\overline{S}+\overset{\circ}{m}\int_{P_E}^{P_S}\overline{V}dP \quad (5.37)$$

Por fim, tem-se, então,

$$\overset{\circ}{m}\int_E^S d\overline{H}=\overset{\circ}{m}\int_{\overline{S}_E}^{\overline{S}_S}Td\overline{S}+\overset{\circ}{m}\int_{P_E}^{P_S}\overline{V}dP=\overset{\circ}{m}\int_{\overline{S}_E}^{\overline{S}_S}Td\overline{S}+\overset{\circ}{m}\int_{P_E}^{P_S}\overline{V}dP+\overset{\circ}{m}\overline{E}_{vis} \quad (5.38)$$

Finalmente, pela comparação entre os dois balanços de energia, é possível afirmar que em um processo reversível:

$$\boxed{\Psi_{vis}=0} \quad (5.39)$$

Ou seja, em um escoamento reversível, as perdas relacionadas à dissipação viscosa são nulas. Isso só é possível caso se trate de um escoamento de fluido invíscido, isto é, um fluido ideal em termos de mecânica dos fluidos.

5.4 BALANÇOS DE MASSA E ENERGIA EM EQUIPAMENTOS INDUSTRIAIS

Nesta seção, o balanço de energia explicitado ao longo da Seção 5.1 será aplicado, juntamente com um balanço de massa, sobre vários equipamentos de importância na indústria de processos em estado estacionário.

5.4.1 Caldeiras e trocadores de calor

Caldeiras e trocadores de calor são equipamentos muito utilizados na indústria e seu funcionamento envolve a troca térmica entre fluidos. Porém, essas duas classes de equipamento possuem objetivos e modos de funcionamento distintos.

A principal função de uma caldeira é a geração de vapor de água a partir do aquecimento de água líquida. A fonte de calor empregada é, geralmente, a queima de combustíveis. São encontrados no mercado diversos tipos de caldeiras, sendo a maneira como o vapor de água é gerado a forma mais comum de classificá-las: nas caldeiras flamotubulares, os gases oriundos da combustão circulam em tubos imersos em água, enquanto nas caldeiras aquatubulares a água é vaporizada dentro de tubos que absorvem o calor da combustão.

Já os trocadores de calor têm por objetivo resfriar ou aquecer fluidos em um processo, colocando em contato duas correntes: uma corrente quente que será resfriada e uma corrente fria que será aquecida. A troca de calor entre as correntes pode se dar de forma indireta, sem contato entre elas (i. e., o calor é trocado por meio das paredes do equipamento), ou de forma direta, por meio do contato de correntes de fluidos imiscíveis. Se o objetivo do trocador de calor for a geração de vapor ou a condensação de um fluido no processo, ele também pode ser chamado "evaporador" ou "condensador", respectivamente. A Figura 5.3 mostra representações recorrentes da caldeira e de trocadores de calor em fluxogramas de processo.

Para fluidos miscíveis, o processo de contato direto implica em transferência de calor e massa, simultaneamente. Isso pode ser desejável do ponto de vista do processo de separação de substâncias, com o uso de solventes, ou do ponto de vista do efeito térmico associado ao calor latente de evaporação de uma substância. Esse tipo de processo, considerando o equilíbrio termodinâmico (i. e., tempo de contato suficiente), será tratado nos equipamentos misturadores de corrente e vaso *flash* bifásico ou trifásico.

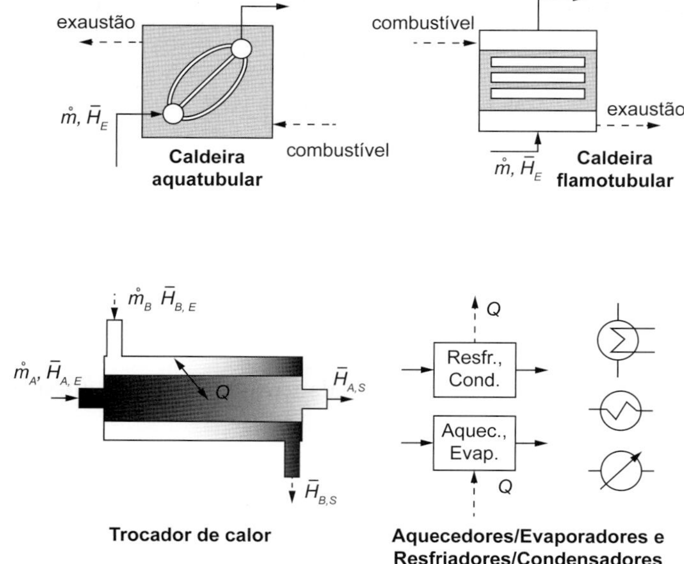

Figura 5.3 – Representações comuns de caldeiras e trocadores de calor (como condensadores e evaporadores) em fluxogramas de processo.

Em qualquer um desses equipamentos, admitindo-se que o regime estacionário esteja estabelecido e tomando por desprezíveis as variações de energia cinética e potencial, a seguinte equação é válida:

$$\overset{o}{m}\left(\overline{H}_S - \overline{H}_E\right) = \overset{o}{Q} + \cancel{\overset{o}{W}_R} \tag{5.40}$$

$$\boxed{\overset{o}{m}\Delta\overline{H} = \overset{o}{Q}} \tag{5.41}$$

Isso significa que a diferença entre a entalpia intensiva de um determinado fluido na saída e na entrada de um desses equipamentos é igual à razão entre a taxa de calor absorvida por esse fluido e sua vazão mássica, que é constante ao longo do equipamento pelo balanço de massa.

Conforme dito anteriormente, no caso da caldeira, a fonte do calor que entra no sistema é, normalmente, a queima de um combustível; no trocador de calor, a energia é proveniente de outro fluido. No caso deste último equipamento, pode ser útil relacionar a taxa de calor trocada em relação às propriedades do fluido de onde o calor é oriundo, ou de onde o calor está sendo retirado, tal como a equação a seguir, que representa a troca de calor observada na Figura 5.3:

$$\boxed{\overset{o}{m}_A\ \Delta\overline{H}_A = \overset{o}{m}_B\ \Delta\overline{H}_B} \tag{5.42}$$

Em que A e B são os dois fluidos de troca.

Desprezando-se as perdas de carga nos equipamentos, em perspectiva a compressores, turbinas e válvulas encontrados nas plantas, os processos em caldeiras e trocadores de calor são considerados isobáricos.

5.4.2 Trocadores de calor de contato direto para fluidos imiscíveis

O trocador de calor de contato direto promove a troca de calor entre duas correntes A e B de forma eficiente, misturando os fluidos em nível fluidodinâmico, se as correntes puderem ser consideradas imiscíveis e não formarem emulsões. A Figura 5.4 contém um esquema de um trocador de calor de contato direto entre uma corrente A e uma corrente B.

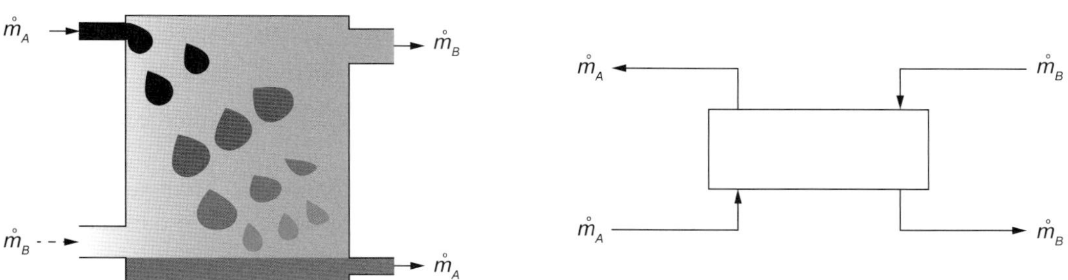

Figura 5.4 – Ilustração do funcionamento interno e representação comum do trocador de calor por contato direto para fluidos imiscíveis.

Para o trocador de calor de contato direto, o balanço de energia é similar ao balanço de energia do trocador de calor de contato indireto, exposto na seção anterior. Há troca de energia entre as correntes A e B, mas não há interação de calor Q com o meio externo:

$$\overset{o}{m}_{A,E} = \overset{o}{m}_{A,S} \tag{5.43}$$

$$\overset{o}{m}_{B,E} = \overset{o}{m}_{B,S} \tag{5.44}$$

$$\overset{o}{m}_A \, \Delta\overline{H}_A = \overset{o}{m}_B \, \Delta\overline{H}_B \tag{5.45}$$

5.4.3 Válvulas de expansão

Válvulas de expansão desempenham um papel fundamental em ciclos de refrigeração e aquecimento, como será visto mais adiante. Quando um fluido escoa por uma válvula parcialmente fechada, ocorre uma diminuição da pressão do fluido e, consequentemente, diminuição de sua densidade (expansão), mesmo se forem desconsideradas as variações em energia cinética e potencial.

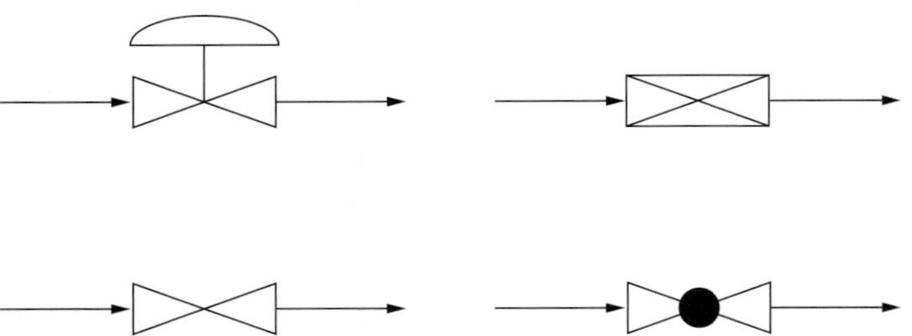

Figura 5.5 – Representações comuns de válvulas em fluxogramas de processo.

Uma das principais hipótese que se fazem sobre esse equipamento é que a expansão do fluido é um fenômeno que ocorre de forma adiabática, ou seja, em que não há troca de calor entre o fluido e o ambiente. Somando essa hipótese ao fato de que não há trabalho sendo exercido sobre o fluido ou fluido extraído em eixos de rotação, os balanços de massa e energia fornecem a seguinte relação:

$$\overset{o}{m}\left(\overline{H}_S - \overline{H}_E\right) = \cancelto{0}{Q} + \cancelto{0}{W} \tag{5.46}$$

$$\Delta^{S-E}\,\overline{H} = 0 \tag{5.47}$$

Ou seja, a entalpia do fluido não varia quando este se expande adiabaticamente ao escoar por uma válvula semiaberta.

A operação da válvula faz diminuir a pressão do escoamento. Nota-se que, como $\Delta\overline{H} = \Delta\overline{U} + \Delta\,(P\overline{V})$, o termo $\Delta(P\overline{V})$ pode aumentar ou diminuir, dependendo da relação exata entre $P\overline{V}T$, e a energia interna varia da forma oposta.

Há outra consideração importante sobre esse processo, relacionada à variação de temperatura que ocorre no fluido que sofre uma expansão adiabática. A essa variação dá-se o nome de efeito Joule-Thomson (ou Joule-Kelvin), e ele pode ser compreendido por meio da relação entre a entalpia, a temperatura e a pressão, explicitada na equação a seguir e apresentada no Capítulo 4:

$$d\overline{H} = C_P dT + \left[\overline{V} - T\left(\frac{\partial \overline{V}}{\partial T}\right)_P\right] dP \tag{5.48}$$

Como a entalpia é constante ao longo da expansão, a seguinte derivada parcial é de grande utilidade para o entendimento desse fenômeno:

$$\left(\frac{\partial T}{\partial P}\right)_{\overline{H}} = \frac{1}{C_P}\left[T\left(\frac{\partial \overline{V}}{\partial T}\right)_P - \overline{V}\right] \quad (5.49)$$

A essa derivada parcial se dá o nome de coeficiente de Joule-Thomson (μ_{JT}), e o seu valor define o quanto um fluido se aquecerá (se $\mu_{JT} < 0$) ou se resfriará (se $\mu_{JT} > 0$) ao sofrer uma expansão adiabática. Se escrito em termos de expansividade térmica (Eq. (3.65)), o coeficiente de Joule-Thomson assume a seguinte forma:

$$\boxed{\mu_{JT} = \frac{1}{C_P}\left[T\left(\frac{\partial \overline{V}}{\partial T}\right)_P - \overline{V}\right] = \frac{\overline{V}}{C_P}(\alpha T - 1)} \quad (5.50)$$

No caso do gás ideal, pode-se perceber que $\mu_{JT} = 0$. No caso de líquidos com baixo coeficiente de expansividade isobárica, $\mu_{JT} \sim 0$.

Exemplo Resolvido 5.2

Uma corrente (1) contendo o fluido refrigerante R134a na temperatura de 2 MPa e temperatura de 300 K passa por uma válvula que reduz sua pressão para 0,1 MPa.

Identifique a condição da corrente antes da válvula (1) e da corrente depois da válvula (2) no diagrama $P \times \overline{H}$. Determine as propriedades termodinâmicas ($\overline{H}$ e $\overline{S}$) e o estado físico (i. e., líquido, vapor ou ELV) de ambas as correntes. Determine a fração vaporizada β, se aplicável.

Resolução

Deve-se iniciar pela identificação da corrente (1) no diagrama, de acordo com os valores dados de *T* e *P*.

A partir do diagrama apresentado no Apêndice B, para o fluido R134a, é possível identificar a corrente (1) na interseção entre a isoterma de 300 K e a posição correspondente a 2 MPa no eixo *y*. Isso define um ponto à esquerda do envelope de fases. Logo, trata-se de líquido sub-resfriado.

No diagrama a seguir, a corrente está representada como corrente (1).

O valor de entalpia pode ser lido na escala do eixo *x* para o ponto marcado: $\overline{H}^{(1)} = 7{,}25$ kJ/mol.

Não há isopletas de entropia disponíveis para a fase líquida nesse diagrama, mas, sabendo que a variação de entropia em relação à pressão dada *T* é $-(d\overline{V}/dT)_P = \overline{V}\alpha$, pode-se entender que, para líquidos, essa contribuição é baixa. Logo, a entropia dessa corrente é aproximadamente igual à do líquido na mesma temperatura e na pressão de saturação (ponto *SL*).

Essa entropia pode ser calculada como $\overline{S}^{(SL)} = \overline{S}^{(SV)} - \Delta\overline{S}^{\text{vap}}$, e $\Delta\overline{S}^{\text{vap}} = \Delta\overline{H}^{\text{vap}}/T$.

No gráfico, na interseção do envelope de fase, à direita, com a isoterma de 300 K (ponto *SV*), é possível ler que a entropia do vapor saturado é de cerca de 85 J/mol K (entre as isopletas de 80 e 90), e que a entalpia de vaporização é $\Delta\overline{H}^{\text{vap}} = \overline{H}^{(SV)} - \overline{H}^{(SL)} = 17{,}75$ kJ/mol, conforme dada pela diferença entre a entalpia no pontos *SV* e *SL*.

Desse modo, a diferença de entropia, para uma substância pura, é

$$\Delta\overline{S}^{\text{vap}} = \Delta\overline{H}^{\text{vap}}/T = 59{,}167 \text{ J/mol/K}$$

Logo, a entropia no ponto *SL* é

$$S^{(SL)} = S^{(SV)} - \Delta\overline{S}^{\text{vap}} = 25{,}833 \text{ J/mol/K e } S^{(1)} \approx S^{(SL)} = 25{,}833 \text{ J/mol/K}$$

A corrente (2) está a 0,1 MPa. Considerando que a válvula é adiabática, como discutido nesta seção, $\overline{H}_2 = \overline{H}_1 = 7{,}25$ kJ/mol.

No rigoroso diagrama do Apêndice B, é possível ler que o ponto se encontra entre as isotermas de 240 K e 260 K, fazendo uma interpolação linear entre as isotermas. De acordo com as distâncias no diagrama impresso, tem-se $T^{(2)} \approx 245$ K.

O ponto se encontra dentro do envelope. Logo, trata-se de uma corrente bifásica, em equilíbrio líquido-vapor.

Desse modo, é importante determinar a quantidade relativa de vapor nessa corrente. Para isso, é possível ler a entalpia do líquido e do vapor saturados nessa temperatura e resolver a seguinte equação de balanço,

$$\overline{H} = \overline{H}^V \beta + \overline{H}^L (1-\beta)$$

sendo β a fração vaporizada em base molar: $(n^V/(n^L+n^V))$.

Verifica-se que $\overline{H}^{(L2)} = 0$ kJ/mol, o que vem a ser o ponto de referência usado na escala de entalpia desse diagrama, e que $\overline{H}^{(V2)} = 22$ kJ/mol. Resolve-se a equação de balanço,

$$\overline{H} - \overline{H}^L = (\overline{H}^V - \overline{H}^L)\, \beta \quad \Rightarrow \quad \beta = \frac{\overline{H} - \overline{H}^L}{\overline{H}^V - \overline{H}^L} = 0{,}3295$$

Para determinar a entropia dessa corrente, é possível fazer o balanço análogo,

$$\overline{S} = \overline{S}^V \beta + (1-\beta)\overline{S}^L, \text{ em que } \overline{S}^V = \overline{S}^L - \Delta\overline{S}^{\text{vap}} \text{ e } \Delta\overline{S}^{\text{vap}} = \overline{H}^{\text{vap}}/T$$

A diferença de entalpia e entropia de vaporização é

$$\Delta\overline{H}^{\text{vap}} = \overline{H}^V - \overline{H}^L = 22 \text{ kJ/mol} \quad \Rightarrow \quad \Delta\overline{S}^{\text{vap}} = \overline{H}^{\text{vap}}/T = 73{,}333 \text{ J/mol/K}$$

A entropia pode ser lida pela isopleta mais próxima:

$$\overline{S}^{(V2)} = 90 \text{ J/mol/K} \quad \Rightarrow \quad \overline{S}^{(L2)} = \overline{S}^{(V2)} - \Delta\overline{S}^{\text{vap}} = 16.667 \text{ J/mol/K}$$

A entropia total é dada pelo balanço análogo

$$\overline{S}_2 = \overline{S}^{(2)} = \overline{S}^{(V2)} \beta + (1-\beta)\overline{S}^{L\,(2)} = 40{,}8333 \text{ J/mol/K}$$

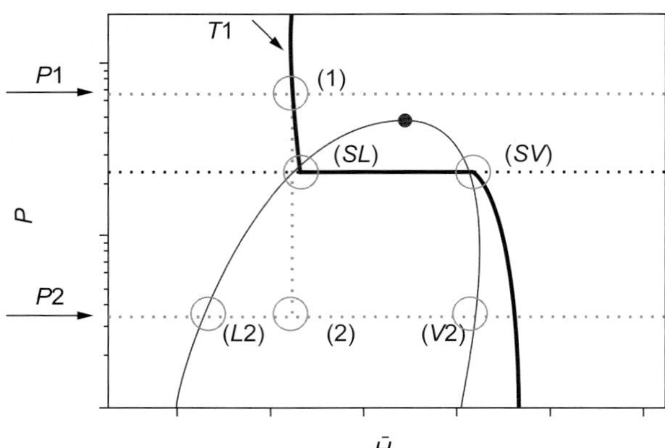

5.4.4 Bocal convergente

Em um bocal convergente, a área de seção transversal após o bocal é menor do que a área antes do bocal. Como, por conservação de massa no regime permanente, a vazão mássica deve ser igual antes e após o bocal, a velocidade do escoamento tende a aumentar, dependendo também da variação de volume específico.

$$\overset{o}{m}_E = \frac{a_E v_E}{\overline{V}_E} = \overset{o}{m}_S = \frac{a_S v_S}{\overline{V}_S} \tag{5.51}$$

Essa análise é trivial para um fluido incompressível $\overline{V}_E = \overline{V}_S$, mas não trivial no caso geral $\overline{V}_E\left(T_E, P_E\right) \neq \overline{V}_S\left(T_S, P_S\right)$, como para um gás.

Analisa-se o caso geral partindo da equação do balanço de energia total no estado estacionário, realizando a hipótese do escoamento em um bocal convergente sem troca de calor com o meio externo (adiabático). Assim, nota-se que não há trabalho de eixo rotativo nesse equipamento. Nesse caso, não se despreza o termo de energia cinética, pois as velocidades antes e após o bocal podem ser bastante diferentes:

$$\Delta^{S-E}\, \overset{o}{m}\left[\overline{H} + \frac{v^2}{2}\right] = \overset{o}{\cancel{Q}} + \overset{o}{\cancel{W}}_R = 0 \tag{5.52}$$

Usa-se também a hipótese de escoamento isentrópico, supondo que seja possível desprezar os efeitos de dissipação viscosa resultantes da turbulência do fluido e da interação fluidodinâmica com as paredes do bocal:

$$d\overline{S} = \frac{C_V}{T}dT + \left(\frac{\partial P}{\partial T}\right)_{\overline{V}} d\overline{V} = 0 \tag{5.53}$$

A utilidade prática de bocais convergentes é modificar pressão e temperatura de fluidos dentro de equipamentos como turbinas ou separadores supersônicos. A análise de bocais convergentes também é importante para a análise de vazamentos em tanques ou tubulações, conforme ilustra a Figura 5.6.

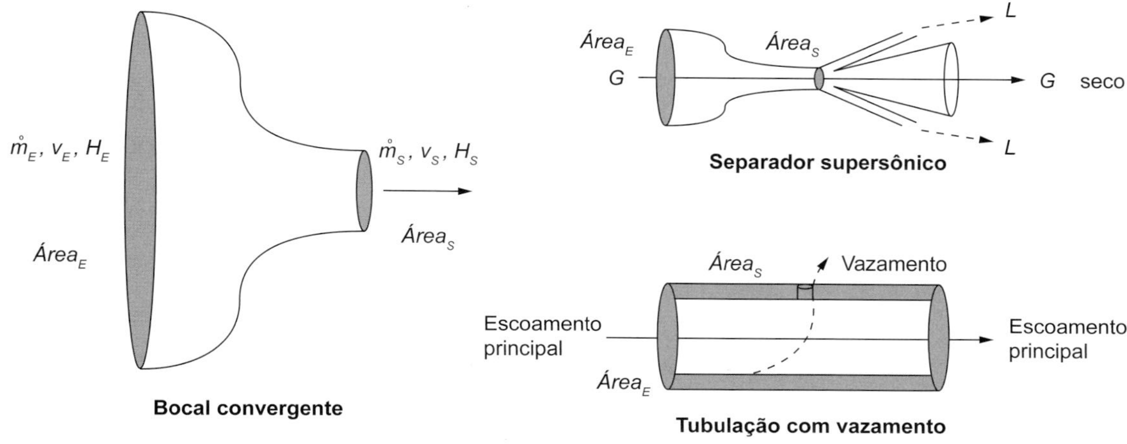

Figura 5.6 – Escoamento em um bocal convergente, separador supersônico e tubulação com vazamento.

5.4.5 Turbinas e expansores

O objetivo das turbinas e expansores na indústria de processos é a transformação da energia de um fluido em escoamento em trabalho de eixo W_R. Isso ocorre por meio da expansão do fluido e de sua passagem por pás fixadas que giram um rotor, transformando a energia interna do fluido em trabalho de eixo. Elas são largamente empregadas em ciclos de geração de potência, como será observado mais adiante.

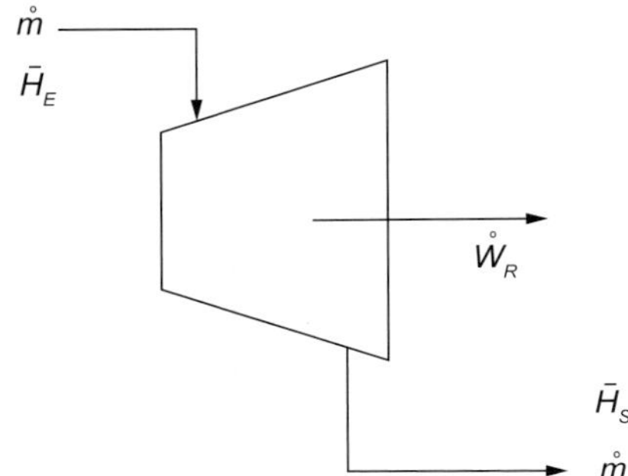

Figura 5.7 – Representação comum de uma turbina em fluxogramas de processo.

Usualmente, faz-se a aproximação de processo adiabático. Assim, o balanço de energia sobre o equipamento, desprezando variações de energias cinética e potencial, é:

$$\overset{\circ}{m}\left(\overline{H}_S - \overline{H}_E\right) = \cancel{\overset{\circ}{Q}} + \overset{\circ}{W}_R \tag{5.54}$$

$$\boxed{\overset{\circ}{m}\Delta^{S\text{-}E}\,\overline{H} = \overset{\circ}{W}_R} \tag{5.55}$$

Porém, é possível levantar outra hipótese simplificadora: o processo pelo qual o fluido passa ocorre reversivelmente. Nesse caso, a equação de balanço para a entropia é:

$$\overset{\circ}{m}\left(\overline{S}_S - \overline{S}_E\right) \geq \int \frac{\delta \overset{\circ}{Q}_\sigma}{T_\sigma} \tag{5.56}$$

em que a integral contempla trocas térmicas na fronteira σ, ao longo do escoamento no equipamento. No caso de processo adiabático, $\overset{\circ}{Q} = 0$; e no caso de processo reversível, caso limite da inequação:

$$\overset{\circ}{m}\left(\overline{S}_E - \overline{S}_S\right) = 0 \tag{5.57}$$

Por conseguinte, a entropia molar do fluido não varia ao longo da turbina:

$$\boxed{\Delta^{S\text{-}E}\,\overline{S} = 0} \tag{5.58}$$

Eficiência

A hipótese de reversibilidade leva, por vezes, a descrições insatisfatórias desse tipo de processo. Há, portanto, a necessidade da introdução do conceito de eficiência da turbina, que visa corrigir seu efeito. A eficiência para a turbina é definida como a razão entre o trabalho no caso real e o trabalho máximo no caso reversível:

$$\eta_T = \frac{\overset{o}{W}_{real}}{\overset{o}{W}_{rev}} = \frac{\Delta^{S\text{-}E}\,\overline{H}_{real}}{\Delta^{S\text{-}E}\,\overline{H}_{rev}} \tag{5.59}$$

em que $\overset{o}{W}_{real}$ é a taxa de trabalho obtida pelo processo real (ainda considerado adiabático, mas irreversível) e $\overset{o}{W}_{rev}$ é a taxa de trabalho máxima ideal, que seria obtida se o processo operasse, de fato, de modo reversível e adiabaticamente. Por essa definição, a eficiência de turbinas e expansores fica, logicamente, entre 0 e 1. Valores típicos na indústria ficam em torno de 0,7 (70 %).

O princípio de funcionamento da turbina consiste na conversão da alta pressão do gás a montante em velocidade, por meio de uma variação do calibre do escoamento, como mostra a equação da energia mecânica. O fluido com alta velocidade é capaz de transferir energia cinética para as pás do equipamento por mecanismos fluidodinâmicos de acordo com o ângulo de ataque das pás e gradientes de pressão no interior do equipamento; com isso, a velocidade do escoamento volta a ser reduzida. A interação fluidodinâmica entre o gás e as pás do equipamento confere remoção de energia do fluido na forma de trabalho, enquanto o arrasto viscoso no seio do fluido e com partes fixas do equipamento se converte em ineficiência e dissipação.

No caso limite em que toda a transferência de energia se dá por efeito de arrasto no seio do fluido ou em partes fixas, toda a energia associada à queda de pressão é dissipada no próprio fluido, sem haver remoção de trabalho. Esse é, por sua vez, o princípio de funcionamento da válvula.

Por fim, pode-se acoplar a rotação da turbina a um mecanismo de dínamo para produção de energia elétrica, como utilizado nas usinas hidroelétricas, termoelétricas e nucleares. O calibre do escoamento é projetado para se obter velocidades de escoamento razoáveis, evitando trepidações nas linhas e justificando o desprezo de variações nos termos de energia cinética *antes* e *depois* da turbina, independentemente de sua geometria interna.

Exemplo Resolvido 5.3

Uma corrente de vapor de água com vazão de 10 kg/s, na pressão de 6000 kPa e 850 K, passa por uma turbina e sai a 400 kPa.

Determine as propriedades termodinâmicas (i. e., $\overline{H}$ e $\overline{S}$) e o estado físico (i. e., líquido, vapor ou ELV) de ambas as correntes: corrente antes da turbina (1) e da corrente depois da turbina (2). Determine a fração vaporizada β, se aplicável. Determine a potência obtida na turbina ($\overset{o}{W}_R$).

Resolução

Nessa resolução, inicia-se pelo esboço de um diagrama $T \times \overline{S}$, conforme as propriedades apresentadas na tabela do Apêndice C.

Note que a temperatura especificada (T_1 = 850 K) é superior à temperatura crítica da água (T_c = 647 K) no ponto (1).

Para a leitura das propriedades na tabela, procura-se primeiramente a linha que marca a pressão especificada (P = 6000 kPa); em seguida, busca-se a coluna que marca a temperatura especificada (T = 750 K), assim como no recorte esquemático a seguir:

...	...T = 800 K	T = 850 K	T = 900 K...
... P = 5000 kPa	...	...	...
P = 6000 kPa P^{sat} = 549 K	...	$\bar{H}$ = 3189,26 kJ/kg $\bar{S}$ = 5,8072 kJ/kg/K $\bar{V}$ = 63,3 dm³/kg	...
P = 7000 kPa ...	...	...	...

Logo, os valores de entalpia e entropia na corrente (1) são

$$\bar{H} = 3189{,}26 \text{ kJ/kg e } \bar{S} = 5{,}8072 \text{ kJ/kg/K}$$

Com relação à corrente (2), é dado que a pressão é 400 kPa. Adicionalmente, considera-se o caso da turbina ideal, no caso limite de operação adiabática e reversível. Logo, em processo isentrópico:

$$\bar{S}_2 = \bar{S}_1 = 5{,}8072 \text{ kJ/kg/K}$$

Deve-se localizar na tabela a pressão de 400 kPa e então verificar qual é a entropia de líquido saturado e de vapor saturado nessa pressão, nas primeiras colunas.

$$\bar{S}^{L,sat} = 0{,}4743 \text{ kJ/kg/K e } \bar{S}^{V,sat} = 5{,}5974 \text{ kJ/kg/K}$$

Nota-se que a entropia da corrente é superior à entropia do vapor saturado nessa pressão. Desse modo, é possível concluir que a corrente é vapor superaquecido. Deve-se destacá-la acima do envelope no diagrama esquemático.

A seguir, busca-se em qual coluna dessa linha estão os valores mais próximos de entropia para descobrir a temperatura da corrente por interpolação; logo, a entropia especificada, de 5,8072 kJ/kg/K, ocorre para a temperatura de T = 459,04 K.

O valor da entalpia também pode ser interpolado usando-se o valor da entalpia nas temperaturas mais próximas: $\bar{H}$ = 2415,15 kJ/kg.

Pela Primeira Lei aplicada à turbina, o trabalho obtido por mol de fluido no escoamento é igual à diferença de entalpia mássica:

$$W_R = \bar{H}^{(2)} - \bar{H}^{(1)} = -774{,}11 \text{ kJ/kg}$$
$$\overset{o}{W}_R = W_R \, \overset{o}{m} = -7{,}741 \text{ kW}$$

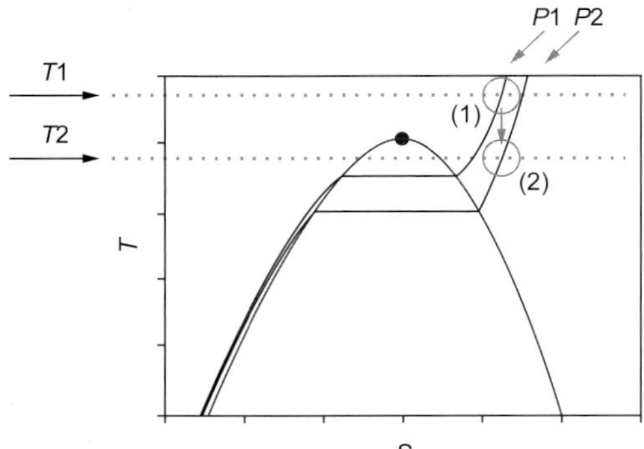

5.4.6 Bombas e compressores

Assim como as turbinas, o funcionamento de bombas e compressores se baseia na relação entre o trabalho de eixo e a energia de um fluido escoando. Entretanto, enquanto turbinas transformam a energia do fluido em trabalho, bombas e compressores atuam de maneira oposta, fornecendo energia ao fluido em escoamento por meio do trabalho.

Tanto bombas quanto compressores atuam aumentando a pressão dos fluidos. A diferença entre eles reside na compressibilidade dos fluidos que por eles escoam: as bombas são utilizadas quando se emprega um fluido pouco compressível (i. e., líquidos); e compressores são utilizados quando se empregam fluidos muito compressíveis (i. e., gases).

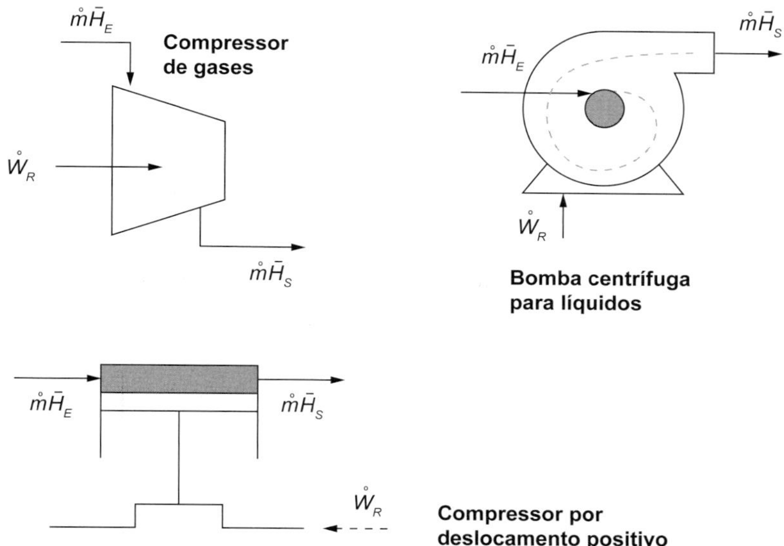

Figura 5.8 – Representações comuns de compressores e bombas em fluxogramas de processo.

Considerando que se trata de um processo adiabático, a aplicação dos balanços de massa e energia sobre uma bomba ou um compressor fornece a seguinte relação:

$$\overset{\circ}{m}\left(\overline{H}_S - \overline{H}_E\right) = \overset{\circ}{\cancel{Q}} + \overset{\circ}{W}_R \tag{5.60}$$

$$\boxed{\overset{\circ}{m}\Delta^{S\text{-}E}\overline{H} = \overset{\circ}{W}_R} \tag{5.61}$$

Assim como na análise do escoamento em uma turbina, é feita a hipótese de processo adiabático e reversível, que leva a:

$$\boxed{\Delta^{S\text{-}E}\overline{S} = 0} \tag{5.62}$$

Compressores

Para a compressão de gases, são usados equipamentos chamados *compressores*. Nesse caso, é necessário utilizar equações de estado, diagramas ou tabelas de propriedades acurados. Considerando, a princípio, a operação isentrópica, e com uma queda de pressão especificada, pode-se determinar a variação de entalpia e, consequentemente, a taxa de trabalho no equipamento.

Bombas

Para descrever o escoamento em uma bomba que trabalha com um fluido incompressível, é conveniente utilizar o balanço de energia, tal como ele é usualmente definido na mecânica dos fluidos, Equação (5.31). O objetivo da bomba em um circuito de potência é recuperar a pressão da corrente. Assim, mesmo nesse equipamento, as variações de energia cinética e potencial são desprezíveis. Retomando esse balanço, considerando as variações de energia cinética e energia potencial e desprezando as dissipações viscosas, tem-se que:

$$\overset{o}{W}_R = \overset{o}{m} \int_{P_E}^{P_S} \overline{V} dP \tag{5.63}$$

Ou, analogamente, para a compressão isentrópica usando-se as relações termodinâmicas:

$$\overset{o}{W}_R + \overset{o}{Q} = \overset{o}{m} \int d\overline{H} = \overset{o}{m} \left(\int T d\overline{S} + \int \overline{V} dP \right) \tag{5.64}$$

Para o caminho adiabático e reversível ($\overset{o}{Q} = 0$ e $d\overline{S} = 0$),

$$\overset{o}{W}_R = \overset{o}{m} \int_{P_E}^{P_S} \overline{V} dP \tag{5.65}$$

Para o cálculo de trabalho de bombas operando com fluidos sub-resfriados, pode-se fazer uma aproximação razoável do volume molar (ou mássico) desse fluido a partir do volume molar (ou mássico) do fluido na *mesma temperatura*, em pressão de saturação, na premissa de que o líquido em questão pode ser considerado incompressível, mas sua expansividade térmica não pode ser desprezível:

$$\boxed{\overset{o}{W}_R = \overset{o}{m} \int_{P_E}^{P_S} \overline{V}\left(T, P > P^{sat}\right) dP \approx \overset{o}{m} \overline{V}\left(T, P^{sat}\right)\left(P_S - P_E\right)} \tag{5.66}$$

A equação anterior pode ser utilizada com os valores de propriedades termodinâmicas do líquido saturado disponíveis nas tabelas de propriedades termodinâmicas da água do Apêndice C.

Eficiência

Para contabilizar os desvios do processo real em relação às idealizações do processo reversível, como no equipamento anterior, é introduzido o conceito de *eficiência*. Entretanto, neste caso, o processo idealizado fornece o trabalho mínimo possível para que o fluido atinja a condição de pressão especificada a partir do estado inicial, enquanto, na seção anterior, o processo reversível fornecia o trabalho máximo que poderia ser obtido. Desse modo, torna-se necessária uma definição de eficiência diferente da anterior, ou seja, a razão entre trabalho mínimo, no caso ideal, e trabalho no caso real:

$$\boxed{\eta_C = \frac{\overset{o}{W}_{rev}}{\overset{o}{W}_{real}} = \frac{\Delta^{S-E}\overline{H}_{rev}}{\Delta^{S-E}\overline{H}_{real}}} \tag{5.67}$$

Isso significa que, em turbinas e expansores, quanto mais longe da reversibilidade está um processo, menor é o trabalho útil gerado pela mudança de estado do fluido. No caso das bombas e compressores, o desvio da reversibilidade aumenta o trabalho necessário para levar o fluido de uma pressão a outra. Nessa definição, a eficiência de bombas e compressores fica, logicamente, entre 0 e 1. Valores típicos na indústria ficam em torno de 0,7 (70 %).

É possível calcular o aumento de temperatura de um fluido ao passar por uma bomba ou compressor através da expressão para *d[H(T, P)]* ou *d[S(T, P)]*. Esse aumento é expressivo para gases, mas pode ser desprezado para líquidos nos processos mais comuns.

Exemplo Resolvido 5.4

Uma corrente (1) de 10 mol/s, na condição de 1 bar e 300 K, passa por um compressor gerando a corrente (2) em pressão de 40 bar. Determine a temperatura na saída do compressor, a entropia molar e a entalpia molar das correntes e as taxas de calor e trabalho no compressor.

Use a equação do Virial com o parâmetro B constante $B\,[\mathrm{m}^3\,\mathrm{mol}^{-1}] = 4{,}4 \times 10^{-4}$ (constante), dada a capacidade calorífica de gás ideal $C_P^{gi} = 29$ J/mol/K.

Resolução

Com os dados referentes à corrente (1), pode-se estabelecer T_1 e P_1 como referência para $\overline{H}_1 = 0$ e $\overline{S}_1 = 0$ e calcular as propriedades da corrente (2) em relação a essa referência.

Aplica-se a hipótese do compressor ideal: no caso limite de operação adiabática e reversivelmente, logo, o compressor será modelado como isentrópico.

Equaciona-se o processo na turbina, em três etapas teóricas que terão o mesmo efeito nas variáveis de estado:

$$(1\text{ bar}, T_1) \rightarrow (0\text{ bar}, T_1) \rightarrow (0\text{ bar}, T_2) \rightarrow (80\text{ bar}, T_2)$$

Como discutido no Capítulo 4, as integrais envolvidas na primeira e última etapas são singulares, mas, combinadas, são equivalentes ao uso de propriedades residuais, de modo que

$$\Delta\overline{S}^{\text{tot}} = \overline{S}_2^R - \overline{S}_1^R + \overline{S}^{gi}(P_2, T_2) - \overline{S}^{gi}(P_1, T_1) = \overline{S}_2^R - \overline{S}_1^R - R\ln(P_2/P_1) + C_P^{gi}\ln(T_2/T_1) = 0,$$

$$\text{com} \quad \overline{S}_2^R = -P_2\, dB_2/\text{dT} = 0 \ \text{ e } \ \overline{S}_1^R = -P_1\, dB_1/\text{dT} = 0 \quad \Rightarrow \quad -R\ln\left(\frac{P_2}{P_1}\right) + C_P^{gi}\ln\left(\frac{T_2}{T_1}\right) = 0$$

Isolando a temperatura T_2 desse equacionamento,

$$T_2 = T_1\left(\frac{P_2}{P_1}\right)^{\frac{R}{C_P^{gi}}} = 863{,}8\text{ K}$$

Com a temperatura determinada, é possível calcular $\overline{H}_2$ e $\overline{S}_2$ em relação a $\overline{H}_1$ e $\overline{S}_1$:

$$\overline{H}_2 = \overline{H}_1 + \Delta\overline{H} \text{ e } \overline{S}_2 = \overline{S}_1 + \Delta\overline{S}$$

sendo que $\overline{S}_2 = \overline{S}_1$ e $\Delta\overline{S} = 0$, por hipótese do processo isentrópico.

Para a entalpia, seguindo as mesmas etapas teóricas, tem-se:

$$\bar{H}_1^R = P_1 B = 44 \text{ J/mol e } \bar{H}_2^R = P_2 B = 1{,}76 \times 10^3 \text{ J/mol}$$

$$\Delta\bar{H} = \bar{H}_2^R - \bar{H}_1^R + C_P^{gi}(T_2 - T_1) = 18{,}07 \text{ kJ/mol}$$

O calor no equipamento foi definido como zero, por hipótese. Já o trabalho, por mol de fluido, é dado pela Primeira Lei para um sistema com escoamento. A taxa de trabalho no processo com vazão de 10 mol/s é a potência do compressor, dada pelo produto do trabalho por mol com a vazão molar.

$$W = \Delta\bar{H} = 18{,}07 \text{ kJ/mol} \Rightarrow \overset{o}{W} = W \overset{o}{m} = 180{,}7 \text{ kW}$$

5.4.7 Misturador de correntes

O misturador de correntes promove a união de duas ou mais correntes A e B gerando uma corrente de saída. A Figura 5.9(a) mostra um esquema contendo um misturador, duas correntes de entrada A e B e a corrente de saída C.

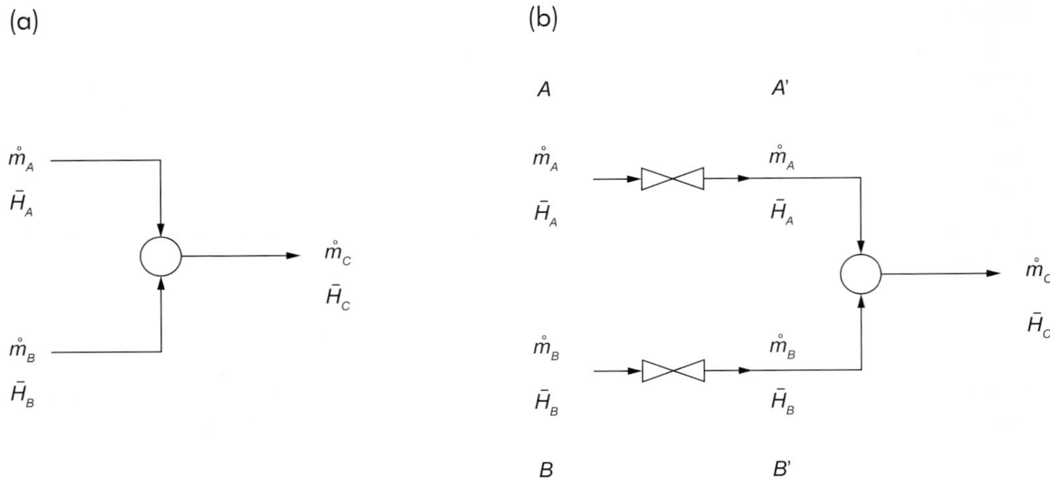

Figura 5.9 – Representações comuns de misturadores de correntes em fluxogramas de processo.

Esses processos de mistura podem ser considerados adiabáticos se houver pouca troca de energia com a vizinhança. Também são considerados isobáricos, desprezando-se a perda de carga inerente ao escoamento. Em geral, a corrente de saída C rege os cálculos desse processo: a pressão das correntes de entrada, A e B, devem ser iguais às da corrente de saída. Se a pressão de A ou B fosse menor que a pressão de C, poderia ocorrer uma reversão no sentido do escoamento no processo. Caso houvesse duas correntes A e B com pressões diferentes, seria possível criar correntes A' e B' com pressão igual à pressão desejada para C e com mesma vazão e entalpia de A e B, respectivamente, instalando válvulas (ver Fig. 5.9(b)).

Como as correntes são unidas, é necessário montar os balanços de massa e energia de forma que a corrente de saída seja composta pela soma das correntes de entrada. O balanço de massa no estado estacionário sobre o misturador fornece a seguinte relação:

$$\overset{o}{m}_A + \overset{o}{m}_B = \overset{o}{m}_C \tag{5.68}$$

Já para o balanço de energia em estado estacionário, se forem desprezadas as contribuições da energia cinética e potencial e desconsiderada a troca de calor com a vizinhança, tem-se que:

$$\overset{o}{m}_C \overline{H}_C - \overset{o}{m}_A \overline{H}_A - \overset{o}{m}_B \overline{H}_B = \cancel{\overset{o}{Q}} + \cancel{\overset{o}{W}} = 0 \tag{5.69}$$

$$\boxed{\overset{o}{m}_A \overline{H}_A + \overset{o}{m}_B \overline{H}_B = \overset{o}{m}_C \overline{H}_C} \tag{5.70}$$

Exemplo Resolvido 5.5

Considere duas correntes de propeno, uma de 40 mol/h a 220 K e 1 MPa (1) e outra com 20 mol/h a 400 K e 1 MPa (2).

Identifique no diagrama de $P \times \overline{H}$, disponível no Apêndice B, o estado físico e a entalpia de cada corrente.

Com essas correntes combinadas em um misturador de correntes, determine a entalpia da corrente resultante (3), o estado físico e sua fração vaporizada (se aplicável). Identifique a corrente resultante no diagrama. Qual é a temperatura dessa corrente?

Resolução

Identifica-se a corrente (1) pela interseção da isoterma de 220 K com o nível de pressão de 1 MPa no eixo *y*. Lê-se que a entalpia da corrente (1) é –0,5 kJ/mol.

Da mesma forma, identifica-se a corrente (2) pela interseção da isoterma de 400 K com o nível de pressão de 1 MPa no eixo *y*. Lê-se que a entalpia da corrente (1) é 30 kJ/mol. Note que essa corrente corresponde a uma isoterma supercrítica.

É possível descobrir a entalpia resultante pelos balanços de massa e energia. Primeiramente, a corrente resultante possui vazão de $\overset{o}{m}_3 = \overset{o}{m}_1 + \overset{o}{m}_2 = 60$ mol/h.

O balanço de energia conduzido em base extensiva é

$$H_3 = H_1 + H_2 = \overset{o}{m}_3 \overline{H}_3 = \overset{o}{m}_1 \overline{H}_1 + \overset{o}{m}_2 \overline{H}_2 \quad \Rightarrow \quad \overline{H}_3 = \frac{\overset{o}{m}_1 \overline{H}_1 + \overset{o}{m}_2 \overline{H}_2}{\overset{o}{m}_3} = 9{,}6667 \text{ kJ/mol}$$

Considerando a mistura isobárica, nota-se que esse valor está dentro do envelope no diagrama, logo, corresponde a equilíbrio líquido-vapor.

Para determinar a fração vaporizada, lê-se a entalpia do vapor saturado e a entalpia do líquido saturado nessa pressão e, depois, calcula-se o balanço entre as fases coexistentes:

$$\overline{H}_T \overset{o}{m}_T = \overline{H}_L \overset{o}{m}_L + \overline{H}_V \overset{o}{m}_V, \text{ com } \beta = \frac{\overset{o}{m}_V}{\overset{o}{m}_V + \overset{o}{m}_L} \quad \Rightarrow \quad \overline{H}_T = \overline{H}_L (1-\beta) + \overline{H}_V \beta$$

Os valores lidos são $\overline{H}^{L,\text{sat}} = 6{,}75$ kJ/mol e $\overline{H}^{V,\text{sat}} = 21{,}25$ kJ/mol. Resolvendo o balanço para β:

$$\beta = \frac{\left(\overline{H}_3 - \overline{H}^{L,\text{sat}}\right)}{\left(\overline{H}^{V,\text{sat}} - \overline{H}^{L,\text{sat}}\right)} = 0{,}2011$$

Por fim, pode-se determinar a temperatura por interpolação com as isotermas mais próximas. Note que dentro do envelope de fases as isotermas são trechos horizontais marcando a temperatura de saturação para cada pressão; o nível de pressão 1 MPa está entre as isotermas de 280 e 300 K, e o valor interpolado é cerca de $T_3 = 290$ K. As correntes estão identificadas no gráfico esquemático a seguir:

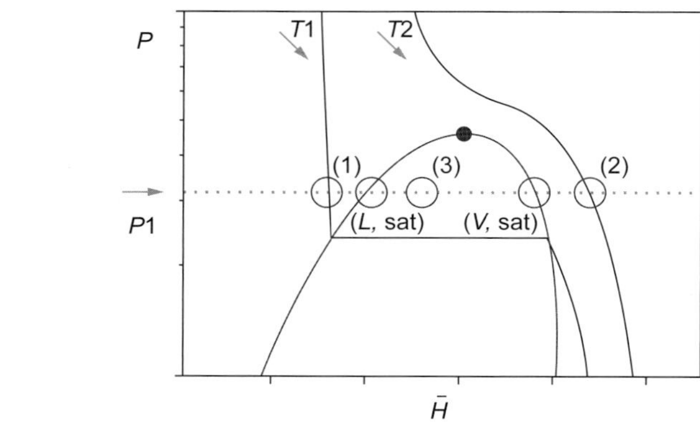

5.4.8 Divisor de corrente monofásica

No divisor de corrente monofásica, o balanço de massa mostra que a vazão total da corrente de entrada é igual à soma das vazões das correntes de saída:

$$\overset{\circ}{m}_E = \overset{\circ}{m}_{S1} + \overset{\circ}{m}_{S2} + \ldots + \overset{\circ}{m}_{Sn} \tag{5.71}$$

Nesse caso, há igualdade de todas as propriedades termodinâmicas intensivas entre as correntes de saída, uma vez que não há transição de fases; todas as correntes de saída possuem o mesmo estado físico e a mesma composição que o conteúdo da unidade. A única coisa que varia de uma corrente para outra é a vazão. A igualdade de pressões entre as correntes de entrada e saída é tratada da mesma forma que no misturador de correntes.

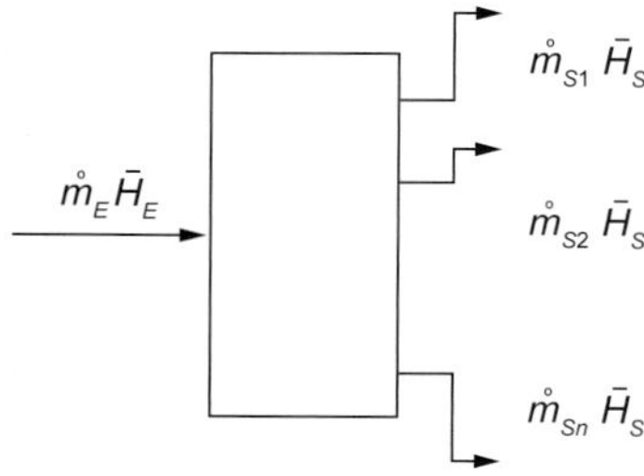

Figura 5.10 – Representação comum de um divisor de corrente monofásica.

O balanço de energia no estado estacionário mostra que

$$\overset{\circ}{m}_E \overline{H}_E + \cancel{\overset{\circ}{Q}} + \cancel{\overset{\circ}{W}_R} = \overset{\circ}{m}_{S1} \overline{H}_S + \overset{\circ}{m}_{S2} \overline{H}_S + \ldots + \overset{\circ}{m}_{Sn} \overline{H}_S \tag{5.72}$$

$$\overset{\circ}{m}_E \overline{H}_E = \overline{H}_S \left(\overset{\circ}{m}_{S1} + \overset{\circ}{m}_{S2} + \ldots + \overset{\circ}{m}_{Sn} \right) \tag{5.73}$$

$$\overline{H}_E = \overline{H}_S \tag{5.74}$$

Logo, todas as correntes de saída possuem a mesma entalpia molar que a corrente de entrada. Consequentemente, com mesma entalpia molar e mesma pressão, fica claro que todas as propriedades termodinâmicas intensivas das correntes de saída também são iguais às das correntes de entrada no estado estacionário.

5.4.9 Tanque de *flash*

Um *tanque de flash* é um vaso que tem por função dividir em duas correntes uma corrente bifásica contendo líquido e vapor. Por se tratar de um processo que envolve equilíbrio entre duas fases, é especialmente importante para processos de separação de misturas. O estudo desse equipamento será aprofundado no Capítulo 7.

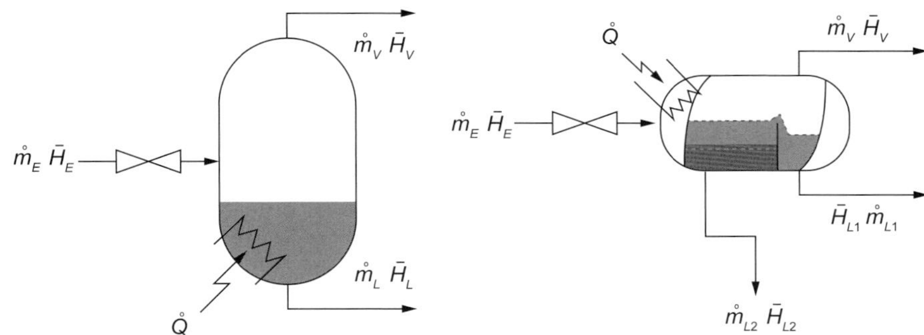

Figura 5.11 – Representação comum de um tanque de *flash* LV e de um separador trifásico em fluxogramas de processo.

Entretanto, a apresentação desse equipamento é necessária para o entendimento dos processos de liquefação. Nesses processos, o objetivo é separar uma corrente bifásica de um fluido puro, e são feitas as seguintes hipóteses sobre o equipamento: as correntes de saída líquida e vapor se encontram em equilíbrio termodinâmico ($T_L = T_V$; $P_L = P_V$; e $\mu_{i,L} = \mu_{i,V}$ para cada componente i). Assim, valem as seguintes relações oriundas do balanço de massa e de energia, respectivamente:

$$\overset{\circ}{m}_E = \overset{\circ}{m}_L + \overset{\circ}{m}_V \qquad \overset{\circ}{m}_E = \overset{\circ}{m}_{L1} + \overset{\circ}{m}_{L2} + \overset{\circ}{m}_V \tag{5.75}$$

$$\overset{\circ}{m}_E \bar{H}_E + \overset{\circ}{Q} = \overset{\circ}{m}_L \bar{H}_L + \overset{\circ}{m}_V \bar{H}_V \qquad \overset{\circ}{m}_E \bar{H}_E + \overset{\circ}{Q} = \overset{\circ}{m}_{L1} \bar{H}_{L1} + \overset{\circ}{m}_{L2} \bar{H}_{L2} + \overset{\circ}{m}_V \bar{H}_V \tag{5.76}$$

A princípio, esses equipamentos são similares aos divisores de correntes. Entretanto, as vazões das correntes de saída não são especificadas arbitrariamente, mas regidas pelas frações de cada fase na corrente original. Elas possuem propriedades intensivas, como entalpia e entropia molares correspondentes aos respectivos estados físicos em que se encontram.

Como mostrado na Figura 5.11, é comum um equipamento de *flash* vir acoplado a uma válvula ou sistema de aquecimento/resfriamento, para possibilitar que uma corrente originalmente monofásica (E) atinja ponto de bolha ou ponto de orvalho, gerando um sistema bifásico ou trifásico a ser dividido em correntes $L1$, $L2$ ou V.

5.5 TERMODINÂMICA EM PROCESSOS INDUSTRIAIS

Nesta seção, serão abordados diversos processos industriais, divididos em três classes, de acordo com suas finalidades: ciclos que visam produção de potência; ciclos que visam resfriamento ou aquecimento; e processos de liquefação de substâncias puras. Os conceitos sobre sistemas abertos e as considerações sobre equipamentos introduzidos nas seções anteriores deste capítulo serão imprescindíveis para definir os estados nos quais os fluidos se encontram em cada etapa dos processos e para quantificar o gasto ou a geração energética global em cada um deles.

5.5.1 Ciclos de produção de potência

Ciclos de produção de potência têm como objetivo transformar o calor, geralmente oriundo da queima de um combustível, em trabalho. Eles produzem trabalho a partir do transporte de calor de uma fonte quente para uma fonte fria. Entretanto, não é possível transformar todo o calor em trabalho, de forma que grande parte do calor obtido na combustão é "perdido" para a fonte fria, viabilizando o ciclo da máquina.

Ciclos de produção de potência têm grande importância na indústria de geração de energia elétrica, uma vez que são o fundamento do funcionamento de usinas termoelétricas. A seguir, serão apresentados os ciclos de produção de potência mais comuns.

a) Máquina térmica de Carnot (ciclo de Carnot)

O ciclo de Carnot é um ciclo idealizado que consiste em quatro etapas, duas adiabáticas e duas isotérmicas, mas todas acontecendo de forma reversível. A Figura 5.12 ilustra um exemplo de ciclo de Carnot no diagrama $T \times \overline{S}$. Primeiro, um fluido a $T_1 = T_F$ e $\overline{S}_1$ sofre uma compressão adiabática. Conforme visto na Seção 5.4.6, a compressão adiabática reversível é isentrópica, de modo que a temperatura do fluido se altera, indo a $T_2 = T_Q$, e a sua entropia permanece constante ($\overline{S}_1$). Em seguida, ocorre um processo de expansão isotérmica, que leva o fluido da entropia $\overline{S}_1$ à entropia $\overline{S}_2$. O terceiro passo do ciclo corresponde a uma expansão adiabática, na qual, mais uma vez, não há variação de entropia, levando a temperatura do fluido de $T_2 = T_Q$ a $T_1 = T_F$ de forma isentrópica. Por último, o fluido retorna ao seu estado inicial (T_1, $\overline{S}_1$) ao sofrer uma compressão isotérmica.

O trabalho líquido produzido por essa transformação corresponde à área do ciclo no diagrama $T \times \overline{S}$, pois o trabalho líquido $\sum_i W_i$ é igual a $-\sum_i Q_i$, de modo que $\Delta \overline{H}^{\text{ciclo}} = 0$ e, nas etapas adiabáticas, $Q_i = 0$, enquanto nas etapas isotérmicas $Q_i = T\Delta S$; e à área do ciclo no diagrama, $P \times \overline{V}$, pois $W_i = \int -Pd\overline{V}$ em cada etapa.

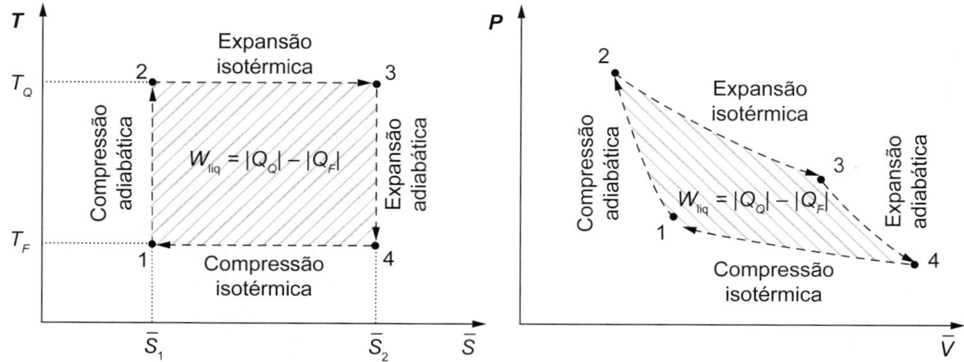

Figura 5.12 – Diagramas $T \times \overline{S}$ e $P \times \overline{V}$ para um fluido em um ciclo de Carnot operado em região monofásica. Q_Q e Q_F são os valores de calor envolvido no ciclo, expressos em energia por unidade de massa.

Para realizar as etapas de compressão isotérmica e expansão isotérmica na prática, os processos do ciclo de Carnot podem ser conduzidos na região bifásica, sendo representado dentro de envelope líquido-vapor de um fluido (Fig. 5.13). Dessa forma, a compressão isotérmica pode ser obtida por meio da condensação isobárica em um condensador, e a expansão isotérmica pode ser obtida por meio da vaporização isobárica em um evaporador.

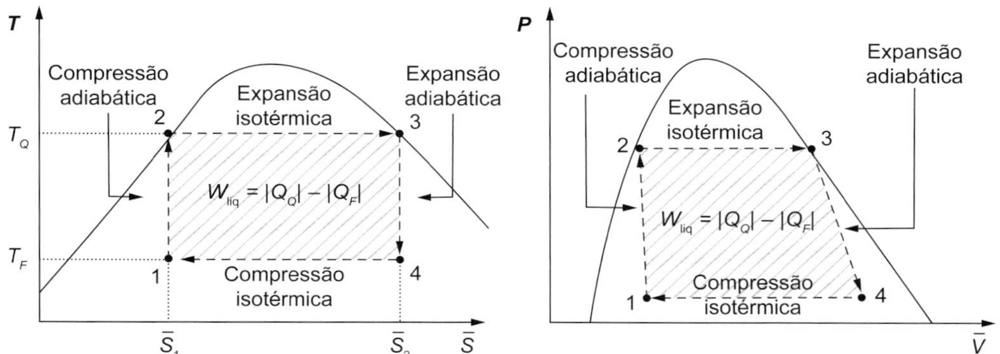

Figura 5.13 – Diagramas $T \times \bar{S}$ e $P \times \bar{V}$ para um fluido em um ciclo de Carnot operado em região bifásica. Q_Q e Q_F são os valores de calor envolvido no ciclo, expressos em energia por unidade de massa.

As compressões e expansões adiabáticas correspondem às transformações que ocorrem com um fluido quando este passa por uma bomba ou uma turbina, respectivamente. O ciclo de Carnot poderia, então, ser obtido a partir da junção desses equipamentos dispostos como no esquema da Figura 5.14, em que $Q_Q = Q_{\text{evaporador}}$ e $Q_F = Q_{\text{condensador}}$, sendo $Q\overset{\circ}{m} = \overset{\circ}{Q}$.

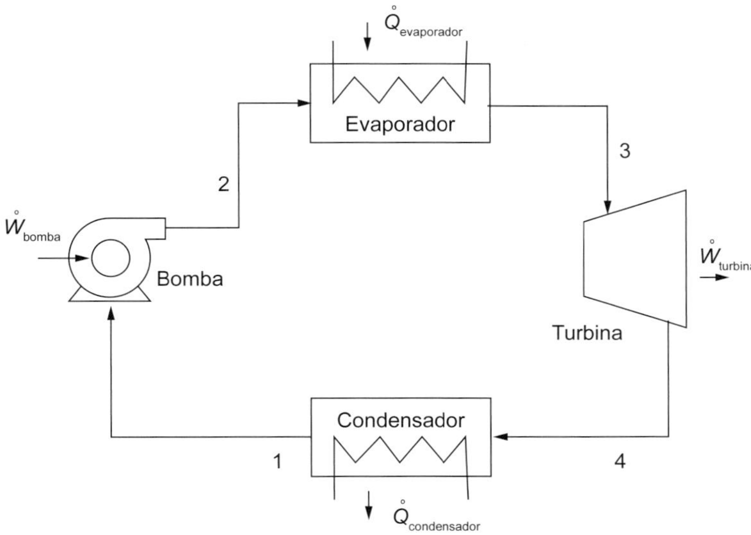

Figura 5.14 – Fluxograma de processo simplificado de um ciclo de Carnot com fluido de trabalho em região bifásica.

Assim, determinando as etapas do ciclo, pode-se expressar sua eficiência, que funciona como métrica de desempenho de um determinado ciclo. Ciclos de produção de potência são comparados por meio da razão entre o trabalho útil gerado e a energia térmica fornecida. A eficiência do ciclo de Carnot (η_{Carnot}) seria, então, obtida a partir da razão entre a taxa de trabalho útil gerada no ciclo e a taxa de calor absorvida no evaporador (i. e., fonte quente), como mostra a seguinte equação:

$$\eta_{\text{Carnot}} = \frac{\left|\overset{o}{W}_{\text{útil}}\right|}{\left|\overset{o}{Q}_{\text{evaporador}}\right|} \tag{5.77}$$

Porém, aplicando a Primeira Lei da Termodinâmica sobre todo o ciclo, é possível relacionar as taxas de trabalho com as taxas de calor:

$$\cancel{\Delta\bar{H}_{\text{total}}\ \overset{o}{m}} = \overset{o}{W}_{\text{bomba}} + \overset{o}{W}_{\text{turbina}} + \overset{o}{Q}_{\text{evaporador}} + \overset{o}{Q}_{\text{condensador}} = 0 \tag{5.78}$$

Como a máquina opera em ciclo,

$$\cancel{\Delta\bar{H}_{\text{total}}} = \left(\bar{H}_2 - \bar{H}_1\right) + \left(\bar{H}_3 - \bar{H}_2\right) + \left(\bar{H}_4 - \bar{H}_3\right) + \left(\bar{H}_1 - \bar{H}_4\right) = 0 \tag{5.79}$$

Uma vez que a taxa de trabalho na bomba é muito inferior à taxa de trabalho na turbina, ela pode ser considerada desprezível. Isso leva a:

$$0 = -\left|\overset{o}{W}_{\text{útil}}\right| + \left|\overset{o}{Q}_{\text{evaporador}}\right| - \left|\overset{o}{Q}_{\text{condensador}}\right| \tag{5.80}$$

$$\left|\overset{o}{W}_R\right| = \left|\overset{o}{Q}_{\text{evaporador}}\right| - \left|\overset{o}{Q}_{\text{condensador}}\right| \tag{5.81}$$

Como todas as etapas são consideradas reversíveis, considera-se que $Q = T\Delta\bar{S}$ se as fontes quente e fria forem consideradas reservatórios a uma temperatura constante. Tem-se, então, a seguinte expressão da eficiência:

$$\eta_{\text{Carnot}} = \frac{\left|\overset{o}{Q}_{\text{evaporador}}\right| - \left|\overset{o}{Q}_{\text{condensador}}\right|}{\left|\overset{o}{Q}_{\text{evaporador}}\right|} = 1 - \frac{T_F\left|\Delta\bar{S}_{\text{condensador}}\right|}{T_Q\left|\Delta\bar{S}_{\text{evaporador}}\right|}, \tag{5.82}$$

em que os índices F e Q se referem às fontes fria e quente.

Como as variações de entropia no evaporador e no condensador são iguais em módulo, por serem as únicas do ciclo, tem-se que:

$$\cancel{\Delta\bar{S}_{\text{total}}} = \Delta\bar{S}_{\text{evaporador}} + \Delta\bar{S}_{\text{condensador}} = 0 \tag{5.83}$$

$$\boxed{\eta_{\text{Carnot}} = 1 - \frac{T_F}{T_Q}} \tag{5.84}$$

O ciclo de Carnot é importante porque estabelece uma referência em termos de eficiência. Possuindo apenas etapas reversíveis, a eficiência obtida nesse ciclo é a máxima possível em comparação com outros ciclos que apresentam as mesmas temperaturas das fontes quente e fria. Esse resultado é análogo ao obtido no Capítulo 1 (Seção 1.9), nas considerações sobre o funcionamento de uma máquina térmica.

A proposta do ciclo de Carnot em região bifásica apresenta limitações operacionais pelo escoamento líquido-vapor nas etapas de compressão e expansão adiabática, já que turbinas, compressores e bombas não funcionam adequadamente para escoamentos com mais de uma fase. Assim, na prática, esse ciclo é inviável, e o ciclo de Rankine é uma alternativa.

b) Ciclo de Rankine

O ciclo de Rankine é um dos ciclos de produção de potência mais simples e utilizados e apresenta as seguintes etapas (Fig. 5.15): (i) expansão isentrópica de um fluido em estado gasoso em uma turbina; (ii) condensação isobárica do fluido oriundo da turbina em um trocador de calor; (iii) compressão isentrópica do fluido em estado líquido, por meio de uma bomba; (iv) finalmente, evaporação isobárica do líquido em uma caldeira, retornando o fluido ao estado inicial gasoso.

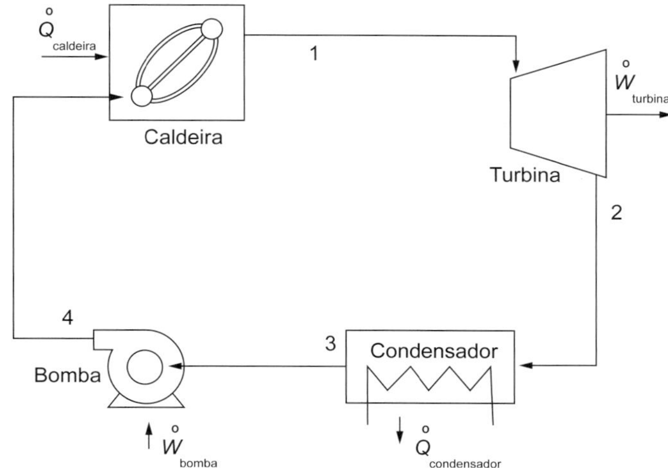

Figura 5.15 – Fluxograma de processo simplificado de um ciclo de Rankine.

A Figura 5.16 mostra os estados das correntes ao longo de todo o ciclo nos diagramas $T \times \overline{S}$ e $P \times \overline{H}$. É importante ressaltar que, apesar de a representação indicar respectivamente as correntes 2 e 3 como vapor e líquido saturados, tanto a compressão quanto a condensação não precisam necessariamente levar à saturação do fluido. Isso significa que as correntes 2 e 3 podem se apresentar como vapor superaquecido ou líquido sub-resfriado em outras condições de operação do ciclo de Rankine.

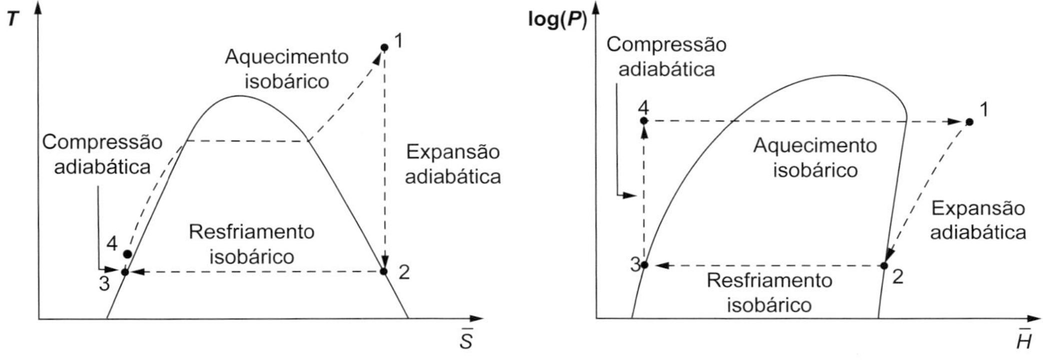

Figura 5.16 – Diagramas $T \times \overline{S}$ e $P \times \overline{H}$ para um fluido em um ciclo de Rankine original.

A eficiência do ciclo de Rankine é obtida, então, a partir da razão entre o trabalho útil gerado e a energia gasta na caldeira:

$$\eta = \frac{\left|\overset{o}{W}_{\text{turbina}}\right| - \left|\overset{o}{W}_{\text{bomba}}\right|}{\left|\overset{o}{Q}_{\text{caldeira}}\right|} = \frac{\left(\overline{H}_1 - \overline{H}_2\right) - \left(\overline{H}_4 - \overline{H}_3\right)}{\left(\overline{H}_1 - \overline{H}_4\right)} \tag{5.85}$$

Exemplo Resolvido 5.6

O vapor de água gerado em uma planta de potência, na pressão de 8000 kPa e na temperatura de 800 K, é alimentado em uma turbina. Ao sair da turbina, entra em um condensador a 10 kPa, onde é condensado e se torna líquido saturado, que é então bombeado para a caldeira. Adaptada de SMITH, VAN NESS e ABBOTT, *Introdução à Termodinâmica da Engenharia Química*, 7. ed. (2007).

Considerando um ciclo real operando nessas condições, se a eficiência da turbina for igual a 0,75:

a) Com relação às correntes e equipamentos, determine:

i) As propriedades termodinâmicas ($\overline{H}$, $\overline{S}$, $\overline{V}$, T, P) e a fração de vapor β de todas as correntes.

ii) As taxas por unidade mássica de trabalho no compressor e na turbina e as taxas por unidade mássica de calor na caldeira e no condensador.

b) Com relação ao ciclo:

i) Qual é a eficiência térmica?

ii) Qual é a vazão de vapor e taxas de calor necessárias na caldeira e no condensador para se obter uma potência elétrica de 50.000 kW?

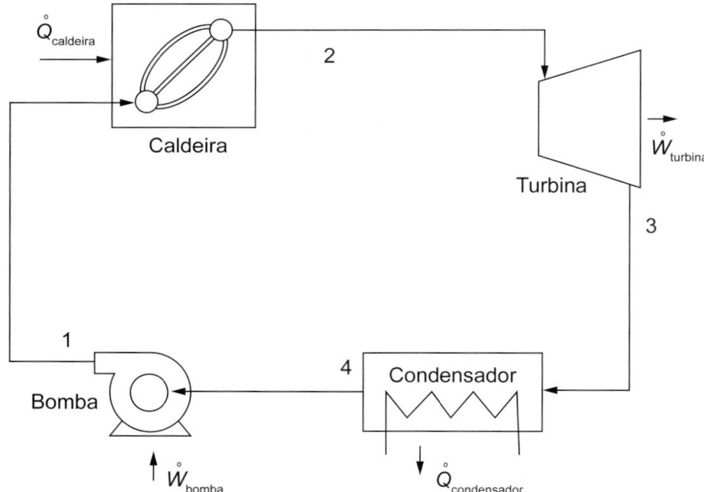

Resolução

a) Com relação às correntes e equipamentos.

Com os dados do problema, monta-se a tabela de propriedades de cada corrente, incluindo uma corrente 3' para representar a saída teórica do compressor no caso ideal.

A corrente 2 está completamente especificada; a partir dos valores de T e P, pode-se determinar as demais propriedades. Na tabela de propriedades da água, vê-se que

$$\bar{H}_2 = 3{,}05 \times 10^3 \text{ kJ/kg e } \bar{S}_2 = 5{,}511 \times 10^3 \text{ J/(K kg)}$$

Observa-se que corresponde a uma corrente de vapor superaquecido, pois T^{sat} (8000 kPa) = 568 K, e $T_2 > T^{sat}$ (8000 kPa).

Considerando a turbina isentrópica, pode-se calcular a corrente 3', dado que $P_3 = 10$ kPa e $\bar{S}_{3'} = \bar{S}_2$.

Na linha correspondente à pressão de 10 kPa, lê-se que o líquido saturado e o vapor saturado possuem os seguintes valores de propriedades:

$$\bar{S}_3^{L,sat} = -654{,}1 \text{ J/(K kg)},\ \bar{S}_3^{V,sat} = 6{,}851 \times 10^3 \text{ J/(K kg)},\ \bar{H}_3^{L,sat} = -225{,}91 \text{ kJ/kg e}$$
$$\bar{H}_3^{V,sat} = 2{,}168 \times 10^3 \text{ kJ/kg}$$

A entropia total da corrente 3' é intermediária às entropias do líquido saturado e vapor saturado na pressão correspondente. Logo, o sistema se encontra em equilíbrio líquido-vapor. Pode-se determinar a fração vaporizada pela equação de balanço: $\bar{S}_{3'} = \bar{S}_{3'}^{L,sat}\ (1-\beta) + \bar{S}_{3'}^{V,sat}(\beta)$.

Resolvendo β, chega-se a

$$\beta = \frac{\bar{S}_{3'} - \bar{S}_{3'}^{L,sat}}{\bar{S}_{3'}^{V,sat} - \bar{S}_{3'}^{L,sat}} = 0{,}8214$$

Com o valor de β determinado, pode-se calcular a entalpia da corrente 3':

$$\bar{H}_{3'} = \bar{H}_{3'}^{L,sat}\ (1-\beta) + \bar{H}_{3'}^{V,sat}\ (\beta) \quad = 1{,}741 \times 10^3 \text{ kJ/kg}$$

Aplica-se a eficiência fornecida para calcular a entalpia da corrente 3 verdadeira.

$$W_{ideal} = \bar{H}_{3'} - \bar{H}_2 = -1{,}309 \times 10^3 \text{ kJ/kg}$$

$$W_{real} = W_{ideal}\ \eta_{turbina} = -982{,}07 \text{ kJ/kg}$$

$$H_3 = H_2 + W_{real} = 2{,}068 \times 10^3 \text{ kJ/kg}$$

A fração vaporizada da corrente 3 verdadeira é:

$$\beta = \frac{\bar{H}_3 - \bar{H}_3^{L,sat}}{\bar{H}_3^{V,sat} - \bar{H}_3^{L,sat}} = 0{,}9582$$

E a entropia da corrente 3 verdadeira é:

$$\bar{S}_3 = \bar{S}_3^{L,sat}\ (1-\beta) + S_3^{V,sat}(\beta) = 6{,}537 \text{ J/(K kg)}$$

Visto que essa corrente está em equilíbrio líquido-vapor, na pressão de 10 kPa, a sua temperatura é a temperatura de saturação correspondente: $T_3 = 319$ K.

Considerando o condensador e a caldeira isobáricos, tem-se que $P_4 = P_3$ e $P_1 = P_2$.

Visto que a saída do condensador foi dada como líquido saturado, através da pressão P_4 determinada se chega às propriedades da corrente 4:

$$\bar{H}_4 = \bar{H}_4^{L,sat} = -225{,}91 \text{ kJ/kg e } \bar{S}_4 = \bar{S}_4^{L,sat} = 6{,}851 \times 10^3 \text{ J/(K kg)}$$

Para calcular o trabalho na bomba, verifica-se o valor do volume do fluido na temperatura de alimentação.

$$\overline{V} = 1{,}0111 \times 10^{-3}\ \text{m}^3/\text{kg}$$

O trabalho na bomba, por unidade de massa, é dado por:

$$W_B = \overline{V}\ (P_1 - P_4) = 8{,}0787\ \text{kJ/kg}$$

Sabe-se que, para fluidos pouco compressíveis, como é o caso da água nessas condições, a temperatura de saída da bomba é ligeiramente maior que a de entrada, mas muito próxima, $T_1 \approx T_4$.

A variação de entropia é zero, pela hipótese de operação isentrópica, $\overline{S}_1 = \overline{S}_4$.

O calor na caldeira é dado pela variação de entalpia:

$$Q_{\text{caldeira}} = \overline{H}_2 - \overline{H}_1 = 3{,}268 \times 10^3\ \text{kJ/kg}$$

Já o calor no condensador, analogamente, é dado pela variação de entalpia:

$$Q_{\text{condensador}} = \overline{H}_4 - \overline{H}_3 = -2{,}294 \times 10^3\ \text{kJ/kg}$$

A seguir, a tabela de correntes *versus* propriedades completa.

	T [K]	P [kPa]	$\overline{H}$ [kJ/kg]	$\overline{S}$ [J/kg/K]	β
1	319	8000	–217,83	5511	L,sub
2	**800**	**8000**	3.050	5511	V,sup
3′	319	10	1741	6.537	ELV: 0,8214
3	319	**10**	2068	–654,1	ELV: 0,9582
4	319	10	–225,91	–654,1	**L,sat**

Os valores em negrito são os dados, os demais são os calculados.

b) Com relação ao ciclo.

A eficiência térmica é dada pelos valores de trabalho e calor por unidade mássica previamente calculados:

$$\eta_{\text{ciclo}} = \frac{|W_{\text{turbina}}| - |W_{\text{bomba}}|}{Q_{\text{caldeira}}} = 0{,}2981$$

A vazão necessária para atingir a potência de 50.000 kJ/s é dada por $\overset{o}{W} = |W|\ \overset{o}{m}$. Considerando ambos os equipamentos e ajustando a convenção de sinais, tem-se:

$$\overset{o}{m} = \frac{|\overset{o}{W}|}{|W_{\text{turbina}}| - |W_{\text{bomba}}|} = 51{,}335\ \text{kg/s}$$

c) Modificações no ciclo de Rankine

Visando ao aumento de eficiência desse ciclo, algumas classes de modificações podem ser feitas. As mais comuns são as seguintes: ciclo de Rankine com reaquecimento e ciclo de Rankine regenerativo, representados, respectivamente, nas Figuras 5.17 e 5.18.

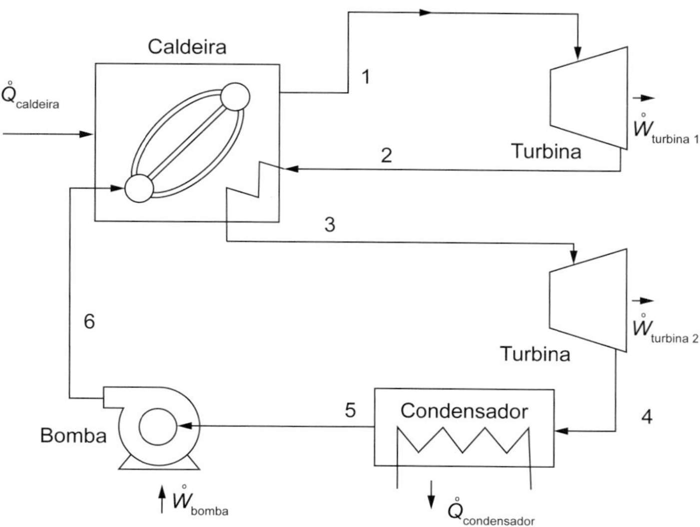

Figura 5.17 – Fluxograma de processo simplificado de um ciclo de Rankine com reaquecimento.

No ciclo de Rankine representado na Figura 5.17, outra turbina é introduzida no sistema e, entre as duas turbinas, o fluido passa por um reaquecimento, de forma a reaproveitar o calor da caldeira. A eficiência deste ciclo é dada pela seguinte expressão:

$$\eta = \frac{\left|\overset{\circ}{W}_{\text{turbina1}}\right| + \left|\overset{\circ}{W}_{\text{turbina2}}\right| - \left|\overset{\circ}{W}_{\text{bomba}}\right|}{\left|\overset{\circ}{Q}_{\text{caldeira}}\right|} = \frac{\left(\overline{H}_1 - \overline{H}_2\right) + \left(\overline{H}_3 - \overline{H}_4\right) - \left(\overline{H}_6 - \overline{H}_5\right)}{\left(\overline{H}_1 - \overline{H}_6\right) + \left(\overline{H}_3 - \overline{H}_2\right)} \quad (5.86)$$

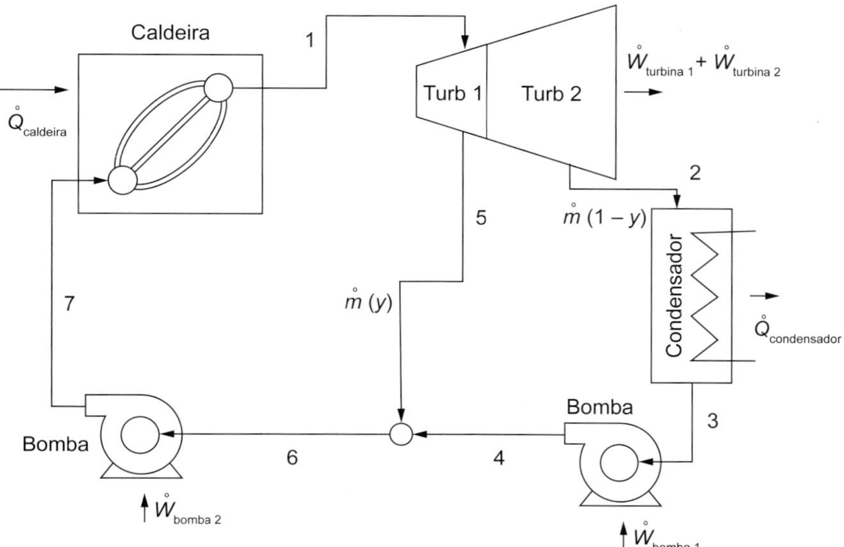

Figura 5.18 – Fluxograma de processo simplificado de um ciclo de Rankine regenerativo.

Já o ciclo regenerativo representado na Figura 5.18 realiza a expansão na turbina em dois estágios. Ao final do primeiro estágio, uma fração da corrente de fluido (y) é desviada para um misturador, onde encontra a corrente líquida que anteriormente passou pelo condensador e pela bomba 1. O objetivo dessa modificação é preaquecer o fluido antes da caldeira. A eficiência do ciclo passa, então, a depender da fração de fluido que é desviada para o misturador (y), da seguinte maneira:

$$\eta = \frac{(1-y)\left(\overline{H}_1 - \overline{H}_2\right) + y\left(\overline{H}_1 - \overline{H}_5\right) - (1-y)\left(\overline{H}_4 - \overline{H}_3\right) - \left(\overline{H}_7 - \overline{H}_6\right)}{\left(\overline{H}_1 - \overline{H}_7\right)} \tag{5.87}$$

Para aumentar a eficiência desse ciclo em relação ao ciclo de Rankine original, a fração y não pode ser muito grande. Ela permanece, tipicamente, em torno de 20 %.

A Figura 5.19 ilustra os diagramas $T \times \overline{S}$ e $\log(P) \times \overline{H}$ para ambos os ciclos.

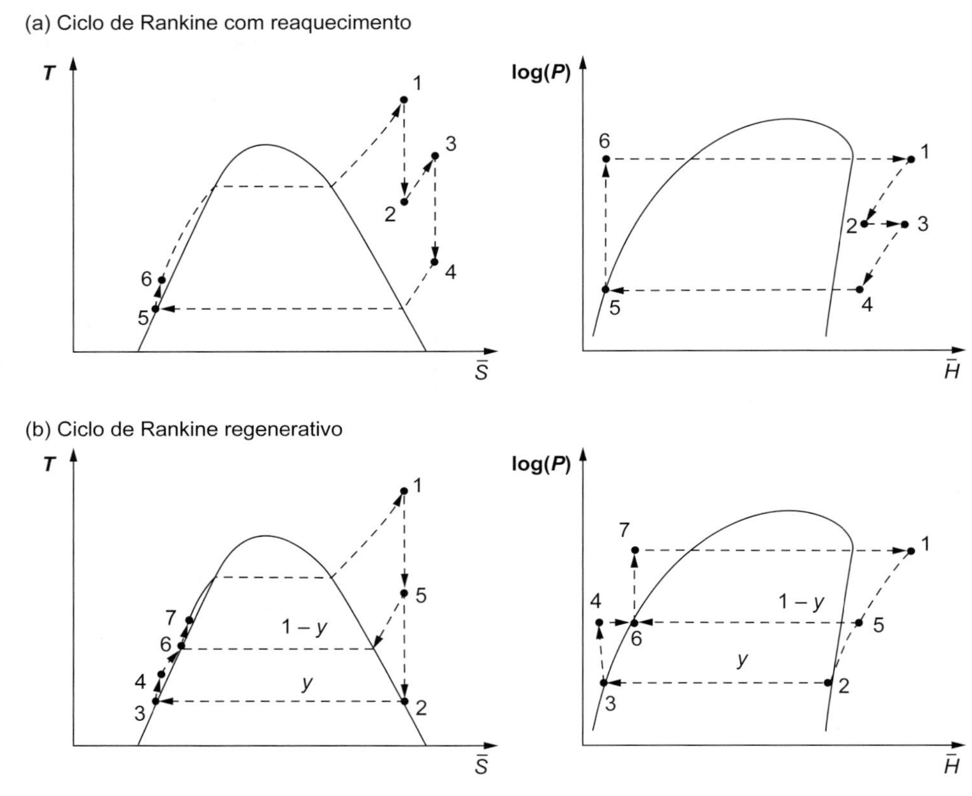

Figura 5.19 – Diagramas $T \times \overline{S}$ e $P \times \overline{H}$ para um fluido em um ciclo de Rankine com reaquecimento (a) e em um ciclo de Rankine regenerativo (b), sendo y a fração de vapor desviada no primeiro estágio da turbina.

d) Ciclo de Brayton

O ciclo de Brayton é empregado em turbinas a gás, para geração de potência a partir de combustão. Nelas, o ar é comprimido e passa por uma câmara de combustão para finalmente sofrer uma expansão em uma turbina, gerando trabalho. A Figura 5.20 mostra um fluxograma contendo os principais equipamentos presentes nesse ciclo. No ciclo de Brayton, o fluido de trabalho opera sempre fora do envelope de fases, na região de gás.

Os diagramas $T \times \overline{S}$ e $\log(P) \times \overline{H}$ para um ciclo de Brayton qualquer estão representados na Figura 5.21. No ciclo de Brayton ideal, ao sair do compressor na temperatura T_1 e entropia $\overline{S}_1$, o gás sofre aquecimento isobárico, até a temperatura T_2 e entropia $\overline{S}_2$. Após o aquecimento, o gás passa por uma expansão adiabática reversível e, consequentemente, isentrópica, até a temperatura T_3, com $\overline{S}_3 = \overline{S}_2$. A corrente efluente da turbina passa por um resfriamento isobárico em um trocador de calor até a temperatura T_4 e entropia $\overline{S}_4$. Por fim, o ciclo se fecha com uma compressão adiabática e isentrópica, que leva o gás ao estado inicial, notando-se que $\overline{S}_1 = \overline{S}_4$.

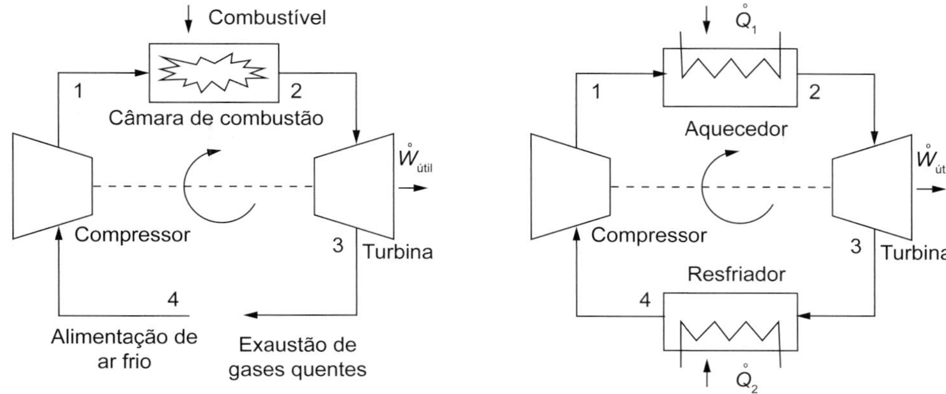

Figura 5.20 – Fluxograma de processo simplificado de um ciclo de Brayton. A linha tracejada indica usual acoplamento entre a turbina e o compressor, em que a diferença entre o trabalho removido do fluido na turbina e o trabalho redirecionado para o fluido no compressor é o trabalho útil $\overset{\circ}{W}_{útil}$.

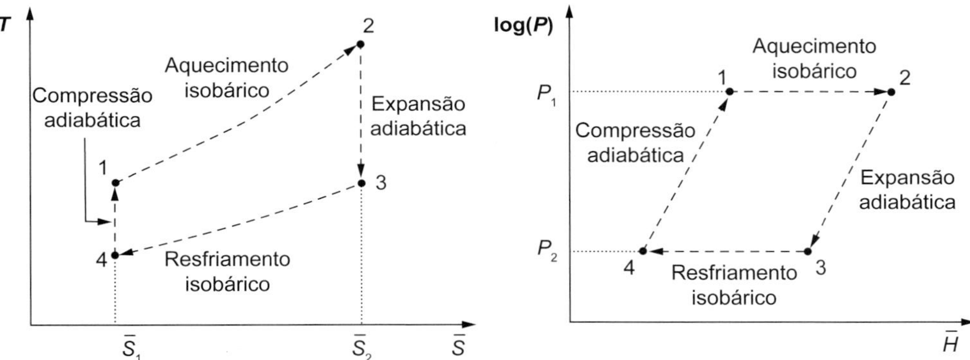

Figura 5.21 – Diagramas $T \times \overline{S}$ e $P \times \overline{H}$ para um fluido em um ciclo de Brayton qualquer.

A eficiência no ciclo de Brayton é dada por:

$$\eta = \frac{\left|\overset{\circ}{W}_{turbina}\right| - \left|\overset{\circ}{W}_{compressor}\right|}{\left|\overset{\circ}{Q}_{aquecimento}\right|} = \frac{\left(\overline{H}_2 - \overline{H}_3\right) - \left(\overline{H}_1 - \overline{H}_4\right)}{\left(\overline{H}_2 - \overline{H}_1\right)} \tag{5.88}$$

5.5.2 Ciclos de refrigeração e aquecimento

Na seção anterior, viu-se que ciclos de potência visam produzir trabalho a partir do transporte do calor de uma fonte quente para uma fonte fria. Em certa medida, ciclos de refrigeração e aquecimento têm objetivo oposto: mover o calor de uma fonte fria para uma fonte quente por meio de gasto energético em forma de trabalho.

a) Refrigerador de Carnot (ciclo de Carnot)

O primeiro ciclo de refrigeração apresentado é o refrigerador de Carnot, que nada mais é do que a máquina de Carnot operada de forma inversa: um fluido a T_1 e $\overline{S}_1$ absorve calor da fonte fria por meio de uma expansão isotérmica em um trocador de calor. Depois, esse fluido sofre uma compressão adiabática até a temperatura T_3. O fluido a T_2 e $\overline{S}_2 = \overline{S}_3$ sofre, então, uma compressão isotérmica em um condensador, levando a temperatura a T_4 e a entropia de $\overline{S}_2$ a $\overline{S}_4 = \overline{S}_1$. Por fim, o fluido sofre uma expansão adiabática, retornando ao estado inicial T_1, $\overline{S}_1$. A Figura 5.22 representa um ciclo de refrigeração de Carnot nos diagramas $T \times \overline{S}$ e $P \times \overline{V}$.

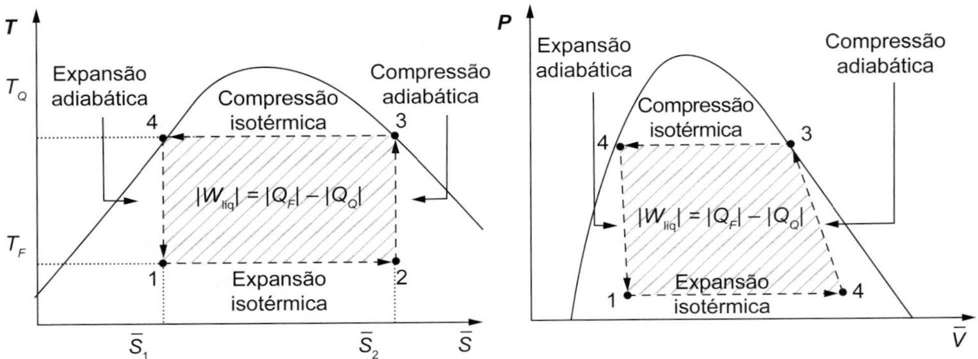

Figura 5.22 – Diagramas $T \times \overline{S}$ e $P \times \overline{V}$ para um fluido em um ciclo de refrigeração de Carnot qualquer operado em região bifásica.

Para garantir a premissa de trocas de calor isotérmicas, a operação deve ser conduzida inteiramente dentro do envelope de fases.

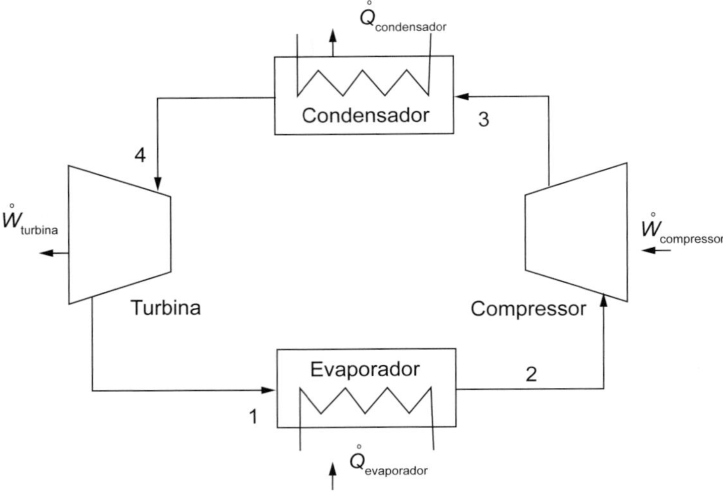

Figura 5.23 – Fluxograma de processo simplificado de um ciclo de refrigeração de Carnot.

Como o objetivo de um ciclo de refrigeração é retirar calor de uma fonte fria através de trabalho, a grandeza útil na métrica de desempenho desses ciclos deixa de ser a eficiência introduzida na Seção 5.5.1 e passa a ser o *Coeficiente de Operação* ou *Coeficiente de Performance*, que relaciona a potência frigorífica do ciclo (i. e., a taxa de calor retirada na fonte fria) com a taxa de trabalho realizado no compressor:

$$COP = \frac{\left|\dot{Q}_{\text{evaporador}}\right|}{\left|\dot{W}_{\text{compressor}}\right|} \tag{5.89}$$

Assim como a máquina de Carnot, o refrigerador de Carnot estabelece um referencial de operação para os ciclos de refrigeração reais. Tratando-se de um ciclo, é possível expressar o trabalho no compressor do ciclo de Carnot de forma mais conveniente. Como a variação de entalpia no ciclo é zero, a aplicação da Primeira Lei da Termodinâmica sobre todo o ciclo mostra que:

$$\cancel{\Delta \overline{H}_{\text{total}}\, \dot{m}} = \left|\dot{Q}_{\text{evaporador}}\right| - \left|\dot{Q}_{\text{condensador}}\right| + \left|\dot{W}_{\text{compressor}}\right| = 0 \tag{5.90}$$

levando a:

$$COP = \frac{\left|\dot{Q}_{\text{evaporador}}\right|}{\left|\left|\dot{Q}_{\text{condensador}}\right| - \left|\dot{Q}_{\text{evaporador}}\right|\right|} \tag{5.91}$$

Como todas as etapas são reversíveis e as variações de entropia no condensador e no evaporador são equivalentes em módulo por serem as únicas ao longo do ciclo:

$$COP = \frac{T_F\, \cancel{\dot{m} \Delta \overline{S}_{\text{evaporador}}}}{T_Q\, \cancel{\dot{m} \Delta \overline{S}_{\text{condensador}}} - T_F\, \cancel{\dot{m} \Delta \overline{S}_{\text{evaporador}}}} \tag{5.92}$$

$$COP = \frac{T_F}{T_Q - T_F} \tag{5.93}$$

em que os índices F e Q se referem à fonte fria e à fonte quente, respectivamente.

Dessa forma, o ciclo de Carnot define um coeficiente de operação máximo para qualquer ciclo de refrigeração, dadas as temperaturas de suas fontes quente e fria, se estas forem entendidas como reservatórios de temperatura. Diferentemente da eficiência, o coeficiente de operação não se encontra limitado ao intervalo de zero a um.

A potência frigorífica é a taxa de energia retirada do ambiente:

$$Pot_{\text{frig}} = \dot{Q}_{\text{evaporador}} = Q_{\text{evaporador}}\, \dot{m} \tag{5.94}$$

em que $\dot{m}$ é a vazão mássica de fluido refrigerante que circula e passa pelo evaporador.

A potência elétrica é o consumo líquido de energia nas máquinas de trabalho de eixo (compressor e turbina), ou seja, é o trabalho efetivo gasto para fazer o ciclo de refrigeração funcionar.

$$Pot_{elet} = \left|\overset{o}{W}_{compressor}\right| - \left|\overset{o}{W}_{turbina}\right| = \overset{o}{m}\left(\left|W_{compressor}\right| - \left|W_{turbina}\right|\right) \tag{5.95}$$

b) Ciclos de refrigeração por compressão

Novamente, se o ciclo de Carnot é, na prática, inviável, outras alternativas são utilizadas. Uma das formas mais comuns de obter ciclos de refrigeração é por meio da compressão de um fluido. Um ciclo de refrigeração por compressão usual é composto das seguintes etapas, partindo de um fluido em estado gasoso: (i) compressão isentrópica do fluido até $P2$, por meio de um compressor; (ii) condensação do fluido em um trocador de calor; (iii) expansão adiabática do fluido em uma válvula; e (iv) evaporação do fluido em um trocador de calor, retornando ao estado inicial.

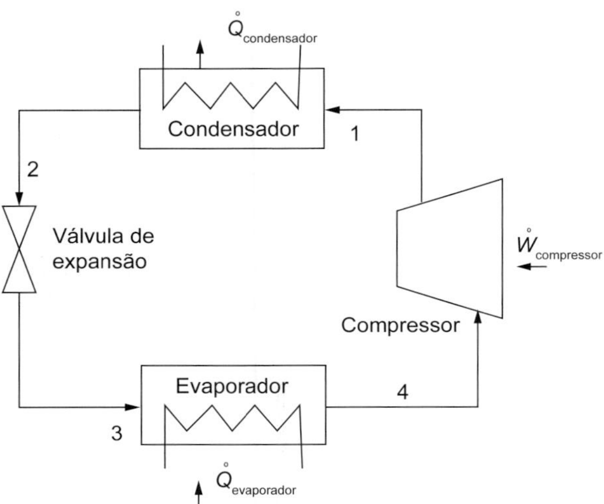

Figura 5.24 – Fluxograma de processo simplificado de um ciclo de refrigeração por compressão.

A Figura 5.24 mostra o fluxograma de um ciclo de refrigeração por compressão usual. Emprega-se uma válvula em vez de turbina, pois o ganho energético da turbina não compensa o aumento da complexidade do sistema, já que o fluido se apresenta em estado líquido-vapor na etapa de descompressão, para as condições de operação que viabilizam o processo de refrigeração. Da mesma forma, usa-se um compressor adequado à operação com vapor superaquecido.

A Figura 5.25 representa as mudanças de estado do fluido ao longo do ciclo nos diagramas $\log(P) \times \overline{H}$ e $T \times \overline{S}$. Aqui, como no ciclo de Rankine, apesar de a Figura 5.25 mostrar fluidos saturados nas correntes de saída dos trocadores de calor, a condição de saturação nas correntes 2 e 4 não é imprescindível para a realização do ciclo.

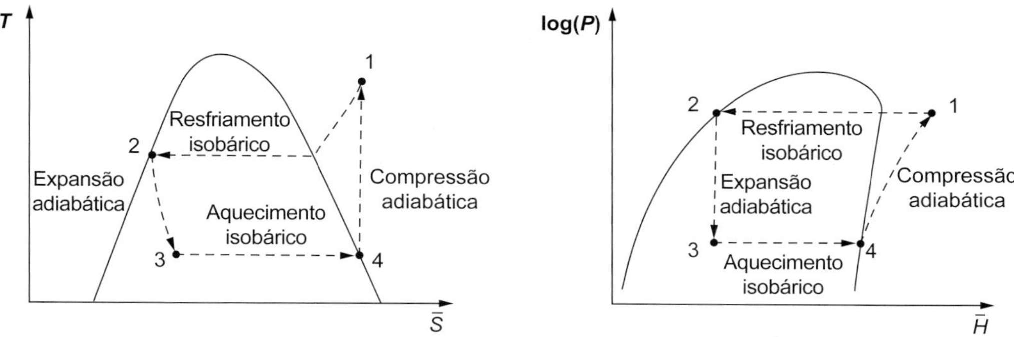

Figura 5.25 – Diagrama $T \times \bar{S}$ e $log(P) \times \bar{H}$ para um fluido em um ciclo de refrigeração por compressão qualquer.

Nesse ciclo, o desempenho medido pelo coeficiente de operação pode ser calculado como segue:

$$COP = \frac{\left|\overset{o}{Q}_{evaporador}\right|}{\left|\overset{o}{W}_{compressor}\right|} = \frac{\bar{H}_4 - \bar{H}_3}{\bar{H}_1 - \bar{H}_4} \quad (5.96)$$

c) *Bomba de calor*

A bomba de calor possui o mesmo princípio de funcionamento dos ciclos de refrigeração, ou seja, move o calor da fonte fria para a fonte quente por meio do gasto energético através do trabalho. Entretanto, a bomba de calor pode atuar tanto resfriando quanto aquecendo ambientes, por conta de uma válvula que muda a ordem dos trocadores de calor no ciclo. A inversão da ordem faz com que o trocador de calor que, na refrigeração, era dedicado à evaporação, passe a ser dedicado à condensação do fluido. Com a mudança, o ambiente que antes era refrigerado passa a ser aquecido pela rejeição de calor do ciclo.

Ao aquecer ambientes, os processos termodinâmicos no ciclo são os mesmos que na refrigeração. A diferença reside na taxa de calor útil na ótica do ciclo que não é mais o calor absorvido no evaporador, mas o calor rejeitado no condensador. O coeficiente de operação no caso de aquecimento de ambientes é definido como:

$$COP = \frac{\left|\overset{o}{Q}_{condensador}\right|}{\left|\overset{o}{W}_{compressor}\right|} = \frac{\bar{H}_1 - \bar{H}_2}{\bar{H}_1 - \bar{H}_4} \quad (5.97)$$

d) *Sistema de refrigeração a partir de uma fonte térmica*

Pode-se utilizar uma fonte térmica abundante, como o calor de combustão do gás natural ou a energia solar, para servir como fonte de energia em substituição à energia gasta no compressor, no sistema de refrigeração por compressão mostrado no item anterior.

O processo é feito em duas seções bem definidas, como mostrado na Figura 5.26: uma seção tradicional e uma seção de absorção. Na seção de absorção existe uma região de alta pressão e uma região de baixa pressão, separadas por uma bomba no sentido do ciclo, e uma válvula no sentido de reciclo. A fonte quente atua na seção de alta pressão.

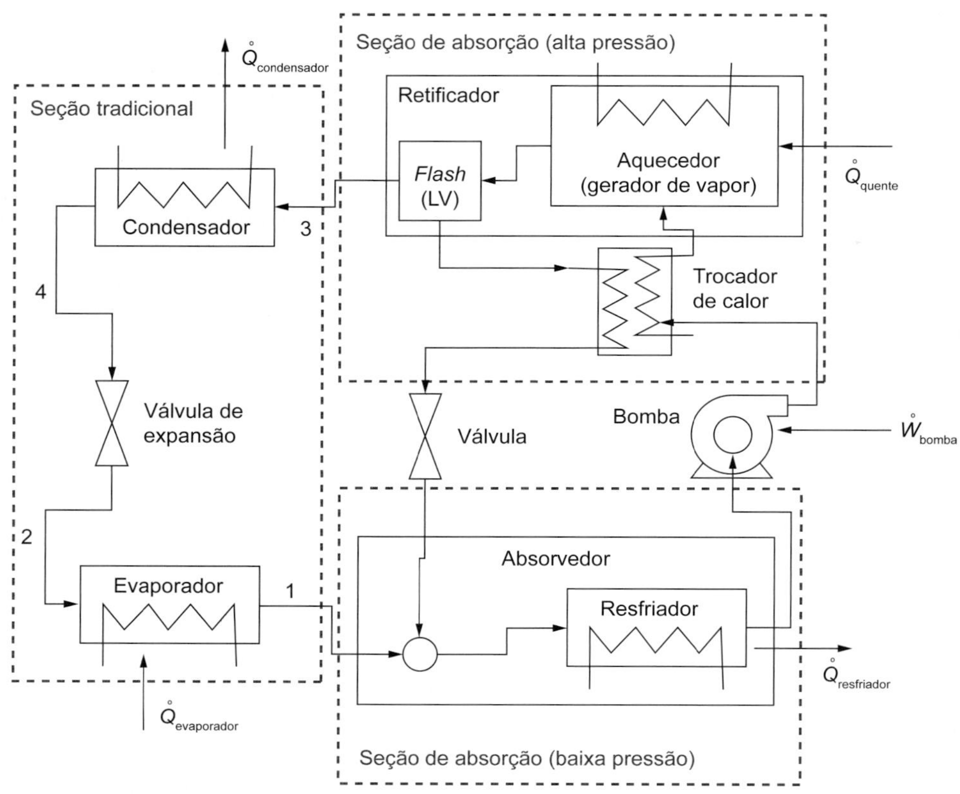

Figura 5.26 – Sistema de refrigeração por absorção de NH_3 em solução aquosa.

Esse sistema de refrigeração usa NH_3 quase puro na seção tradicional: a corrente em fase gás, com alta temperatura e alta pressão, atravessa um condensador, dissipando calor para o ambiente, e passa por uma válvula em que há redução da pressão, surgimento de vapor e redução da temperatura devido ao efeito Joule-Thomson; então, passa pelo evaporador, onde o fluido se torna totalmente vapor conforme absorve calor da câmara frigorífica.

Ao entrar na seção de absorção, a corrente de amônia é misturada com água líquida proveniente do reciclo da seção de absorção, e a amônia é absorvida na água líquida. A mistura entre água e amônia é exotérmica (i. e., entalpia de mistura negativa, conceito que será explorado no próximo capítulo); consequentemente, há aumento da temperatura no ponto de mistura, que é compensado por um resfriador a uma temperatura próxima do ambiente, com custo de operação desprezível.

A mistura líquida segue para a bomba para poder entrar na seção de alta pressão. Nesse caso, o custo de compressão de líquidos é bastante inferior ao da compressão de gases, apesar da compressão de uma vazão aumentada de água + amônia.

Um trocador de calor entre a água de reciclo e a solução bombeada proporciona um preaquecimento da solução que chega à seção de alta pressão, ou seja, uma medida de integração energética que visa aumentar a eficiência global do processo.

A solução pressurizada é aquecida a uma alta temperatura usando calor da fonte quente. Isso proporciona geração de vapor rico em amônia. Um retificador separa o vapor de amônia (quase) puro da fase líquida rica em água. A fase vapor segue para a seção tradicional, fechando o ciclo principal. A fase líquida é recirculada para o trocador de calor e passa por uma válvula para poder voltar à seção de baixa pressão, fechando o reciclo.

O coeficiente de desempenho para esse processo pode ser expresso como o calor útil que entra no evaporador dividido pela energia consumida: calor na fonte quente + trabalho na bomba (desprezando-se os custos associados à energia trocada no condensador da seção tradicional e no resfriador da seção de absorção):

$$COP = \frac{\left|\overset{o}{Q}_{\text{evaporador}}\right|}{\left|\overset{o}{Q}_{\text{quente}}\right| + \left|\overset{o}{W}_{\text{bomba}}\right|} \tag{5.98}$$

5.5.3 Processos de liquefação

A importância dos processos de liquefação advém do fato de que eles frequentemente são empregados em processos industriais que envolvem fluidos de difícil condensação, como amônia, metano e propano. De modo geral, os processos de liquefação pressurizam o fluido que se deseja liquefazer e só após a etapa de pressurização é que lhe é retirado o calor por meio de uma troca térmica. A liquefação de fluidos muitos voláteis a uma baixa pressão demanda que trocas térmicas envolvam temperaturas excessivamente baixas, e não é viável, industrialmente, ter uma corrente de utilidade em temperatura muito baixa. A solução envolve uma etapa de pressurização, de modo que se obtém o abaixamento necessário da temperatura por efeito Joule-Thomson.

a) Processo de Liquefação Linde

O processo de liquefação Linde está representado na Figura 5.27. Ele pode ser dividido em duas seções: uma de baixa pressão e outra de alta pressão. A seção de baixa pressão compreende a alimentação do fluido em estado gasoso, a etapa de mistura da corrente de alimentação com a corrente de vapor oriunda do trocador de calor entre as seções de alta e baixa pressão e o tanque de *flash*. Já a seção de alta pressão começa com a pressurização da corrente obtida da mistura da alimentação com a saída do trocador de calor entre as seções e segue para as duas etapas de resfriamento do fluido pressurizado: a troca de calor com uma utilidade fria e com a corrente gasosa oriunda do tanque de *flash*. A seção de alta pressão termina, então, com a despressurização do fluido, que retorna à pressão da alimentação ao passar por uma válvula, que tem o papel fundamental de redução de temperatura pelo efeito *JT*.

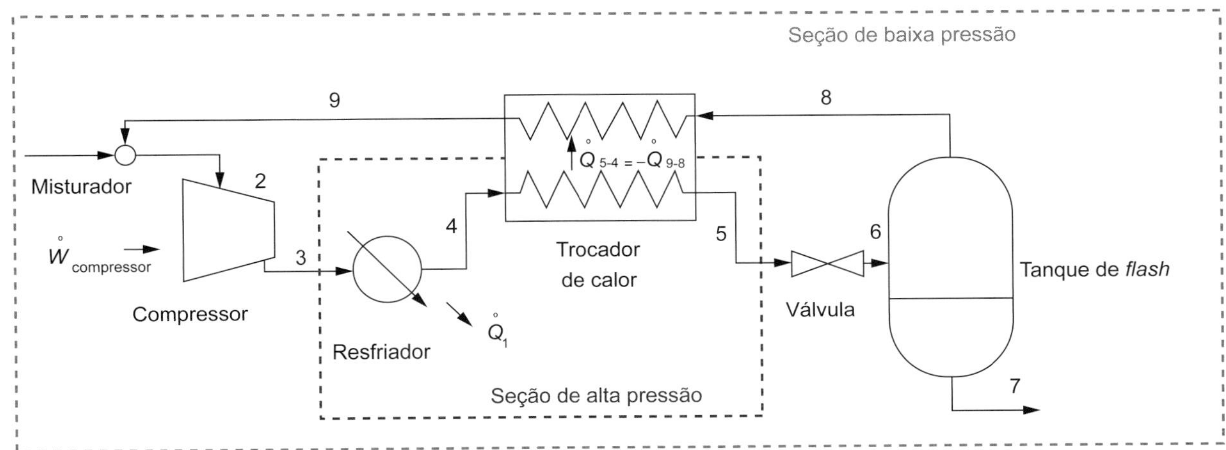

Figura 5.27 – Fluxograma de processo simplificado do processo de liquefação Linde.

A Figura 5.28 ilustra as correntes do processo Linde para um fluido qualquer no diagrama $\log(P) \times \overline{H}$.

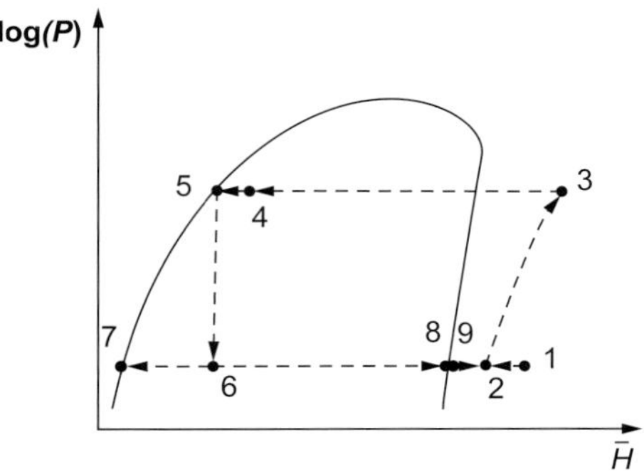

Figura 5.28 – Diagrama $\log(P) \times \overline{H}$ para um fluido em um processo de liquefação Linde qualquer.

As correntes 1, 2, 6, 7, 8 e 9 são as correntes de baixa pressão. As correntes 3, 4 e 5 são as correntes de alta pressão.

Processos similares ao de Linde são usados industrialmente para gerar pontos frios criogênicos.

Exemplo Resolvido 5.7

O processo contínuo de Linde pode ser utilizado industrialmente na produção de propeno líquido.

São dados:

Corrente 1 (gás de entrada): $T = 300$ K e $P = 2$ bar, taxa mássica de 10 kmol/s;

Corrente 3 (que sai do compressor): $P = 30$ bar, com eficiência do compressor a 100 %;

Corrente 9 (que sai do trocador de calor na seção de baixa pressão): $T = 260$ K;

Corrente 5 (que sai do trocador de calor na seção de alta pressão): L/V com 10 % de vapor (em base mássica);

Corrente 6 (que sai da válvula): $P = 2$ bar.

a) Determine as propriedades de todas as correntes de acordo com o diagrama $P \times \overline{H}$ de propeno disponível no Apêndice B.

b) Calcule a produção de propeno líquido e as taxas de trabalho e calor envolvidas no processo.

Resolução

a) Propriedades termodinâmicas.

Monta-se uma tabela de correntes × propriedades, e os dados fornecidos são anotados diretamente nela.

Primeiramente, pode-se ler no diagrama todas as propriedades da corrente 1, que já possui duas propriedades termodinâmicas intensivas especificadas: T e P.

$$\overline{H}_1 = 23 \text{ kJ/mol e } \overline{S}_1 = 95 \text{ J/(K mol)}$$

Nota-se que a corrente identificada está à direita do diagrama: estado físico (1) = vapor superaquecido.

Em seguida, pode-se identificar a pressão de todas as correntes, sabendo-se que existe uma seção de alta pressão e uma seção de baixa pressão, delimitadas por um compressor e uma válvula, com todos os demais equipamentos operando de forma isobárica.

$$P_2 = P_9 = P_7 = P_8 + P_6 = 2 \text{ bar e } P_4 = P_5 = P_3 = 30 \text{ bar}$$

A corrente 5 está em ELV na pressão de 30 bar, com fração vaporizada de 0,1; pode-se ler as propriedades de saturação e calcular as propriedades da corrente:

$$T_5 = T^{sat}(P_5) = 340 \text{ K}, \overline{H}_5^{L,sat} = 12{,}5 \text{ kJ/mol}, \overline{H}_5^{V,sat} = 22 \text{ kJ/mol}, \overline{S}_5^{V,sat} = 75 \text{ J/mol/K}$$

$$\overline{H}^{vap}(P_5) = \overline{H}_5^{V,sat} - \overline{H}_5^{L,sat} = 9{,}5 \frac{\text{kJ}}{\text{mol}}$$

$$\overline{S}_5^{L,sat} = \overline{S}_5^{V,sat} - \frac{\Delta\overline{H}^{vap}(P_5)}{T_5} = 47{,}059 \frac{\text{J}}{\text{K mol}}$$

$$\overline{H}_5 = \overline{H}_5^{L,sat}(1-\beta_5) + \overline{H}_5^{V,sat}(\beta_5) = 13{,}45 \frac{\text{kJ}}{\text{mol}}$$

$$\overline{S}_5 = \overline{S}_5^{L,sat}(1-\beta_5) + \overline{S}_5^{V,sat}\beta_5 = 49{,}853 \frac{\text{J}}{\text{K mol}}$$

Com relação à corrente 9, sabendo sua temperatura e pressão, lê-se no diagrama que:

$\overline{H}_9 = 20{,}5$ kJ/mol e $\overline{S}_9 = 85$ J/mol/K, estado físico (9) = vapor superaquecido.

A corrente 6, passando pela válvula, tem a mesma entalpia que a corrente 5:

$$\overline{H}_6 = \overline{H}_5 = 13{,}45 \text{ kJ/mol}$$

É possível ler as demais propriedades da corrente 6, sabendo sua entalpia e pressão. Nota-se que a corrente 6 está dentro do envelope bifásico.

$$T_6 = T^{sat}(P_6) = 241 \text{ K}, \overline{H}_6^{L,sat} = 1{,}75 \text{ kJ/mol}, \overline{H}_6^{V,sat} = 19 \text{ kJ/mol}, \overline{S}_6^{V,sat} = 80 \text{ J/mol/K}$$

$$\overline{H}^{vap}(P_6) = \overline{H}_6^{V,sat} - \overline{H}_6^{L,sat} = 17{,}25 \frac{\text{kJ}}{\text{mol}}$$

$$\beta_6 = \frac{\overline{H}_6 - \overline{H}_6^{L,sat}}{\overline{H}_6^{V,sat} - \overline{H}_6^{L,sat}} = 0{,}6783$$

$$\overline{S}_6^{L,sat} = \overline{S}_6^{V,sat} - \frac{\Delta\overline{H}^{vap}(P_6)}{T_6} = 8{,}4232 \frac{\text{J}}{\text{K mol}}$$

$$\overline{S}_6 = \overline{S}_6^{L,sat}(1-\beta_6) + \overline{S}_6^{V,sat}\beta_6 = 456{,}971 \frac{\text{J}}{\text{K mol}}$$

As correntes 7 e 8 possuem as propriedades do líquido e vapor saturados da pressão P_6, respectivamente.

$\overline{H}_7 = \overline{H}_6^{L,sat}$, $\overline{S}_7 = \overline{S}_6^{L,sat}$, $T_7 = T_6$, estado físico (7) = líquido saturado

$\overline{H}_8 = \overline{H}_6^{V,sat}$, $\overline{S}_8 = \overline{S}_6^{V,sat}$, $T_8 = T_6$, estado físico (8) = vapor saturado

O trocador de calor relaciona a diferença de entalpia entre as correntes 9-8 e 5-4, mas primeiro é preciso determinar a vazão delas.

Ao analisar o processo inteiro, vê-se que o balanço de massa global fornece $\overset{o}{m}_7 = \overset{o}{m}_1 = 10$ kmol/s.

Ao analisar o vaso de *flash*, tem-se que

$$\overset{o}{m}_6 = \overset{o}{m}_7 + \overset{o}{m}_8,\ \overset{o}{m}_7 = (1-\beta_6)\overset{o}{m}_6 \quad \Rightarrow \quad \overset{o}{m}_6 = \frac{\overset{o}{m}_7}{(1-\beta_6)} = 3{,}108 \times 10^4\ \frac{\text{mol}}{\text{s}}$$

e a corrente de vapor

$$\overset{o}{m}_8 = \overset{o}{m}_6 - \overset{o}{m}_7 = \beta_6\,\overset{o}{m}_6 = 2{,}108 \times 10^4\ \frac{\text{mol}}{\text{s}}$$

A taxa de calor que entra na corrente 8 é dada pela entalpia e vazão das correntes 9 e 8:

$$\overset{o}{Q}{}^{9-8} = \overset{o}{m}_8\,(\overline{H}_9 - \overline{H}_8) = 3{,}162 \times 10^4\ \frac{\text{kJ}}{\text{s}}$$

A taxa de calor que sai da corrente 8 é igual à que sai da corrente 4, ajustando a convenção de sinais:

$$\overset{o}{Q}{}^{5-4} = -\overset{o}{Q}{}^{9-8} = -3{,}162 \times 10^4\ \frac{\text{kJ}}{\text{s}}$$

A entalpia da corrente 4 pode ser determinada por:

$$\overline{H}_4 = \frac{\overset{o}{m}_5\,\overline{H}_5 - \overset{o}{Q}{}^{5-4}}{\overset{o}{m}_4} = 14{,}467\ \frac{\text{kJ}}{\text{mol}}$$

A seguir, a tabela de correntes *versus* propriedades completa.

	T [K]	P [bar]	$\overline{H}$ [kJ/mol]	$\overline{S}$ [J/mol/K]	estado físico, β	$\overset{o}{m}$ [kmol/s]
1	**300**	**2**	23,0	95,0	V,sup	**10,0**
2	288	2	21,304	88,217	V,sup	31,08
3	388	**30**	28,0	88,217	V,sup	31,08
4	340	30	14,467	52,845	ELV: 0,2071	31,08
5	340	30	13,45	49,853	**ELV: 0,1**	31,08
6	241	**2**	13,45	56,971	ELV: 0,6783	31,08
7	241	2	19,0	8,4232	L,sat	10,0
8	241	2	1,75	80,0	V,sat	21,08
9	**260**	2	20,5	85,0	V,sup	21,08

Os valores em negrito são os dados, os demais são os calculados.

b) Taxas de produção, calor e trabalho.

A produção de propeno líquido é a vazão da corrente 7: $\overset{o}{m}_7 = 10$ kmol/s.

A taxa de calor no resfriador e a taxa de trabalho no compressor são:

$$\overset{o}{Q}_{\text{resf}} = \overset{o}{m}_3\left(\overline{H}_4 - \overline{H}_3\right) = -4{,}206 \times 10^5\ \frac{\text{kJ}}{\text{s}} \text{ e } \overset{o}{W}_{\text{comp}} = \overset{o}{m}_2\left(\overline{H}_3 - \overline{H}_2\right) = 2{,}081 \times 10^5\ \frac{\text{kJ}}{\text{s}}$$

5.5.4 Efeitos de irreversibilidade em processos industriais

Os processos e ciclos industriais apresentados até aqui possuem apenas etapas reversíveis. Porém, efeitos de irreversibilidade nem sempre são negligenciáveis, tornando necessária a introdução de correções por meio de dados de eficiência de turbinas e compressores. Essas eficiências foram apresentadas nas Seções 5.4.5 e 5.4.6 como uma forma de lidar com o efeito da hipótese simplificadora de processo reversível sobre a descrição desses equipamentos. Aqui será estudada a forma de corrigir o cálculo e as consequências dessa correção sobre os diagramas $T \times \overline{S}$ e $P \times \overline{H}$ dos processos estudados.

A Figura 5.29 mostra diagramas $T \times \overline{S}$ e $P \times \overline{H}$ de um ciclo de Rankine que passa por uma expansão irreversível na turbina. A Segunda Lei da Termodinâmica, para processos irreversíveis, diz que:

$$dS > \frac{\delta Q}{T} \tag{5.99}$$

Portanto, a variação de entropia em processos de expansão adiabática irreversível deve ser maior que zero. Isso implica em um aumento de entropia entre os estados 1 e 2 mostrados no diagrama $T \times \overline{S}$, fazendo com que a curva que os une deixe de ser uma reta vertical. O efeito da irreversibilidade também é mostrado no diagrama $P \times \overline{H}$, diminuindo o trabalho obtido na turbina.

Uma vez especificado o estado inicial do fluido e a pressão final, o trabalho reversível obtido na turbina é o máximo possível. Pela definição da eficiência da turbina, sabe-se que:

$$\eta_T = \frac{|W_{\text{real}}|}{|W_{\text{rev}}|} \tag{5.100}$$

Assim, a definição da eficiência fornece a seguinte relação entre as entalpias dos estados 1, 2 e 2':

$$\boxed{\eta_T = \frac{\overline{H}_1 - \overline{H}_2}{\overline{H}_1 - \overline{H}_{2'}}} \tag{5.101}$$

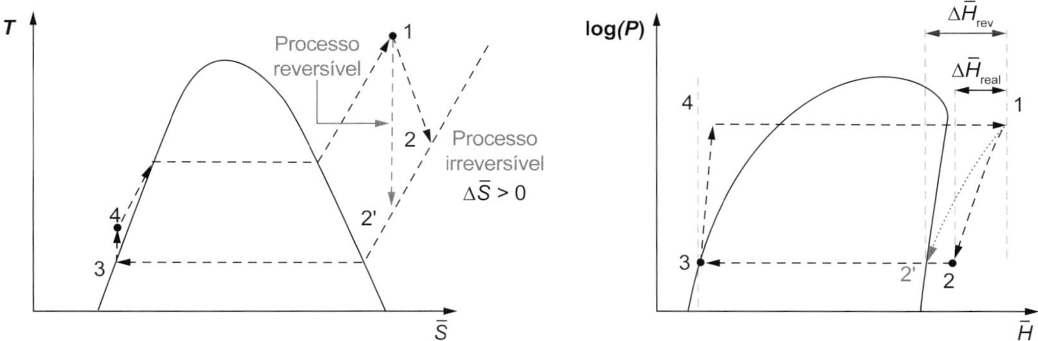

Figura 5.29 – Efeito de irreversibilidades na turbina nos estados das correntes de um ciclo Rankine nos diagramas $T \times \overline{S}$ e $P \times \overline{H}$.

Já no caso de ciclos de refrigeração e aquecimento, a principal fonte de irreversibilidade é o compressor. Os estados pelos quais passa um fluido em um ciclo de refrigeração por compressão com um compressor irreversível estão mostrados na Figura 5.30, nos diagramas $T \times \bar{S}$ e $P \times \bar{H}$. Como é possível observar, o processo também leva a um aumento de entropia. Entretanto, diferentemente da turbina, o trabalho relacionado à mudança de estado de 1 para 2 é maior que o de 1 para 2'.

Isso ocorre pois, no caso do compressor, o processo reversível delimita o trabalho mínimo para que um fluido atinja a pressão especificada a partir de um estado inicial qualquer. Assim, da definição de eficiência do compressor, sabe-se que:

$$\eta_C = \frac{|W_{\text{rev}}|}{|W_{\text{real}}|} \tag{5.102}$$

E, relacionando com os estados no diagrama $\log(P) \times \bar{H}$, obtém-se:

$$\boxed{\eta_C = \frac{\bar{H}_{2'} - \bar{H}_1}{\bar{H}_2 - \bar{H}_1}} \tag{5.103}$$

Os mesmos efeitos de irreversibilidade também são observados em bombas, mas em menor extensão. Além disso, apesar de esse raciocínio ter sido empregado apenas para o ciclo de Rankine e para a refrigeração por compressão, ele pode ser extrapolado para todos os processos industriais que envolvam equipamentos similares nos quais o efeito de irreversibilidade não seja desprezível.

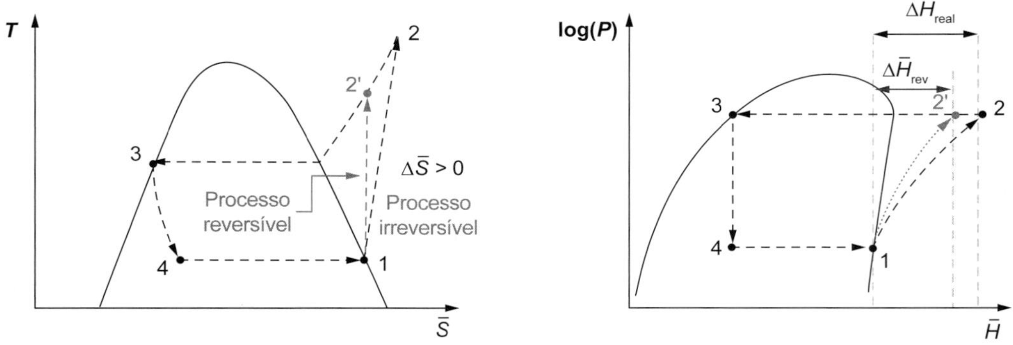

Figura 5.30 – Efeito de irreversibilidades no compressor nos estados das correntes de um ciclo de refrigeração por compressão nos diagramas $T \times \bar{S}$ e $P \times \bar{H}$.

Aplicação Computacional 5

Para uma corrente de água pura, passando pelo processo descrito na figura a seguir.

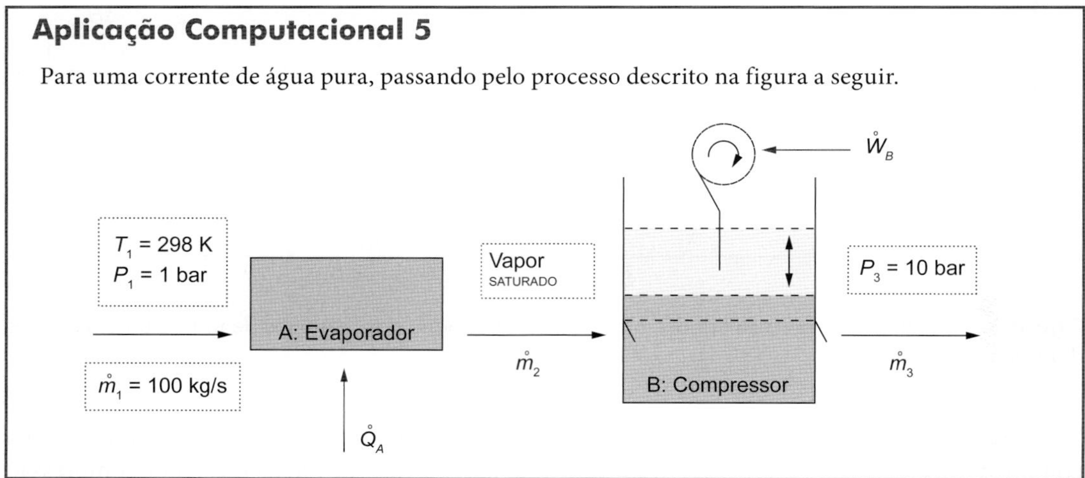

Utilize a equação de Peng-Robinson para determinar:

a) As propriedades termodinâmicas $\overline{V}_1$, P_2, T_2, $\overline{V}_2$, P_3, T_3, $\overline{V}_3$.

b) As variações de entalpia $\Delta\overline{H}_{21}$, $\Delta\overline{H}_{32}$, $\Delta\overline{S}_{21}$, $\Delta\overline{S}_{32}$ em cada etapa.

c) As taxas de calor e de trabalho envolvidas em cada etapa: Q_A e W_B.

Obs.: faça as hipóteses usuais e considere o caso limite do compressor operando reversivelmente.

Resolução

É possível utilizar os métodos de cálculo de pressão e volume da cúbica generalizada agrupados do Capítulo 3 e o método de cálculo de pressão de saturação agrupados do Capítulo 4.

Para resolver essa questão, é preciso implementar a equação de Peng-Robinson, descrita nas Tabelas 3.1 e 4.1, e o cálculo das propriedades das correntes de acordo com o que for especificado:

i) Dado T_1 e P_1, além da vazão mássica.

```
T1 = 298
P1 = 1e5
M1 = 100 #kg/s
```

Calcule a pressão de saturação na temperatura T_1

```
PSAT1 = calc_psat(T1,1e5, calc_v_cub_agua, calc_gres_agua)
PSAT1
#>>> 2640.82062402623
```

Observa-se que a pressão do sistema é maior que a pressão de saturação nessa temperatura, logo, o sistema é líquido sub-resfriado. Vamos calcular o volume considerando que é líquido e as propriedades $\overline{H}$ e $\overline{S}$ e de líquido:

```
VL1,VV1,n1 = calc_v_cub_agua(T1,P1)
V1 = VL1
V1
#>>> 2.1233733119521092e-05
```

Para calcular a entalpia nessa corrente, é necessário estabelecer uma referência. De posse de uma equação de estado, a referência mais prática é usar o gás ideal em dado T e dado P. Como temperatura e pressão de referência, considere 298 K e 1 bar, respectivamente.

Então, as entalpias e entropias reais podem ser calculadas com uma contribuição de entalpia e entropia de gás ideal em relação à referência arbitrada, e uma contribuição de propriedades residuais (real – gás ideal às mesmas T e P). As contribuições de gás ideal são feitas a partir da integral das correlações de C_P de gás ideal e da equação de gás ideal $\overline{V}=RT/P$.

A entalpia do gás ideal em dado T, em relação a essa temperatura de referência (T_{ref}), é dada pela integração da função C_P:

$$C_P^{gi}/R = A + B\,(T[\mathrm{K}]) + C\,(T[\mathrm{K}])^2 + D\,/(T[\mathrm{K}])^2$$

Os parâmetros do Apêndice D são utilizados para a água:

```
A1 = 3.470
B1 = 1.450e-3
C1 = 0
D1 = 0.121e5
```

Programando como função, tem-se:

```
def func_Hgi(t):
  T0 = 298.
  Hgi = ( r*(A1*(t-T0)+(B1/2)*(t**2-T0**2)
        + (C1/3)*(t**3-T0**3)+(D1)*(t**(-1)-T0**(-1)))
        )
  return Hgi
```

A entropia do gás ideal em dada temperatura, em relação à temperatura de referência, é dada pela integração da função C_p^{gi}/T em dT e em relação à pressão de referência pela integração de $-R/P$ em dP.

```
def func_Sgi(t,p):
  T0 = 298.#K
  P0 = 1e5#Pa
  Sgi = ( r*(A1*np.log(t/T0)+B1*(t-T0)+(C1/2)*(t**2-T0**2)
        - (D1/2)*(t**(-2)-T0**(-2)))-r*np.log(p/P0)
        )
  return Sgi
```

Enquanto as propriedades residuais para a cúbica generalizada são dadas por

```
def func_Hres(t,v):
  alpha = f_alpha_pr(t,tc,wpitzer)
  a = ac*alphap = calc_p_cub(t,v, a,b,r, sig, eps)
  z = p*v/r/t
  q = a/b/r/t
  I = (1/(sig-eps))*(np.log((v+sig*b)/(v+eps*b)))
  dadT = func_dadT(t)
  Hres = r*t*(z-1+(t*dadT/a-1)*q*I)
  return Hres
```

e

```
def func_Sres(t,v):
  alpha = f_alpha_pr(t,tc,wpitzer)
  a = ac*alpha3
  p = calc_p_cub(t,v, a,b,r, sig, eps)
  z = p*v/r/tq = a/b/r/t
  I = (1/(sig-eps))*(np.log((v+sig*b)/(v+eps*b)))
  dadT = func_dadT(t)
  beta = b*p/r/t
  Sres = r*(np.log(z-beta)+(t*dadT/a)*q*I)
  return Sres
```

com

```
def func_dadT(t):
  kappa_pr = 0.37464+1.54226*wpitzer - 0.26992*wpitzer**2
  alpha = f_alpha_pr(t,tc,wpitzer)
  tr = t/tc
  dadTr = -1*ac*np.sqrt(alpha/tr)*kappa_pr
  dadT = dadTr/tc
  return dadT
```

Assim, as propriedades reais (contribuições residual e de gás ideal juntas) em relação à referência arbitrada são:

```
def func_Hreal(t,v):
  Hres = func_Hres(t,v)
  Hgi = func_Hgi(t)
  return Hres+Hgi
```

e

```
def func_Sreal(t,v):
  p = calc_p_cub(t,v, a,b,r, sig, eps)
  Sgi = func_Sgi(t,p)
  Sres = func_Sres(t,v)
  Sreal = Sres+Sgi
  return Sreal
```

Essas funções são aplicadas na condição da corrente (1)

```
H1 = func_Hreal(T1,V1)
H1
#>>> -45758.09985738868
```

e

```
S1 = func_Sreal(T1,V1)
S1
#>>>-123.34050796833714
```

ii) Realizando a hipótese do evaporador isobárico, $P_2 = P_1$.

Dado que a corrente (2) é vapor saturado, calcula-se a T_2 como sendo a temperatura de saturação em P_2, a partir do critério de igualdade da energia de Gibbs residual e de um método numérico adequado. Uma opção é usar a ferramenta de *solver* para encontrar a temperatura em que o método "calc_psat_agua" já implementado retorna pressão de saturação igual à pressão especificada.

```
def calc_tsat(p_spec,t_est):
  def func_RES(v):
    t = v[0]
    psat = calc_psat_agua(t,p_spec)
    res = [ psat-p_spec ]
    return res
  ans = opt.root(func_RES, [t_est])
  tsat = ans.x[0]
  return tsat
```

A temperatura obtida é de

```
calc_Tsat(1e5)
#>>> 375.28
```

Com T e P determinados, pode-se calcular o volume molar na condição (2), assumindo vapor:

```
VL2,VV2,n2 = calc_v_cub_agua(T2,P2)
V2 = VV2
V2
#>>> 0.030851125842827107
```

Em seguida, é possível determinar as demais propriedades da corrente (2):

```
H2 = func_Hreal(T2,V2)
H2 #J/mol
>>> 2369.7913170332567
```

e

```
S2 = func_Sreal(T2,V2)
S2 #J/mol/K
>>> 7.5917479398423104
```

No evaporador, o trabalho é zero. Por hipótese, tem-se que o calor vem da Primeira Lei para sistemas em escoamento $Q = \Delta\overline{H}^{2-1}$.

```
Q = H2-H1 #J/mol
Q
>>>50522.34087333733
```

A potência térmica é dada pelo produto do calor por unidade de mol vezes vazão molar:

```
fmas = 100 #kg/s
fmol = 100/ 18e-3 #kg/s * kg/mol
fmol #mol/s
#>>> 5555.55 mol/s
```

a potência térmica é

```
PotT = Q*fmol
PotT
#>>> 23737717319.1233 #J/s
```

Ajustando a escala,

```
PotT/1e9
#>>> 23.7377173191233 # x1e9 J/s
```

O resultado corresponde a 26,7 GW.

A partir da hipótese de que o compressor é isentrópico ($\Delta\overline{S}^{3-2}=0$, $\overline{S}_2 = \overline{S}_3$) e com sua pressão especificada, a temperatura T_3 pode ser resolvida encontrando a raiz de $\overline{S}(T_3, P_3) = \overline{S}(T_2, P_2)$, programada como função resíduo da seguinte forma:

```
P3 = 1e6
S3 = S2
def RES(T3):
  VL3,VV3,n3 = calc_v_cub_agua(T3,P3)
  return func_Sreal(T3,VV3)-S3
ans = opt.root(RES,T2)
T3 = ans.x[0]
T3
#>>> 645.7989169319299
```

Então, as propriedades $\overline{V}_3$ e $\overline{H}_3$ podem ser calculadas analogamente:

```
VL3,VV3,n3 = calc_v_cub_agua(T3,P3)
V3 = VV3
V3
#>>> 0.005275421930203939
```

```
H3 = func_Hreal(T3,V3)
H3
#>>> 11524.230218554148
```

A variação de entalpia $\Delta\bar{H}^{3-2}$ e o trabalho no compressor W são dados pela Primeira Lei, considerando o processo adiabático:

$$W = \Delta\bar{H}^{3-2}$$

```
W = H3-H2 #J/mol
W
#>>> 9154.43890152089
```

A potência elétrica é dada pelo produto do trabalho, por unidade de mol, multiplicado pela vazão molar:

```
PotE = W*fmol
PotE
#>>> 5085799389.733829 #J/s
```

Ajustando a escala,

```
PotE/1e9
#>>> 5.085799389733829 # x1e9 J/s
```

O resultado corresponde a 5,09 GW.

A versão completa do código para resolver essa questão está disponível no material suplementar.

EXERCÍCIOS PROPOSTOS

Conceituação

5.1 É possível afirmar que o balanço de energia para sistemas abertos, que vem da Primeira Lei da Termodinâmica, é diferente do balanço que vem da Lei de Conservação de Energia em Mecânica dos Fluidos?

5.2 Para um líquido incompressível em processo de compressão ou expansão isentrópica, pode-se afirmar que não haverá variação considerável de temperatura?

5.3 Para uma corrente em equilíbrio líquido-vapor contendo 90 % de líquido em processo de expansão em válvula isentálpica, pode-se afirmar que não haverá variação considerável de temperatura?

5.4 Misturadores de correntes (trocadores de calor de contato direto) podem ser usados para misturar correntes de vapor com correntes de líquido, desde que estejam sob as mesmas pressões?

5.5 É possível afirmar que trocadores de calor sempre trabalham de forma isotérmica?

5.6 É possível afirmar que em um condensador, trabalhando com fluido puro em equilíbrio líquido-vapor, o volume molar do líquido que condensa será sempre constante ao longo do equipamento?

5.7 É possível afirmar que a potência de compressão, taxa de trabalho gasto, será menor em compressores de dois estágios, em comparação a apenas um estágio?

5.8 É possível afirmar que, para uma turbina que trabalha com eficiência de 70 %, a corrente de saída tem entropia igual a 70 % da entropia de entrada?

5.9 É possível afirmar que, com o intuito de resfriar a cozinha, pode-se abrir a porta da geladeira?

5.10 Com relação aos equipamentos de ar-condicionado do tipo *split*, pode-se afirmar que seu princípio de funcionamento é completamente diferente do funcionamento dos equipamentos de ar-condicionado de parede?

Cálculos e problemas

5.1 Duas correntes de etanol a 5 bar, uma de líquido saturado e a outra a 150 °C, são misturadas adiabaticamente em um processo em estado estacionário.
Determine a razão entre as vazões materiais das correntes de entrada do misturador para que a corrente de saída seja vapor saturado.

T_c	C_P^V/R (a 5 bar)	P^{sat} (T)
514 K	11	$\ln\left(P^{sat}[\text{kPa}]\right)=16,7-\dfrac{3674}{T[°\text{C}]+226}$

Use a equação de Kistiakowsky.

5.2 A figura a seguir mostra o processo de produção de A gasoso a partir de A em estado de líquido-vapor a 20 atm, contendo 40 % de vapor. No processo, 500 cm³/min de A são produzidos a 10 atm e temperatura T_3 e a corrente (2) está 50 graus acima da saturação. Calcule a temperatura T_3 e a taxa de calor envolvida no processo.

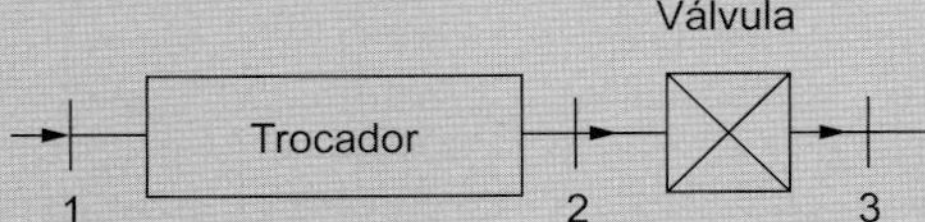

Utilize a expansão do Virial em pressão, com um termo, parâmetro B dado por:

$$B\left[\text{m}^3\text{mol}^{-1}\right]=2\times10^{-4}-3\times10^{-4}/T[\text{K}]$$

$$T_C=507,1\text{K};\ P_C=30\ \text{atm};\ P^{sat}[\text{atm}]=30\exp\left(7,0-\frac{3550}{T[\text{K}]}\right)$$

$$C_P\left(20\ \text{atm}\right)[\text{cal/mol/K}]=5,0+0,02\,T[\text{K}]$$

5.3 Pretende-se encher um tanque de 2,0 m³ com HFC-134a a partir de um reservatório cujas propriedades não variam durante o enchimento (1 MPa e 130 °C). Inicialmente, o tanque contém vapor saturado de HFC-134a a 25 °C. Qual deve ser o calor trocado para que a massa final dentro do tanque seja de 100 kg de HFC-134a?

5.4 Em um refrigerador por compressão de vapor de HFC-134a, o compressor tem eficiência de 100 %, o condensador fornece líquido a 40 °C e 2,0 MPa, o evaporador fornece vapor saturado a −10 °C e a potência frigorífica é 1 MJ/min. Calcule as propriedades termodinâmicas de todas as correntes, a vazão mássica do refrigerante, a taxa de trabalho e o coeficiente de desempenho da máquina.

5.5 O processo contínuo de Linde pode ser utilizado industrialmente na produção de propeno líquido.

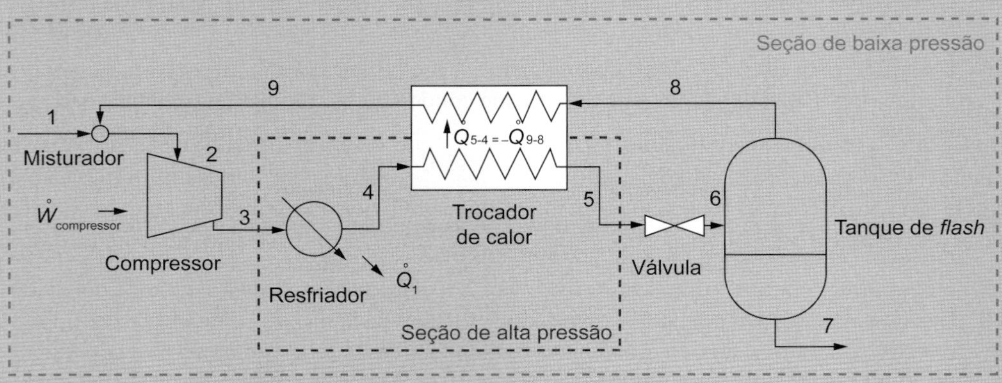

São dados:

Corrente 1 (gás de entrada): $T = 320$ K e $P = 2$ bar, taxa mássica de 20.000 mol/s.

Corrente 3 (que sai do compressor): $P = 30$ bar, eficiência do compressor de 100 %.

Corrente 9: T = 260 K.

Corrente 5: *L/V* com 15 % de vapor (em base mássica).

Corrente 6: P = 2 bar.

a) Indique todas as correntes no diagrama de propeno.

b) Calcule a produção de propeno líquido e as taxas de trabalho e calor envolvidas no processo.

5.6 O vapor de água gerado em uma planta de potência, na pressão de 8600 kPa e na temperatura de 500 °C, é alimentado em uma turbina. Ao sair da turbina, entra em um condensador a 10 kPa, onde é condensado tornando-se líquido saturado, que é então bombeado para a caldeira.

Considere a turbina com dois estágios: pressão intermediária de 4000 kPa e aquecimento intermediário com Q = 300 kJ/kg.

a) Calcule as propriedades termodinâmicas ($\overline{H}$, $\overline{S}$, $\overline{V}$, T, P) e a fração de vapor β de todas as correntes.

b) Qual é a eficiência de um ciclo de Rankine operando nessas condições?

c) Qual é a eficiência térmica de um ciclo real operando nessas condições se a eficiência da turbina for igual a 0,75 e a eficiência da bomba for igual a 1?

d) Quais são a vazão de vapor e as taxas de calor na caldeira e no condensador necessárias para se obter uma potência elétrica de 80.000 kW no ciclo real (eficiências dos equipamentos dadas no item c)?

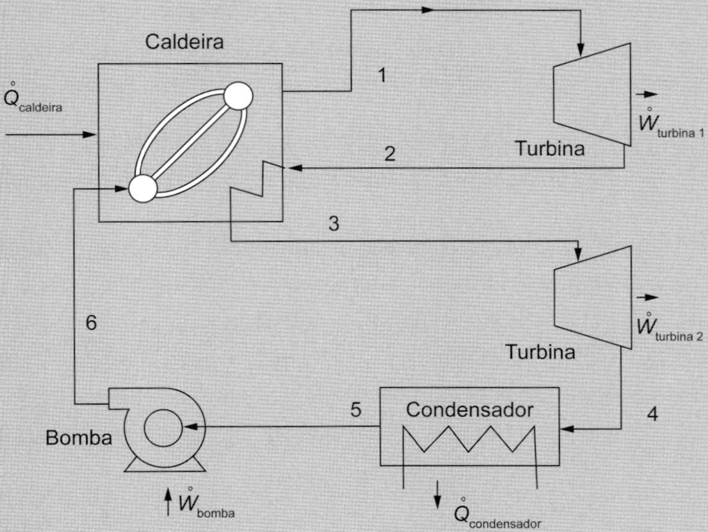

5.7 Considere ar escoando com temperatura de 44,1 °C e pressão de 1,2 bar. O ar passa por um bocal convergente, com diâmetro de entrada de 0,110 m e diâmetro de saída de 0,025 m. Assuma o comportamento de gás ideal com capacidade calorífica constante de 29,12 J/mol/K. Determine a temperatura e pressão de saída se a velocidade de entrada for de 5,6 m/s.

5.8 Uma corrente de 20 mol/s, na condição de 10 bar e 350 K, passa por uma turbina gerando outra corrente na pressão de 0,1 bar. Determine a temperatura na saída do compressor, a entropia molar e a entalpia molar das correntes, e as taxas de calor e trabalho no compressor.

Use a equação do Virial com o parâmetro B constante $B\left[m^3\ mol^{-1}\right] = 4,4\times10^{-4}$ e a capacidade calorifica de gás ideal $C_P^{gi} = 29$ J/mol/K.

5.9 Um tanque de 100 m^3 contém metano acondicionado na pressão de 10 bar e 298 K. Abre-se uma válvula que descarrega metano do tanque adiabaticamente, alimentando um processo, até que a pressão no tanque atinja 5 bar. Qual é a temperatura do tanque ao final do processo? Utilize o diagrama $P \times \overline{H}$ do metano disponível no Apêndice B.

5.10 Em uma bomba de calor por compressão de vapor de HFC-134a, o compressor tem eficiência de 80 %, o condensador fornece líquido a 7 °C e 1 MPa, o evaporador fornece vapor saturado a −13 °C e a potência de aquecimento é 1 MJ/min. Calcule as propriedades termodinâmicas de todas as correntes, a vazão mássica do refrigerante, a taxa de trabalho e o coeficiente de desempenho da máquina.

Resumo de equações

- *Balanço de energia* $\frac{dU_{VC}}{dt} + \Delta^{S-E}\left[\mathring{m}\overline{H} + \mathring{m}\frac{v^2}{2} + \mathring{m}gz\right] = \mathring{Q} + \mathring{W}_V + \mathring{W}_R$

- *Tabela de equipamentos*

Equipamento	**Hipóteses comuns**	**Função primária**
Caldeira/Aquecedor	isobárico, $\mathring{W} = 0$	$\mathring{Q} > 0$
Condensador/Resfriador	isobárico, $\mathring{W} = 0$	$\mathring{Q} < 0$
Válvula	$\mathring{Q} = 0$, $\mathring{W} = 0$, [isentálpica]	$P_{saída} < P_{entrada}$
Bomba/Compressor ideal	$\mathring{Q} = 0$, reversível [isentrópica]	$P_{saída} > P_{entrada}$
real	$\eta_{compressor} = \frac{\mathring{W}_{rev}}{\mathring{W}_{real}} = \frac{\Delta^{S-E}\overline{H}_{rev}}{\Delta^{S-E}\overline{H}_{real}}$	$\mathring{W} > 0$
Turbina/Turbo expansor ideal	$\mathring{Q} = 0$, reversível [isentrópica]	$P_{saída} < P_{entrada}$
real	$\eta_{turbina} = \frac{\mathring{W}_{real}}{\mathring{W}_{rev}} = \frac{\Delta^{S-E}\overline{H}_{real}}{\Delta^{S-E}\overline{H}_{rev}}$	$\mathring{W} < 0$
Misturador	$\mathring{Q} = 0$, $\mathring{W} = 0$, isobárico	$\mathring{m}_{saída} = \sum_i \mathring{m}_{entrada[i]}$ $H_{saída} = \sum_i H_{entrada[i]}$
Divisor	$\mathring{Q} = 0$, $\mathring{W} = 0$, isobárico	$\sum_i \mathring{m}_{saída[i]} = \mathring{m}_{entrada}$ $\overline{H}_{saída[i]} = \overline{H}_{entrada}$
Vaso *flash* (1 componente)	$T\beta$ ou $P\beta$ ou $T\mathring{Q}$ ou $P\mathring{Q}$	$\overline{H}_{saídaV} = \overline{H}^{V,sat}$ $\overline{H}_{saídaL} = \overline{H}^{L,sat}$ $\left(\mathring{m}\overline{H}\right)_{saídaL} + \left(\mathring{m}\overline{H}\right)_{saídaV} = \left(\mathring{m}\overline{H}\right)_{entrada} + \mathring{Q}$

■ *Ciclo de potência*

Potência térmica: $Pot_Q = \left|\overset{\circ}{Q}_{caldeira}\right|$

Potência elétrica: $Pot_E = \left|\overset{\circ}{W}_{turbina}\right| - \left|\overset{\circ}{W}_{bomba}\right|$

Eficiência do ciclo de potência: $\eta = \dfrac{\left|\overset{\circ}{W}_{turbina}\right| - \left|\overset{\circ}{W}_{bomba}\right|}{\left|\overset{\circ}{Q}_{caldeira}\right|}$

■ *Ciclo de refrigeração*

Potência frigorífica: $Pot_F = \left|\overset{\circ}{Q}_{evaporador}\right|$

Potência elétrica: $Pot_E = \left|\overset{\circ}{W}_{compressor}\right|$

Coeficiente de operação: $COP = \dfrac{\left|\overset{\circ}{Q}_{evaporador}\right|}{\left|\overset{\circ}{W}_{compressor}\right|}$

CAPÍTULO 6

Propriedades Termodinâmicas de Misturas

Neste capítulo, serão calculadas as propriedades termodinâmicas de sistemas multicomponentes, como entalpia e entropia. Além disso, serão apresentadas equações de estado para sistemas multicomponentes, que podem ser usadas para calcular propriedades de mistura em fase fluida (gases e líquidos). Também, serão mostradas outras formas úteis de calcular propriedades de fases condensadas, como propriedades em excesso.

6.1 RELAÇÕES ENTRE PROPRIEDADES PARA MISTURAS

6.1.1 Relação Fundamental da Termodinâmica

Em um sistema com mais de um componente, as propriedades termodinâmicas são funções da quantidade de mols de cada espécie presente, como segue:

$$n\bar{U} = n\bar{U}\left(n\bar{S}, n\bar{V}, N_1, N_2, ..., N_C\right) = U\left(S, V, \underline{N}\right) \tag{6.1}$$

Sendo C o número total de componentes presentes no sistema. Assim, a derivada total da energia interna de um sistema pode ser escrita como na Equação (6.2).

$$d\left(n\bar{U}\right) = \left(\frac{\partial\left(n\bar{U}\right)}{\partial\left(n\bar{S}\right)}\right)_{n\bar{V},\underline{N}} d\left(n\bar{S}\right) + \left(\frac{\partial\left(n\bar{U}\right)}{\partial\left(n\bar{V}\right)}\right)_{n\bar{S},\underline{N}} d\left(n\bar{V}\right) + \sum_i^C \left(\frac{\partial\left(n\bar{U}\right)}{\partial\left(N_i\right)}\right)_{n\bar{V},n\bar{S},N_{j\neq i}} dN_i \tag{6.2}$$

Pela relação fundamental em termos de energia interna – apresentada no Capítulo 2 para um só componente –, é possível substituir as derivadas parciais por outras propriedades termodinâmicas, no caso temperatura e pressão:

$$\left(\frac{\partial\left(n\bar{U}\right)}{\partial\left(n\bar{S}\right)}\right)_{n\bar{V},\underline{N}} = \left(\frac{\partial U}{\partial S}\right)_{V,\underline{N}} = T \tag{6.3}$$

$$\left(\frac{\partial\left(n\bar{U}\right)}{\partial\left(n\bar{V}\right)}\right)_{n\bar{S},\underline{N}} = \left(\frac{\partial U}{\partial V}\right)_{S,\underline{N}} = -P \tag{6.4}$$

Além disso, a definição de potencial químico introduzida no Capítulo 2 é estendida para uma espécie i dentro de um sistema multicomponente, conforme a seguir:

$$\left(\frac{\partial(n\bar{U})}{\partial N_i}\right)_{n\bar{V},n\bar{S},N_{j\neq i}} = \left(\frac{\partial U}{\partial N_i}\right)_{V,S,N_{j\neq i}} = \mu_i \tag{6.5}$$

Desse modo, a Equação (6.2) é reescrita da seguinte forma:

$$dU = TdS - PdV + \sum_i^C \mu_i dN_i \tag{6.6}$$

Esta é a relação fundamental da termodinâmica reescrita para um sistema fechado contendo mais de uma espécie química, para a energia interna, em suas coordenadas naturais: S, V, $\underline{N}$.

6.1.2 Potenciais termodinâmicos

Demonstrações análogas podem ser feitas para a relação fundamental quando esta é expressa em termos de entalpia, energia de Gibbs ou energia de Helmholtz.

Entalpia

A partir da definição de entalpia:

$$n\bar{H} = n\bar{U} + P(n\bar{V}) \tag{6.7}$$

$$d(n\bar{H}) = d(n\bar{U}) + (n\bar{V})dP + Pd(n\bar{V}) \tag{6.8}$$

Utilizando a Equação (6.6) para a energia interna:

$$dH = TdS + VdP + \sum_i^C \mu_i dN_i \tag{6.9}$$

Em suas coordenadas naturais: S, P, $\underline{N}$.

Energia de Helmholtz

A partir da definição de energia livre de Helmholtz:

$$n\bar{A} = n\bar{U} - T(n\bar{S}) \tag{6.10}$$

$$d(n\bar{A}) = d(n\bar{U}) - (n\bar{S})dT - Td(n\bar{S}) \tag{6.11}$$

Utilizando a Equação (6.6) para a energia interna:

$$dA = -SdT - PdV + \sum_i^C \mu_i dN_i \tag{6.12}$$

Em suas coordenadas naturais: T, V, $\underline{N}$.

Energia de Gibbs

A partir da definição de energia de Gibbs:

$$n\bar{G} = n\bar{H} - T\left(n\bar{S}\right) = n\bar{U} + Pn\bar{V} - Tn\bar{S} \tag{6.13}$$

$$d\left(n\bar{G}\right) = d\left(n\bar{U}\right) + Pd\left(n\bar{V}\right) + \left(n\bar{V}\right)dP - \left(n\bar{S}\right)dT - Td\left(n\bar{S}\right) \tag{6.14}$$

Utilizando a Equação (6.6) para a energia interna:

$$\boxed{dG = -SdT + VdP + \sum_{i}^{C} \mu_i dN_i} \tag{6.15}$$

Em suas coordenadas naturais: T, P, $\underline{N}$.

6.1.3 Potencial químico

O *potencial químico* de uma espécie i é uma grandeza intensiva, tipo campo, que está presente em todas as principais relações demonstradas anteriormente neste capítulo. Portanto, ele pode ser obtido a partir das Equações (6.6), (6.10), (6.14) e (6.15), da derivada parcial das grandezas energia interna, entalpia, energia de Helmholtz e energia de Gibbs, respectivamente, se certas variáveis foram mantidas constantes. As expressões do potencial químico estão condensadas na Equação (6.6):

$$\boxed{\begin{aligned}\mu_i = \left(\frac{\partial\left(n\bar{U}\right)}{\partial N_i}\right)_{n\bar{V},n\bar{S},N_{i\neq j}} &= \left(\frac{\partial\left(n\bar{H}\right)}{\partial N_i}\right)_{n\bar{S},P,N_{i\neq j}} \\ = \left(\frac{\partial\left(n\bar{A}\right)}{\partial N_i}\right)_{T,n\bar{V},N_{i\neq j}} &= \left(\frac{\partial\left(n\bar{G}\right)}{\partial N_i}\right)_{T,P,N_{i\neq j}}\end{aligned}} \tag{6.16}$$

Entretanto, a expressão do potencial químico a partir da energia de Gibbs será a mais utilizada ao longo dos próximos capítulos. Isso se dá porque o potencial químico terá importância no cálculo de propriedades termodinâmicas, no equilíbrio de fases e no equilíbrio químico, transformações físicas e químicas que ocorrem a temperatura e pressão constantes, tornando a energia de Gibbs uma propriedade termodinâmica conveniente para a descrição desses fenômenos.

6.2 PROPRIEDADES PARCIAIS MOLARES

Para descrições de fenômenos físicos e químicos em misturas, é conveniente definir um novo tipo de propriedade: as propriedades parciais molares. A propriedade parcial molar de uma espécie i relaciona a variação de uma propriedade extensiva $n\bar{M}$ qualquer à adição de uma quantidade infinitesimal do componente i, mantendo constantes T e P. Dado que a propriedade extensiva seja $n\bar{M} = n\bar{M}\left(T,P,N_1,N_2,...,N_C\right) = M\left(T,P,N_1,N_2,...,N_C\right)$, a propriedade parcial molar $\bar{M}_i$ é definida como:

$$\bar{M}_i = \left(\frac{\partial\left(n\bar{M}\right)}{\partial N_i}\right)_{T,P,N_{i\neq j}} \tag{6.17}$$

A notação para a forma parcial molar de uma propriedade termodinâmica é identificada pela barra acima do símbolo da propriedade e pelo índice de componente (i).

Essa definição pode ser aplicada para qualquer potencial termodinâmico, como a entalpia:

$$\bar{H}_i = \left(\frac{\partial\left(n\bar{H}\right)}{\partial N_i}\right)_{P,T,N_{i\neq j}} \tag{6.18}$$

ou outras propriedades termodinâmicas extensivas, como o volume:

$$\bar{V}_i = \left(\frac{\partial\left(n\bar{V}\right)}{\partial N_i}\right)_{P,T,N_{i\neq j}} \tag{6.19}$$

Entretanto, a forma parcial molar é igual ao potencial químico do componente apenas no caso da energia de Gibbs, como pode ser comprovado na Equação (6.15):

$$\bar{G}_i = \left(\frac{\partial\left(n\bar{G}\right)}{\partial N_i}\right)_{P,T,N_{i\neq j}} = \mu_i \tag{6.20}$$

Evidencia-se o potencial químico da espécie i como a grandeza parcial molar que relaciona a variação da energia de Gibbs molar do sistema com a adição infinitesimal da espécie i a temperatura e pressão constantes.

6.3 TEOREMA DE EULER E EQUAÇÕES DE GIBBS-DUHEM

É possível extrair relações entre as propriedades parciais molares e as propriedades molares totais de uma mistura. Dada uma propriedade M qualquer para a qual vale $M\left(T,P,\underline{N}\right)=n\bar{M}$, pode-se escrever sua derivada total da seguinte maneira:

$$dM = d\left(n\bar{M}\right) = \left(\frac{\partial\left(n\bar{M}\right)}{\partial T}\right)_{P,\underline{N}} dT + \left(\frac{\partial\left(n\bar{M}\right)}{\partial P}\right)_{T,\underline{N}} dP + \sum_i^C \left(\frac{\partial\left(n\bar{M}\right)}{\partial N_i}\right)_{T,P,N_{i\neq j}} dN_i \tag{6.21}$$

Nas duas primeiras derivadas parciais, o número de mols da mistura (n) que multiplica a propriedade molar da mistura é constante, já que o vetor $\underline{N}$ é constante. Isso somado à definição de propriedade parcial molar leva à Equação (6.22):

$$d\left(n\bar{M}\right) = n\left(\frac{\partial\bar{M}}{\partial T}\right)_{P,\underline{N}} dT + n\left(\frac{\partial\bar{M}}{\partial P}\right)_{T,\underline{N}} dP + \sum_i^C \bar{M}_i dN_i \tag{6.22}$$

Pode-se propor uma mudança de variáveis de C variáveis $\{N_i\}$ para $C + 1$ variáveis $\{x_i, n\}$ sujeitas a 1 restrição, $\sum_{i=1}^{C} x_i = 1$, logo, mantendo o número de graus de liberdade igual a C. Essa transformação é dada pelas duas equações a seguir:

$$n = \sum_{i=1}^{C} N_i \tag{6.23}$$

$$x_i = N_i/n \tag{6.24}$$

em que n é o número de mols total, e x_i é a fração molar do componente i.

Como $\bar{M}$ e $\bar{M}_i$ são propriedades termodinâmicas intensivas, elas só devem depender de propriedades intensivas, podendo ser expressas como $f(T, P, \underline{x})$, em vez de $f(T, P, \underline{x}, n)$. Pensando em uma integração da equação diferencial acima (Eq. 6.22), a T e P constantes, $dT = 0$, $dP = 0$, e seguindo um caminho de integração à composição constante, em que cada variação dN_i possa ser representada por $x_i dn$, temos que qualquer $\bar{M}_i(T, P, \underline{x})$ é constante. Avaliando essa integral indo de $n_{\text{inicial}} = 0$, em que o valor de qualquer propriedade extensiva $M = n\bar{M} = 0$, até $n_{\text{final}} = n$, tem-se uma variação total de M igual a:

$$\int_0^n d\left(n\bar{M}\right) = \int_0^n \sum_i^C \bar{M}_i dN_i \tag{6.25}$$

$$\bar{M}\int_0^n dn = \sum_i^C \bar{M}_i x_i \int_0^n dn \tag{6.26}$$

$$\bar{M}n = \sum_i^C \bar{M}_i x_i n \tag{6.27}$$

$$\boxed{\bar{M} = \sum_i^C x_i \bar{M}_i} \tag{6.28}$$

$$\boxed{M = \sum_i^C N_i \bar{M}_i} \tag{6.29}$$

Teorema de Euler

As Equações (6.28) e (6.29) estabelecem uma relação entre a propriedade intensiva e a propriedade extensiva de uma mistura com as propriedades parciais molares dos componentes.

Partindo delas, é possível estabelecer uma relação entre as propriedades parciais molares de cada componente i e as propriedades intensivas tipo campo:

$$n\bar{M} = \sum_i^C N_i \bar{M}_i \tag{6.30}$$

$$d\left(n\bar{M}\right) = d\left(\bar{M}\sum_i^C N_i\right) = \sum_i^C N_i d\bar{M}_i + \sum_i^C \bar{M}_i dN_i \tag{6.31}$$

Substituindo a Equação (6.31) na Equação (6.22), tem-se que:

$$\sum_i^C N_i d\bar{M}_i + \cancel{\sum_i^C \bar{M}_i dN_i} = n\left(\frac{\partial \bar{M}}{\partial P}\right)_{T,\underline{N}} dP + n\left(\frac{\partial \bar{M}}{\partial T}\right)_{P,\underline{N}} dT + \cancel{\sum_i^C \bar{M}_i dN_i} \tag{6.32}$$

Chega-se, finalmente, à equação de Gibbs-Duhem em variáveis extensivas:

$$n\left(\frac{\partial \bar{M}}{\partial P}\right)_{T,\underline{x}} dP + n\left(\frac{\partial \bar{M}}{\partial T}\right)_{P,\underline{x}} dT - \sum_{i}^{C} N_i d\bar{M}_i = 0 \tag{6.33}$$

E, após os procedimentos de cálculo infinitesimal, ao dividir por n não nulo, para um sistema com massa finita:

$$\left(\frac{\partial \bar{M}}{\partial P}\right)_{T,\underline{x}} dP + \left(\frac{\partial \bar{M}}{\partial T}\right)_{P,\underline{x}} dT - \sum_{i}^{C} x_i d\bar{M}_i = 0 \tag{6.34}$$

Equação de Gibbs-Duhem

A temperatura e pressão constantes, essa relação se torna, então:

$$\sum_{i}^{C} x_i d\bar{M}_i = 0 \quad (T \text{ e } P \text{ constantes}) \tag{6.35}$$

Uma das principais aplicações da Equação de Gibbs-Duhem é para a energia de Gibbs. Tomando $\bar{M} = \bar{G}$, a Equação (6.34) para a energia de Gibbs é reescrita da seguinte forma:

$$\bar{V}dP - \bar{S}dT - \sum_{i}^{C} x_i d\mu_i = 0 \tag{6.36}$$

$$\sum_{i}^{C} x_i d\mu_i = 0 \quad (T \text{ e } P \text{ constantes}) \tag{6.37}$$

Isso significa que o potencial químico de uma espécie em uma mistura não pode se alterar, independentemente dos potenciais químicos dos outros componentes em uma mesma temperatura e pressão. Em uma mistura binária, por exemplo, se ao variar a composição o potencial químico de uma espécie aumenta, o potencial químico da outra deve diminuir. As variações entre os potenciais químicos devem obedecer à seguinte relação:

$$d\mu_B = -\frac{N_A}{N_B} d\mu_A \tag{6.38}$$

6.4 PROPRIEDADES DE MISTURA

Outra definição importante no estudo de sistemas multicomponentes é o conceito de propriedade de mistura. Uma determinada propriedade de mistura ΔM (extensiva) é definida como a diferença entre a propriedade da mistura, $M = n\bar{M}$, e a soma das propriedades dos componentes puros, $M_i^{o} = N_i \bar{M}_i^{o}$, nas mesmas temperatura, pressão e proporção de componentes (T, P, $\underline{N}$). Sua forma matemática é a seguinte:

$$\Delta M = M - \sum_{i}^{C} N_i \bar{M}_i^{o} \tag{6.39}$$

Propriedade de mistura extensiva

Ou, em termos de propriedades intensivas $\Delta\bar{M} = \Delta M/n$:

$$\boxed{\Delta\bar{M} = \bar{M} - \sum_{i}^{C} x_i \bar{M}_i^{\text{o}}} \tag{6.40}$$

Propriedade de mistura intensiva

Essa é uma definição conveniente, pois, a partir dela, as propriedades molares da mistura podem ser expressas por meio da propriedade de mistura e das propriedades dos componentes puros.

$$\bar{M} = \Delta\bar{M} + \sum_{i}^{C} x_i \bar{M}_i^{\text{o}} \tag{6.41}$$

A Figura 6.1 ilustra o significado de *propriedade de mistura* aqui definido. Nota-se que $\bar{M}_i^{\text{o}}$ é a propriedade molar do componente i puro na mesma T e P do sistema.

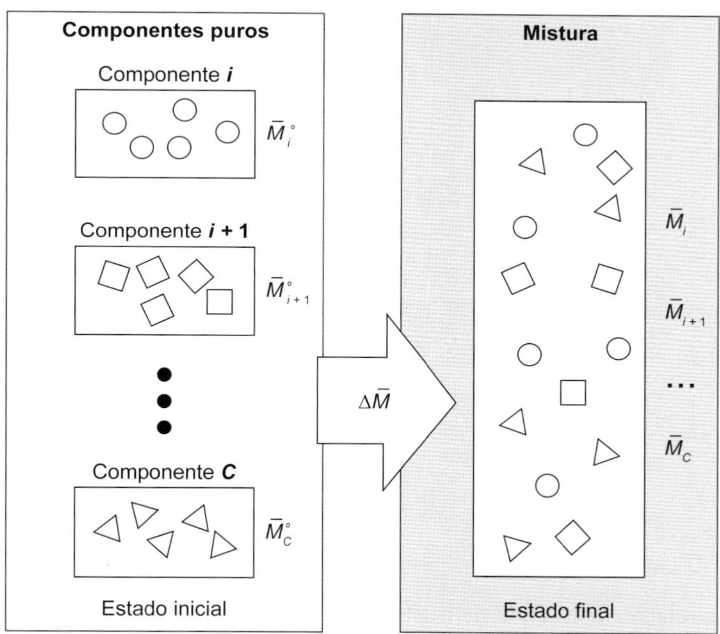

Figura 6.1 – Representação dos estados inicial e final de um processo de mistura com propriedades dos componentes puros, propriedades de mistura e propriedades parciais molares nas mesmas condições (T, P, $\underline{N}$).

A partir dessa definição (Eq. (6.41)), é possível relacionar o valor das propriedades de mistura como energia de Gibbs, entalpia e entropia ao potencial químico das espécies nela presentes. Sabendo que a energia de Gibbs molar da mistura é obtida pela soma das energias parciais molares dos componentes, como mostra a Equação (6.28), tem-se que:

$$\Delta\bar{G} = \sum_{i}^{C} x_i \bar{G}_i - \sum_{i}^{C} x_i \bar{G}_i^{\text{o}} = \sum_{i}^{C} x_i \left(\mu_i - \mu_i^{\text{o}}\right) \tag{6.42}$$

Dividindo a expressão pelo produto *RT*, a equação se transforma em:

$$\frac{\Delta\bar{G}}{RT}=\sum_{i}^{C}x_i\left(\frac{\mu_i-\mu_i^{o}}{RT}\right) \tag{6.43}$$

Sabendo que:

$$\bar{H}=-RT^2\left(\frac{\partial\left(\bar{G}/RT\right)}{\partial T}\right)_{P,\underline{x}} \tag{6.44}$$

$$\bar{H}_i=-RT^2\left(\frac{\partial\left(\mu_i/RT\right)}{\partial T}\right)_{P,\underline{x}} \tag{6.45}$$

$$\bar{S}=-\left(\frac{\partial\bar{G}}{\partial T}\right)_{P,\underline{x}} \tag{6.46}$$

$$\bar{S}_i=-\left(\frac{\partial\left(\mu_i\right)}{\partial T}\right)_{P,\underline{x}} \tag{6.47}$$

$$\bar{V}=\left(\frac{\partial\bar{G}}{\partial P}\right)_{T,\underline{x}} \tag{6.48}$$

$$\bar{V}_i=\left(\frac{\partial\mu_i}{\partial P}\right)_{T,\underline{x}} \tag{6.49}$$

Definida essa relação, a entalpia de mistura e a entropia de mistura são obtidas pela derivação da expressão de $\Delta\bar{G}/RT$. Para a entalpia, entropia e volume molar:

$$\Delta\bar{H}=-RT^2\left(\frac{\partial\left(\Delta\bar{G}/RT\right)}{\partial T}\right)_{P,\underline{x}}=-RT^2\sum_{i}^{C}x_i\left[\frac{\partial\left(\frac{\mu_i-\mu_i^{o}}{RT}\right)}{\partial T}\right]_{P,\underline{x}} \tag{6.50}$$

$$\Delta\bar{S}=-\left(\frac{\partial\Delta\bar{G}}{\partial T}\right)_{P,\underline{x}}=-\sum_{i}^{C}x_i\left[\frac{\partial\left(\mu_i-\mu_i^{o}\right)}{\partial T}\right]_{P,\underline{x}} \tag{6.51}$$

$$\Delta\bar{V} = \left(\frac{\partial \Delta\bar{G}}{\partial P}\right)_{T,\underline{x}} = \sum_{i}^{C} x_i \left[\frac{\partial\left(\mu_i - \mu_i^{o}\right)}{\partial P}\right]_{T,\underline{x}} \tag{6.52}$$

De modo geral, podem-se definir propriedades de mistura em relação a um estado de referência qualquer, como a T e V fixos, mas a forma apresentada com T e P fixos será mais diretamente aplicável nos cálculos de equilíbrio de fases tratados neste material.

Em geral, equações de estado calorimétricas não são utilizadas, ou seja, modelos que descrevem os graus de liberdade intramoleculares e a escala completa de energia e entropia, por exemplo, na forma de expressões como $U(T, V, \underline{N})$ e $S(T, V, \underline{N})$ ou como $A(T, V, \underline{N})$. São utilizadas as equações de estado volumétricas $P(T, V, \underline{N})$ e, a partir delas, não é possível prever capacidades caloríficas de fluidos reais nem determinar o potencial químico na escala completa. Faz-se necessário estabelecer uma referência útil para o cálculo de capacidades caloríficas relativas e potencial químico relativo. Conforme comentado no Capítulo 4, o estado de gás ideal, obtido quando $P \to 0$ (e $\bar{V} \to \infty$), é uma referência prática, visto que as equações de estado permitem determinar C_P e C_V em relação ao gás ideal (capacidades caloríficas residuais) para qualquer $(T, \bar{V})$ ou (T, P). As capacidades caloríficas de gases ideais em função de T podem ser determinadas a partir de experimentos com gases rarefeitos ou cálculos quânticos. Em contrapartida, a referência de $P = 0$ não é conveniente para o cálculo de potencial químico, uma vez que a diferença $\mu(T, P) - \mu(T, P_0 = 0)$ é singular.

$$\mu(T,P) - \mu(T,P_0 = 0) = RT\ln\left(\frac{P}{P_0 = 0}\right) = \infty \tag{6.53}$$

Para reverter essa situação, definem-se propriedades residuais, na convenção isobárica, como a diferença do valor de determinada propriedade entre a condição do fluido real e a condição do fluido que obedece ao comportamento de gás ideal, na mesma pressão do sistema (i. e., maior que zero), mesma temperatura e mesma quantidade de cada componente. Desse modo, o potencial químico residual é uma parte da escala do potencial químico que será útil para os cálculos de equilíbrio de fases.

Assim será definida uma escala transformada do potencial químico, chamada fugacidade, que permitirá calcular o equilíbrio de fases para misturas a partir das equações de estado volumétricas $P(T, V, \underline{N})$ para fluidos, e das definições de propriedades residuais (isobáricas); complementarmente, será possível utilizar capacidade calorífica de gás ideal juntamente com as propriedades residuais para fazer cálculos que envolvam balanço de energia, assim como no tratamento das substâncias puras.

Para definir fugacidade, tanto para substância pura quanto para misturas, primeiramente se discute mistura ideal, que vai servir para a elaboração de uma estratégia para modelar misturas reais.

A partir das propriedades residuais $\bar{U}^R$ $\bar{H}^R$ e $\bar{S}^R$ e das capacidades caloríficas de gás ideal, foram geradas estratégias de cálculo de $\Delta M = M(T,P,\underline{N}) - M(T_0,P_0,\underline{N})$ para cada uma delas. Agora, a partir da combinação com o conceito de mistura ideal para a referência de gases ideais, será possível elaborar estratégias de cálculo para $\Delta M = M(T,P,\underline{N}) - \sum_i M_i^{o}(T,P,N_i)$. Viu-se, também, como $\bar{G}^R$ permite determinar a condição de equilíbrio LV de substâncias puras; em seguida, será visto como $\bar{G}^R$, aplicado a misturas, e sua correspondente parcial molar $\bar{G}_i^R$, juntamente com o conceito de mistura ideal para a referência de gases ideais, expressas por meio da definição de fugacidade, permitirão equacionar condições de equilíbrio de fases de misturas de forma muito prática.

6.5 MISTURA IDEAL

No estudo de misturas, é conveniente definir um novo modelo ideal englobando sistemas multicomponentes. Para isso, introduz-se o conceito de mistura ideal. Em uma mistura ideal, a energia potencial proveniente de interações intermoleculares entre todas as espécies em solução é igual, de forma que não há diferença de interações entre moléculas de um fluido puro, rodeadas de moléculas semelhantes, ou em uma solução ideal.

Com base na termodinâmica estatística, esse conceito é definido matematicamente pela seguinte relação entre o potencial químico de uma espécie pura (μ_i^{o}) e o potencial químico dessa mesma espécie em solução ideal (μ_i^{id}):

$$\boxed{\mu_i^{\mathrm{id}} = \mu_i^{\mathrm{o}} + RT\ln(x_i)} \tag{6.54}$$

Como consequência, é possível deduzir expressões de propriedades de mistura características de misturas ideais. No caso da energia de Gibbs de mistura, tem-se que:

$$\Delta\bar{G}^{\mathrm{id}} = \sum_i^C x_i\left(\mu^{\mathrm{id}}{}_i - \mu_i^{\mathrm{o}}\right) = \sum_i^C x_i\left(\mu_i^{\mathrm{o}} + RT\ln(x_i) - \mu_i^{\mathrm{o}}\right) = RT\sum_i^C x_i\ln(x_i) \tag{6.55}$$

Para a entalpia de mistura, a partir da Equação (6.50) é possível mostrar que:

$$\Delta\bar{H}^{\mathrm{id}} = -RT^2\left(\frac{\partial\left(\Delta\bar{G}^{\mathrm{id}}/RT\right)}{\partial T}\right)_{P,\underline{x}} = -RT^2\left(\frac{\partial\sum_i^C x_i\ln(x_i)}{\partial T}\right)_{P,\underline{x}} = 0 \tag{6.56}$$

E, similarmente, para a entropia de mistura:

$$\Delta\bar{S}^{\mathrm{id}} = -\left(\frac{\partial\Delta\bar{G}^{\mathrm{id}}}{\partial T}\right)_{P,\underline{x}} = -\left(\frac{\partial RT\sum_i^C x_i\ln(x_i)}{\partial T}\right)_{P,\underline{x}} = -R\sum_i^C x_i\ln(x_i) \tag{6.57}$$

Por fim, para volume:

$$\Delta\bar{V}^{\mathrm{id}} = \left(\frac{\partial\Delta\bar{G}^{\mathrm{id}}}{\partial P}\right)_{T,\underline{x}} = \left(\frac{\partial RT\sum_i^C x_i\ln(x_i)}{\partial P}\right)_{T,\underline{x}} = 0 \tag{6.58}$$

De forma condensada, as quatro propriedades de mistura para uma mistura ideal são:

$$\boxed{\frac{\Delta\bar{G}^{\mathrm{id}}}{RT} = \sum_i^C x_i\ln(x_i)} \tag{6.59}$$

$$\boxed{\frac{\Delta\bar{H}^{\mathrm{id}}}{RT} = 0} \tag{6.60}$$

$$\frac{\Delta \bar{S}^{\text{id}}}{R} = -\sum_{i}^{C} x_i \ln(x_i) \tag{6.61}$$

$$\Delta \bar{V}^{\text{id}} = 0 \tag{6.62}$$

Das expressões deduzidas, é possível notar que, para uma mistura ideal (mistura de substâncias semelhantes), a entropia de mistura é positiva e a energia de Gibbs de mistura é negativa em qualquer proporção dos componentes. Como a condição de equilíbrio a (T, P, $\underline{N}$) é o mínimo de energia de Gibbs, misturas de substâncias semelhantes são sempre estáveis em comparação a fases separadas com os componentes puros.

Também é importante notar que, em uma mistura ideal, a propriedade parcial molar de um componente é igual à propriedade molar do componente puro para propriedades relacionadas apenas com interações energéticas entre as substâncias $\left(\bar{M}_i^{\text{id}} = \bar{M}_i^{\text{o}}\right)$. Exemplos de propriedades desse tipo são volume molar, entalpia molar e energia interna molar, entre outras. Para propriedades que tenham informação entrópica (p. ex., entropia, energia de Helmholtz ou energia de Gibbs), a grandeza parcial molar da mistura não é igual à do componente puro, mesmo na mistura ideal $\left(\bar{M}_i^{\text{id}} \neq \bar{M}_i^{\text{o}}\right)$.

6.6 FUGACIDADE E COEFICIENTE DE FUGACIDADE

A fugacidade é uma grandeza usada na modelagem de misturas por conta de duas razões principais: a igualdade de fugacidades é equivalente à igualdade de potenciais químicos; e a fugacidade pode ser obtida a partir de propriedades $P\bar{V}T$ de misturas. Essas duas características decorrem dos dois aspectos fundamentais da definição de fugacidade:

i) A fugacidade pode ser entendida como uma outra escala de energia de Gibbs parcial molar (i. e., potencial químico), uma vez que a variação da energia de Gibbs parcial molar de um dado componente, adimensionada pelo produto RT, deve ser, pela sua definição, equivalente à variação do logaritmo da fugacidade.
ii) A fugacidade de um componente deve se aproximar do valor da pressão parcial $P_i = x_i P$, quando o sistema tende ao comportamento de gás ideal (i. e., densidade tende a zero).

As duas características estão expressas matematicamente a seguir para componentes puros:

$$\begin{cases} d\left(\mu_i^{\text{o}}/RT\right) = d\ln\left(f_i^{\text{o}}\right); \ (\text{a } T \text{ constante}) \\ \lim\limits_{P \to 0} \dfrac{f_i^{\text{o}}}{P} = 1 \end{cases} \tag{6.63}$$

Para misturas, a definição é análoga:

$$\begin{cases} d\left(\mu_i/RT\right) = d\ln\left(\hat{f}_i\right) \ (\text{a } T \text{ e } \underline{x} \text{ constantes}) \\ \lim\limits_{P \to 0} \dfrac{\hat{f}_i}{x_i P} = 1 \end{cases} \tag{6.64}$$

O modificador acento circunflexo (^) identifica uma grandeza associada a um componente i em particular, na condição de mistura, que não seja uma propriedade parcial molar, i. e., não existe uma grandeza f tal que a fugacidade seja dada como derivada parcial de f em relação a N_i, com T e P constantes.

É importante notar que, por definição, a fugacidade do componente i no estado de gás ideal é equivalente à sua pressão parcial.

$$\hat{f}_i^{\text{gi}} = x_i P \tag{6.65}$$

Já no caso de um componente i puro em estado de gás ideal, vale a seguinte igualdade, análoga à Equação (6.65):

$$f_i^{\text{gi,o}} = P \tag{6.66}$$

Partindo da Equação (6.64) e realizando uma integração entre duas condições arbitrárias, [1] e [2], com mesma T e mesma composição:

$$\mu_i^{[1]} - \mu_i^{[2]} = RT \ln\left(\frac{\hat{f}_i^{[1]}}{\hat{f}_i^{[2]}}\right) \tag{6.67}$$

No caso de a condição [1] ser o fluido nas condições de interesse e a condição [2] ser o fluido na condição teórica de gás ideal à mesma T e P (i. e., interações intermoleculares "desligadas"), surge a seguinte relação:

$$\mu_i - \mu_i^{\text{gi}} = RT \ln\left(\frac{\hat{f}_i}{x_i P}\right) \tag{6.68}$$

A razão entre a fugacidade e a pressão do sistema leva, então, à definição do coeficiente de fugacidade. Para substâncias puras, ele é dado por:

$$\boxed{\phi^{\text{o}}{}_i = \frac{f_i^{\text{o}}}{P} = \exp\left(\frac{\mu_i^{\text{o}} - \mu_i^{\text{gi,o}}}{RT}\right)} \tag{6.69}$$

E a relação entre os potenciais químicos para misturas, da Equação (6.68), fornece:

$$\boxed{\hat{\phi}_i = \frac{\hat{f}_i}{x_i P} = \exp\left(\frac{\mu_i - \mu_i^{\text{gi}}}{RT}\right)} \tag{6.70}$$

6.6.1 Coeficiente de fugacidade e propriedades residuais

Uma particularidade da definição de fugacidade que a torna muito útil é a sua relação com a energia de Gibbs residual. A diferença de energia de Gibbs do componente i em uma mistura de fluidos reais pode ser expressa da seguinte forma:

$$\overline{G}_i = \overline{G}_i^{\text{gi}} + RT \ln\left(\frac{\hat{f}_i}{x_i P}\right) \tag{6.71}$$

Porém, convém notar que a noção de propriedade residual estabelece a seguinte igualdade:

$$\bar{G}_i^R = \bar{G}_i - \bar{G}_i^{gi} \tag{6.72}$$

Dessa forma, a Equação (6.71) se torna:

$$\bar{G}_i^R = RT\ln\left(\frac{\hat{f}_i}{x_i P}\right) \tag{6.73}$$

Se a fugacidade for substituída pelo produto pressão, coeficiente de fugacidade e fração molar ($x_i\hat{\phi}_i P$), da Equação (6.70), a Equação (6.73) pode ser simplificada. Finalmente, surge uma relação direta entre o coeficiente de fugacidade e a energia de Gibbs residual molar.

$$\bar{G}_i^R = RT\ln\left(\hat{\phi}_i\right) \tag{6.74}$$

A Equação (6.74) pode, então, ser reescrita conforme a seguir, em termos da definição de propriedades parciais molares:

$$\boxed{\ln\hat{\phi}_i = \left(\frac{\partial\left(n\bar{G}^R/RT\right)}{\partial N_i}\right)_{P,T,N_{j\neq i}}} \tag{6.75}$$

Isso significa que o coeficiente de fugacidade pode ser calculado se forem conhecidas as relações entre as propriedades $P\bar{V}T$ da mistura em questão, uma vez que a energia de Gibbs residual molar pode ser obtida a partir de equações de estado, conforme visto no Capítulo 3.

Considerando que $\bar{G}^R = \bar{A}^{R,\text{isoV}} + P\bar{V} - RT - RT\ln Z$, é possível mostrar que o coeficiente de fugacidade também pode ser deduzido a partir da energia de Helmholtz residual isométrica por:

$$\ln\hat{\phi}_i = \left(\frac{\partial\left(n\bar{A}^{R,\text{isoV}}/RT\right)}{\partial N_i}\right)_{T,V,N_{j\neq i}} - \ln Z \tag{6.76}$$

Essa é a forma mais usada para equações de estado avançadas, com desenvolvimento fortemente associado ao *ensemble* canônico $A(T, V, \underline{N})$.

Exemplo Resolvido 6.1

Demonstre expressões para o cálculo dos coeficientes de fugacidade em misturas como integrais de propriedades parciais molares ($\bar{V}_i, \bar{Z}_i$) em P para uso com equações de estado explícitas em $\bar{V}(T,P)$.

Resolução

Retomando o cálculo de energia de Gibbs residual, sabe-se que:

$$\frac{\bar{G}^R}{RT} = \int_0^P (Z-1)\frac{dP}{P} \quad \Rightarrow \quad \frac{n\bar{G}^R}{RT} = \int_0^P (nZ-n)\frac{dP}{P}$$

Aplicando a derivada parcial com respeito a N_i, mantendo P, T, $N_{j\neq i}$ constantes, obtém-se a seguinte expressão para o coeficiente de fugacidade do componente i na mistura:

$$\ln\hat{\phi}_i = \int_0^P \left(\frac{\partial(nZ-n)}{\partial N_i}\right)_{P,T,N_{j\neq i}} \frac{dP}{P} \quad \Rightarrow \quad \ln\hat{\phi}_i = \int_0^P \left(\bar{Z}_i - 1\right)\frac{dP}{P}$$

$$\ln\hat{\phi}_i = \frac{1}{RT}\int_0^P \left[\bar{V}_i - \frac{RT}{P}\right]_{T,\underline{x}} dP \tag{6.77}$$

Essa equação será útil para aplicação na equação de estado com expansão em P e para discutir uma aproximação usada em cálculo de equilíbrio de fases no Capítulo 7.

6.6.2 Fugacidade como critério de equilíbrio

Nesta seção, será introduzido o conceito de fugacidade, e a sua utilização como critério de equilíbrio de fases será apontada como uma de suas vantagens. Para demonstração dessa característica, parte-se das condições de equilíbrio em um sistema multicomponente. No Capítulo 2, foi demonstrado que, para o equilíbrio de fases de uma substância pura, devem ser satisfeitas as seguintes condições:

$$\begin{cases} T^\alpha = T^\beta \\ P^\alpha = P^\beta \\ \mu^\alpha = \mu^\beta \end{cases} \tag{6.78}$$

Para sistemas multicomponentes sem reação, isso continua sendo verdade, com a ressalva de que surgem tantas igualdades de potencial químico quantas forem as espécies presentes no sistema. Além disso, o potencial químico passa a ser uma função das frações molares em cada fase. A Equação (6.79) lista as condições necessárias para o equilíbrio entre duas fases quaisquer:

$$\begin{cases} T^\alpha = T^\beta \\ P^\alpha = P^\beta \\ \mu_i^\alpha\left(T,P,\underline{x}^\alpha\right) = \mu_i^\beta\left(T,P,\underline{x}^\beta\right) \quad \text{para } i=[1\ldots C] \end{cases} \tag{6.79}$$

Entretanto, uma das formas de expressar a fugacidade estabelece que:

$$\mu_i\left(T,P,\underline{x}\right) = \mu_i^{\text{gi}}\left(T,P,\underline{x}\right) + RT\ln\left(\frac{\hat{f}_i}{x_i P}\right) \tag{6.80}$$

Escrevendo essa expressão para o componente i nas duas fases, α e β, tem-se que:

$$\mu_i^\alpha\left(T,P,\underline{x}^\alpha\right) = \mu_i^{\text{gi}}\left(T,P,\underline{x}^\alpha\right) + RT\ln\left(\frac{\hat{f}_i^\alpha}{x_i^\alpha P}\right) \tag{6.81}$$

$$\mu_i^\beta\left(T,P,\underline{x}^\beta\right)=\mu_i^{gi}\left(T,P,\underline{x}^\beta\right)+RT\ln\left(\frac{\hat{f}_i^\beta}{x_i^\beta P}\right) \tag{6.82}$$

A igualdade de potenciais químicos do componente i nas duas fases leva, então, a:

$$\mu_i^\alpha\left(T,P,\underline{x}^\alpha\right)=\mu_i^\beta\left(T,P,\underline{x}^\beta\right) \tag{6.83}$$

$$\mu_i^{gi}\left(T,P,\underline{x}^\alpha\right)+RT\ln\left(\frac{\hat{f}_i^\alpha}{x_i^\alpha P}\right)=\mu_i^{gi}\left(T,P,\underline{x}^\beta\right)+RT\ln\left(\frac{\hat{f}_i^\beta}{x_i^\beta P}\right) \tag{6.84}$$

$$\mu_i^{gi,o}\left(T,P\right)+RT\ln x_i^\alpha+RT\ln\left(\frac{\hat{f}_i^\alpha}{x_i^\alpha P}\right)=\mu_i^{gi,o}\left(T,P\right)+RT\ln x_i^\beta+RT\ln\left(\frac{\hat{f}_i^\beta}{x_i^\beta P}\right) \tag{6.85}$$

$$\hat{f}_i^\alpha=\hat{f}_i^\beta \tag{6.86}$$

Assim, as condições necessárias para o equilíbrio entre duas fases podem ser escritas em termos de fugacidade.

$$\begin{cases} T^\alpha=T^\beta \\ P^\alpha=P^\beta \\ \hat{f}_i^\alpha\left(T,P,\underline{x}^\alpha\right)=\hat{f}_i^\beta\left(T,P,\underline{x}^\beta\right) \text{ para } i=[1\ \dots\ C] \end{cases} \tag{6.87}$$

6.7 LEI DE HENRY E REGRA DE LEWIS-RANDALL

Como é de se esperar, o limite da propriedade parcial molar de um componente i quando sua fração molar tende a um é a propriedade molar do componente i puro. Em contrapartida, o limite quando a fração molar de i tende a zero não é óbvio; esse caso é chamado de propriedade molar de i na diluição infinita. Esses limites estão expressos matematicamente a seguir:

$$\begin{cases} \lim\limits_{x_i\to 1}\bar{M}_i=\bar{M}_i^o \\ \lim\limits_{x_i\to 0}\bar{M}_i=\bar{M}_i^\infty \end{cases} \tag{6.88}$$

Aplicados ao potencial químico, esses limites levam a duas relações entre a fugacidade de um componente i em uma mistura ($\hat{f}_i$) e sua fração molar na mesma mistura (x_i); e, consequentemente, a duas referências para definição de escala de atividade. São as chamadas *Regra de Lewis-Randall* e *Lei de Henry.*

Regra de Lewis-Randall

O primeiro caso limite se refere à fugacidade do componente i quando ele corresponde a quase a totalidade da mistura, ou seja, quando sua fração molar tende a um. Nesse caso, a fugacidade do componente i na mistura se aproxima da fugacidade do componente puro, ponderada pela fração molar de i, como mostra a Equação (6.89), a expressão matemática da Regra de Lewis-Randall.

$$\hat{f}_i = \hat{f}_i^{\text{id}} = x_i f_i^{\text{o}} \quad \text{para } (x_i \to 1) \tag{6.89}$$

Regra de Lewis-Randall

A Regra de Lewis-Randall é válida para toda a faixa de frações molares quando a mistura é ideal.

Exemplo Resolvido 6.2

Demonstre a validade da Regra de Lewis-Randall para qualquer composição no caso de uma mistura ideal.

Resolução

A Regra de Lewis-Randall pode ser deduzida a partir da Equação (6.70), que relaciona o coeficiente de fugacidade com o potencial químico do componente i na mistura. Sabendo que, para uma mistura real e para um componente puro, respectivamente:

$$\ln\hat{\phi}_i = \frac{\mu_i - \mu_i^{\text{gi}}}{RT} \quad \text{e} \quad \ln\phi_i^{\text{o}} = \frac{\mu_i^{\text{o}} - \mu_i^{\text{gi,o}}}{RT}$$

Ao subtrair as duas equações, tem-se que:

$$\ln\hat{\phi}_i - \ln\phi_i^{\text{o}} = \frac{1}{RT}\left(\left[\mu_i - \mu_i^{\text{gi}}\right] - \left[\mu_i^{\text{o}} - \mu_i^{\text{gi,o}}\right]\right)$$

Porém, caso se trate de uma mistura ideal, pode-se afirmar que $\mu_i^{\text{id}} = \mu_i^{0} + RT\ln x_i$; ademais, qualquer mistura de gases ideais é naturalmente uma mistura ideal.

$$\ln\hat{\phi}_i^{\text{id}} - \ln\phi_i^{\text{o}} = \frac{1}{RT}\left(\left[\left(\mu_i^{\text{o}} + RT\ln x_i\right) - \left(\mu_i^{\text{gi,o}} + RT\ln x_i\right)\right] - \left[\mu_i^{\text{o}} - \mu_i^{\text{gi,o}}\right]\right)$$

Isso implica na igualdade de coeficiente de fugacidade,

$$\ln\hat{\phi}_i^{\text{id}} = \ln\phi_i^{\text{o}}$$

que, por fim, leva a:

$$\frac{\hat{f}_i^{\text{id}}}{x_i P} = \frac{f_i^{\text{o}}}{P} \Rightarrow \hat{f}_i^{\text{id}} = x_i f_i^{\text{o}} \tag{6.90}$$

Lei de Henry

Outro caso limite ocorre quando a fração molar do componente i tende a zero; ou seja, quando o componente i se aproxima da diluição infinita na solução, a fugacidade dessa espécie na mistura é uma função linear da fração molar. Essa observação corresponde à lei de Henry, uma relação empírica cuja expressão matemática é mostrada na Equação (6.91):

$$\boxed{\begin{array}{l}\hat{f}_i = x_i \mathrm{H}_i \\ \text{para } (x_i \rightarrow 0)\end{array}} \tag{6.91}$$

Lei de Henry

Nela, H_i representa a constante de Henry para um determinado componente *i* na solução em questão.

Assim como a Regra de Lewis-Randall pode ser justificada a partir da termodinâmica estatística para a hipótese de misturas ideais, a Lei de Henry pode ser justificada para a hipótese de solução diluída ideal. Nessa hipótese, supõe-se que a concentração de soluto é tão baixa que cada molécula de soluto interage efetivamente apenas com outras moléculas de solvente em uma mistura binária. Algumas consequências matemáticas de ambos os casos serão discutidas a seguir a partir dos conceitos de atividade e coeficiente de atividade.

6.8 ATIVIDADE E COEFICIENTE DE ATIVIDADE

Da definição de fugacidade, é possível extrair outra grandeza útil na descrição de sistemas multicomponentes, especialmente na descrição de misturas líquidas. Escrevendo o potencial químico de um componente *i* em uma mistura a *T* e *P*, juntamente com a energia de Gibbs molar do componente *i* em um estado de referência nas mesmas *T* e *P*, surge a seguinte equação:

$$\mu_i - \mu_i^{\text{ref}} = RT \ln\left(\frac{\hat{f}_i}{f_i^{\text{ref}}}\right) \tag{6.92}$$

Daí, tem-se uma nova grandeza chamada *atividade*, cuja definição é:

$$\boxed{\hat{a}_i = \frac{\hat{f}_i}{f_i^{\text{ref}}}} \tag{6.93}$$

A grandeza atividade é uma outra escala transformada de potencial químico, conveniente para a descrição de misturas em fase condensada. A referência associada à definição da atividade é feita caso a caso. Algumas das mais comuns são "gás ideal puro em determinada pressão P_0", "líquido puro na mesma pressão", "soluto com dada concentração no solvente, seguindo um comportamento limite de solução diluída ideal".[1] Cada escolha de estado de referência leva a uma nova escala de atividade e uma definição diferente do coeficiente de atividade. Aplicações utilizando diferentes estados de referência são encontradas nos Capítulos 7 e 8.

6.8.1 Definindo o estado de referência da atividade

Na definição de atividade, é preciso determinar um estado de referência, uma vez que ela corresponde a uma razão entre duas fugacidades distintas: a fugacidade da mistura real e a fugacidade de referência. Como visto na seção anterior, existem dois casos limite de valores de fugacidade em função de fração molar, isto é, a regra de Lewis-Randall e a Lei de Henry. Esses casos podem ser convenientemente utilizados como referências, levando a consequências distintas do ponto de vista da descrição de misturas.

[1] A distinção conceitual e as consequências práticas dos conceitos de *mistura ideal* (também chamada "solução ideal") e *solução diluída ideal* são discutidas de forma especialmente cuidadosa em PRAUSNITZ, LICHTENTHALER e AZEVEDO, *Molecular Thermodynamics of Fluid-Phase Equilibria*, 3. ed. (1999), seção 6.4; e ATKINS e DE PAULA, *Físico-Química 1*, 8. ed. (2008), seção 5.7.

Convenção simétrica

Na convenção simétrica, todas as substâncias seguem o mesmo estado de referência de Lewis-Randall, em que as fugacidades da Equação (6.93) são expressas usando como estado de referência o componente puro na mesma temperatura e pressão do sistema:

$$\hat{a}_i = \frac{\hat{f}_i}{f_i^{\text{o}}} \tag{6.94}$$

Quando a fração molar se aproxima de 1, de acordo com Regra de Lewis-Randall, a fugacidade do componente *i* na mistura deve se aproximar da fugacidade do componente puro multiplicada por sua fração molar (comportamento da mistura ideal), o que leva a:

$$\lim_{x_i \to 1} \hat{a}_i = \hat{a}_i^{\text{id}} = \frac{f_i^{\text{o}} x_i}{f_i^{\text{o}}} = x_i \tag{6.95}$$

A razão entre o caso geral e o caso limite dá origem a outro fator de desvio de idealidade chamado coeficiente de atividade (γ_i), na convenção simétrica,

$$\boxed{\gamma_i = \frac{\hat{a}_i}{x_i}} \tag{6.96}$$

de modo que

$$\boxed{\hat{f}_i = \hat{a}_i f_i^{\text{o}} = x_i \gamma_i f_i^{\text{o}}} \tag{6.97}$$

Isso implica no fato de que o coeficiente de atividade de *i* tende a 1 quando a fração molar do componente *i* se aproxima da unidade.

$$\boxed{\lim_{x_i \to 1} \gamma_i = \lim_{x_i \to 1} \frac{\hat{a}_i}{x_i} = 1} \tag{6.98}$$

Para misturas ideais, nota-se que a atividade do componente *i* em uma mistura ideal, $\hat{f}_i^{\text{id}} = x_i f_i^{\text{o}}$, é igual à fração molar desse componente, em qualquer proporção.

$$\gamma_i^{\text{id}} = 1 \tag{6.99}$$

$$\hat{a}_i^{\text{id}} = x_i \tag{6.100}$$

Isso está em acordo com a hipótese de mistura ideal apresentada anteriormente, em que as moléculas de soluto e solvente interagem com potenciais similares (i. e., moléculas semelhantes), e $\gamma_i \approx 1$ para qualquer x_i.

Aplicação de equações de estado

Quando a fugacidade do fluido é expressa a partir do coeficiente de fugacidade de acordo com alguma equação de estado, tem-se:

$$\hat{a}_i = \frac{\hat{f}_i}{f_i^o} = \frac{\hat{\phi}_i x_i P}{\phi_i^o P} = \frac{\hat{\phi}_i}{\phi_i^o} x_i \tag{6.101}$$

A definição de coeficiente de atividade apresentada leva à seguinte relação entre os coeficientes de atividade e os coeficientes de fugacidade em misturas $\hat{\phi}_i$ e substâncias puras ϕ_i^o:

$$\gamma_i = \frac{\hat{\phi}_i}{\phi_i^o} \tag{6.102}$$

Assim, é possível calcular os coeficientes de atividade a partir de equações de estado, em vez de modelos de energia de Gibbs em excesso.

Convenção assimétrica

Na convenção assimétrica, uma substância é tratada como solvente, em que a referência é a condição de puro, enquanto uma ou mais são tratadas como solutos. Para tratamento do soluto, seguindo a lógica da solução diluída ideal, parte-se de uma grandeza comumente mensurada e tabelada, que é o coeficiente de atividade em diluição infinita. Ele é definido para uma mistura qualquer como:

$$\boxed{\gamma_i^\infty = \lim_{\substack{N_i \to 0 \\ N_{j\neq i} = \text{const}}} \gamma_i} \tag{6.103}$$

Com a composição do meio dada pela quantidade dos demais componentes j e, para uma mistura binária de um soluto i em um solvente s:

$$\boxed{\gamma_i^\infty = \lim_{\substack{x_i \to 0 \\ x_s \to 1}} \gamma_i} \tag{6.104}$$

No caso limite da Lei de Henry, a funcionalidade da fugacidade do componente i na mistura em relação à fração molar de i se aproxima de uma reta quando esta última tende a zero:

$$\lim_{x_i \to 0} \hat{f}_i = x_i \mathrm{H}_i \tag{6.105}$$

Por comparação com a definição de atividade na convenção simétrica:

$$\lim_{x_i \to 0} \hat{f}_i = \hat{a}_i f_i^o = x_i \gamma_i^\infty f_i^o \tag{6.106}$$

logo

$$\mathrm{H}_i = \gamma_i^\infty f_i^o \tag{6.107}$$

Nota-se que a constante de Henry H_i pode ser determinada para uma mistura binária do soluto i com um solvente padrão ou em uma mistura de cossolventes, dependendo do estado de referência usado (i. e., composição do meio em que foi definido γ_i^∞). Logo, para uso em misturas com C componentes, a constante de Henry de um soluto depende da composição do sistema dada pelas $C-1$ frações molares das demais substâncias, além de T e P.

Assim, define-se atividade a_i^* e o coeficiente de atividade γ_i^*, a partir da convenção assimétrica, que relaciona a fugacidade do componente na mistura com a constante de Henry, medindo o desvio da Lei de Henry para concentrações que se afastam de zero.

$$\gamma_i^* = \frac{\hat{f}_i}{x_i \mathrm{H}_i} \tag{6.108}$$

$$\hat{a}_i^* = \gamma_i^* x_i \tag{6.109}$$

Desse modo, a fugacidade e a atividade na convenção assimétrica, para qualquer composição, são dadas por:

$$\hat{f}_i = \hat{a}_i^* \mathrm{H}_i = x_i \gamma_i^* \mathrm{H}_i \tag{6.110}$$

E, no caso limite,

$$\lim_{x_i \to 0} \frac{\hat{f}_i}{x_i \mathrm{H}_i} = \lim_{x_i \to 0} \gamma_i^* = 1 \tag{6.111}$$

Isso tem alguns desdobramentos. O primeiro tipo de referência (Lewis-Randall) é geralmente utilizado quando se trata de uma mistura miscível ao longo de grande parte da faixa de concentrações de todos os componentes. Um exemplo é uma mistura de líquidos totalmente miscíveis. Já o segundo tipo de referência, baseado na Lei de Henry, é mais utilizado para solutos, quando de fato há solventes e solutos bem definidos. Esse é o caso de misturas salinas ou da dissolução de componentes voláteis em líquidos. Entretanto, no caso dessas misturas, as referências são feitas de forma assimétrica: o soluto possui como referência o caso limite da Lei de Henry e o solvente possui como referência o caso limite da regra de Lewis-Randall. Os coeficientes de atividade das convenções simétrica e assimétrica se relacionam de acordo com a seguinte expressão, deduzida a partir das Equações (6.91) e (6.89):

$$\gamma_i^*(\underline{x}) = \frac{\gamma_i}{\gamma_i^\infty} = \frac{\gamma_i}{\mathrm{H}_i / f_i^\mathrm{o}} \tag{6.112}$$

O coeficiente de atividade na convenção assimétrica γ_i^* é aproximadamente igual a 1 para pequeno afastamento de $x_i = 0$ sob a hipótese da solução diluída ideal, de modo que o coeficiente de atividade simétrico nessa faixa varie pouco em relação à diluição infinita ($\gamma_i \to \gamma_i^\infty$ para $x_i \to 0$).

Comentários finais

O comportamento da fugacidade em função da fração molar de um componente i qualquer e os desvios entre os comportamentos ideais da Lei de Henry e da Regra de Lewis-Randall em relação ao comportamento de uma mistura real estão representados na Figura 6.2. Nela, é possível observar que a fugacidade se aproxima da Lei de Henry a baixas frações molares de i e que seu comportamento varia suavemente, até se aproximar da Regra de Lewis-Randall em altas concentrações. Nota-se que a normalização simétrica (Lewis-Randall) e a normalização assimétrica (Henry) geram funções bastante diferentes para o modelo de fase líquida.

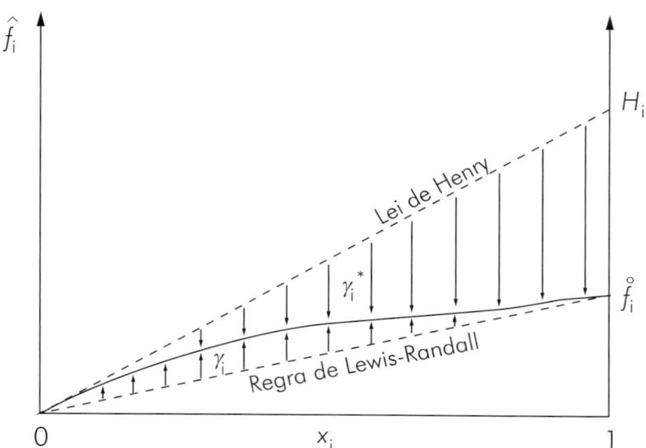

Figura 6.2 – Diagrama de fugacidade contra fração molar, evidenciando os casos limite da Lei de Henry e da regra de Lewis-Randall e os efeitos das diferentes normalizações sobre os coeficientes de atividade para modelos de líquido.

6.9 PROPRIEDADES EM EXCESSO

Após a definição de um novo modelo para misturas (mistura ideal), surge um outro tipo de propriedade, que relaciona a mistura ideal às misturas reais. Essas propriedades são chamadas propriedades em excesso e são definidas da seguinte forma:

$$\bar{M}^E\left(T,P,\underline{x}\right)=\bar{M}\left(T,P,\underline{x}\right)-\bar{M}^{\text{id}}\left(T,P,\underline{x}\right) \tag{6.113}$$

Propriedade em excesso

Esse tipo de propriedade também pode ser estendido para as propriedades de mistura, levando à Equação (6.114), que relaciona propriedades de mistura real com propriedades de mistura ideal.

$$\Delta\bar{M}^E\left(T,P,\underline{x}\right)=\Delta\bar{M}\left(T,P,\underline{x}\right)-\Delta\bar{M}^{\text{id}}\left(T,P,\underline{x}\right) \tag{6.114}$$

Propriedade de mistura em excesso

Porém, cabe notar que, pela Equação (6.28):

$$\bar{M}=\Delta\bar{M}+\sum_i^C x_i\bar{M}_i^{\text{o}} \tag{6.115}$$

$$\bar{M}^E+\bar{M}^{\text{id}}=\Delta\bar{M}^E+\Delta\bar{M}^{\text{id}}+\sum_i^C x_i\bar{M}_i^{\text{o}} \tag{6.116}$$

$$\bar{M}^E+\cancel{\bar{M}^{\text{id}}}=\Delta\bar{M}^E+\cancel{\bar{M}^{\text{id}}} \tag{6.117}$$

$$\bar{M}^E=\Delta\bar{M}^E \tag{6.118}$$

Isso mostra que as propriedades molares em excesso de uma dada mistura ($\bar{M}^E$) são equivalentes às propriedades em excesso molares de mistura ($\Delta\bar{M}^E$).

É possível escrever expressões para a energia de Gibbs, entalpia e entropia em excesso a partir da expressão de potencial químico. Sabendo que para qualquer mistura:

$$\Delta\bar{G} = \sum_i^C x_i\left(\mu_i - \mu_i^{\text{o}}\right) = RT\sum_i^C x_i\left(\ln\left(\hat{f}_i / f_i^{\text{ref}}\right)\right) \tag{6.119}$$

Escrevendo em termos de atividade, sabe-se que:

$$\Delta\bar{G} = RT\sum_i^C x_i \ln\left(\hat{a}_i\right) \tag{6.120}$$

Assim, a energia de Gibbs em excesso pode ser escrita da seguinte forma, em termos de atividade:

$$\bar{G}^E = \Delta\bar{G} - \Delta\bar{G}^{\text{id}} \tag{6.121}$$

$$\bar{G}^E = RT\sum_i^C x_i \ln\left(\hat{a}_i\right) - RT\sum_i^C x_i \ln\left(x_i\right) \tag{6.122}$$

$$\bar{G}^E = RT\sum_i^C x_i \ln\left(x_i\gamma_i\right) - RT\sum_i^C x_i \ln\left(x_i\right) \tag{6.123}$$

$$\bar{G}^E = RT\sum_i^C x_i \ln\gamma_i \tag{6.124}$$

E, analogamente, para a entalpia e a entropia:

$$\bar{H}^E = -RT^2\left(\frac{\bar{G}^E / RT}{\partial T}\right)_{P,\underline{x}} = -RT^2\sum_i^C x_i\left(\frac{\partial \ln\gamma_i}{\partial T}\right)_{P,\underline{x}} \tag{6.125}$$

$$\bar{S}^E = -\left(\frac{\partial\bar{G}^E}{\partial T}\right)_{P,\underline{x}} = -R\sum_i^C x_i \ln\gamma_i - RT\sum_i^C x_i\left(\frac{\partial \ln\gamma_i}{\partial T}\right)_{P,\underline{x}} \tag{6.126}$$

Para volume:

$$\bar{V}^E = \left(\frac{\partial\bar{G}^E}{\partial P}\right)_{T,\underline{x}} = RT\sum_i^C x_i\left(\frac{\partial \ln\gamma_i}{\partial P}\right)_{T,\underline{x}} \tag{6.127}$$

De forma condensada:

$$\boxed{\frac{\bar{G}^E}{RT} = \sum_i^C x_i \ln\gamma_i} \tag{6.128}$$

$$\frac{\overline{H}^E}{RT} = -T\sum_i^C x_i \left(\frac{\partial \ln \gamma_i}{\partial T}\right)_{P,\underline{x}} \quad (6.129)$$

$$\frac{\overline{S}^E}{R} = -T\sum_i^C x_i \left(\frac{\partial \ln \gamma_i}{\partial T}\right)_{P,\underline{x}} - \sum_i^C x_i \ln \gamma_i \quad (6.130)$$

$$\frac{\overline{V}^E}{RT} = \sum_i^C x_i \left(\frac{\partial \ln \gamma_i}{\partial P}\right)_{T,\underline{x}} \quad (6.131)$$

A entalpia de excesso ($\overline{H}^E$) é igual à entalpia de mistura ($\Delta\overline{H}$). Isso é válido para todas as propriedades em que $\Delta\overline{M}^{\text{id}} = 0$ ($\Delta\overline{H}, \Delta\overline{U}, \Delta\overline{V}$).

Exemplo Resolvido 6.3

Utilizando o diagrama de volume de excesso para misturas entre água e etanol a seguir, determine qual é o volume final obtido ao misturar-se 1 kg de água com 1 kg de etanol na pressão de 1 atm em um sistema com controle de temperatura a 298 K. O volume final corresponde a um aumento ou redução de qual porcentagem em relação ao que se esperaria de uma mistura ideal?

Dados: massa molar do etanol = 46 g/mol; massa molar da água = 18 g/mol; densidade do etanol (298 K, 1 atm) = 785 kg/m^3; densidade da água (298 K, 1 atm) = 997 kg/m^3.

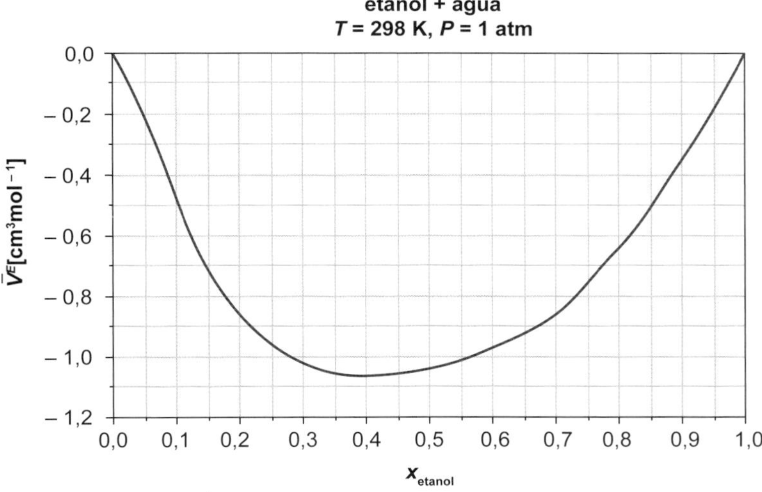

Diagrama de volume de excesso *versus* composição para mistura binária etanol + água. (Adaptada a partir de dados de www.dortmunddatabank.de.)

Resolução

Para determinar o volume final, extensivo, equaciona-se o volume final em termos dos volumes molares das substâncias puras, da quantidade de cada uma delas na mistura e do volume de excesso para uma composição qualquer, dado por meio do gráfico.

$$\overline{V}^{\text{id}} = \overline{V}_A^{\text{o}} x_A + \overline{V}_E^{\text{o}} x_E \quad \text{e} \quad \overline{V}^E = \overline{V} - \overline{V}^{\text{id}} \qquad \Rightarrow \qquad \overline{V}_f = \overline{V}_A^{\text{o}} x_A + \overline{V}_E^{\text{o}} x_E + \overline{V}^E(\underline{x})$$

Ao calcular os volumes molares de cada substância pura:

$$\overline{V}_A^{\text{o}} \frac{mm_A}{d_A} = 1{,}805 \times 10^{-5}\ \text{m}^3/\text{mol e } \overline{V}_E{}^{\text{o}} = \frac{mm_E}{d_E} = 5{,}86 \times 10^{-5}\ \text{m}^3/\text{mol}$$

Calculando o número de mols e a composição da mistura:

$$N_A = \frac{m_A}{mm_A} = 55{,}556\ \text{mol e } N_E = \frac{m_E}{mm_E} = 21{,}739\ \text{mol} \Rightarrow n = N_A + N_E = 77{,}295\ \text{mol}$$

$$x_A = \frac{N_A}{n} = 0{,}7187 \text{ e } x_E = \frac{N_E}{n} = 0{,}2812$$

Ao calcular o volume molar e volume extensivo no caso de mistura ideal:

$$x_A \overline{V}_A{}^{\text{o}} = 1{,}298 \times 10^{-5}\ \text{m}^3/\text{mol e } x_E \overline{V}_E{}^{\text{o}} = 1{,}648 \times 10^{-5}\ \text{m}^3/\text{mol}$$

$$\overline{V}^{\text{id}} = x_A \overline{V}_A + x_E \overline{V}_E = 2{,}946 \times 10^{-5}\ \text{m}^3/\text{mol}$$

$$V^{\text{id}} = \overline{V}^{\text{id}} n = 2{,}277 \times 10^{-3}\ \text{m}^3$$

Lê-se o volume de excesso no gráfico, para a fração molar x_E calculada:

$$\overline{V}^E = -1 \times 10^{-6}\ \text{m}^3/\text{mol}$$

Então, é possível calcular os volumes molar e extensivo finais, incluindo a contribuição de excesso

$$\overline{V}_f = \overline{V}^{\text{id}} + \overline{V}^E = 2{,}846 \times 10^{-5}\ \text{m}^3/\text{mol e } V_f = \overline{V}_f n = 2{,}2 \times 10^{-3}\ \text{m}^3$$

Ao comparar o volume final real com o volume final de mistura ideal, tem-se:

$$\left(1 - \frac{V_f}{V^{\text{id}}}\right) \times 100\ \% = 3{,}3947\ \%$$

Conclusão: houve uma redução de aproximadamente 3,4 % do volume devido à não idealidade da mistura.

6.10 MODELOS PARA MISTURAS

Esta seção apresenta duas classes de modelos para a descrição de misturas: as equações de estado, estendidas para sistemas multicomponentes e os modelos de energia de Gibbs em excesso.

6.10.1 Equações de Estado

Equação do Virial para misturas

Na equação do Virial, podem existir diversos termos relacionados às interações entre as moléculas de um determinado fluido, dependendo da extensão da expansão em série de potências utilizada. Como exemplo, ao longo desta seção, será utilizada uma expansão em pressão de apenas um termo (apesar de a metodologia descrita a seguir se aplicar a todos os demais termos), como a seguir:

$$Z = 1 + \frac{BP}{RT} \tag{6.132}$$

A interpretação que se atribui ao termo B está relacionada às interações de moléculas do fluido, quando tomadas duas a duas. No caso de sistemas multicomponentes, é sobre esse termo que haverá mudança, pois ele passará a levar em conta as interações entre todos os diferentes tipos de molécula presentes. Desse modo, B passa a ser definido a partir de uma regra de mistura, que pode ser demonstrada a partir da termodinâmica estatística, conforme o descrito a seguir:

$$B = \sum_{i}^{C} \sum_{j}^{C} x_i x_j B_{ij} \tag{6.133}$$

O termo B_{ij} se refere às interações entre as moléculas do tipo i com as moléculas do tipo j. Surgem, então, dois tipos de termos. Os termos do tipo B_{ij}, para todo i diferente de j, são chamados de coeficientes cruzados e possuem a seguinte característica: $B_{ij} = B_{ji}$. Já os termos do tipo B_{ii} representam as interações das moléculas do componente i puro. Ambos os coeficientes são dependentes apenas de temperatura.

Uma forma de calcular os parâmetros $B_{ij}(T)$ é dada a seguir, em função das propriedades críticas de uma substância e de regras de combinação para os parâmetros cruzados:

$$\frac{B_{ij} Pc_{ij}}{RTc_{ij}} = B^{\circ}\left(Tr_{ij}\right) + w_{ij} B'\left(Tr_{ij}\right) \tag{6.134}$$

$$B^{\circ} = 0{,}083 - \frac{0{,}422}{Tr_{ij}^{\;1{,}6}} \tag{6.135}$$

$$B' = 0{,}139 - \frac{0{,}172}{Tr_{ij}^{\;4{,}2}} \tag{6.136}$$

São usadas as seguintes regras de combinação:

$$Tc_{ij} = \sqrt{Tc_i Tc_j} \tag{6.137}$$

$$Tr_{ij} = T / Tc_{ij} \tag{6.138}$$

$$\bar{V}c_{ij} = \left(\frac{\bar{V}c_i^{\;1/3} + \bar{V}c_j^{\;1/3}}{2} \right)^3 \tag{6.139}$$

$$w_{ij} = \frac{w_i + w_j}{2} \tag{6.140}$$

A partir disso, a pressão crítica é calculada via definição de fator e compressibilidade aplicada ao ponto crítico:

$$Pc_{ij} = \frac{Zc_{ij} RTc_{ij}}{\bar{V}c_{ij}} \tag{6.141}$$

Exemplo Resolvido 6.4

Desenvolva a expressão do coeficiente de fugacidade para o caso de uma mistura binária, em que a substância 1 é misturada com a substância 2 respeitando as frações molares de x_1 e x_2, respectivamente. Considere que $B_{12} = B_{21}$ e que o coeficiente global B se torna $B = x_1^2 B_{11} + 2x_1 x_2 B_{12} + x_2^2 B_{22}$.

Resolução

Após a determinação do coeficiente B, a determinação do fator de compressibilidade e das propriedades residuais para toda a mistura segue a mesma lógica das equações de estado para um componente puro. As principais mudanças na metodologia ocorrem no cálculo de propriedades parciais molares, já que é necessário calculá-las a partir do fator de compressibilidade parcial molar. Assim, no caso do componente 1:

$$\overline{Z}_1 = \left(\frac{\partial(nZ)}{\partial N_1}\right)_{P,T,N_2} = 1 + \frac{P}{RT}\left(\frac{\partial(nB)}{\partial N_1}\right)_{T,N_2}$$

Como exemplo, calcula-se a fugacidade do componente 1 na mistura. Assim, parte-se da expressão para o coeficiente de fugacidade a partir da integral do fator de compressibilidade parcial molar:

$$\ln\hat{\phi}_1 = \int_0^P \left(\frac{\overline{Z}_1 - 1}{P}\right) dP = \frac{1}{RT}\int_0^P \left(\frac{\partial(nB)}{\partial N_1}\right)_{T,N_2} dP = \frac{P}{RT}\left(\frac{\partial(nB)}{\partial N_1}\right)_{T,N_2}$$

Deriva-se, então, o termo B com respeito ao número de mols do componente 1:

$$B = \frac{N_1^2 B_{11} + 2N_1 N_2 B_{12} + N_2^2 B_{22}}{n^2} \quad \Rightarrow \quad \frac{\partial(nB)}{\partial N_1} = B_{11} + x_2^2(-B_{11} + 2B_{12} - B_{22})$$

Com isso, o coeficiente de fugacidade é comumente abreviado como:

$$\ln\hat{\phi}_1 = \frac{P}{RT}\left(B_{11} + x_2^2 d_{12}\right) \text{ e } \ln\hat{\phi}_2 = \frac{P}{RT}\left(B_{22} + x_1^2 d_{12}\right) \text{ com } d_{12} = 2B_{12} - B_{11} - B_{22}$$

Complementando, para multicomponente, tem-se:

$$B = \frac{\sum_{i=1}^{C} N_i \sum_{j=1}^{C} N_j B_{ij}}{n^2} \quad \Rightarrow \quad \left(\frac{\partial(nB)}{\partial N_i}\right)_{T,N_{\neq i}} = \left(2\sum_j x_j B_{ij} - B\right)$$

Assim, de forma geral:

$$\ln\hat{\phi}_i = \frac{P}{RT}\left(2\sum_{j=1}^{C} x_j B_{ij} - B\right) \tag{6.142}$$

Equações cúbicas genéricas

Considere as equações de estado cúbicas apresentadas no Capítulo 3. Elas podem ser aplicadas para misturas multicomponentes através dos parâmetros $a(T)$ e b para mistura. É possível obter os parâmetros $a(T)$ e b da mistura, por meio das regras de mistura e das regras de combinação, segundo a *teoria de um fluido* de van der Waals.

As regras de combinação têm como objetivo criar parâmetros cruzados, a partir dos parâmetros dos componentes puros. Uma das regras de combinação mais simples é a seguinte, geométrica em a e aritmética em b:

$$a_{ij} = \sqrt{a_i a_j} \tag{6.143}$$

$$b_{ij} = \left(b_i + b_j\right)/2 \tag{6.144}$$

É interessante notar que, muitas vezes, são adicionados outros parâmetros a essas regras, de forma a melhorar o ajuste do modelo aos dados experimentais. Uma das regras de combinação mais comuns que possui um parâmetro de interação binária para cada par é a seguinte:

$$a_{ij} = \left(1 - k_{ij}\right)\sqrt{a_i a_j} \tag{6.145}$$

em que os parâmetros representados por k_{ij} são chamados parâmetros de interação binária, sendo que $k_{ii} = 0$ e $k_{ij} = k_{ji}$, de forma consistente com a regra do segundo coeficiente do Virial.

A partir desses parâmetros cruzados é possível obter, então, os parâmetros globais da mistura, a e b, por meio das chamadas regras de mistura. A regra de mistura mais simples e comumente utilizada para os parâmetros a e b é a quadrática, que possui a seguinte forma:

$$a = \sum_{i}^{C}\sum_{j}^{C} x_i x_j a_{ij} \tag{6.146}$$

$$b = \sum_{i}^{C}\sum_{j}^{C} x_i x_j b_{ij} = \sum_{i}^{C} x_i b_i \tag{6.147}$$

Com a definição de a e b globais para misturas, é possível calcular as propriedades residuais globais da mistura da mesma forma que para as substâncias puras, usando a metodologia descrita no Capítulo 4 (ver Tabela 4.1 para expressões para propriedades termodinâmicas residuais calculadas a partir de diversas equações de estado).

Cabe ressaltar que, para obter propriedades parciais molares a partir da equação para misturas, é necessário calculá-las a partir do fator de compressibilidade parcial molar e volume parcial molar. As expressões para o coeficiente de fugacidade, que se originam da energia de Gibbs residual parcial molar, estão disponíveis na Tabela 6.1.

Exemplo Resolvido 6.5

Demonstre uma expressão para o coeficiente de fugacidade de um componente i em uma mistura descrita por uma equação cúbica genérica.

Resolução

A expressão pode ser deduzida a partir da energia de Gibbs residual, como mostrado na Seção 6.6.1.

$$\ln\hat{\phi}_i = \frac{1}{RT}\left[\frac{\partial\left(n\bar{G}^R\right)}{\partial N_i}\right]_{T,P,N_{j\neq i}} \tag{6.148}$$

Ao utilizar as expressões para G residual e Z de equações cúbica apresentadas no Capítulo 4,

$$\frac{\bar{G}^R}{RT} = -\ln(Z-\beta) - qI + Z - 1 \quad \text{e} \quad Z = \frac{1}{1-\rho b} - q\frac{b\rho}{(1+\varepsilon\rho b)(1+\sigma\rho b)}$$

sendo

$$q = \frac{a}{bRT} \quad \beta = \frac{bP}{RT} = Z\rho b \quad I = \frac{1}{\sigma-\varepsilon}\ln\left(\frac{1+\sigma\rho b}{1+\varepsilon\rho b}\right)$$

No entanto, não é conveniente obter derivadas a P constante pois não há forma explícita para $Z(P)$, apenas para $Z(\bar{V})$. Usando a técnica de mudança de variáveis independentes para tomar derivadas, tem-se:

$$d\frac{n\bar{G}^R}{RT} = \left.\frac{dn\bar{G}^R/RT}{dP}\right|_{T,\underline{N}} dP + \left.\frac{dn\bar{G}^R/RT}{dT}\right|_{P,\underline{N}} dT + \sum_i \left.\frac{dn\bar{G}^R/RT}{dN_i}\right|_{T,P,N_{j\neq i}} dN_i \tag{6.149}$$

Então, para uma variação em N_i, a T, V e $N_{j\neq i}$ constantes,

$$\left.\frac{dn\bar{G}^R/RT}{dN_i}\right|_{T,V,N_{j\neq i}} = \left.\frac{dn\bar{G}^R/RT}{dP}\right|_{T,\underline{N}} \left.\frac{dP}{dN_i}\right|_{T,V,N_{j\neq i}} + \left.\frac{dn\bar{G}^R/RT}{dN_i}\right|_{T,P,N_{j\neq i}} \tag{6.150}$$

Logo, pode-se determinar $\hat{\phi}_i$, definido a partir de uma derivada a P constante, fazendo cálculos com derivadas a V constante.

$$\left.\frac{dn\bar{G}^R/RT}{dN_i}\right|_{T,V,N_{j\neq i}} = \frac{n(Z-1)}{P}\left.\frac{dP}{dN_i}\right|_{T,V,N_{j\neq i}} + \ln\hat{\phi}_i \tag{6.151}$$

Tomando as derivadas de $n\bar{G}^R/RT$ e de P, combinando as expressões e cancelando termos equivalentes, o logaritmo do coeficiente de fugacidade possui a seguinte forma final:

$$\ln\hat{\phi}_i = \frac{\bar{b}_i}{b}(Z-1) - \ln(Z-\beta) - \bar{q}_i I \tag{6.152}$$

$$\bar{q}_i = \left(\frac{\partial(nq)}{\partial N_i}\right)_{T,N_{i\neq j}} = q\left(1+\frac{\bar{a}_i}{a}-\frac{\bar{b}_i}{b}\right),\ \bar{a}_i = \left(\frac{\partial(na)}{\partial N_i}\right)_{T,N_{i\neq j}} \text{ e } \bar{b}_i = \left(\frac{\partial(nb)}{\partial N_i}\right)_{T,N_{i\neq j}}$$

As derivadas de b e a dependem da regra de mistura utilizada. Para o caso aqui apresentado (i. e., regras quadráticas clássicas), tem-se:

$$\bar{b}_i = b_i \text{ e } \bar{a}_i = 2\sum_j a_{ij}x_j - a \text{ com } a_{ij} \text{ dado por } a_{ij} = \sqrt{a_i a_j}\left(1-k_{ij}\right)$$

Tabela 6.1 – Coeficientes de fugacidade para misturas obtidos a partir de equações de estado.

Equação de estado	Regras de mistura e combinação	Logaritmo natural do coeficiente de fugacidade
Equações para gases, $Z(T, P)$		
Virial Truncada em P	$B=\sum_i\sum_j x_i x_j B_{ij}$ $\frac{B_{ij}Pc_{ij}}{RTc_{ij}} = B^\circ(Tr_{ij}) + w_{ij}B'(Tr_{ij})$ $w_{ij} = \frac{w_i + w_j}{2}$ $Tc_{ij} = \sqrt{Tc_i Tc_j}$ $Pc_{ij} = \frac{Zc_{ij}RTc_{ij}}{\bar{V}c_{ij}}$ $Zc_{ij} = \frac{Zc_i + Zc_j}{2}$ $\bar{V}c_{ij} = \left(\frac{\bar{V}c_i^{1/3} + \bar{V}c_j^{1/3}}{2}\right)^3$	$\ln\hat{\phi}_i = \left(2\sum_j x_j B_{ij} - B\right)\frac{P}{RT}$
Equações para gases e líquidos, $Z(T, \rho)$		
Virial Truncada em ρ	$B=\sum_i\sum_j x_i x_j B_{ij}$ $C=\sum_i\sum_j\sum_k x_i x_j x_k C_{ijk}$	$\ln\hat{\phi}_i = \rho\left(2B + \sum_i x_i\left(\bar{B}_i - \bar{B}_j\right)\right) + \frac{\rho^2}{2}\left(3C + \sum_i x_i\left(\bar{C}_i - \bar{C}_j\right)\right) - \ln Z$ $\bar{B}_i = 2\sum_j x_j B_{ij}\quad \bar{C}_i = 3\sum_j\sum_k x_j x_k C_{ijk}$
Equações para gases e líquidos, cúbicas, $P(T, \bar{V})$		
van der Waals (1873) $\sigma = \epsilon = 0$ $I = b/\bar{V}$ Redlich-Kwong (1949), Soave-Redlich-Kwong (1972), Peng-Robinson (1976) $\sigma \neq \epsilon$ $I = \left(\frac{1}{\sigma-\epsilon}\right)\ln\left(\frac{\bar{V}+\sigma b}{\bar{V}+\epsilon b}\right)$	$a_{ij} = (a_i a_j)^{1/2}\left(1-\sqrt{k_{ij}}\right)$ $a=\sum_i\sum_j x_i x_j a_{ij}$ $b_{ij} = \left(b_i + b_j\right)/2$ $b=\sum_i\sum_j x_i x_j b_{ij} = \sum_i x_i b_i$ $\beta = bP/RT$ $q = a/bRT$	$\ln\hat{\phi}_i = \frac{\bar{b}_i}{b}(Z-1) - \ln(Z-\beta) - \bar{q}_i I$ $\bar{q}_i = q\left(1+\frac{\bar{a}_i}{a}-\frac{\bar{b}_i}{b}\right)$ $\bar{a}_i = 2\sum_j a_{ij}x_j - a$ $\bar{b}_i = b_i$

Tabela complementar às Tabelas 4.1 e 4.2.

Tabela 6.2 – Coeficientes de fugacidade para misturas obtidos a partir de equações de estado (expressões abertas).

Equação de Estado	Regras de mistura e combinação	Logaritmo natural do coeficiente de fugacidade
Equações para gases e líquidos, cúbicas, $P(T, \bar{V})$		
van der Waals (1873)	$a=\sum_i \sum_j x_i x_j \sqrt{a_i a_j}$ $b=\sum_i x_i b_i$	$\ln\hat{\phi}_i = \frac{b_i}{\bar{V}-b} + \ln\left(\frac{\bar{V}}{\bar{V}-b}\right) - \ln Z - \frac{2\sum_j\left(x_j\sqrt{a_i a_j}\right)}{\bar{V}RT}$
Redlich-Kwong (1949) $a=a_c T_r^{-1/2}$		$\ln\hat{\phi}_i = \frac{b_i}{b}(Z-1) - \ln\left(\frac{P(\bar{V}-b)}{RT}\right) + \frac{a}{bRT}\left(\frac{b_i}{b} - \frac{2\sum_j\left(x_j\sqrt{a_i a_j}\right)}{a}\right)\ln\left(\frac{\bar{V}+b}{\bar{V}}\right)$
Soave-Redlich-Kwong (1972) $a=a_c \alpha_{SRK}$		
Peng-Robinson (1976) $a=a_c \alpha_{PR}$		$\ln\hat{\phi}_i = \frac{b_i}{b}(Z-1) - \ln\left(\frac{P(\bar{V}-b)}{RT}\right) + \frac{a}{2\sqrt{2}bRT}\left(\frac{b_i}{b} - \frac{2\sum_j\left(x_j\sqrt{a_i a_j}\right)}{a}\right)\ln\left(\frac{\bar{V}+(1+\sqrt{2})b}{\bar{V}+(1-\sqrt{2})b}\right)$

Tabela complementar às Tabelas 4.1 e 4.2.

6.10.2 Modelos de energia de Gibbs em excesso

Outra classe inteiramente diferente para modelos de mistura são os modelos de energia de Gibbs em excesso. Ao contrário das equações de estado, que relacionam propriedades *PVT* e das quais são obtidas outras propriedades a partir da referência de gás ideal (i. e., propriedades residuais), os modelos de energia de Gibbs em excesso partem da referência de solução ideal. Esse tipo de modelo é amplamente utilizado para soluções líquidas, e o cálculo de fugacidade a partir deles necessita de propriedades *PVT* já estabelecidas para os componentes puros, seja por meio de correlações empíricas, seja por meio de equações de estado.

Tendo sido demonstrado anteriormente que

$$\frac{\bar{G}^E}{RT} = \sum_i^C x_i \ln(\gamma_i) \tag{6.153}$$

de forma extensiva, tem-se que

$$G^E = n\bar{G}^E = \sum_{i=1}^C N_i RT \ln\gamma_i \tag{6.154}$$

ao mesmo tempo que, da definição de propriedades parciais molares (i. e., teorema de Euler),

$$G^E = n\bar{G}^E = \sum_{i=1}^C N_i \bar{G}_i^E \tag{6.155}$$

Disso se observa que o coeficiente de atividade de um componente i pode ser obtido a partir de uma expressão para a energia de Gibbs em excesso da mistura, da seguinte forma:

$$\ln \gamma_i = \frac{\bar{G}_i^E}{RT} = \left[\frac{\partial \left(n\bar{G}^E/RT \right)}{\partial N_i} \right]_{T,P,N_{j \neq i}} \tag{6.156}$$

Alguns dos principais modelos de energia de Gibbs em excesso, a partir do uso da convenção simétrica (Lewis-Randall), são apresentados nas Tabelas 6.3 e 6.4, com expressões de energia de Gibbs molar em excesso e coeficiente de atividade para misturas binárias e sistemas multicomponentes.[2]

O modelo de Margules é uma forma matemática simples para representar a energia de Gibbs em excesso de uma mistura binária; contudo, pode descrever tanto equilíbrio líquido-vapor quanto líquido-líquido.

$$\bar{G}^E/RT = Ax_1x_2 \tag{6.157}$$

As formas com dois ou mais parâmetros, para misturas mais complexas, são baseadas na expansão de Redlich-Kister:

$$\frac{\bar{G}^E}{RT} = x_1x_2\left(A + B\left(x_1 - x_2\right) + C\left(x_1 - x_2\right)^2 \ldots \right) \tag{6.158}$$

Para cada caso, os coeficientes de atividade são deduzidos a partir da relação apresentada com a energia de Gibbs em excesso parcial molar.

Um modelo de energia de Gibbs em excesso que implica em entropias e volumes de excesso iguais a zero é chamado modelo de *soluções regulares*. Esse nome também é associado especificamente ao modelo de Scatchard-Hildebrand. O modelo de Flory-Huggins possui forma similar em relação às contribuições energéticas, mas tem contribuição combinatorial explícita que lhe confere entropia de excesso não nula.

Com base em considerações moleculares sobre a energia de interação de moléculas diferentes e a probabilidade das interações locais dadas por uma análise de termodinâmica estatística, foram desenvolvidos outros modelos, como Wilson, NRTL (*non-random two liquids*) e UNIQUAC (*universal quasi-chemical theory*). O UNIQUAC, assim como o Flory-Huggins, separa a expressão do coeficiente de atividades e energia de Gibbs em excesso em uma parcela *combinatorial* e uma parcela *energética*, frequentemente chamada "residual".

Ademais, com base na lógica do UNIQUAC, o UNIFAC (*universal functional activity coefficient*) foi formulado no formato "contribuição de grupos". Nesse formato, em vez de parâmetros para cada par de componentes, tem-se moléculas divididas em grupos funcionais, e a cada par de grupos se associam alguns parâmetros. Logo, os parâmetros correspondentes a pares de moléculas podem ser determinados por meio de pares de grupos funcionais disponíveis.

---

2 Informações mais detalhadas podem ser consultadas em PRAUSNITZ, LICHTENTHALER e AZEVEDO, *Molecular Thermodynamics of Fluid-Phase Equilibria*, 3. ed. (1999); WALAS, *Phase Equilibria in Chemical Engineering*, (1985); POLING, PRAUSNITZ e O'CONNELL, *The properties of gases and liquids*, 5. ed. (2001); KONTOGEORGIS e FOLAS, *Thermodynamics Models for Industrial Applications*, (2010).

Tabela 6.3 – Modelos de energia de Gibbs em excesso restritos a sistemas binários.

Modelo	Energia de Gibbs em excesso molar da mistura	Coeficientes de atividade
Margules com um parâmetro	$\frac{\bar{G}^E}{RT} = Ax_1x_2$	$\ln\gamma_1 = A(1-x_1)^2$ $\ln\gamma_2 = A(1-x_2)^2$
Margules com dois parâmetros	$\frac{\bar{G}^E}{RT} = (A_{21}x_1 + A_{12}x_2)x_1x_2$	$\ln\gamma_1 = (1-x_1)^2\,(A_{12} + 2\,(A_{21} - A_{12})x_1)$ $\ln\gamma_2 = (1-x_2)^2\,(A_{21} + 2\,(A_{12} - A_{21})x_2)$
van Laar	$\frac{\bar{G}^E}{RT} = \frac{Ax_1x_2}{x_1(A/B) + x_2}$	$\ln\gamma_1 = A\left(1 + \frac{Ax_1}{Bx_2}\right)^{-2}$ $\ln\gamma_2 = B\left(1 + \frac{Bx_2}{Ax_1}\right)^{-2}$

Tabela 6.4 – Modelos de energia de Gibbs em excesso para sistemas multicomponentes.

Modelo	Energia de Gibbs em excesso molar da mistura	Coeficientes de atividade
Scatchard-Hildebrand	$\frac{\bar{G}^E}{RT} = \sum_i \frac{x_i \bar{V}_i^\circ}{RT}(\delta_i - \bar{\delta})^2$ $\varphi_i = \frac{x_i \bar{V}_i^\circ}{\sum_i x_i \bar{V}_i^\circ}$	$\ln\gamma_i = \frac{\bar{V}_i^\circ}{RT}(\delta_i - \bar{\delta})^2$ $\delta_i = \sqrt{\frac{\Delta\bar{U}_i^{vap}}{\bar{V}_i^\circ}} \quad \bar{\delta} = \sum_i \varphi_i \delta_i$
Flory-Huggins	$\frac{\bar{G}^E}{RT} = \left(\frac{\bar{G}^E}{RT}\right)^e + \left(\frac{\bar{G}^E}{RT}\right)^c$ $\left(\frac{\bar{G}^E}{RT}\right)^e = \sum_i \frac{x_i \bar{V}_i^\circ}{RT}(\delta_i - \bar{\delta})^2$ $\left(\frac{\bar{G}^E}{RT}\right)^c = \sum_i x_i \ln\frac{\varphi_i}{x_i}$	$\ln\gamma_i = (\ln\gamma_i)^e + (\ln\gamma_i)^c$ $(\ln\gamma_i)^e = \frac{\bar{V}_i^\circ}{RT}(\delta_i - \bar{\delta})^2$ $(\ln\gamma_i)^c = \ln\frac{\varphi_i}{x_i} + 1 - \frac{\varphi_i}{x_i}$
Wilson	$\frac{\bar{G}^E}{RT} = -\sum_i x_i \ln \sum_j x_j \Lambda_{ij}$	$\ln\gamma_i = -\ln\sum_j x_j \Lambda_{ij} + 1 - \sum_k \frac{x_k \Lambda_{ki}}{\sum_j x_j \Lambda_{kj}}$
NRTL	$\frac{\bar{G}^E}{RT} = \sum_i x_i \frac{\sum_j \tau_{ji} \Gamma_{ji} x_j}{\sum_k \Gamma_{ki} x_k}$ $\Gamma_{ij} = \exp(-\alpha_{ij}\tau_{ij})$	$\ln\gamma_i = \frac{\sum_j \tau_{ji}\Gamma_{ji}x_j}{\sum_k \Gamma_{ki}x_l} + \sum_j \left(\frac{x_j \Gamma_{ij}}{\sum_k \Gamma_{kj} x_k}\left(\tau_{ij} - \frac{\sum_k x_k \tau_{kj} \Gamma_{kj}}{\sum_k \Gamma_{kj} x_k}\right)\right)$

(continua)

Tabela 6.4 – Modelos de energia de Gibbs em excesso para sistemas multicomponentes. (*Continuação*)

Modelo	Energia de Gibbs em excesso molar da mistura	Coeficientes de atividade
UNIQUAC	$\frac{\bar{G}^E}{RT}=\left(\frac{\bar{G}^E}{RT}\right)^e+\left(\frac{\bar{G}^E}{RT}\right)^c$ $\left(\frac{\bar{G}^E}{RT}\right)^e=-\sum_i q_i x_i \ln\left(\sum_j \theta_j \tau_{ji}\right)$ $\left(\frac{\bar{G}^E}{RT}\right)^c=\sum_i x_i \ln\frac{\varphi_i}{x_i}+\frac{z}{2}\sum_i q_i x_i \ln\frac{\theta_i}{\varphi_i}$ $\varphi_i=\frac{x_i r_i}{\sum_j x_j r_j} \quad \theta_i=\frac{x_i q_i}{\sum_j x_j q_j}$	$\ln\gamma_i=(\ln\gamma_i)^e+(\ln\gamma_i)^c$ $(\ln\gamma_i)^e=q_i\left[1-\ln\left(\sum_i v_i\tau_{ji}\right)-\sum_j\frac{v_j\tau_{ij}}{\sum_k v_k\tau_{kj}}\right]$ $(\ln\gamma_i)^c=\ln\frac{\varphi_i}{x_i}+\frac{z}{2}q_i\ln\frac{\theta_i}{\varphi_i}+l_i-\frac{\varphi_i}{x_i}\sum_j x_j l_j$ $l_i=\frac{z}{2}(r_i-q_i)-(r_i-1)$

Exemplo Resolvido 6.6

Considere a seguinte expressão do modelo de Margules para a energia de Gibbs molar em excesso de uma mistura binária, com os parâmetros A_{12} e A_{21} adimensionais, independentes da temperatura:

$$\frac{\bar{G}^E}{RT}=(A_{21}x_1+A_{12}x_2)x_1x_2$$

Determine as expressões para os coeficientes de atividade dos componentes (1) e (2): $\gamma_1(\underline{x}, T)$ e $\gamma_2(\underline{x}, T)$. Sabendo que, na temperatura de 298 K, (1) e (2) têm *coeficientes de atividade em diluição infinita* iguais a $\gamma_1^{\infty}=1{,}5$ e $\gamma_1^{\infty}=2{,}0$, respectivamente, estime o valor dos parâmetros A_{12} e A_{21}. Calcule as atividades dos componentes (1) e (2) nessa temperatura (298 K), na composição de $x_1 = 0{,}2$, usando os líquidos puros como estado de referência.

Resolução

A dedução do coeficiente de atividade de um modelo de energia de Gibbs em excesso parte de

$$\ln\gamma_i=\left[\frac{\partial\left(n\bar{G}^E/RT\right)}{\partial N_i}\right]_{T,P,N_{j\neq i}}=\left[\frac{\partial\left(n\left((A_{21}x_1+A_{12}x_2)x_1x_2\right)\right)}{\partial N_i}\right]_{T,P,N_{j\neq i}}$$

Reescrevendo em termos de N_1 e N_2,

$$\ln\gamma_i=\left[\frac{\partial\left(\left((A_{21}N_1+A_{12}N_2)N_1N_2\right)/n^2\right)}{\partial N_i}\right]_{T,P,N_{j\neq i}}$$

As derivadas em relação a N_1 e N_2 são:

$$\ln\gamma_1=(1-x_1)^2\,(A_{12}+2x_1\,(A_{21}-A_{12})) \quad \text{e} \quad \ln\gamma_2=(1-x_2)^2\,(A_{21}+2x_2\,(A_{12}-A_{21}))$$

Para determinar o valor dos parâmetros com os dados fornecidos, são aplicadas as expressões obtidas na condição de diluição infinita:

$$\ln\gamma_1^{\infty} = (1-0)^2\,(A_{12} + 2\times 0(A_{21} - A_{12})) = A_{12} \quad \Rightarrow \quad A_{12} = \ln 1{,}5 = 0{,}4054$$

$$\ln\gamma_2^{\infty} = (1-0)^2\,(A_{21} + 2\times 0(A_{12} - A_{21})) = A_{21} \quad \Rightarrow \quad A_{21} = \ln 2{,}0 = 0{,}6931$$

Os cálculos das atividade dos componentes para uma solução na concentração especificada são:

$$\text{para } x_1 = 0{,}2,\ \ln\gamma_1 = ((1-x_1)^2\,(A_{12} + 2x_1\,(A_{21} - A_{12}))) = 0{,}3331 \quad \Rightarrow \quad \gamma_1 = 1{,}3953$$

$$\text{para } x_2 = 1 - x_1 = 0{,}8,\ \ln\gamma_2 = ((1-x_2)^2\,(A_{21} + 2x_2\,(A_{12} - A_{21}))) = 9{,}314\times 10^{-3} \quad \Rightarrow \quad \gamma_2 = 1{,}0094$$

De acordo com a definição de coeficiente de atividade no modelo de Margules (i. e., convenção simétrica), tem-se, para a atividade estabelecida com o estado referência de líquido puro:

$$\gamma_i = \hat{a}_i / x_i \quad \text{e} \quad \hat{a}_i = \hat{f}_i / f_i^{\circ}$$

Logo:

$$\hat{a}_1 = \gamma_1 x_1 = 0{,}2791 \text{ e } \hat{a}_2 = \gamma_2 x_2 = 0{,}8075$$

6.11 CÁLCULO DE PROPRIEDADES TERMODINÂMICAS PARA MISTURAS

Após a apresentação de modelos, surge a necessidade de calcular as propriedades de uma mistura a partir das referências de gás ideal e de solução ideal. Nas próximas seções, serão demonstradas formas de obtenção de propriedades termodinâmicas para fluidos reais, utilizando os modelos apresentados anteriormente.

6.11.1 Propriedades termodinâmicas a partir de equações de estado

Para explicitar esse procedimento, deve-se considerar o seguinte: C componentes se encontram no estado inicial de gases ideais puros a temperatura T_0 e pressão P_0. Qual é a variação das propriedades termodinâmicas desse sistema quando esses mesmos componentes atingem o estado final, no qual fazem parte de uma mistura de fluidos reais a temperatura T e pressão P?

Primeiramente, é preciso enumerar as mudanças que aconteceram entre os dois estados. Há claramente quatro mudanças no sistema: (i) variação em temperatura; (ii) variação em pressão; (iii) mistura; e (iv) o estado físico dos componentes, que muda de gás ideal para fluido real. As mudanças podem ser tratadas em diversas ordens, porém, aqui serão tratadas na ordem em que foram enumeradas, por conveniência, já que as mudanças em temperatura, pressão e mistura de gases ideais estão bem estabelecidas pelas relações apresentadas no Capítulo 4.

Variação de entalpia

A variação de entalpia de gases ideais com a temperatura é dada pela Equação (4.85). Quanto ao segundo passo, a entalpia de um gás ideal não varia com a pressão, o que faz com que a mudança de pressão do sistema não cause nenhum impacto nessa propriedade. A mistura de gases ideais é uma mistura ideal e não altera a entalpia total do sistema, como foi visto na Seção 6.5. Resta apenas calcular a entalpia residual da mistura real, que é a propriedade responsável por relacionar a entalpia do gás ideal à do fluido real. A entalpia residual da mistura é calculada a partir das equações de estado apresentadas anteriormente. Assim, combinando essas informações, chega-se à seguinte expressão:

$$\underbrace{\overline{H}(T,P,\underline{x})}_{\text{Estado final}}=\sum_i^C x_i\left(\underbrace{\overline{H}_i^{\text{gi,o}}(T_0)}_{\text{Estado inicial}}+\underbrace{\int_{T_0}^{T} C_{P_i}^{\text{gi}}\,dT}_{\text{Variação em }T}+\underbrace{0}_{\text{Variação em }P}\right)+\underbrace{0}_{\text{Mistura de gás ideal}}+\underbrace{\overline{H}^R(T,P,\underline{x})}_{\text{Propriedade residual da mistura}} \qquad (6.159)$$

De forma compacta, a entalpia de um fluido a T, P e $\underline{x}$ é dada por:

$$\boxed{\overline{H}(T,P,\underline{x})=\sum_i^C\left(x_i\overline{H}_i^{\text{gi,o}}(T_0)+x_i\int_{T_0}^{T}C_{Pi}^{\text{gi}}\,dT\right)+\overline{H}^R(T,P,\underline{x})} \qquad (6.160)$$

Variação de entropia

Já na variação de entropia, todas as quatro etapas geram contribuições. A variação de entropia com temperatura e pressão é descrita pela Equação (4.86). A contribuição da etapa de mistura de gases ideais, que forma uma mistura ideal, foi deduzida na Seção 6.5, e a diferença entre a entropia da mistura de gases ideais e da mistura real é descrita pela entropia residual da mistura. Assim, tem-se que:

$$\underbrace{\overline{S}(T,P,\underline{x})}_{\text{Estado final}}=\sum_i^C x_i\left(\underbrace{\overline{S}_i^{\text{gi,o}}(T_0,P_0)}_{\text{Estado inicial}}+\underbrace{\int_{T_0}^{T}\frac{C_{Pi}^{\text{gi}}}{T}dT}_{\text{Variação em }T}-\underbrace{\int_{P_0}^{P}\frac{R}{P}dP}_{\text{Variação em }P}\right)$$
$$\underbrace{-\sum_i^C x_i(R\ln x_i)}_{\text{Mistura de gás ideal}}+\underbrace{\overline{S}^R(T,P,\underline{x})}_{\text{Propriedade residual da mistura}} \qquad (6.161)$$

A entropia residual é calculada a partir das equações de estado apresentadas anteriormente. De forma compacta:

$$\boxed{\overline{S}(T,P,\underline{x})=\sum_i^C x_i\left(\overline{S}_i^{\text{gi,o}}(T_0,P_0)+\int_{T_0}^{T}\frac{C_{P_i}^{\text{gi}}}{T}dT-R\ln\frac{P}{P_0}\right)-\sum_i^C x_i(R\ln x_i)+\overline{S}^R(T,P,\underline{x})} \qquad (6.162)$$

As propriedades termodinâmicas entalpia e entropia de uma mistura multicomponente em uma condição T, P, $\underline{x}$ podem ser calculadas via equação de estado (relação $P\overline{V}T$). Para isso, são usadas as capacidades caloríficas de gás ideal $C_{P_i}^{\text{gi}}$ para cada componente $i = 1 \ldots C$. Essas informações são obtidas a partir de dados experimentais. Uma expressão e os parâmetros para substâncias selecionadas estão disponíveis no Apêndice D.

Para completar a escala de entalpia e entropia, são usados valores arbitrários de $\bar{S}_i^{\text{gi,o}}(T_0, P_0)$ e $\bar{H}_i^{\text{gi,o}}(T_0)$ de gás ideal puro em uma condição de referência T_0 e P_0 para cada componente. Comumente, os simuladores de processos definem os valores dessas propriedades como zero na referência de T_0 = 298 K e P_0 = 1 atm. Contudo, note que, para os cálculos de processos, devem ser calculadas as diferenças de propriedades entre dois estados: $\Delta^{B-A}\bar{H} = \bar{H}\left(T^A, P^A, \underline{x}^A\right) - \bar{H}\left(T^B, P^B, \underline{x}^B\right)$ e $\Delta^{B-A}\bar{S} = \bar{S}\left(T^A, P^A, \underline{x}^A\right) - \bar{S}\left(T^B, P^B, \underline{x}^B\right)$, de modo que os valores de $\bar{S}_i^{\text{gi,o}}(T_0, P_0)$ e $\bar{H}_i^{\text{gi,o}}(T_0)$ são cancelados. Então, o procedimento proposto é válido independentemente dos valores arbitrados para o estado de referência do gás ideal, desde que usados o mesmo estado de referência em todas as etapas de um cálculo consistente. Deve-se ter cuidado ao misturar ou comparar valores de simuladores e tabelas de propriedades de autores diferentes.

Outro ponto importante é que as demais propriedades relevantes, como $\bar{U}$, $\bar{A}$ e $\bar{G}$, devem ser calculadas a partir das escalas de $\bar{H}$ e $\bar{S}$, de modo a compartilharem do mesmo estado de referência, com consistência.

$$\boxed{\bar{U}(T,P,\underline{x}) = \bar{H}(T,P,\underline{x}) - P\,\bar{V}(T,P,\underline{x})} \tag{6.163}$$

De modo que

$$\bar{U}^B - \bar{U}^A = \left(\bar{H}^B - \bar{H}^A\right) - \left(P^B\bar{V}^B - P^A\bar{V}^A\right) \tag{6.164}$$

que se torna:

$$\bar{U}^B - \bar{U}^A = \left(\bar{H}^{B,R} - \bar{H}^{A,R}\right) + \sum_{i=1}^{C} x_i\left(\left(\bar{H}_{i,0}{}^{\text{gi}} - \bar{H}_{i,0}{}^{\text{gi}}\right) + \left(\int_{TA}^{TB} C_{Pi}^{\text{gi}}\, dT\right)\right) - \left(P^B\bar{V}^B - P^A\bar{V}^A\right) \tag{6.165}$$

Nota-se que o estado de referência $\bar{H}_i^{\text{gi,o}}(T_0)$ se cancelará na diferença.

Nesse sentido, as propriedades termodinâmicas são calculadas de forma consistente com o estado de referência arbitrado. Isso também é válido para outras propriedades termodinâmicas como $\bar{A} = \bar{U} - T\bar{S}$ e $\bar{G} = \bar{H} - T\bar{S}$. As diferenças entre energia de Helmholtz ou de Gibbs só são convenientes de avaliar em comparações isotérmicas e com composição global/alimentada fixa, por exemplo, nas definições de propriedade residual, de excesso e de reação química na condição dos estados de referência.

6.11.2 Fugacidade a partir de modelos de energia de Gibbs em excesso

Conforme visto anteriormente, os modelos de energia livre de Gibbs em excesso são muito utilizados para fases condensadas, ao passo que misturas gasosas são sempre modeladas por equações de estado. Entretanto, o cálculo de fugacidade de líquidos via modelos de energia de Gibbs em excesso não é direto. Assim, para se obter uma expressão para a fugacidade, parte-se de condições de equilíbrio com outras fases modeladas por equações de estado (gases em geral).

Na pressão de saturação do componente puro, sendo a igualdade de fugacidades um critério de equilíbrio, é válida a seguinte equação (i. e., exemplo de equilíbrio líquido-vapor), representada na Figura 6.3:

$$f_i^{L,o}\left(T, P_i^{\text{sat}}\right) = f_i^{V,o}\left(T, P_i^{\text{sat}}\right) = f_i^{\text{sat}}(T) \tag{6.166}$$

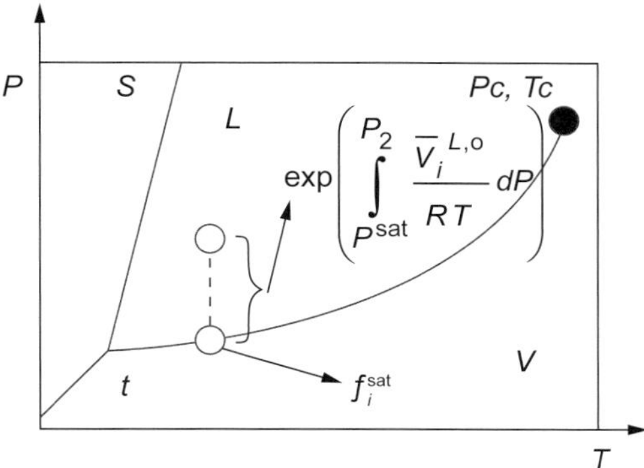

Figura 6.3 – Esquema dos estados e transformações necessários para a descrição da fugacidade de um líquido puro a partir de um vapor saturado usando a correção de Poynting.

Assim, na pressão de saturação, a uma dada temperatura, a fugacidade do líquido pode ser representada pela fugacidade do vapor, uma vez que essas grandezas possuem valores equivalentes nessas condições. Para modelar líquidos em condições de pressão superior à pressão de saturação, é necessário calcular a correção de potencial químico em função da pressão e aplicá-la a partir da pressão de saturação. Para isso, faz-se uso da Equação (4.105), a temperatura constante, para um componente puro. Sabendo que o potencial químico corresponde à energia de Gibbs molar, a seguinte igualdade é válida:

$$\frac{d\mu_i^{L,o}}{RT} = \frac{\bar{V}_i^{L,o}}{RT}dP - \frac{\bar{H}_i^{L,o}}{RT^2}dT \ (T = \text{constante}) \tag{6.167}$$

Integrando da pressão de saturação até uma pressão P qualquer, mantendo T constante, vem que:

$$\frac{\mu_i^{L,o}(T,P)}{RT} = \frac{\mu_i^{L,o}(T,P^{sat})}{RT} + \int_{P_i^{sat}}^{P} \frac{\bar{V}_i^{L,o}}{RT}dP \tag{6.168}$$

Para expressá-la em termos de fugacidade, é necessária a seguinte manipulação:

$$\frac{\mu_i^{L,o}(T,P) - \mu_i^{gi,o}(T,P)}{RT} = \frac{\mu_i^{L,o}(T,P^{sat}) - \mu_i^{gi,o}(T,P)}{RT} + \int_{P_i^{sat}}^{P} \frac{\bar{V}_i^{L,o}}{RT}dP \tag{6.169}$$

Porém, o potencial químico do gás ideal no lado direito da equação precisa ser transladado para a pressão de saturação. Como a temperatura é constante,

$$\frac{d\mu^{gi}}{RT} = \frac{1}{P}dP \tag{6.170}$$

a Equação (6.169) se torna:

$$\frac{\mu_i^{L,o}(T,P) - \mu_i^{gi,o}(T,P)}{RT} = \frac{\mu_i^{L,o}(T,P_i^{sat}) - \mu_i^{gi,o}(T,P_i^{sat})}{RT} + \int_{P_i^{sat}}^{P} \frac{\bar{V}_i^{L,o}}{RT}dP + \ln\left(\frac{P_i^{sat}}{P}\right) \tag{6.171}$$

Aplicando a exponencial nos dois lados, tem-se que:

$$P\phi_i^L(T,P) = P_i^{sat}\phi_i^{sat}(T)\exp\left(\int_{P_i^{sat}}^{P}\frac{\bar{V}_i^{L,o}}{RT}dP\right) \tag{6.172}$$

Para componentes puros, considerando que, na pressão de saturação, o coeficiente de fugacidade do líquido é igual ao do vapor – corolário da Equação (6.166) –, surge a seguinte igualdade:

$$f_i^{L,o}(T,P) = P_i^{sat}\phi_i^{sat}(T)\exp\left(\int_{P_i^{sat}}^{P}\frac{\bar{V}_i^{L,o}}{RT}dP\right) \tag{6.173}$$

O fator exponencial que multiplica o lado direito da equação é conhecido como fator de Poynting. Ele é frequentemente aproximado por $\exp\left[\left(\bar{V}_i^{L,o}/RT\right)\left(P - P_i^{sat}\right)\right]$, uma vez que o volume de líquidos varia pouco com a pressão.

O valor de fugacidade obtido é para um componente puro. Para contabilizar efeitos de mistura, parte-se da definição de atividade em uma mistura real, com estado de referência de mistura ideal (i. e., Regra de Lewis-Randall):

$$\hat{a}_i = \frac{\hat{f}_i^L(T,P,\underline{x})}{f_i^{L,o}(T,P)} \tag{6.174}$$

A atividade, por sua vez, pode ser expressa por meio do produto entre o coeficiente de atividade e a fração molar do componente *i*.

$$\hat{a}_i = \gamma_i x_i \tag{6.175}$$

Finalmente, da combinação das Equações (6.173), (6.174) e (6.175), surge a seguinte expressão da fugacidade do componente *i* de um líquido em uma mistura na fase líquida:

$$\boxed{\hat{f}_i^L(T,P,\underline{x}) = x_i\gamma_i P_i^{sat}\phi_i^{sat}\exp\left(\int_{P_i^{sat}}^{P}\frac{\bar{V}_i^{L,o}}{RT}dP\right)} \tag{6.176}$$

Ressalta-se que o coeficiente de atividade se relaciona com a energia de Gibbs molar em excesso segundo a Equação (6.156). Dessa forma, a partir de um modelo para a fase gasosa, de uma correlação de pressão de saturação e de volume do líquido e de um modelo de energia de Gibbs em excesso, é possível determinar a fugacidade de um componente *i* no líquido em uma mistura a temperatura, pressão e composição especificadas. Esse tipo de abordagem é utilizado quando o emprego da equação de estado na descrição da fase líquida mostra-se pouco acurado. A Figura 6.4 traz um esquema das manipulações realizadas nesta seção para a descrição de uma fase líquida em equilíbrio com uma fase vapor.

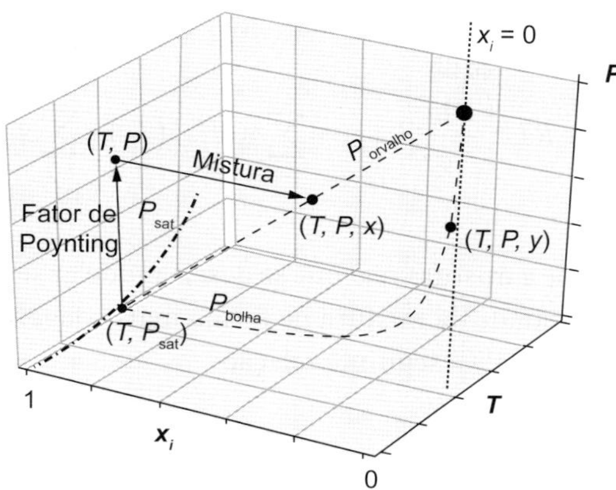

Figura 6.4 – Esquema dos estados e transformações necessários para a descrição da fugacidade de uma fase condensada a partir de um modelo de energia de Gibbs em excesso.

6.11.3 Propriedades termodinâmicas a partir de modelos de energia de Gibbs em excesso

Pode-se obter as propriedades de um fluido a partir de modelos de energia de Gibbs em excesso sem o uso de equações de estado e propriedades residuais. A seguir, mostra-se a dedução para a entalpia. Partindo da relação entre propriedades parciais molares e propriedades molares da mistura (teorema de Euler), é possível afirmar que:

$$\bar{H}(T,P,\underline{x})=\sum_{i=1}^{C} x_i \bar{H}_i(T,P,\underline{x}) \tag{6.177}$$

No lado direito da equação, por conveniência, soma-se e subtrai-se o somatório de entalpias molares dos gases ideais dos componentes de i até C, como segue:

$$\bar{H}(T,P,\underline{x})=\sum_{i=1}^{C} x_i \bar{H}_i(T,P,\underline{x})-\sum_{i=1}^{C} x_i \bar{H}_i^{\text{gi,o}}(T)+\sum_{i=1}^{C} x_i \bar{H}_i^{\text{gi,o}}(T) \tag{6.178}$$

O termo soma pode ser levado a uma determinada temperatura T_0 por meio da capacidade calorífica do gás ideal. Como a entalpia do gás ideal independe de pressão, essa manipulação pode ser realizada a qualquer pressão. Ela leva a:

$$\bar{H}(T,P,\underline{x})=\sum_{i=1}^{C} x_i \bar{H}_i(T,P,\underline{x})-\sum_{i=1}^{C} x_i \bar{H}_i^{\text{gi,o}}(T)+\sum_{i=1}^{C} x_i \bar{H}_i^{\text{gi,o}}(T_0)+\sum_{i=1}^{C} x_i \int_{T_0}^{T} C_{Pi}^{\text{gi}}(T)\,dT \tag{6.179}$$

Já a diferença entre a entalpia do fluido real e a entalpia do gás ideal pode ser substituída pela derivada parcial do logaritmo da fugacidade em relação à temperatura, com pressão e frações molares constantes. Isso pode ser demonstrado pela definição de fugacidade – Equação (6.64) – e pela seguinte relação, a pressão constante:

$$d\left(\frac{\mu_i}{RT}\right)=-\frac{\bar{H}_i}{RT^2}dT+\cancel{\frac{\bar{V}_i}{RT}dP} \tag{6.180}$$

Isso transforma a Equação (6.179) em:

$$\bar{H}(T,P,\underline{x})=\sum_{i=1}^{C}-x_iRT^2\left(\frac{\partial \ln \hat{f}_i}{\partial T}\right)_{P,\underline{x}}+\sum_{i=1}^{C}x_i\bar{H}_i^{\text{gi,o}}(T_0)+\sum_{i=1}^{C}x_i\int_{T_0}^{T}C_{Pi}^{\text{gi}}(T)\,dT \tag{6.181}$$

Partindo da hipótese de que a mistura real que se deseja modelar se encontra em estado líquido, é possível expressar a fugacidade da mistura de forma mais conveniente. Sabendo-se que, da demonstração da seção anterior, vale a seguinte relação:

$$\hat{f}_i^L=x_i\gamma_i f_i^{\text{o},L}=x_i\gamma_i P_i^{\text{sat}}\phi_i^{\text{sat}}\exp\left(\int_{P_i^{\text{sat}}}^{P}\frac{\bar{V}_i^{L,\text{o}}}{RT}dP\right) \tag{6.182}$$

torna-se possível, então, reescrever a Equação (6.181). Aproximando o produto entre o coeficiente de fugacidade na saturação e o fator de Poynting por 1 (produto que se aproxima da unidade a baixas pressões), tem-se que:

$$\begin{aligned}\bar{H}(T,P,\underline{x})=&\sum_{i=1}^{C}-x_iRT^2\left(\frac{\partial \ln \gamma_i}{\partial T}\right)_{P,\underline{x}}+\sum_{i=1}^{C}-x_iRT^2\left(\frac{\partial \ln x_i}{\partial T}\right)_{P,\underline{x}}\\&+\sum_{i=1}^{C}-x_iRT^2\left(\frac{\partial \ln P_i^{\text{sat}}}{\partial T}\right)_{P,\underline{x}}+\sum_{i=1}^{C}x_i\bar{H}_i^{\text{gi,o}}(T_0)+\sum_{i=1}^{C}x_i\int_{T_0}^{T}C_{Pi}^{\text{gi}}(T)\,dT\end{aligned} \tag{6.183}$$

É feita, então, a substituição de $\bar{H}^E$:

$$\begin{aligned}\bar{H}(T,P,\underline{x})=&\bar{H}^E(T,P,\underline{x})+\sum_{i=1}^{C}-x_iRT^2\left(\frac{\partial \ln P_i^{\text{sat}}}{\partial T}\right)_{P,\underline{x}}+\\&+\sum_{i=1}^{C}x_i\bar{H}_i^{\text{gi,o}}(T_0)+\sum_{i=1}^{C}x_i\int_{T_0}^{T}C_{Pi}^{\text{gi}}(T)\,dT\end{aligned} \tag{6.184}$$

A derivada do logaritmo da pressão de saturação em relação à temperatura se relaciona com a entalpia de vaporização, de acordo com a equação de Clausius-Clapeyron – Equação (2.41) –, como segue:

$$\frac{d\ln\left(P_i^{\text{sat}}\right)}{d(1/T)}=-\frac{\Delta\bar{H}_i^{\text{vap}}}{R}\Rightarrow\frac{d\ln\left(P_i^{\text{sat}}\right)}{d(T)/T^2}=\frac{\Delta\bar{H}_i^{\text{vap}}}{R} \tag{6.185}$$

levando finalmente a:

$$\boxed{\bar{H}(T,P,\underline{x})=\sum_{i=1}^{C}x_i\bar{H}_i^{\text{gi,o}}(T_0)+\sum_{i=1}^{C}x_i\int_{T_0}^{T}C_{Pi}^{\text{gi}}(T)\,dT-\sum_{i=1}^{C}x_i\Delta\bar{H}_i^{\text{vap}}+\bar{H}_i^E(T,P,\underline{x})} \tag{6.186}$$

Um procedimento análogo pode ser feito para a entropia. Sabendo que a entropia do gás ideal varia com temperatura e pressão da forma seguinte:

$$\bar{S}_i^{gi}(T,P) = \bar{S}_i^{gi}(T_0\ P_0) + \int_{T_0}^{T} \frac{C_{Pi}^{gi}}{T} dT - R\ln\left(\frac{P}{P_0}\right) \tag{6.187}$$

e que a entropia de vaporização é obtida da entalpia de vaporização pela relação a seguir:

$$\Delta\bar{S}_i^{vap} = \left(\frac{\Delta\bar{H}^{vap}}{T}\right)_i \tag{6.188}$$

tem-se que:

$$\begin{aligned}\bar{S}(T,P,\underline{x}) = \sum_{i=1}^{C} x_i \bar{S}_i^{gi,o}(T_0,P_0) + \sum_{i=1}^{C} x_i \int_{T_0}^{T} \frac{C_{Pi}^{gi}(T)}{T} dT - \sum_{i=1}^{C} x_i \Delta\bar{S}_i^{vap} - R\ln\left(\frac{P}{P_0}\right) + \\ -R\sum_{i=1}^{C} x_i \ln x_i + \bar{S}^E(T,P,\underline{x})\end{aligned} \tag{6.189}$$

sendo os dois últimos termos correspondentes à entropia de mistura real observada pelo fluido, com sua parcela de mistura ideal $(-R\sum_{i=1}^{C} x_i \ln x_i)$ e sua parcela de excesso. A contribuição de excesso $\bar{S}^E(T,P,\underline{x})$ deve ser obtida de forma consistente a partir do modelo de $\bar{G}^E(T,P,\underline{x})$.

$$\bar{S}^E = -\left(\frac{\partial \bar{G}^E}{\partial T}\right)_{P,\underline{x}} \tag{6.190}$$

$$\bar{H}^E = -RT^2\left(\frac{\partial\left(\bar{G}^E/RT\right)}{\partial T}\right)_{P,\underline{x}} \tag{6.191}$$

As mesmas equações podem ser usadas para calcular propriedades termodinâmicas de sólidos, dado um modelo adequado para a energia de Gibbs em excesso da mistura em fase sólida.

Exemplo Resolvido 6.7

Considere a seguinte modificação do modelo de Margules para a energia de Gibbs molar em excesso de uma mistura binária com o parâmetro A em J/mol, expresso em função de T.

$$\bar{G}^E = Ax_1x_2 \text{ com } A = A_0T + A_1$$

Determine expressões para a entalpia de excesso e entropia de excesso em função de T e $\underline{x}$. Para $A_0 = 8$ J/mol/K e $A_1 = 240$ J/mol, qual é o valor das propriedades de excesso $\bar{H}^E$, $\bar{S}^E$ e $\bar{G}^E$ para uma mistura com 2 mol do componente (1) e 3 mol do componente (2) a 300 K?

Resolução

Dessa expressão, pode-se determinar a entropia de excesso diretamente:

$$\bar{S}^E = -\left(\frac{d(Ax_1x_2)}{dT}\right)_{P,\underline{x}} = -x_1x_2\frac{dA}{dT} = -x_1x_2\frac{d(A_0T + A_1)}{dT} = -x_1x_2A_0$$

A entalpia de excesso pode ser obtida em seguida, por

$$\bar{H}^E = -RT^2\left(\frac{d(Ax_1x_2 / RT)}{dT}\right)_{P,\underline{x}} \quad \text{ou} \quad \bar{H}^E = \bar{G}^E + T\bar{S}^E$$

de modo que

$$\bar{H}^E = x_1x_2(A_0T + A_1) - T(x_1x_2A_0) \quad \Rightarrow \quad \bar{H}^E = x_1x_2A_1$$

Percebe-se, então, que nessa expressão do modelo de Margules a energia de Gibbs de excesso é formada por uma contribuição de entalpia do termo A_1 e uma contribuição de entropia do termo A_0.

Para esse modelo, os valores de $\bar{H}^E$ e $\bar{S}^E$ não dependem de T. Para a mistura com $x_1 = 2/(2+3) = 0{,}4$, tem-se:

$$\bar{H}^E = x_1x_2A_1 = 57{,}6 \text{ J/mol e } \bar{S}^E = -x_1x_2A_0 = -1{,}92 \text{ J/mol/K} \Rightarrow \bar{G}^E = \bar{H}^E - T\bar{S}^E = 633{,}6 \text{ J/mol}$$

6.11.4 Calor de mistura

Em um processo de mistura adiabático, partindo de duas correntes (*A*) e (*B*) puras, contendo os componentes (1) e (2), respectivamente, inicialmente a uma temperatura T_0. Se a entalpia de excesso for positiva, observa-se aumento da temperatura da mistura resultante (*C*), como pode ser compreendido ao combinar os balanços de energia e a modelagem de entalpia da mistura.

O balanço de energia para o processo de mistura adiabático é

$$H^C = H^B + H^A \ (Q = 0) \tag{6.192}$$

Sendo que a entalpia de cada corrente pode ser modelada a partir da entalpia dos líquidos puros, capacidade calorífica dos líquidos puros e entalpia de excesso (i. e., uma abordagem diferente da demonstrada na seção anterior, baseada em propriedades residuais).

$$H^j = \sum_{i=1}^{C} N_i^j\left[\bar{H}_i^{\text{o}}(T_0, P^j) + C_{Pi}^L(T^j - T_0)\right] + n^j\bar{H}^E(\underline{x}^j, T^j) \tag{6.193}$$

para C_{Pi}^L, a capacidade calorífica do componente *i* líquido, aproximado como constante em uma pressão fixa.

Ao aplicar a modelagem de entalpia para as correntes puras (*A*) e (*B*), e para a mistura (*C*), tendo como referência a temperatura $T_A = T_B = T_0$:

$$H^A = N_1\left[\bar{H}_i^{\text{o}}(T_0, P^A)\right] \tag{6.194}$$

$$H^B = N_2\left[\bar{H}_2^{\text{o}}(T_0, P^B)\right] \tag{6.195}$$

$$H^C = \sum_{i=1}^{C} N_i^C \left[\bar{H}_i^o \left(T_0, P^C\right) + C_{Pi}^L \left(T^C - T_0\right)\right] + n^C \bar{H}^E \left(\underline{x}^C, T^C\right) \quad (6.196)$$

Combinando, chega-se em:

$$\sum x_i C_{Pi}^L \left(T^C - T_0\right) = -\bar{H}^E \quad (6.197)$$

Logo, se $\bar{H}^E > 0$, então $T^C < T_0$ e a mistura é chamada endotérmica; analogamente, se $\bar{H}^E < 0$, então $T^C > T_0$ e a mistura é chamada exotérmica. Desse modo, denomina-se "calor de mistura" a diferença de entalpia observada à mistura, gerando um terceiro sistema à mesma temperatura e pressão, que é igual ao calor Q que necessita ser adicionado ou removido do processo para que este seja isotérmico ($T^C = T_0$).

Esse equacionamento naturalmente pode ser estendido para misturas entre várias correntes multicomponentes e em temperaturas iniciais diferentes, pois se trata apenas da combinação entre balanço de energia, balanço de massa e modelagem de entalpia de misturas a partir de uma condição de referência.

Calor de mistura a partir de diagramas

É possível ver a determinação do calor de mistura a partir de diagramas, como no exemplo da Figura 6.5, para uma mistura entre água e H_2SO_4.

Observa-se que, em uma mistura binária, como é o caso dessa, o balanço de energia entre dois sistemas com composição x_1^A e x_1^B, que gera um sistema com composição (i. e., fração mássica) x_1^C, pode ser representado por uma reta no gráfico de $\bar{H}$ *versus* x.

Para o processo adiabático, em função das vazões mássicas e entalpias por unidade de massa,

$$\overset{o}{m}{}^C \bar{H}^C = \overset{o}{m}{}^A \bar{H}^A + \overset{o}{m}{}^B \bar{H}^B \quad (6.198)$$

enquanto o balanço de massa global e o balanço de massa por componente nos dão que

$$\overset{o}{m}{}^C = \overset{o}{m}{}^A + \overset{o}{m}{}^B \quad (6.199)$$

e

$$\overset{o}{m}{}^A x_1^A + \overset{o}{m}{}^B x_1^B = \overset{o}{m}{}^C x_1^C \quad (6.200)$$

Combinando essas três relações, é possível mostrar que

$$\left(\bar{H}^C - \bar{H}^A\right)\left(x_1^B - x_1^C\right) = \left(\bar{H}^B - \bar{H}^C\right)\left(x_1^C - x_1^A\right) \quad (6.201)$$

ou seja, dados dois pontos no gráfico $\left(x_1^A, \bar{H}^A\right)$ e $\left(x_1^B, \bar{H}^B\right)$, um ponto $x_1^C, \bar{H}^C$ é dado pela reta

$$\bar{H}^C = \left(\frac{\bar{H}^A x_1^B - \bar{H}^B x_1^A}{x_1^B - x_1^A}\right) + x_1^C \left(\frac{\bar{H}^B - \bar{H}^A}{x_1^B - x_1^A}\right) \quad (6.202)$$

De modo complementar, a modelagem de entapia de uma mistura $\bar{H}(T,\underline{x})$ é representada pelas isotermas desenhadas.

No gráfico de H_2SO_4 com água, uma mistura fortemente exotérmica, nota-se que as isotermas são todas côncavas, de modo que qualquer mistura adiabática entre duas corrente de mesma temperatura – com composição x_1^A e x_1^B sobre uma mesma isoterma – gera uma corrente com composição intermediária x_1^C e com entalpia $\bar{H}^C$ pertencendo a uma isoterma de maior temperatura.

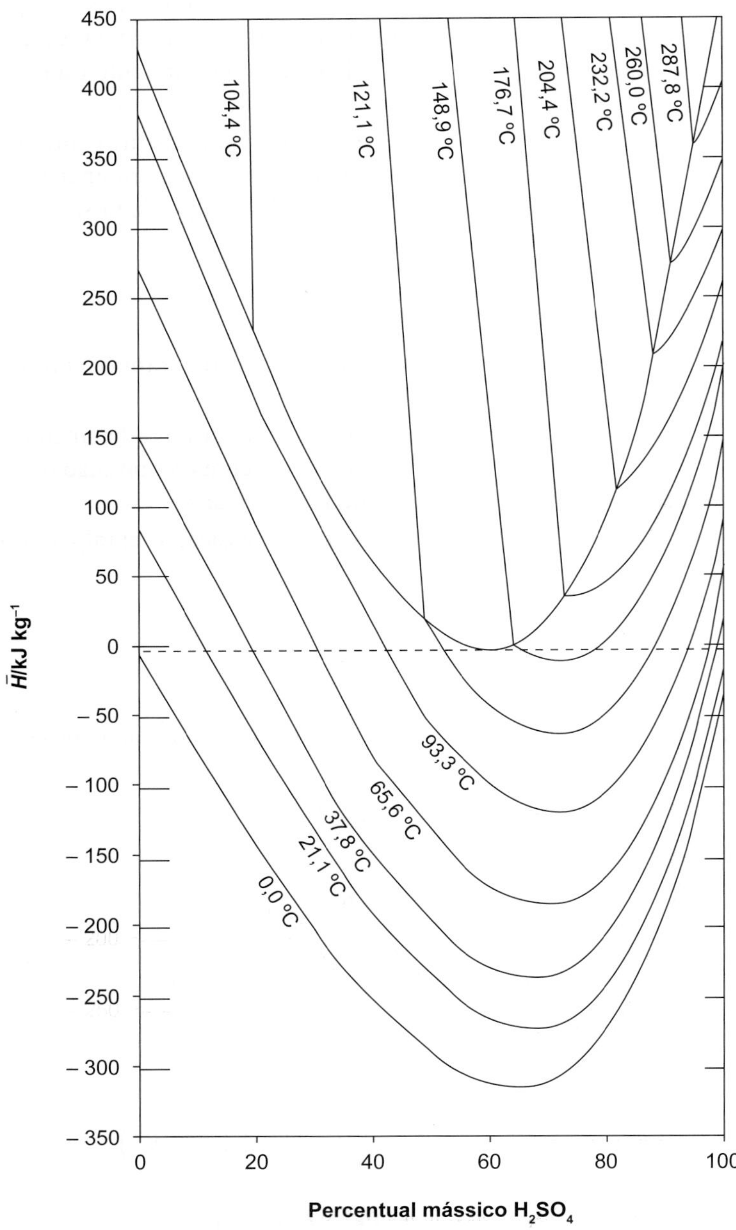

Figura 6.5 – Diagrama de entalpia-concentração para solução aquosa de ácido sulfúrico a 0,1 MPa. A concentração de ácido sulfúrico é dada em fração mássica. Os estados de referência usados foram entalpia de cada líquido puro, a 0 °C em sua pressão de vapor dada como zero. (Adaptada de HOUGEN, WATSON, RAGATZ, *Chemical process principles 1, material and energy balance*, 2. ed. (1954).)

Exemplo Resolvido 6.8

Em um processo em estado estacionário, na pressão de 0,1 MPa, uma corrente de 180 kg/h de solução aquosa contendo 80 % (em massa) de ácido sulfúrico é diluída utilizando uma corrente de água pura de modo a atingir a concentração final de 10 % (em massa) de ácido sulfúrico. A corrente concentrada está a 65,6 °C e a corrente de água pura está a 21,1 °C.

Considerando o processo adiabático, qual é a temperatura da corrente de saída?

Resolução

Foram dadas a massa da corrente (1), a fração molar de ácido na corrente (1), a fração molar de ácido na corrente (2) – água pura – e a fração molar de ácido na corrente de saída (f).

$$\overset{o}{m}_1 = 180 \text{ kg/h},\ x_1^1 = 0{,}8,\ x_1^2 = 0{,}0,\ x_1^f = 0{,}1$$

Determina-se a vazão mássica da corrente (2) fazendo o balanço de massa por componente para o ácido sulfúrico e isolando $\overset{o}{m}_2$.

$$\overset{o}{m}_1 x_1^1 + \overset{o}{m}_2 x_1^2 = \overset{o}{m}_f x_1^f \qquad \Rightarrow \qquad \overset{o}{m}_2 = \frac{(\overset{o}{m}_1 x_1^1 - \overset{o}{m}_1 x_1^f)}{(x_1^f - x_1^2)} = 1{,}26 \times 10^3 \text{ kg/h}$$

$$\overset{o}{m}_1 + \overset{o}{m}_2 = \overset{o}{m}_f \qquad \qquad \overset{o}{m}_f = (\overset{o}{m}_1 + \overset{o}{m}_2) = 1{,}44 \times 10^3 \text{ kg/h}$$

A entalpia da corrente (1) pode ser lida $\bar{H}_1$, no ponto com coordenada x_1^1, sobre a isoterma de $T_1 = 65{,}6$ °C, e a entalpia da corrente (2) como $\bar{H}_2$, no ponto com coordenada $x_1^2 = 0$, sobre a isoterma de $T_2 = 21{,}1$ °C.

$$\bar{H}_1 = -160 \text{ kJ/kg e } \bar{H}_2 = 90 \text{ kJ/kg}$$

Em posse da fração molar x_f, pelo balanço de massa, é possível ler a entalpia da corrente de saída $\bar{H}_f$, na interseção da linha $\overline{\bar{H}_1 \bar{H}_2}$ com a posição de x_1^f – considerando o processo adiabático; ou através do cálculo pela equação de balanço de energia, para processo adiabático ou não.

$$\bar{H}_f = (\bar{H}_1 \overset{o}{m}_1 + \bar{H}_2 \overset{o}{m}_2 + \overset{o}{Q})/\overset{o}{m}_f,\ (\text{com } \overset{o}{Q} = 0) \qquad \Rightarrow \qquad \bar{H}_f = 58{,}75 \text{ kJ/kg}$$

Nota-se que o ponto determinado fica sobre a isoterma de $T_f = 37,8$ °C.

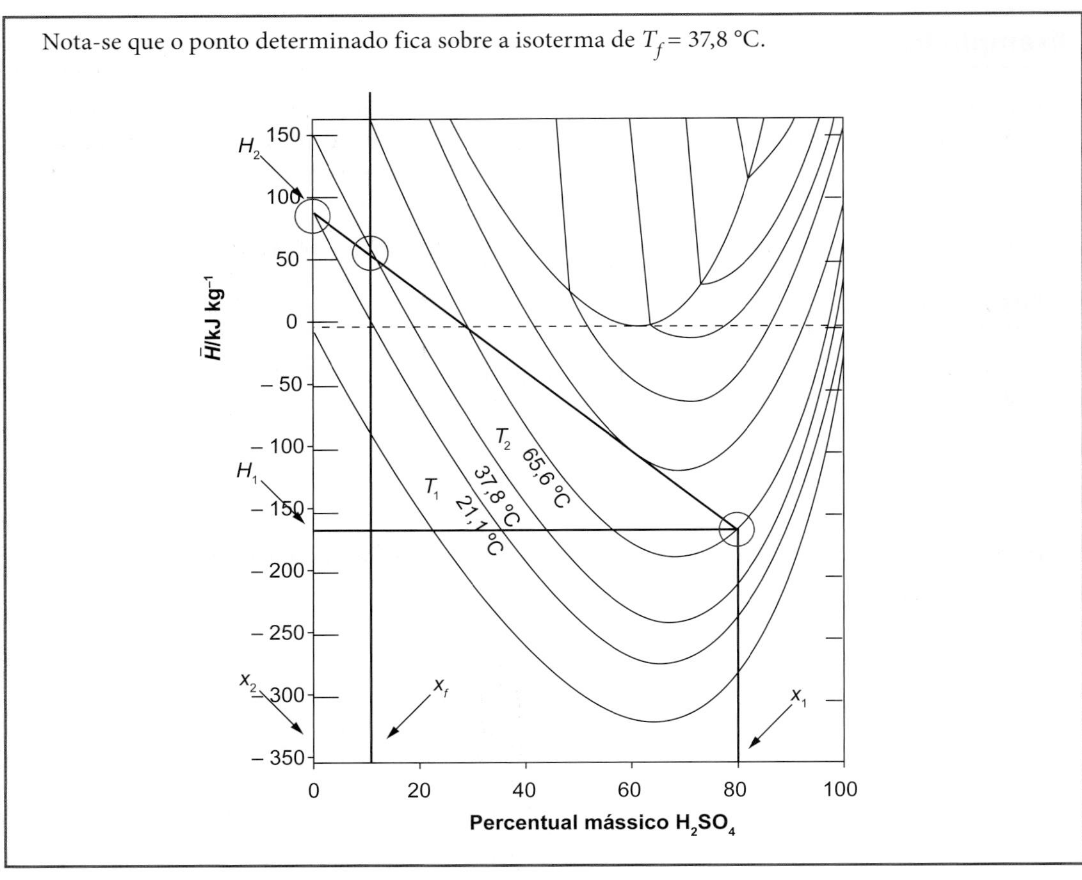

Aplicação Computacional 6

Para a equação de G de excesso de Margules (i. e., binário) com dois parâmetros A_{12} e A_{21} adimensionais:

$$\frac{\overline{G}^E}{RT} = \left(A_{21}x_1 + A_{12}x_2\right)x_1x_2$$

Com $A_{12} = 2,0$ e $A_{21} = 2,8$.

Elabore os gráfico de $\Delta\overline{G}^{id}$ (energia de Gibbs de mistura ideal), $\overline{G}^E$ (energia de Gibbs de excesso) e $\Delta\overline{G}$ (energia de Gibbs de mistura) em função de x_1, normalizados por RT, em $P = 1$ atm e $T = 298$ K.

Com base no gráfico elaborado e nos conceitos de estabilidade apresentados nos Capítulos 1 e 2, interprete os seguintes cenários:

a) O que aconteceria se um sistema fosse preparado com composição global especificada em $z_1 = 0,1$ a temperatura e pressão constantes?

b) O que aconteceria se um sistema fosse preparado com composição global especificada em $z_1 = 0,5$ a temperatura e pressão constantes?

Em ambos os casos, considere que as pressões de saturação de ambas as substâncias nessa temperatura são muito inferiores à pressão especificada.

Resolução

Para calcular a energia de Gibbs de mistura, é necessário calcular as duas contribuições: a energia de Gibbs de mistura ideal (dividida por RT)

```
def f_GMI(x1):
  x2=1-x1
  G=x1*np.log(x1)+x2*np.log(x2)
  return G
```

e a energia de Gibbs de excesso (dividida por RT).

```
def f_GE(x1):
  x2=1-x1
  G= (A21*x1+A12*x2) *x1*x2
  return G
```

Com isso, é possível realizar o cálculo sequencial para montar gráfico. Neste caso, pode-se usar um valor *eps* bastante pequeno para evitar que o gráfico chegue exatamente em $x_1 = 0$ ou $x_1 = 1$, pois, nesses extremos, $\Delta\mu^{id} = 1\ \ln(1) + 0\ \ln(0)$, que tem limite finito igual a zero, mas causará um erro interno na função do logaritmo natural ao ser resolvido numericamente, em vez de matematicamente.

```
eps=1e-9
vx=np.linspace(0+eps,1-eps,100)
vGE=np.zeros(100)
vGmi=np.zeros(100)
for i in range(100):
  x1=vx[i]
  vGE[i]=f_GE(x1)
  x2=1-x1
  vGmi[i] = f_GMI(x1)
```

O resultado pode ser visto graficamente:

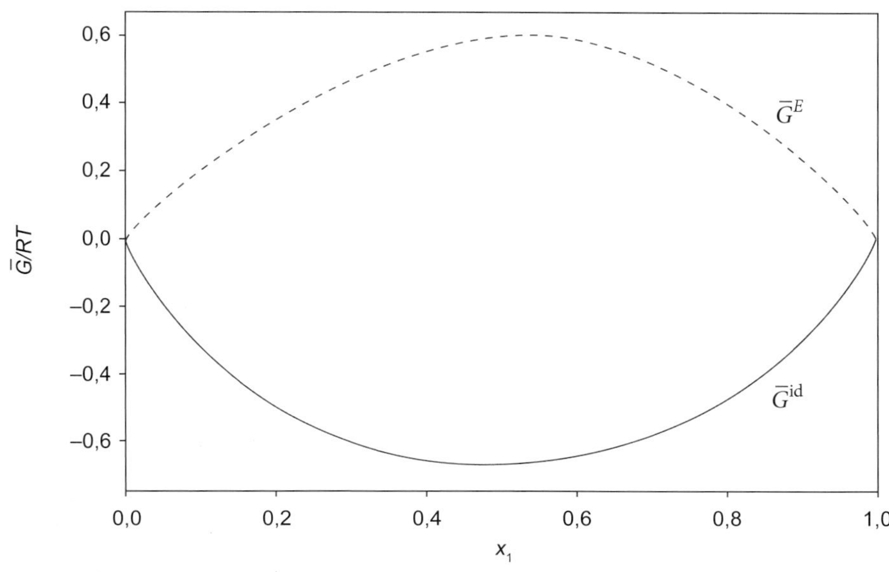

A linha contínua é a energia de Gibbs de mistura ideal (dividida por RT), sempre negativa; a linha tracejada é a energia de Gibbs em excesso (dividida por RT), que, para esse modelo, com os parâmetros atuais, é sempre positiva.

Somando as duas contribuições, chega-se à energia de Gibbs de mistura (dividida por RT):

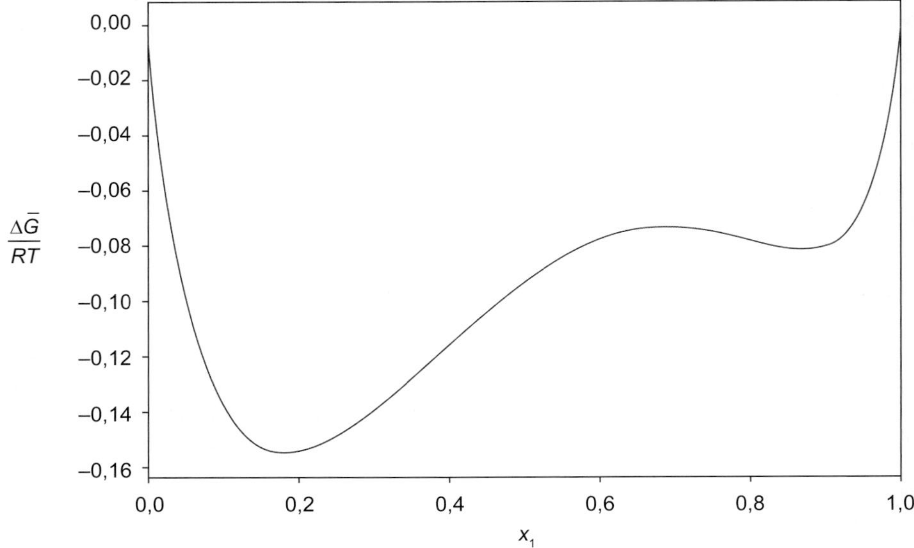

Note que a energia de Gibbs de mistura, nesse caso, está sempre negativa, mas seu formato não é trivial.

Pode-se interpretar o cenário (*a*), com $z_1 = 0{,}1$, usando algumas linhas auxiliares.

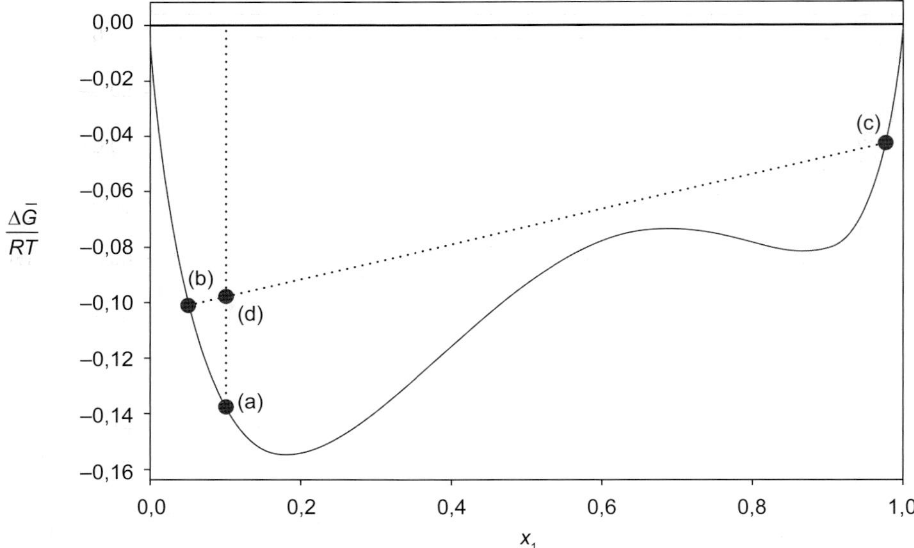

O ponto (*a*) marca a energia de Gibbs de mistura na composição global especificada. Considera-se que o sistema pode se dividir em duas fases, ou seja, uma fase I com composição x no ponto (*b*) e uma fase II com composição y no ponto (*c*). Então, notando que essas composições devem respeitar o balanço de massa $z_i = x_i\,(1 - \beta) + y_i\,\beta$, assim como na seção sobre calor de mistura (6.11.4), a energia de Gibbs de mistura para o sistema bifásico estará na interseção entre a reta $\overline{bc}$ e a vertical em (*a*). É possível notar que, para qualquer combinação de composições *x*, *y* gerando novos pontos (*b*) e (*c*), a energia de Gibbs da mistura homogênea dada pelo ponto (*a*) será inferior à energia de Gibbs da mistura em condição de equilíbrio bifásico dada pelo ponto (*d*). Logo, o sistema com composição z_1 especificada em 0,1 tem mínimo global na energia de Gibbs como sistema homogêneo, frente à possibilidade de separação de fases (líquido-líquido) e, portanto, é estável.

Em contrapartida, para $z_1 = 0,5$, tem-se o seguinte comportamento:

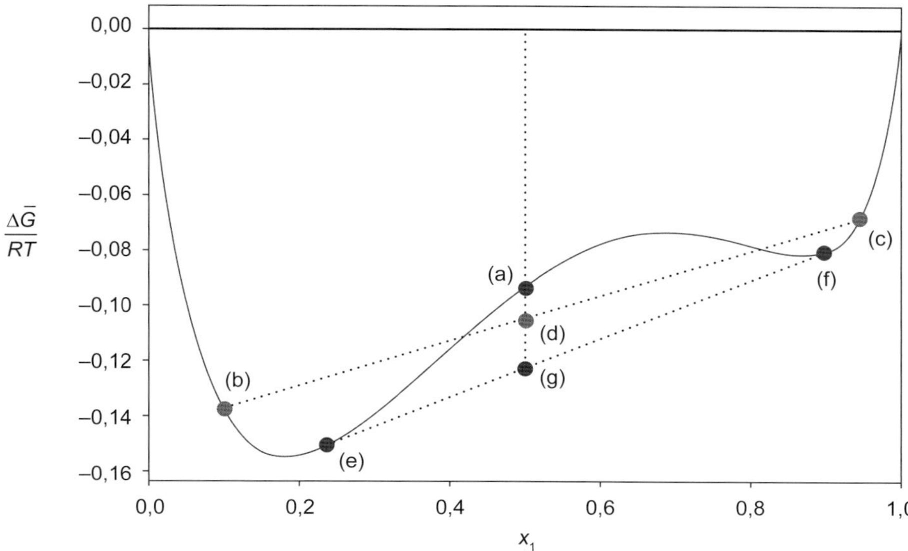

Como anteriormente, o ponto (*a*) marca a energia de Gibbs de mistura na composição global especificada. Duas hipóteses para as fases I e II estão representadas pelo par de pontos (*b*) e (*c*) e pelo par de pontos (*e*) e (*f*).

É possível notar que, para a combinação de composições *x* nos pontos (*b*) e *y* no ponto (*c*), a energia de Gibbs no ponto (*d*) é inferior à energia de Gibbs do sistema homogêneo sob hipótese (*a*). Logo, essa separação de fases é mais estável que o sistema homogêneo; ou seja, o sistema deve se separar espontaneamente em duas fases líquidas.

Além disso, pode-se observar que a combinação de composições *x* no ponto (*e*) e *y* no ponto (*f*) possui a menor energia de Gibbs possível (*g*) para uma mistura em equilíbrio bifásico, restrita à composição global $z_1 = 0,5$. Logo, essa separação de fases corresponde ao mínimo global na energia de Gibbs e é a condição de equilíbrio do sistema.

A versão completa do código para resolver essa questão está disponível no material suplementar.

EXERCÍCIOS PROPOSTOS

Conceituação

6.1 Para uma mistura de água e álcool, é possível afirmar que o volume parcial molar do álcool na diluição infinita (i. e., quando a fração molar de álcool vai para zero) é nula?

6.2 É possível afirmar que a energia de Helmholtz parcial molar do componente é igual ao seu potencial químico?

6.3 É possível afirmar que a equação de Gibbs-Duhem, equação de consistência termodinâmica, descreve como devem se relacionar as propriedades parciais molares em uma mesma fase?

6.4 É possível afirmar que a fugacidade de uma substância pura é a pressão corrigida e que, em uma mistura, é a pressão parcial corrigida de cada componente?

6.5 É possível afirmar que a fugacidade de uma substância na mistura é uma propriedade termodinâmica parcial molar e deve obedecer ao teorema de Euler?

6.6 É possível afirmar que, em uma mistura ideal, todas as propriedades parciais molares são iguais às suas propriedades molares puras, na mesma temperatura e pressão?

6.7 É possível afirmar que, em uma mistura ideal, a variação de energia de Gibbs do sistema é sempre negativa para qualquer temperatura, pressão e composição da mistura?

6.8 Em termos de cálculo dos coeficientes de atividades de soluto e solvente em uma mistura, pode-se afirmar que é consistente termodinamicamente utilizar o estado de referência de Lewis-Randall para o solvente e o de Lei de Henry para o soluto?

6.9 É possível afirmar que os modelos de G^E não dependem da pressão e são limitados a fases condensadas?

Cálculos e problemas

6.1 Sabendo-se que dois componentes, *A* e *B*, se comportam como mistura ideal em fase líquida, na temperatura de 300 K e na pressão de 1 atm, calcule:

a) As propriedades de excesso $\bar{H}^E, \bar{V}^E, \bar{S}^E, \bar{G}^E$ para uma mistura de *A* e *B* com composição equimolar.

b) As propriedades de mistura $\Delta\bar{H}, \Delta\bar{V}, \Delta\bar{S}, \Delta\bar{G}$ para uma mistura de *A* e *B* com composição equimolar.

6.2 Considere a seguinte modificação do modelo de Margules para a energia de Gibbs molar em excesso de uma mistura binária com o parâmetro *A* em J/mol, expresso em função de *T*:

$$\bar{G}^E = Ax_1x_2 \text{ em que } A = A_0T + A_1 \text{ para } A_0 = 6 \text{ J/mol/K e } A_1 = -120 \text{ J/mol.}$$

Ao misturar duas correntes à pressão constante, adiabaticamente, nessa mesma proporção, sendo a primeira com 2 mol/s do componente (1), e a segunda com 1 mol/s do componente (2), ambas a 300 K, calcule:

a) A temperatura final.

b) A variação de entropia.

Dados:

$C_{P1}{}^L = 60$ J/mol/K; $C_{P2}{}^L = 80$ J/mol/K.

6.3 Em um processo em estado estacionário, na pressão de 0,1 MPa, uma corrente de 150 kg/h de solução aquosa contendo 70 % (em massa) de ácido sulfúrico é diluída utilizando uma corrente de água pura de modo a atingir a concentração final de 5 % (em massa) de ácido sulfúrico.

A corrente concentrada está a 93,3 °C e a corrente de água pura está a 0,0 °C.

Que quantidade de calor deve ser adicionada ou removida do sistema para se obter a corrente de saída a 21,1 °C?

6.4 Para a expansão do Virial em pressão, truncada no primeiro termo, considere, para modelagem de misturas:

(i) a seguinte regra de combinação simplificada:

$$B_{ii} = B_i \text{ e } B_{ij} = (B_{ii} + B_{jj})/2$$

(ii) a seguinte regra de mistura:

$$B = \sum_i \sum_j y_i y_j B_{ij}$$

e os seguintes parâmetros: $B_{11} = -1.835$ cm^3/mol e $B_{22} = -1.062$ cm^3/mol.

Calcule a fugacidade dos componentes 1 e 2 em fase gás na condição de $T = 333$ K, $P = 1$ bar, $y_1 = 0{,}3$ e $y_2 = 0{,}7$.

6.5 Um recipiente contém 9 mol de etanol na pressão de 1 atm e temperatura de 298 K. Adiciona-se 1 mol de água, com controle de temperatura a 298 K. Determine a diferença entre o volume final da mistura e o volume inicial ocupado pelo etanol. Se, no trecho do gráfico entre 0,8 e 1,0, a inclinação é de aproximadamente $d\overline{V}^E/dx_{etanol} = 3\text{cm}^3/\text{mol}$, calcule o volume parcial molar da água na solução final.

Dados:

Massa molar do etanol = 46 g/mol; massa molar da água = 18 g/mol; densidade do etanol (298 K, 1 atm) = 785 kg/m^3; densidade da água (298 K, 1 atm) = 997 kg/m^3.

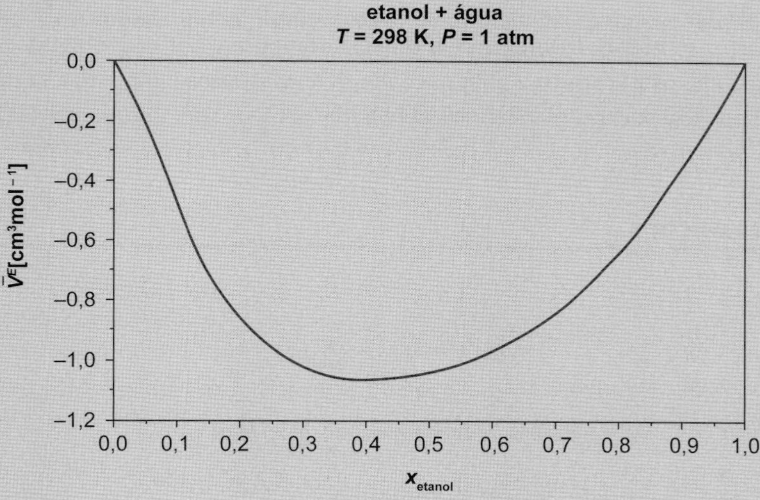

Diagrama de volume de excesso *versus* composição para mistura binária etanol + água. Adaptada a partir de dados de www.dortmunddatabank.de.

6.6 Considere uma mistura binária entre *A* e *B*. Sabendo que, na temperatura de 298 K, a substância (*B*) tem *coeficiente de atividade em diluição infinita* igual a $\gamma_B^{\infty} = 1{,}4$ e pressão de saturação $P_B^{sat} = 0{,}3$ atm:

a) Estime o valor do parâmetro *A* com o qual o modelo de Margules para a energia de Gibbs molar em excesso ($\overline{G}^E/RT = Ax_1x_2$) melhor representa essa mistura.

b) Qual é a constante de Henry para a substância *B*?

c) Qual é a fugacidade da substância *B* quando sua fração molar é igual a 0,1 de acordo com (i) o modelo de $\overline{G}^E$ dado; (ii) a Lei de Henry?

6.7 Determine a fugacidade dos componentes em uma mistura entre 7 mol de metano e 3 mol de dióxido de carbono na temperatura de 200 K com volume de 200 ℓ. Use a equação de SRK.

6.8 Calcule os coeficientes de atividade em uma mistura entre 7 mol de benzeno e 3 mol de n-decano em fase líquida na temperatura de 200 K. Use a equação de Scatchard-Hildebrand parametrizada com dados do Apêndice de acordo com $\Delta\overline{U}_i^{vap} = \Delta\overline{H}_{n,i}^{vap} - P_{atm}(RT/P_{atm}) = \Delta\overline{H}_{n,i}^{vap} - RT$. Determine os volumes molares dos componentes puros pela equação de Rackett.

6.9 Calcule a entalpia parcial molar do ácido sulfúrico em uma mistura de 10 mol % de ácido sulfúrico em água. Adaptada de SANDLER, *Chemical and Engineering Thermodynamics*, 3. ed. (1999).

Considere a seguinte expressão empírica para entalpia de excesso de mistura de água e ácido sulfúrico, ajustada a dados experimentais na temperatura de 65,6 °C:

$$\Delta\bar{H}^E = -82{,}795 x_{H2SO4} + 139{,}478\left(x_{H2SO4}\right)^2 - 56{,}683\left(x_{H2SO4}\right)^3$$

6.10 Considere uma mistura com 2 mol/s do componente (1) e 1 mol/s do componente (2), ambos a 300 K, sabendo que o coeficiente de atividade do componente (1) nessa condição vale 1,2.

a) Calcule o valor do parâmetro A_0 e do parâmetro A_1 em cada um dos modelos propostos a seguir:

Modelo 1: $\bar{G}^E/RT = A_0\, x_1 x_2$

Modelo 2: $\bar{G}^E/RT = \dfrac{A_1}{T} x_1 x_2$

b) Qual é o valor da energia de Gibbs em excesso calculada por cada modelo na condição dada?

c) Qual é o valor da energia de Gibbs em excesso e do coeficiente de atividade do componente (1) previsto por cada modelo em 250 K?

Resumo de equações

■ *Definições*

$$\Delta\bar{M}(\underline{x}) = \bar{M}(\underline{x}) - \sum_i x_i \bar{M}_i^o \qquad T \text{ e } P \text{ fixos}$$

$$\Delta\bar{M} \text{ de mistura} = \bar{M} \text{ da mistura} - \sum_i x_i \left(\bar{M} \text{ do puro } i\right)$$

$$\bar{M}^E(\underline{x}) = \bar{M}(\underline{x}) - \bar{M}^{id}(\underline{x}) \qquad T \text{ e } P \text{ fixos}$$

$$\bar{M} \text{ de excesso} = \bar{M} \text{ da mistura} - \bar{M} \text{ da mistura ideal}$$

■ *Relações termodinâmicas*

$$dG = -SdT + VdP + \sum_i \mu_i dN_i$$

$$d\frac{G}{RT} = -\frac{H}{RT^2}dT + \frac{V}{RT}dP + \sum_i \frac{\mu_i}{RT}dN_i$$

■ *Fugacidade e coeficiente de fugacidade*

$$\ln\left(\frac{\hat{f}_i}{x_i P}\right)=\left(\frac{\bar{G}_i^R}{RT}\right)$$

$$RT\ln\hat{\phi}_i=\bar{G}_i^R=\left(\frac{\partial G^R}{\partial N_i}\right)_{T,P,N_{j\neq i}}=\left(\frac{\partial n\bar{G}^R}{\partial N_i}\right)_{T,P,N_{j\neq i}} \qquad n=\sum_{i=1}^{C}N_i$$

$$RT\ln\hat{\phi}_i=\left(\frac{\partial\left(n\bar{A}^{R,\text{isoV}}\right)}{\partial N_i}\right)_{T,V,N_{j\neq i}}-RT\ln Z$$

■ *Atividade (forma geral)*

$$\hat{a}_i=\frac{\hat{f}_i}{\hat{f}_i^{ref}}$$

■ *Coeficiente de atividade na convenção simétrica*

$$\gamma_i=\frac{\hat{a}_i}{x_i}$$

$$RT\ln\gamma_i=\bar{G}_i^E=\left(\frac{\partial G^E}{\partial N_i}\right)_{T,P,N_{j\neq i}}=\left(\frac{\partial n\bar{G}^E}{\partial N_i}\right)_{T,P,N_{j\neq i}} \qquad n=\sum_{i=1}^{C}N_i$$

CAPÍTULO 7

Cálculos de Equilíbrio de Fases

Este capítulo explora uma das principais aplicações dos conceitos de termodinâmica de misturas, isto é, o cálculo de condições de equilíbrio de fases. Os cálculos são, normalmente, de dois tipos distintos. O primeiro determina a pressão ou a temperatura limite para que apareça uma determinada fase incipiente do seio de uma fase contínua com composição previamente estabelecida; esse tipo de cálculo, chamado "ponto de bolha" e "ponto de orvalho", também determina a composição da fase incipiente. O segundo determina a separação de fases para uma mistura com determinada composição global e duas variáveis termodinâmicas intensivas especificadas (p. ex., temperatura e pressão); por esse tipo de cálculo determina-se a composição de ambas as fases em equilíbrio e de quantidade relativa de cada uma delas em termos de massa ou número de mols total. Este último cálculo se chama "cálculo de *flash*".

7.1 CONDIÇÕES DE EQUILÍBRIO DE FASES INCIPIENTES: FORMULAÇÃO DO PROBLEMA

Em diversas ocasiões ao longo do texto, utilizou-se o conceito de igualdade de potenciais químicos entre espécies em diferentes fases como condição necessária para o equilíbrio termodinâmico. Nesta seção, o interesse se volta para o cálculo de condições de surgimento de fases incipientes e, para isso, essa condição será novamente utilizada.

Desse modo, propõe-se a resolução de um sistema algébrico originado pelas condições de equilíbrio retomadas a seguir:

$$\begin{aligned} T^1 &= T^j \quad \text{para } j = [2 \ldots \pi] \\ P^1 &= P^j \quad \text{para } j = [2 \ldots \pi] \\ \mu_i^1 &= \mu_i^j \quad \text{para } j = [2 \ldots \pi] \text{ e } i = [1 \ldots C] \end{aligned} \tag{7.1}$$

em que j são índices para as fases do sistema e i é o índice dos componentes presentes. Assim, em um equilíbrio bifásico para C componentes, por exemplo, a condição necessária de equilíbrio dá origem, a princípio, a um sistema com $C + 2$ equações e $2C + 4$ variáveis (i. e., potencial químico de C componentes em duas fases e pressões e temperaturas de duas fases).

No caso do equilíbrio líquido-vapor (ELV), convém estabelecer o problema de equilíbrio por meio da igualdade de fugacidades. Assim, retornando à Equação (7.1):

$$\begin{gathered} T^V = T^L \\ P^V = P^L \\ \hat{f}_i^V = \hat{f}_i^L \quad \text{para } i = [1 \ldots C] \end{gathered} \tag{7.2}$$

Há, porém, duas principais maneiras de expressar a fugacidade de líquidos, que são essencialmente distintas. No capítulo anterior, viu-se que ela pode ser obtida diretamente de equações de estado (ver Seção 6.10.1) ou por meio da pressão de saturação de componentes puros e de modelos de coeficiente de atividade (ver Seção 6.11.2).

Na primeira maneira, aplicando a equação de estado às duas fases (líquido e vapor), as equações de fugacidade do sistema descrito na Equação (7.2) se transformam em:

$$\hat{f}_i^V = \hat{f}_i^L \tag{7.3}$$

$$\hat{\phi}_i^V y_i \cancel{P} = \hat{\phi}_i^L x_i \cancel{P} \tag{7.4}$$

$$\hat{\phi}_i^V y_i = \hat{\phi}_i^L x_i \tag{7.5}$$

em que y_i representa a fração molar do componente i na fase vapor e x_i a fração molar do componente i na fase líquida. A outra forma de expressar a fugacidade, usando equação de estado para a fase vapor e modelo de energia de Gibbs em excesso para a fase líquida, leva a:

$$\hat{f}_i^V = \hat{f}_i^L \tag{7.6}$$

$$\hat{\phi}_i^V y_i P = P_i^{\text{sat}} x_i \gamma_i \phi_i^{\text{sat}} \exp\left(\int_{P_i^{\text{sat}}}^{P} \frac{\overline{V}_i^{L,\text{o}}}{RT} dP \right) \tag{7.7}$$

As duas expressões podem ser escritas de forma condensada, relacionando as frações molares de um componente i nas fases líquida e vapor, por meio da introdução de um coeficiente de distribuição K_i, às vezes chamado "volatilidade de i":

$$\boxed{y_i = K_i x_i} \tag{7.8}$$

Diferentes expressões do coeficiente de distribuição podem ser utilizadas de acordo com o tipo de modelagem das fases fluidas. Se ambas forem modeladas por equações de estado, tem-se, a partir da Equação (7.5), que:

$$K_i = \frac{\hat{\phi}_i^L (T, P, \underline{x})}{\hat{\phi}_i^V (T, P, \underline{y})} \tag{7.9}$$

Em contrapartida, se a fase líquida for modelada por um modelo de energia livre em excesso (segundo a referência de Lewis-Randall), surge outra expressão:

$$K_i = \frac{\gamma_i (T, \underline{x}) P_i^{\text{sat}} (T) \phi_i^{\text{sat}} (T) \exp\left(\int_{P_i^{\text{sat}}}^{P} \frac{\overline{V}_i^{L,\text{o}} (T, P)}{RT} dP \right)}{P \hat{\phi}_i^V (T, P, \underline{y})} \tag{7.10}$$

em que $\phi_i^{\text{sat}} (T)$ é o coeficiente de fugacidade calculado no ponto de saturação, ou seja, para T, em $P = P_i^{\text{sat}}(T)$.

Entretanto, usualmente são feitas aproximações sobre esta última equação. Se for admitida a mistura ideal na fase vapor ($\hat{\phi}_i = \phi_i$), a equação se torna:

$$K_i = \frac{P_i^{sat}(T)\gamma_i(T,\underline{x})\phi_i^{sat}(T)\exp\left(\int_{P_i^{sat}}^{P} \frac{\overline{V}_i^{L,o}(T,P)}{RT}dP\right)}{P\phi_i^V(T,P)} \tag{7.11}$$

Além disso, a baixas pressões, o produto entre o coeficiente de fugacidade do vapor saturado e o fator de Poynting pode ser considerado próximo de 1. Isso pode ser verificado matematicamente da seguinte maneira, se considerada a equação de estado do Virial truncada após o segundo termo para a fase vapor, explicitada a seguir:

$$Z = 1 + \frac{BP}{RT} \tag{7.12}$$

O coeficiente de fugacidade do componente i na fase vapor é dado pela seguinte expressão:

$$\ln\phi_i = \frac{1}{RT}\int_0^P \left(\overline{V}_i^o - \frac{RT}{P}\right)dP \tag{7.13}$$

Pela equação do Virial, ele se torna, então:

$$\ln\phi_i = \frac{B_i P}{RT} \tag{7.14}$$

Assim, a junção da correção de Poynting com o coeficiente de fugacidade do componente i puro na sua pressão de saturação à temperatura do sistema e o coeficiente de fugacidade do componente i na mistura leva a:

$$\frac{\phi_i^{sat}(T)\exp\left(\int_{P_i^{sat}}^{P} \frac{\overline{V}_i^{L,o}(T,P)}{RT}dP\right)}{\phi_i^V(T,P)} \approx \exp\left[\frac{\left(\overline{V}_i^{L,o} - B_i\right)\left(P - P_i^{sat}\right)}{RT}\right] \tag{7.15}$$

Como $\overline{V}_i^{L,o}$ e B_i geralmente possuem a mesma ordem de grandeza e, no caso de baixas pressões, a pressão do sistema não está distante da pressão de saturação do componente puro, toda a exponencial do lado direto da Equação (7.15) pode ser aproximada por 1. Isso transforma o coeficiente de distribuição em:

$$K_i = \frac{\gamma_i(T,\underline{x})P_i^{sat}(T)}{P} \tag{7.16}$$

Finalmente, se a fase líquida for uma mistura ideal, surge, então, a seguinte expressão para o coeficiente de distribuição (i. e., Lei de Raoult expressa em termos de volatilidade):

$$K_i = \frac{P_i^{sat}(T)}{P} \tag{7.17}$$

Alguns componentes na mistura podem ser modelados de forma assimétrica, com o uso das constantes de Henry. Se este for o caso, o coeficiente de distribuição para esses componentes nas fases líquida-vapor se dá por meio da seguinte expressão:

$$K_i = \frac{\gamma_i^*(T,\underline{x})\mathrm{H}_i(T)\exp\left(\int_{P_s^{sat}}^{P}\frac{\overline{V}_i^{\infty}(T,P)}{RT}dP\right)}{P\hat{\phi}_i^V(T,P,\underline{y})} \tag{7.18}$$

Nessa equação, γ_i^* é o coeficiente de atividade do componente i na convenção assimétrica, $\overline{V}_i^{\infty}$ é o volume molar do componente i na solução de referência de diluição infinita e P_s^{sat} é a pressão de saturação do solvente no qual a constante de Henry (H_i) foi medida. O termo exponencial na expressão do coeficiente de distribuição é, portanto, análogo à correção de Poynting. Para baixas pressões, a forma simplificada é:

$$K_i = \frac{\gamma_i^*(T,\underline{x})\mathrm{H}_i(T)}{P} \tag{7.19}$$

Finalmente, se a fase líquida se comportar como uma mistura ideal na convenção de Henry, o coeficiente de distribuição se torna:

$$K_i = \frac{\mathrm{H}_i(T)}{P} \tag{7.20}$$

Os coeficientes de distribuição mais comuns e as suas respectivas aproximações se encontram enumerados na Tabela 7.1.

Tabela 7.1 – Coeficientes de distribuição comumente utilizados e suas aproximações.

Abordagem	Aproximações	Expressão do coeficiente de distribuição
$\phi\phi$	Forma rigorosa	$K_i = \frac{\hat{\phi}_i^L(T,P,\underline{x})}{\hat{\phi}_i^V(T,P,\underline{y})}$
$\gamma\phi$ (Lewis-Randall)	Forma rigorosa	$K_i = \frac{\gamma_i(T,\underline{x})P_i^{sat}(T)\phi_i^{sat}(T)\exp\left(\int_{P_i^{sat}}^{P}\frac{\overline{V}_i^{L,o}(T,P)}{RT}dP\right)}{P\hat{\phi}_i^V(T,P,\underline{y})}$
$\gamma\phi$ (Lewis-Randall)	Baixas pressões	$K_i = \frac{\gamma_i(T,\underline{x})P_i^{sat}(T)}{P}$
$\gamma\phi$ (Lewis-Randall)	Baixas pressões + mistura ideal na fase líquida (Lei de Raoult)	$K_i = \frac{P_i^{sat}(T)}{P}$
$\gamma^*\phi$ (Henry)	Forma rigorosa	$K_i = \frac{\gamma_i^*(T,\underline{x})\mathrm{H}_i(T)\exp\left(\int_{P^{ref}}^{P}\frac{\overline{V}_i^{\infty}(T,P)}{RT}dP\right)}{P\hat{\phi}_i^V(T,P,\underline{y})}$
$\gamma^*\phi$ (Henry)	Baixas pressões	$K_i = \frac{\gamma_i^*(T,\underline{x})\mathrm{H}_i(T)}{P}$
$\gamma^*\phi$ (Henry)	Baixas pressões + solução diluída ideal na fase líquida (Lei de Henry)	$K_i = \frac{\mathrm{H}_i(T)}{P}$

7.2 DIAGRAMAS DE FASES

A aplicação das condições de equilíbrio de fases nos permite calcular os diagramas de fases das misturas. Nesta seção, serão discutidos alguns exemplos de diagramas de fases comuns. Na seção seguinte, serão apresentados alguns algoritmos para fazer esses cálculos.

Antes de dar início à análise dos diagramas desta seção, é necessário lembrar da análise dos graus de liberdade de sistemas binários. Para isso, recorre-se à regra de Fases de Gibbs. Em um sistema binário, o número de graus de liberdade é:

$$F = C - \pi + 2 = 2 - \pi + 2 = 4 - \pi$$

Os sistemas estudados nas Seções 7.21 e 7.22 possuem uma, duas ou três fases. Assim, o estado intensivo desses sistemas é determinado por uma, duas ou três variáveis intensivas, respectivamente. Nos casos aqui descritos, as possíveis variáveis são pressão, temperatura ou fração molar de um componente. A depender de quais sejam fixadas, podem ser construídos diferentes diagramas para expressar o estado do sistema.

7.2.1 Diagramas de fases de binários em *T/P* moderada-baixa

Na Figura 7.1 são apresentados os envelopes líquido-vapor no diagrama de fases *Pxy* para uma mistura ideal binária em temperatura especificada.

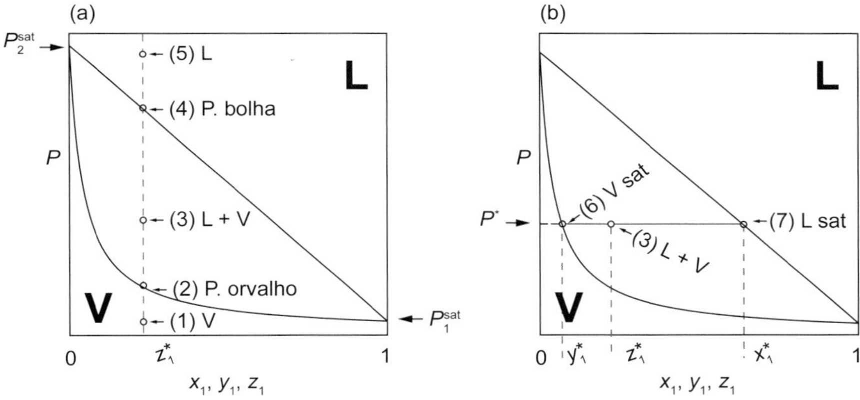

Figura 7.1 – Envelope líquido-vapor no diagrama de fases *Pxy* para mistura ideal binária em temperatura especificada. (a) Análise tipo ponto de bolha e ponto de orvalho; (b) análise tipo *flash*.

Na Figura 7.1(a), observa-se que, em uma dada composição global z_1^*, em baixa pressão (ponto 1), o sistema é vapor monofásico; conforme aumenta-se a pressão, há formação de líquido na curva de ponto de orvalho (ponto 2), coexistência entre líquido e vapor em pressões no interior do envelope de fases (ponto 3), desaparecimento do vapor na curva de ponto de bolha (ponto 4) e, então, apenas líquido monofásico (ponto 5). As pressões de saturação de cada componente puro podem ser observadas nos extremos do eixo ($x_1 = 1$ ou $x_1 = 0$); o equilíbrio líquido-vapor só existe para pressões intermediárias (entre P_1^{sat} e P_2^{sat}), no caso de misturas ideais (que seguem a Lei de Raoult).

Para uma dada pressão (Fig. 7.1(b)), um ponto sobre a fronteira inferior do envelope (i. e., a curva de ponto de orvalho (ponto 6)) marca a composição de um vapor (y) na sua pressão de ponto de orvalho, enquanto um ponto sobre a fronteira superior do envelope (i. e., a curva de ponto de bolha (ponto 7)) marca a composição de um líquido (x) na sua pressão de bolha. Qualquer ponto analisado no interior do envelope (ponto 3) marca uma composição global (z) de uma mistura que se divide em uma fase líquida saturada e uma fase vapor saturada. Em equilíbrio, essas duas fases têm a composição dada pelas linhas de amarração (x_1^*, P) — (y_1^*, P); em um sistema multicomponente em equilíbrio bifásico, uma pequena variação de temperatura ou pressão gera um pequeno aumento da quantidade de gás ou líquido e uma pequena diminuição da quantidade da outra fase em equilíbrio. Essa é uma análise chamada "cálculo de tipo *flash*", e métodos para esse tipo de cálculo serão apresentados mais adiante.

A fração de vapor ($\beta = n^V/(nL + n^V)$) pode ser observada geometricamente pela chamada *regra da alavanca*, $\beta = (x_1 - z_1)/(x_1 - y_1)$; essa regra é válida apenas para binários, mas representa um conceito muito mais fundamental, isto é, o balanço de massa, válido para qualquer número de componentes e número de fases, $z_i = \beta y_i + (1-\beta)x_i$.

Diagrama Pxy para sistema binário com mistura não ideal

Misturas não ideais que apresentam diagramas de fases com desvios em relação à Lei de Raoult, com pressões de bolha acima da reta prevista pela Lei de Raoult, são consideradas um sistema com desvio positivo, como mostra a Figura 7.2(a) para dada temperatura. Na Figura 7.2(b) é mostrado o diagrama de fases em dada pressão também para um sistema com desvio positivo leve.

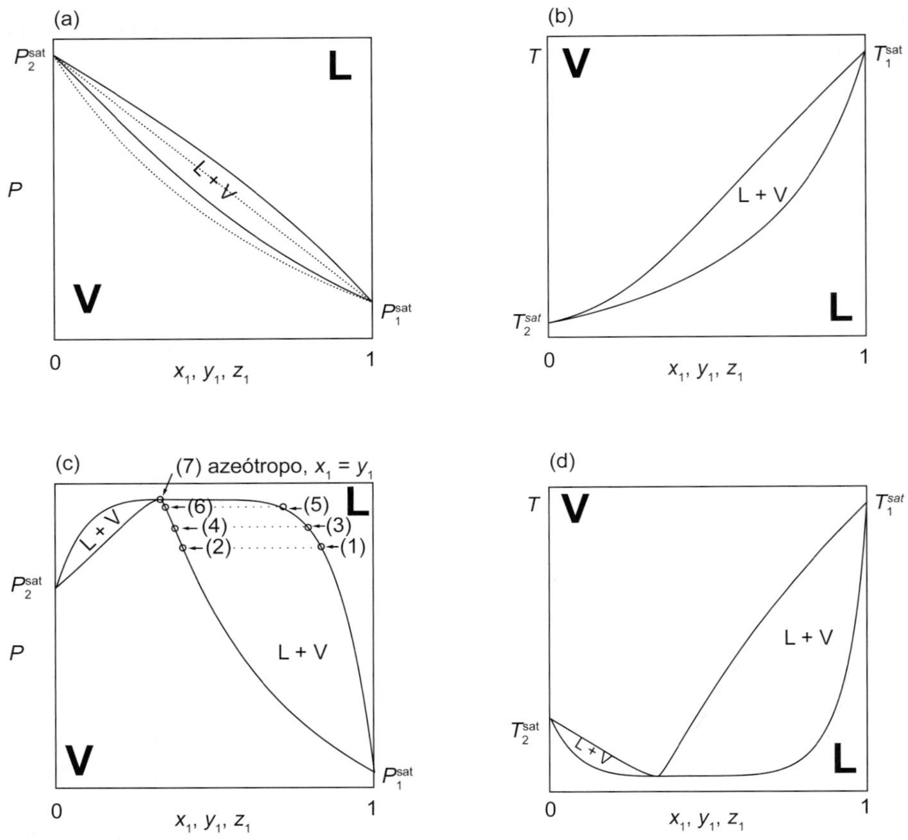

Figura 7.2 – Envelope líquido-vapor no diagrama de fases para mistura binária com desvio positivo da Lei de Raoult (pontilhado): (a) diagrama em temperatura especificada *Pxy*; (b) diagrama em pressão especificada *Txy*. Envelope líquido-vapor no diagrama de fases *Pxy* para mistura binária com desvio positivo forte da Lei de Raoult e formação de azeótropo; (c) diagrama em temperatura especificada *Pxy*; (d) diagrama em pressão especificada *Txy*.

Se os desvios em relação à Lei de Raoult forem mais elevados, pode ocorrer a formação de azeótropos. Para desvio positivo forte, são observados azeótropos de máximo em pressão (i. e., mínimo em temperatura), como mostrado nas Figuras 7.2(c) e 7.2(d), em que a pressão de equilíbrio líquido-vapor do azeótropo para dada temperatura é maior que ambas as pressões de saturação dos componentes puros; ou a temperatura de equilíbrio líquido-vapor do azeótropo para dada pressão é menor que ambas as temperaturas de saturação dos componentes puros.

Na Figura 7.2(c), observa-se que um líquido no ponto (1) está em equilíbrio com um vapor no ponto (2), analogamente aos pontos (3)-(4) e (5)-(6). Nota-se que a diferença entre as composições das fases líquido e vapor se tornam menores. No caso limite, no ponto (7), a fase líquida está em equilíbrio com a fase vapor com mesma composição; esse é um ponto de azeótropo do sistema. Em um azeótropo, a composição do gás é igual à composição do líquido, enquanto as densidades das fases são diferentes.

Por outro lado, alguns sistemas podem apresentar desvios negativos em relação à Lei de Raoult, como pressões de bolha inferiores às previstas pela Lei de Raoult, conforme o exibido na Figura 7.3(a) para dada temperatura. A Figura 7.3(b) mostra o diagrama de fases em dada pressão, também para um sistema com desvio negativo leve. Analogamente, se os desvios negativos forem elevados, são formados azeótropos de mínimo em pressão (i. e., máximo em temperatura), como mostrado nas Figuras 7.3(c) e 7.3(d).

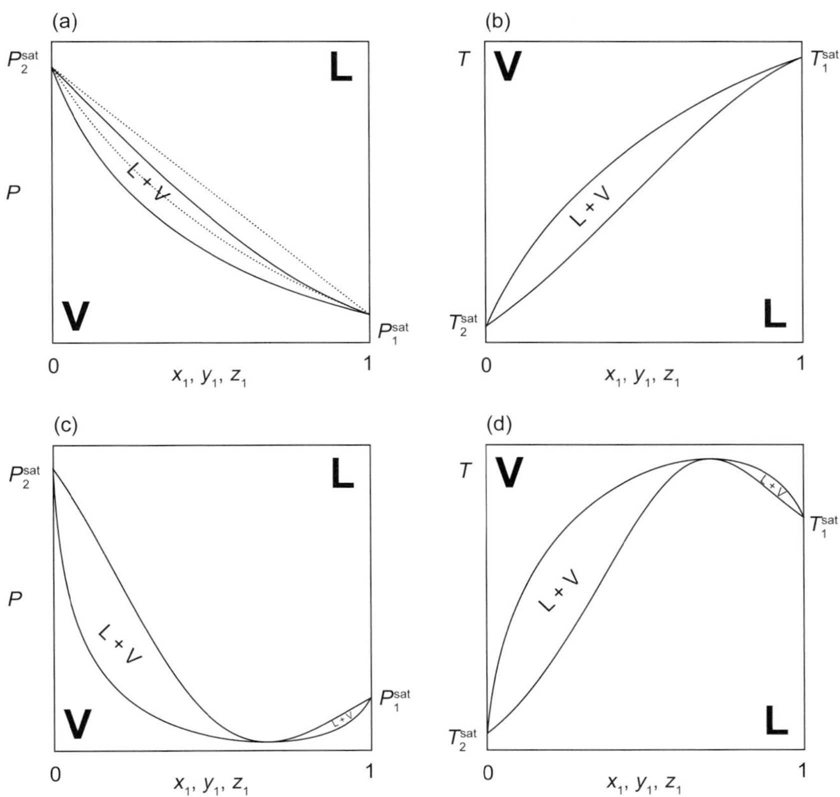

Figura 7.3 – Envelope líquido-vapor no diagrama de fases para mistura binária com desvio negativo da Lei de Raoult (pontilhado): (a) diagrama em temperatura especificada *Pxy*; (b) diagrama em pressão especificada *Txy*. Envelope líquido-vapor no diagrama de fases para mistura binária com desvio negativo forte da Lei de Raoult e formação de azeótropo; (c) diagrama em temperatura especificada *Pxy*; (d) diagrama em pressão especificada *Txy*.

Diagrama Pxy para sistema binário com equilíbrio líquido-líquido

Em alguns sistemas, para temperaturas menores, há ocorrência de equilíbrio líquido-líquido (LL), como mostra a Figura 7.4.

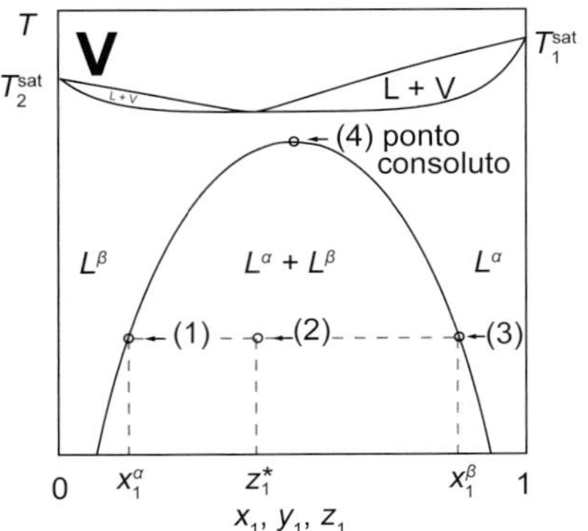

Figura 7.4 – Envelopes líquido-vapor e líquido-líquido no diagrama de fases para mistura binária não ideal: diagrama em pressão especificada, *Txy*.

Esse diagrama mostra um caso em que misturas de duas substâncias, a baixa temperatura, são parcialmente miscíveis na fase líquida: há uma fase rica na substância (1) com pequena quantidade da substância (2) e outra fase rica na substância (2) com pequena quantidade da substância (1). A figura apresenta o ponto crítico líquido-líquido, à maior temperatura em que há imiscibilidade. Para temperaturas acima dessa, as substâncias (1) e (2) são totalmente miscíveis em fase líquida – esse ponto também é chamado *ponto consoluto.*

Em geral, o equilíbrio líquido-líquido é pouco sensível à pressão, de modo que, para uma pressão menor, o diagrama de equilíbrio LL apresentado anteriormente não se modifica muito, e o diagrama de LV se desloca para temperaturas menores e intercepta com o envelope LL. Quando isso ocorre, há uma linha de coexistência entre as três fases (LLV), em que o número de graus de liberdade, para dois componentes, é $F = 1$; logo, para dada pressão, há uma temperatura de equilíbrio trifásico (linha horizontal) no diagrama *T versus* composição. Para dada temperatura, há uma pressão de equilíbrio trifásico (linha horizontal) no diagrama *P versus* composição, como mostra a Figura 7.5.

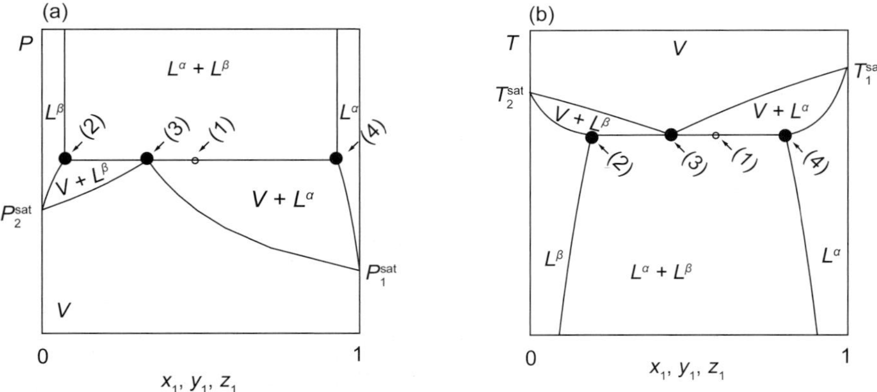

Figura 7.5 – Envelopes líquido-vapor e líquido-líquido com equilíbrio trifásico no diagrama de fases para mistura binária não ideal. (a) Diagrama *Pxy* em temperatura especificada; (b) diagrama *Txy* em pressão especificada.

No diagrama em temperatura especificada, observa-se que há equilíbrio LV a baixa pressão e LL a alta pressão. Como o equilíbrio LL é menos sensível a pressão, as solubilidades não variam muito. No diagrama a pressão especificada há LV em altas temperaturas e LL em baixas temperaturas; esse é um exemplo em que, quanto menor a temperatura, menor a solubilidade.

Outro cenário observado na natureza é o chamado "equilíbrio líquido-líquido em laço fechado": as substâncias são parcialmente imiscíveis em uma faixa de temperatura, mas são completamente miscíveis em temperaturas mais altas ou mais baixas. Desse modo, esse tipo de diagrama apresenta dois pontos críticos LL (pontos consolutos), como mostra a Figura 7.6.

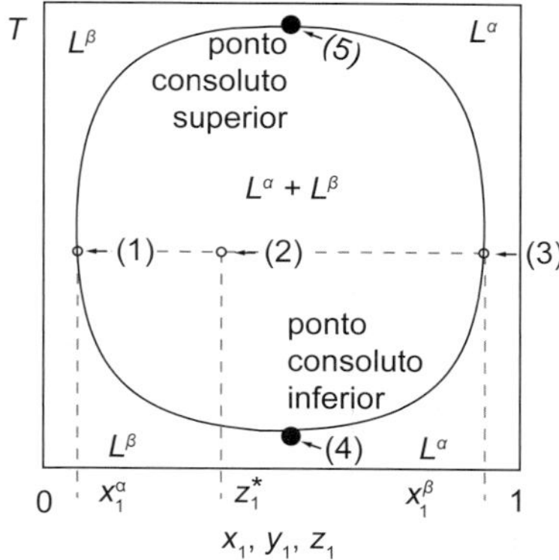

Figura 7.6 – Envelope de equilíbrio líquido-líquido com laço fechado em pressão especificada.

Em temperatura mais baixas, para todas as substâncias conhecidas, podem-se observar regiões de formação de fases sólidas, que podem ser puras (gelo, metais puros etc.) ou misturas (soluções sólidas de parafinas, ligas metálicas, clatratos etc.) e podem se apresentar em diferentes estruturas alotrópicas (carbono sólido puro em forma de grafite ou de diamante).[1]

7.2.2 Diagramas de fases de equilíbrio líquido-vapor em sistemas binários com comportamento crítico

Nesta seção, são apresentados os diagramas de fases de equilíbrio líquido-vapor em sistemas com dois componentes nas proximidades da região crítica. Para isso, recorre-se a dois componentes hipotéticos 1 e 2, sendo 1 mais volátil que 2, ou seja, a uma mesma temperatura, 1 tem sua pressão de saturação maior que 2.

A Figura 7.7 representa um diagrama $P \times T$ característico de um sistema binário em equilíbrio líquido-vapor. A altas pressões, a mistura se encontra em apenas uma fase líquida (região do diagrama identificada com a letra L), enquanto, a baixas pressões, a mistura se encontra apenas em uma fase vapor (região do diagrama identificada com a letra V). Entre essas duas regiões monofásicas ocorre uma região bifásica que, na figura, encontra-se no interior da linha contínua que separa as áreas V e L.

É interessante comparar essa figura com o caso da substância pura: se há apenas um componente e duas fases, o número de graus de liberdade é $F = C - \pi + 2 = 1 - 2 + 2 = 1$. Isso significa que, em dada temperatura, há apenas uma pressão $P_i^{sat}(T)$; e, em dada pressão, há apenas uma temperatura $T_i^{sat}(P)$, em que podem coexistir duas fases. Enquanto isso, para dois componentes, com $F = C - \pi + 2 = 2 - 2 + 2 = 2$, isto é, para dada T, pode existir uma faixa de pressão entre ponto de bolha e ponto de orvalho em que coexistem duas fases; a região no gráfico $P \times T$ com coexistência de L e V é o chamado "envelope de fases LV no plano $P \times T$".

As linhas contínuas representam estados em que uma das fases é incipiente, ou seja, a fase está presente, porém com um número de mols infinitamente pequeno, tendendo a zero. Define-se, então, β como a razão entre o número de mols da fase vapor e o número de mols total no sistema:

---

1 Esses sistemas que apresentam equilíbrio de múltiplas fases sólidas podem ser estudados em mais detalhes por meio de textos mais específicos, como CALLISTER, W. D., *Ciência e Engenharia de Materiais – Uma Introdução*, 8. ed. (2012).

$$\beta = n^V / \left(n^L + n^V\right) \tag{7.21}$$

A linha cujo valor de $\beta = 1$ corresponde ao ponto de orvalho, isto é, a mistura encontra-se totalmente em fase vapor e surge uma fase líquida incipiente. A linha cujo valor de $\beta = 0$ corresponde ao ponto de bolha, isto é, a mistura encontra-se em fase líquida e surge uma fase vapor incipiente. Entre esses dois casos limite, há uma série de valores de β intermediários. Na Figura 7.7 estão representados pela linha tracejada os casos de $\beta = 0{,}2$ e o seu complementar $\beta = 0{,}8$; e os casos de $\beta = 0{,}4$ e o seu complementar $\beta = 0{,}6$ pela linha pontilhada. A essas linhas intermediárias dá-se o nome "linhas de qualidade". Todas essas linhas se encontram no ponto crítico da mistura, representado pelas letras *PC*.

Desse modo, em uma temperatura fixa, a mistura binária de 1 e 2 descrita no diagrama em uma condição monofásica de vapor (região *V*) pode sofrer um processo de aumento de pressão e tornar-se bifásica a partir da pressão em que cruze a linha de $\beta = 1$. A partir dessa linha, a mistura segue bifásica, com sua fração de vapor diminuindo à medida que a pressão aumenta. A mistura volta a ser monofásica na região do líquido quando cruza a linha de $\beta = 0$. Logo, ocorre uma transição entre vapor e líquido dessa mistura, percorrendo a região bifásica. Entretanto, processos que variam temperatura e pressão podem contornar o envelope de fases e pode haver uma passagem contínua (i. e., sem o aparecimento de uma segunda fase) entre a região monofásica de vapor e a região monofásica de líquido. Isso implica, entretanto, que a mistura passe pela região supercrítica do diagrama em que *T* e *P* são maiores que a temperatura e a pressão do ponto crítico.

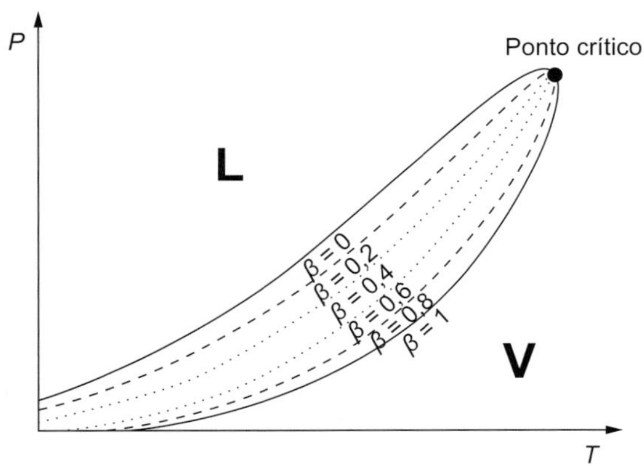

Figura 7.7 – Envelope líquido-vapor no plano *P* × *T* com composição definida: ponto crítico *LV*, linhas de qualidade.

O diagrama da Figura 7.7 representa uma mistura equimolar dos componentes 1 e 2, ou seja, tem fração molar global de $z_1 = 0{,}5$ e $z_2 = 0{,}5$. Essa proporção pode variar entre os extremos de $z_1 = 1$ e $z_2 = 0$ e $z_1 = 0$ e $z_2 = 1$. É válido mencionar que, como a soma de z_i é 1, no caso de sistemas binários, apenas a fração molar global de um componente é necessária para caracterizar a mistura. A Figura 7.8 representa todas as possibilidades de equilíbrio líquido-vapor entre os componentes 1 e 2 nas suas frações molares globais. O envelope de fases da Figura 7.7 corresponde ao envelope de fases da Figura 7.8, representado em linha pontilhada com a fração molar global de 0,5 do componente 1, cujo ponto crítico está representado pela letra *C*. Se mais componente 1 for adicionado a essa mistura (i. e., o mais volátil), o envelope se desloca para temperaturas mais baixas, como o envelope em que $z_1 = 0{,}75$ e cujo ponto crítico está representado pela letra *B*. Mais componente 1 pode ser adicionado, até o caso limite em que haja apenas componente 1 e o equilíbrio líquido-vapor ocorra entre apenas um componente, o componente 1. Isso está representado pela linha cheia, cujo ponto crítico está representado pela letra *A*. Essa linha corresponde à pressão de saturação do componente 1, exatamente como as discutidas no Capítulo 2.

Reciprocamente, partindo outra vez do envelope de fases do caso equimolar ($z_1 = 0{,}5$), se mais componente 2 (i. e., o menos volátil) for adicionado à mistura, o envelope de fase se desloca para regiões de maior temperatura. Isso pode ser observado no envelope em que $z_1 = 0{,}25$ e cujo ponto crítico está representado pela letra *D*. A adição contínua do componente 2 leva ao caso limite em que 1 não está mais presente ($z_1 = 0$). O equilíbrio líquido-vapor correspondente a esse caso está representado pela linha cheia cujo ponto crítico se denota pela letra *E*. Essa linha é a pressão de saturação do componente 2 puro, análoga às apresentadas no Capítulo 2. Também é possível notar na Figura 7.8 que cada composição da mistura dá origem a um ponto crítico distinto. Os pontos críticos possíveis da mistura entre os componentes 1 e 2 estão representados na linha tracejada, chamada "linha crítica". Essa linha começa no caso limite *A* (ponto crítico do componente mais volátil 1 puro) e passa por todos os pontos críticos das composições intermediárias (incluindo *B*, *C* e *D*) até chegar ao caso limite *E*, que é o ponto crítico do componente menos volátil 2 puro). Nota-se, então, que todas as possíveis regiões bifásicas entre 1 e 2, a despeito da concentração na qual esteja a mistura, estão inscritas entre o equilíbrio líquido-vapor do componente 1 puro, o equilíbrio líquido-vapor do componente 2 puro e a linha crítica. Apesar de bastante comum, esse comportamento não é único e outras mistura binárias podem apresentar configurações diferentes de linha crítica e pressões de saturação dos componentes puros.

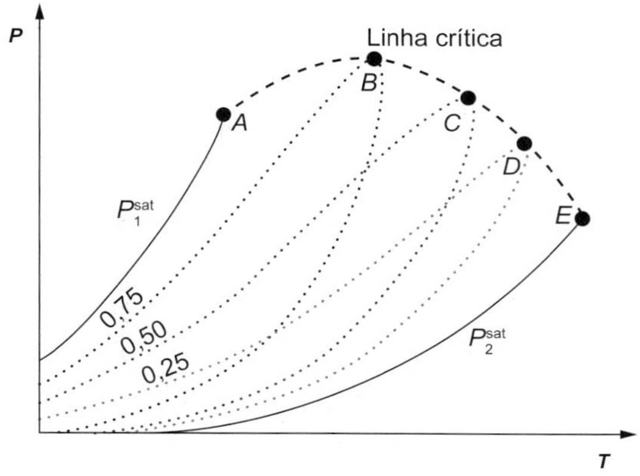

Figura 7.8 – Pressões de saturação de duas substâncias puras, envelope líquido-vapor no plano $P \times T$ para misturas com três composições globais e linha crítica.

Nas Figuras 7.7 e 7.8, discutem-se envelopes de fases por meio das coordenadas *P* e *T*. Outra forma de analisar o mesmo fenômeno pode ser proposta utilizando frações molares como uma das coordenadas. Esse tipo de análise dá origem aos chamados "diagramas *Pxy* e *Txy*". Neles, uma das duas coordenadas dos diagramas $P \times T$ é mantida constante, e outra é representada em função da fração molar de um dos componentes. Na Figura 7.9, são apresentados dois diagramas. No lado esquerdo (Fig. 7.9(a)), é possível observar o mesmo diagrama da Figura 7.8, porém, com três isotermas nas temperaturas de T_1, T_2 e T_3. Para cada uma dessas isotermas, a região bifásica da mistura tem seus respectivos valores de pressão de bolha e orvalho representados em função da fração molar do componente 1 no diagrama *Pxy* do lado direito da Figura 7.9(b).

A isoterma T_1 na Figura 7.9(a) cruza as pressões de saturação dos componentes 1 e 2 puros e intercepta todos os envelopes de fases possíveis entre os componentes 1 e 2, que estão inscritos entre essas duas curvas, cruzando tanto curvas de ponto de bolha como de ponto de orvalho dos envelopes representados no diagrama $P \times T$. Esse mesmo fenômeno pode ser observado sob a perspectiva do diagrama *Pxy* (Fig. 7.9(b)). O envelope a menores pressões corresponde ao envelope obtido a T_1 constante. Nesse diagrama, as linhas tracejadas e pontilhadas são pontos de orvalho, enquanto as linhas pontilhadas representam pontos de bolha. O fato de a isoterma T_1 cruzar as pressões de saturação dos componentes 1 e 2 puros no diagrama $P \times T$. (Fig. 7.9(a)) se traduz no fato de que o envelope obtido em *Pxy* a temperatura constante (Fig. 7.9(b)) começa em $x_1 = 0$ e termina em $x_1 = 1$. Nesses extremos, as pressões dos pontos de bolha e orvalho têm o mesmo valor, que é igual ao da saturação dos componentes puros. Já os pontos de bolha e orvalho dos envelopes de fases obtidos a 0,25, 0,5 e 0,75 de fração molar global do componente 1 (Fig. 7.8) podem ser vistos como pontos marcados no diagrama *Pxy* (losangos, triângulos e quadrados, respectivamente).

A isoterma T_2 apresenta um comportamento diferente no diagrama *Pxy*. No diagrama *PT*, observa-se que ela entra na região bifásica ao tocar a pressão de saturação do componente 2 e sai da região bifásica ao cruzar a linha crítica. Como consequência, no diagrama *Pxy*, o envelope de fases não se estende até o limite de $x_1 = 1$. Além disso, ele apresenta um ponto crítico representado pela letra *X*, que corresponde justamente à pressão em que a isoterma T_2 intercepta a linha crítica no diagrama $P \times T$. Ainda assim, a isoterma T_2 toca os envelopes de fases a 0,25, 0,5 e 0,75 e, por isso, podem ser vistos os pontos de bolha e orvalho referentes a esses casos no diagrama *Pxy*. A isoterma T_3 passa apenas por uma pequena parte da região bifásica e não intercepta os envelopes de fases a 0,25, 0,5 e 0,75. No diagrama *Pxy*, isso se reflete na ausência desses pontos. O envelope de fases no diagrama *Pxy* para esse caso possui um ponto crítico representado pela letra *Y* que é obtido em baixas frações molares do componente 1. Os pontos críticos *X* e *Y* são pontos de máximo no diagrama *Pxy*.

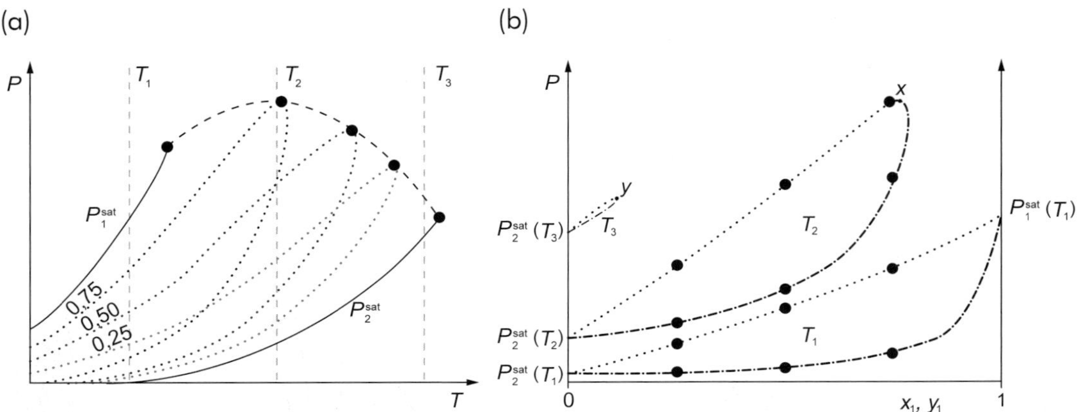

Figura 7.9 – (a) Pressões de saturação de duas substâncias puras, envelope líquido-vapor no plano $P \times T$ para três composições globais e linha crítica; (b) envelopes no plano $P \times y$ a T constante.

Diagramas do tipo *Txy* podem ser obtidos de forma análoga aos diagramas do tipo *Pxy*. Em vez de fixar temperaturas, são fixadas pressões. Na Figura 7.10(a), pode-se observar o mesmo diagrama $P \times T$ da Figura 7.8. Porém, desta vez, são sobrepostas duas retas isóbaras nos valores de P_1 e P_2. A isóbara P_1 entra na região bifásica ao interceptar a curva de saturação do componente 1 puro e deixa a região bifásica ao interceptar a curva de saturação do componente 2 puro. Nesse caso, analogamente ao da isoterma T_1, a região bifásica no diagrama *Txy* a P_1 constante se inicia na temperatura de saturação do componente 2 puro ($x_1 = 0$) e termina na temperatura de saturação do componente 1 puro ($x_1 = 1$). Além disso, as temperaturas de bolha e orvalho referentes aos envelopes $P \times T$ nas frações molares globais de 0,25, 0,5 e 0,75 podem ser vistos, marcados pelos losangos, triângulos e quadrados, respectivamente.

Já a isóbara P_2 apresenta um comportamento diferente. Ela entra na região bifásica ao cruzar a linha crítica e também deixa a região bifásica ao cruzar outro ponto da linha crítica. Como consequência, a região bifásica correspondente a essa pressão não toca as extremidades do diagrama *Txy*. A região bifásica se inicia num ponto crítico a uma temperatura superior (*Y*) e termina em outro ponto crítico de temperatura inferior (X). Além disso, a isóbara de P_2 não cruza todos os envelopes de fases das composições possíveis de 1 e 2. Desse modo, estão representadas como pontos no diagrama *Txy* apenas as temperaturas de bolha e orvalho referentes aos envelopes *PT* obtidos a 0,5 e 0,75 de fração molar global do componente 1. Os pontos críticos X e Y são pontos de máximo e mínimo no diagrama *Txy*, respectivamente.

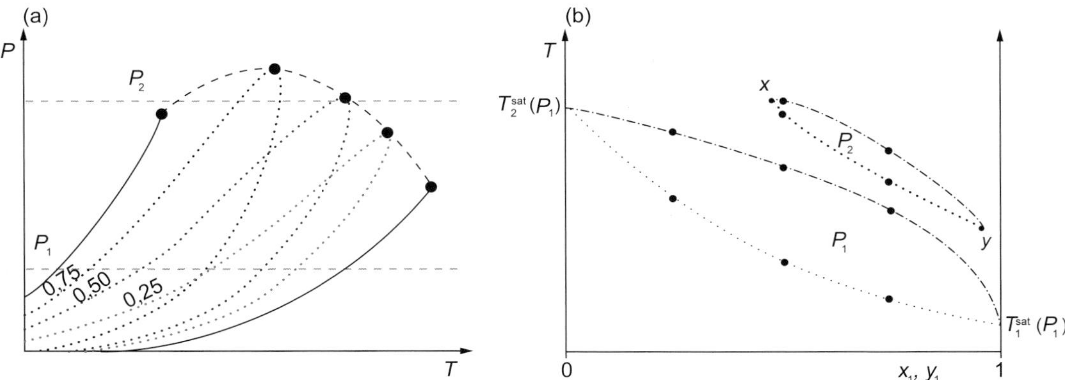

Figura 7.10 – (a) Pressões de saturação de duas substâncias puras, envelope líquido-vapor no plano $P \times T$ para três composições globais e linha crítica; (b) envelopes no plano *Txy* a *P* constante.

Diagrama P × T para misturas com comportamentos complexos

A Figura 7.11 mostra o envelope líquido-vapor no diagrama de fases *P-T* para uma mistura com composição global especificada que apresenta transições de fases retrógradas: o aumento da pressão, em temperatura maior que a temperatura crítica da mistura, gera aparecimento de líquido (i. e., ponto de orvalho) e aumento da quantidade de líquido até certo ponto; então, gera redução da quantidade de líquido e cruza-se novamente com a curva de ponto de orvalho em outro ponto. A temperatura mais alta na fronteira do envelope de fases é chamada "cricondentérmica" (*cricondentherm*), e a pressão mais alta é chamada "cricondenbárica" (*cricondenbar*).

A Figura 7.11(b) apresenta outro comportamento mais complexo que ocorre com algumas misturas binárias ou multicomponentes: a curva de ponto de orvalho passa por um ponto crítico e se torna uma curva de ponto de bolha. No entanto, no interior desse envelope há uma transição LLV e um outro ponto crítico, de modo que, a uma alta pressão, a curva de ponto de bolha é mais corretamente classificada como curva de equilíbrio líquido-líquido.

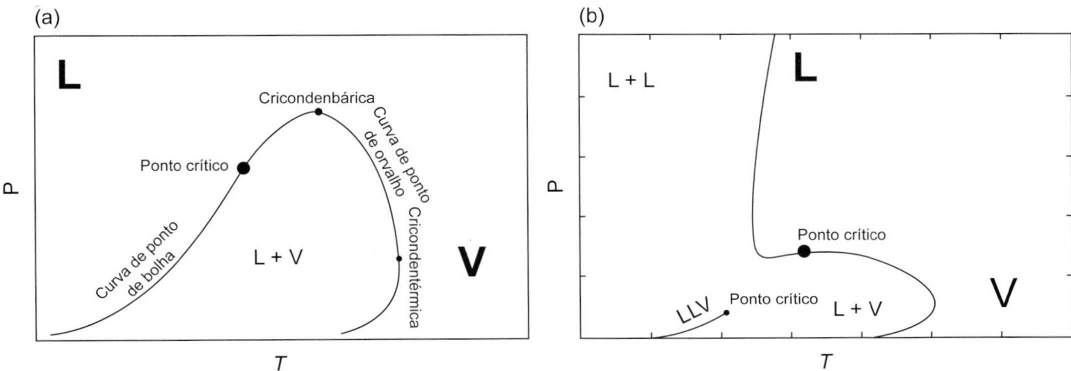

Figura 7.11 – Envelope líquido-vapor no diagrama de fases *PT* para misturas com composições globais especificadas. (a) Mistura multicomponente apresentando região de transição retrógrada; (b) mistura binária apresentando equilíbrio LL dependente da pressão e equilíbrio trifásico LLV (univariante).

7.2.3 Diagrama triangular para sistema ternário com *P* e *T* especificados

Sistemas que apresentam equilíbrio líquido-líquido são comumente analisados usando misturas ternárias no diagrama triangular com temperatura e pressão especificadas. No padrão triângulo retângulo, os eixos mostram a fração molar de dois componentes, e em qualquer ponto do diagrama sabe-se que $x_3 = 1 - x_1 - x_2$. O diagrama da Figura 7.12 mostra regiões de miscibilidade, em que o sistema é líquido monofásico, e regiões de imiscibilidade, em que há separação de fases e equilíbrio líquido-líquido. Para qualquer ponto que marque uma composição global (*z*) no interior do envelope de imiscibilidade, é possível traçar uma linha de marcação (tracejada) passando por esse ponto, linha essa que mostra as composições dos líquidos 1 e 2, em cada extremidade. As linhas ficam mais curtas conforme nos aproximamos do ponto crítico líquido-líquido para essa temperatura e pressão (i. e., ponto consoluto), em que as composições e densidades de ambos os líquidos são iguais.

Para esse exemplo, percebe-se que misturas binárias com os componentes 1 e 2 (quando $x_3 = 0$, $x_1 = 1 - x_2$, ver a diagonal do gráfico) são miscíveis em qualquer proporção. Pode-se dizer o mesmo para as misturas binárias entre os componentes 2 e 3 (ver na vertical, quando $x_1 = 0$). A imiscibilidade aparece para misturas binárias entre os componentes 1 e 3 (ver na horizontal, quando $x_2 = 0$) e para misturas ternárias com quantidade do componente 2 relativamente pequena.

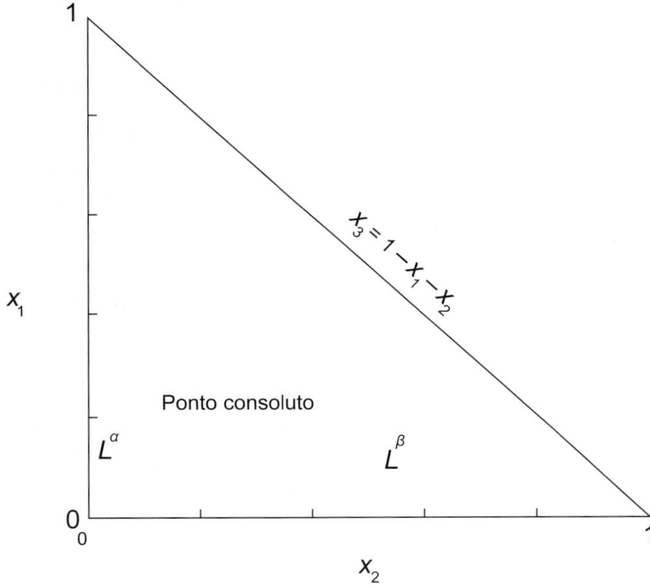

Figura 7.12 – Envelope líquido-líquido no diagrama de fases triangular para uma mistura ternária em pressão e temperatura especificadas.

Diagramas triangulares também são usados para mostrar equilíbrio de fases envolvendo fases vapor e fases sólidas para outras misturas ternárias.

7.3 EQUILÍBRIO LÍQUIDO-VAPOR: PONTO DE BOLHA E PONTO DE ORVALHO

No caso de fases incipientes em problemas de equilíbrio líquido-vapor, há apenas duas situações: o aparecimento de uma fase vapor infinitesimal a partir de uma fase líquida desenvolvida; e o aparecimento de uma fase líquida infinitesimal a partir de uma fase vapor desenvolvida.

7.3.1 Ponto de bolha: sistema de equações

Ao surgimento de uma fase vapor incipiente a partir de uma fase líquida desenvolvida, dá-se o nome "ponto de bolha", e os problemas típicos desse tipo são aqueles em que, para uma dada fase líquida de composição determinada a uma temperatura ou pressão fixas, são calculadas, respectivamente, uma pressão ou uma temperatura de equilíbrio e a composição da fase incipiente.

Dadas as composições da fase líquida, o sistema a ser resolvido se resume a:

$$\begin{cases} P^V = P^L \\ T^V = T^L \\ y_i = K_i x_i \text{ para } i = [1 \ldots C] \\ \sum_{i=1}^{C} y_i = 1 \end{cases} \tag{7.22}$$

A última equação do sistema é obtida pela soma das relações de equilíbrio em todos os C componentes:

$$\boxed{1 = \sum_{i=1}^{C} K_i x_i} \tag{7.23}$$

Essa equação é conhecida como *equação do ponto de bolha* e é o ponto central para a resolução desse tipo de problema. Se for considerado que a fase gasosa se comporta como gás ideal e que a fase líquida é uma solução ideal, a Equação (7.23) se transforma na chamada "Lei de Raoult".

$$1 = \sum_{i=1}^{C} \frac{P_i^{\text{sat}}}{P} x_i = \frac{1}{P} \sum_{i=1}^{C} P_i^{\text{sat}} x_i \tag{7.24}$$

$$\boxed{P = \sum_{i=1}^{C} P_i^{\text{sat}} x_i} \tag{7.25}$$

Em contrapartida, se a hipótese de solução ideal não for considerada para a fase líquida e a fase vapor se comportar como uma mistura de gases ideais, a Equação (7.23) dá origem à chamada "Lei de Raoult modificada".

$$1 = \sum_{i=1}^{C} \frac{P_i^{\text{sat}} \gamma_i}{P} x_i = \frac{1}{P} \sum_{i=1}^{C} P_i^{\text{sat}} \gamma_i x_i \tag{7.26}$$

$$\boxed{P = \sum_{i=1}^{C} P_i^{\text{sat}} \gamma_i x_i} \tag{7.27}$$

7.3.2 Ponto de bolha: formas de resolução do problema

Em todos os casos em que a fase líquida for modelada apenas por um modelo de energia de Gibbs em excesso e a fase vapor for considerada uma mistura ideal (i. e., uma mistura de gases ideais é uma mistura ideal), K, por conseguinte, não apresentará dependência com as frações molares da fase vapor. Assim, o cálculo da pressão ou da temperatura nas quais surge a primeira bolha será feito de forma direta pela resolução de uma só equação.

Uma vez calculada a temperatura ou a pressão de equilíbrio, as frações molares da fase vapor são, então, obtidas a partir das relações de equilíbrio. A sequência de cálculos para esses casos está ilustrada na figura a seguir para o exemplo da Lei de Raoult modificada, um dos mais comuns.

Cálculo de pressão para mistura ideal ou não ideal a pressão moderada

No caso da determinação de pressão de bolha para mistura ideal ou não ideal a pressão moderada em uma determinada temperatura, é possível usar uma expressão explícita.

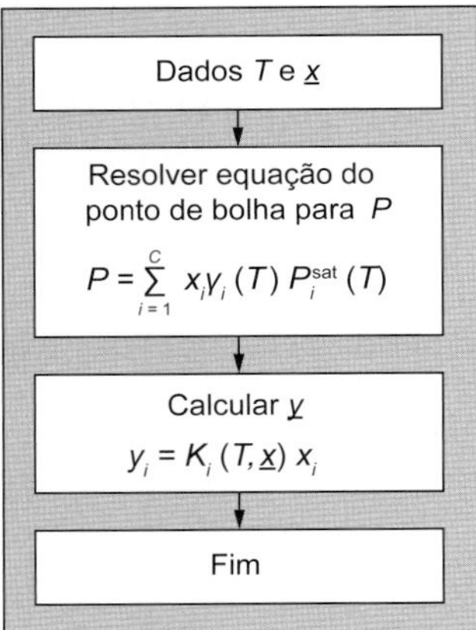

Figura 7.13 – Sequência de cálculo de bolha para mistura ideal ou não ideal a pressão moderada, dado T.

Exemplo Resolvido 7.1

Uma mistura contendo 40 % (em mol) de um componente (1) e o restante de um componente (2) deve escoar em uma tubulação industrial a 35 °C. É dado que a mistura em fase líquida é bem representada pelo modelo de Margules com A adimensional igual a 1,5. Calcule a menor pressão de operação desse processo para que a corrente apresente apenas fase líquida.

$$\frac{\overline{G}^E}{RT} = Ax_1 x_2 = P_1^{sat}\left(35\ °C\right) = 0{,}7 \text{ bar} \qquad \text{e} = P_2^{sat}\left(35\ °C\right) = 0{,}5 \text{ bar}$$

Resolução

A menor pressão em que o sistema apresenta apenas fase líquida é a pressão limite em que o sistema passa de líquido homogêneo para equilíbrio líquido-vapor, com aparecimento da primeira bolha. Esse é o ponto de bolha, em que a fase líquida tem composição x igual à composição global z, e a composição da fase vapor y pode ser calculada pelas relações de equilíbrio, como apresentado.

O cálculo de pressão de ponto de bolha, com temperatura dada, fazendo aproximação de pressão baixa/moderada, é direto, sem métodos iterativos.

Primeiro vamos calcular os coeficientes de atividade para a composição da fase líquida conhecida; depois, calcular a pressão pela equação $P = \Sigma\ (x_i y_i P_i^{sat})$, resultado da igualdade de fugacidades de cada componente entre as fases líquida e vapor.

Os coeficientes de atividade são

$$\ln \gamma_1 = A\left(x_2\right)^2 = 0{,}54 \quad \Rightarrow \quad \gamma_1 = 1{,}716$$
$$\ln \gamma_2 = A\left(x_1\right)^2 = 0{,}24 \quad \Rightarrow \quad \gamma_2 = 1{,}2712$$
$$P = x_1 \gamma_1 P_1^{sat} + x_2 \gamma_2 P_2^{sat} = 0{,}8619 \text{ bar}$$

Acima de 0,8619 bar, o sistema é líquido homogêneo; se igual ou menor que 0,8619 bar, o sistema apresenta fase vapor.

Cálculo de temperatura para mistura ideal ou não ideal a pressão moderada

No caso da determinação de temperatura de bolha para uma dada pressão, não é possível obter uma expressão explícita em temperatura a partir da equação do ponto de bolha, sendo necessário um método de busca de raízes para encontrar a solução da equação (i. e., método iterativo). Para isso, sugere-se o uso de método da secante. A Figura 7.14(b) mostra um fluxograma de cálculo para o método da secante, no caso da resolução de um problema cujas simplificações levam à Lei de Raoult modificada. Nesse método, são necessários dois pontos iniciais de temperatura. O primeiro pode ser obtido por meio da ponderação das temperaturas de equilíbrio líquido-vapor dos componentes puros. Já o segundo ponto é escolhido nas proximidades do primeiro, de forma que a secante entre os dois pontos não seja muito diferente da derivada analítica no primeiro ponto. No caso ilustrado, o segundo ponto possui 99 % do valor do primeiro. A partir daí, as temperaturas são atualizadas por um método iterativo até que a variação entre as duas temperaturas subsequentes não seja significativa.

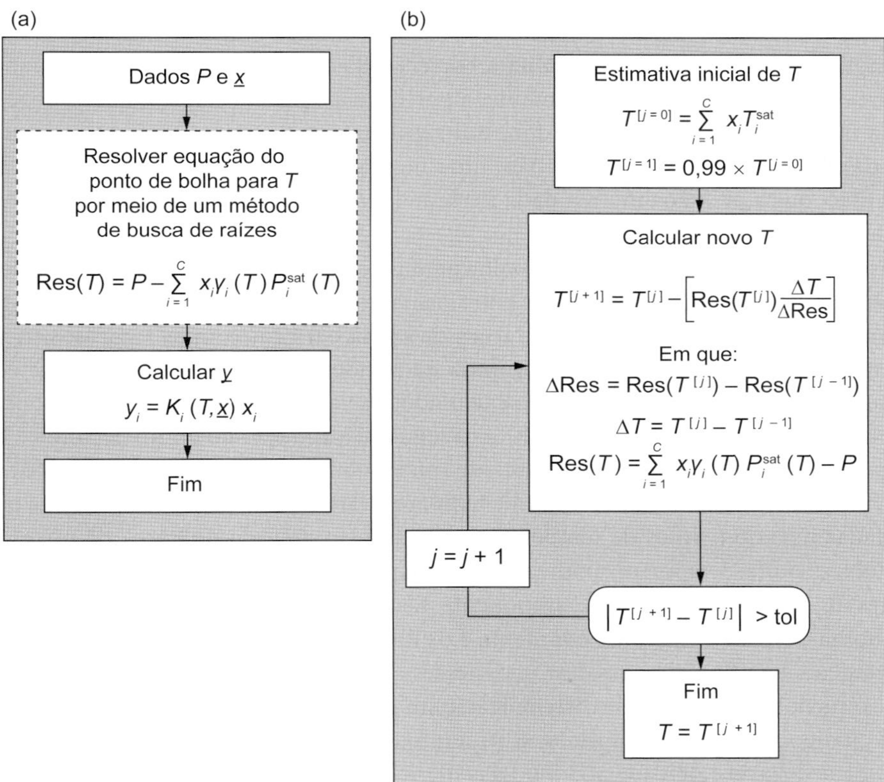

Figura 7.14 – (a) Sequência de cálculo de ponto de bolha para mistura ideal ou não ideal a pressão moderada, dado P. A caixa pontilhada indica a necessidade de método iterativo; (b) algoritmo do método da secante para resolução da equação do ponto de bolha para temperatura, com P especificada.

Cálculos para mistura não ideal ou a alta pressão

Quando os coeficientes de distribuição dependem da composição da fase vapor, o cálculo deixa de ser direto, já que as frações molares são necessárias para obter o coeficiente de distribuição de cada componente. Essa dependência impacta tanto o cálculo de pressão de bolha a uma temperatura especificada como o cálculo de pressão de bolha a uma pressão especificada. Há também outro fator que torna a resolução complexa. Entretanto, ele impacta apenas o cálculo da pressão de bolha a uma temperatura especificada, isto é, a existência de dependências implícitas com pressão. A dificuldade aumenta pois não é mais possível explicitar a pressão na equação do ponto de bolha, como nos casos anteriores.

Assim, a sequência de cálculo da pressão de bolha dada uma temperatura, como mostra a Figura 7.15, torna-se um pouco mais elaborada.[2]

Desse modo, no algoritmo de cálculo de pressão de bolha, obtêm-se, inicialmente, estimativas iniciais para a pressão e para as frações molares da fase vapor, por meio da Lei de Raoult. Em seguida, calcula-se um valor inicial de K_i. Com esse valor, é possível obter um novo valor de pressão por:

$$P^{[j+1]} = P^{[j]} \sum_{i=1}^{C} K_i x_i \tag{7.28}$$

em que os índices sobrescritos entre colchetes indicam contadores de iteração nos métodos numéricos apresentados.

Esse novo valor de pressão possibilita a correção das frações molares na fase vapor – que devem ser normalizadas – e, posteriormente, a partir delas, podem ser calculados novos valores de K_i. Se a mudança nos valores de K_i forem insignificantes (i. e., menores que uma tolerância estabelecida), o algoritmo termina. Se não, uma nova pressão é calculada pela Equação (7.28). Nota-se, então, que a pressão em uma dada iteração $[j+1]$ é sempre calculada com valores de K_i e pressão da iteração anterior com $[j]$.

No caso do cálculo de temperatura de bolha para uma dada pressão, o problema apresenta mais um *loop* em relação ao que foi mostrado anteriormente para casos mais simples. A Figura 7.15 mostra um exemplo de cálculo de temperatura de bolha para casos mais rigorosos. A partir de uma estimativa inicial de temperatura oriunda da ponderação das temperaturas de equilíbrio líquido-vapor dos componentes puros, são calculados os valores de coeficiente de distribuição da forma mais simples possível (Lei de Raoult). Em seguida, a equação do ponto de bolha é resolvida para temperatura, por um método de busca de raízes, como o método da secante, por exemplo (Fig. 7.15(b)). Surge, então, um novo valor de temperatura. Logo, as frações molares da fase vapor são calculadas usando o valor de temperatura obtido pelo método de busca de raízes. Com as frações molares da fase vapor normalizadas, é possível, então, calcular um novo valor para os coeficientes de distribuição de cada componente. Se houver variação significativa, a equação do ponto de bolha deve ser resolvida novamente e os mesmos procedimentos devem ser realizados até a convergência de $\underline{K}$. Cabe ressaltar que, nesses algoritmos, optou-se por verificar a convergência na soma dos coeficientes de distribuição para garantir a mesma condição de convergência em todos os algoritmos deste capítulo. Entretanto, a convergência poderia ser observada em qualquer outra variável calculada ao longo das iterações.

[2] Adaptação do algoritmo apresentado por SANDLER, *Chemical and Engineering Thermodynamics*, 3. ed. (1999).

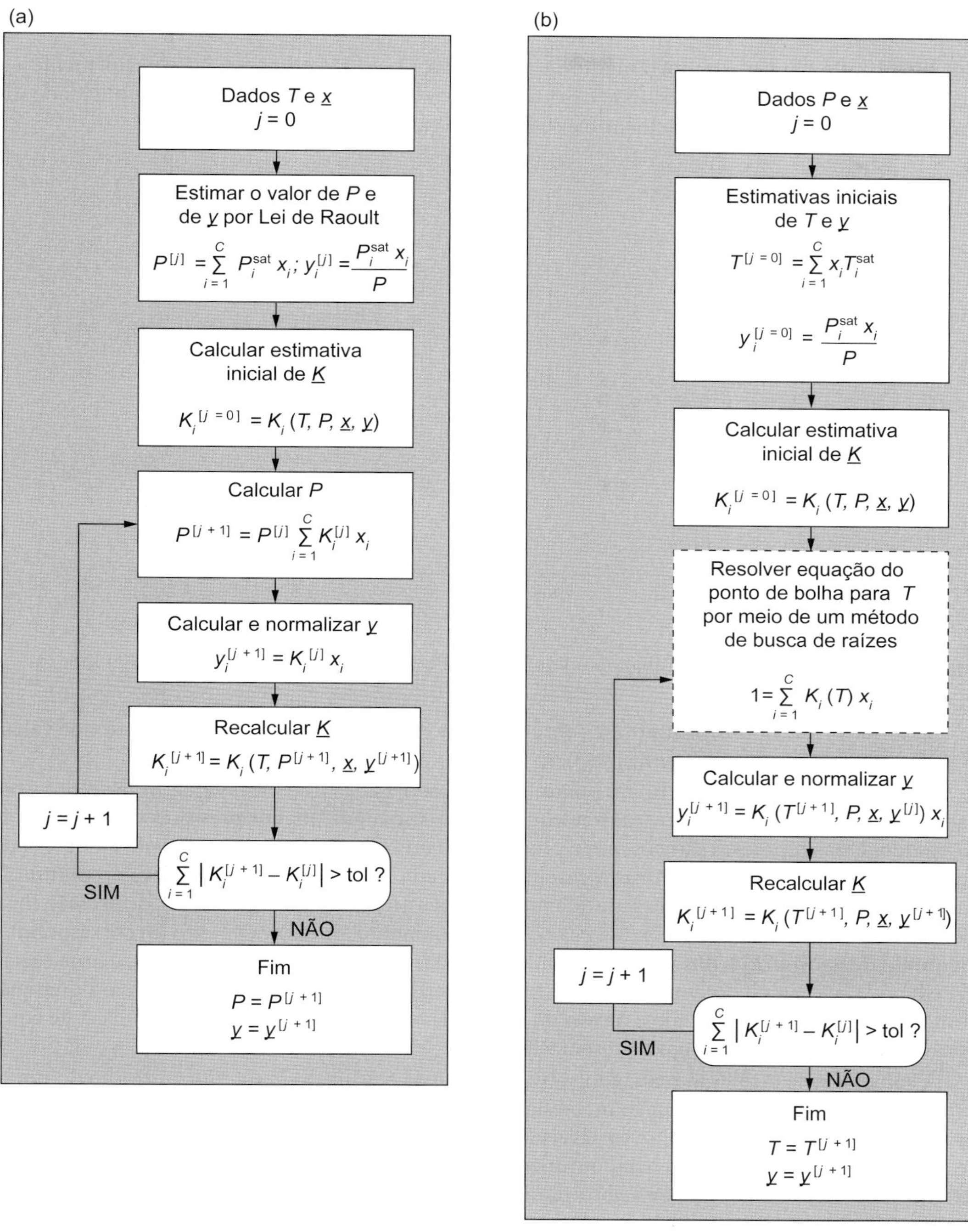

Figura 7.15 – (a) Algoritmos para cálculo de ponto de bolha com T especificada para mistura não ideal ou alta pressão; (b) algoritmos para cálculo de ponto de bolha com P especificada para mistura não ideal ou a alta pressão. A caixa pontilhada indica a necessidade de método iterativo.

Os coeficientes de distribuição dos componentes entre fases devem ser calculados de acordo com a Tabela 7.1, usando equação de estado, modelo de energia de Gibbs de excesso, ou as aproximações pertinentes.

7.3.3 Ponto de bolha heterogêneo

Um caso limite para o comportamento de equilíbrio LL e LLV apresentado anteriormente é o caso de dois líquidos imiscíveis. Esse caso será utilizado para demonstrar com simplicidade um comportamento de fases e o raciocínio extensível ao caso geral.

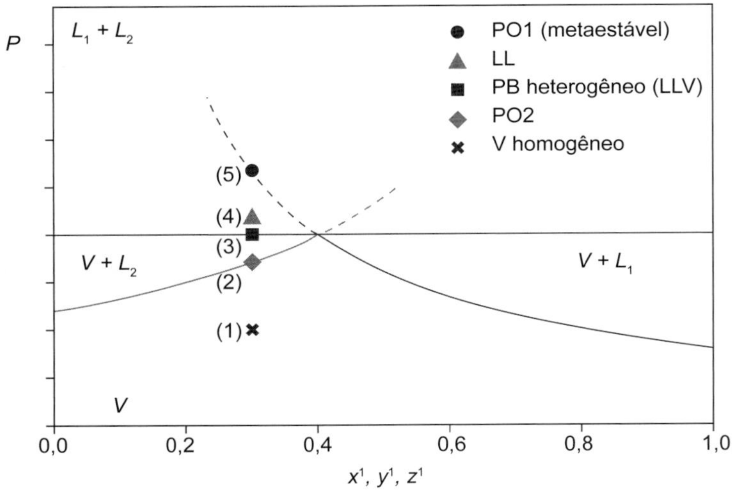

Figura 7.16 – Envelopes líquido-líquido e líquido-vapor para sistema imiscível em fase líquida.

Neste caso, levantar uma hipótese sobre ponto de orvalho é necessário. Os métodos de cálculo serão apresentados nas próximas seções.

De acordo com a Figura 7.16, no ponto (1), a baixa pressão, nota-se o vapor homogêneo com dada composição global. A partir de então, questiona-se em qual menor pressão haverá formação de líquido. Duas hipóteses são possíveis: precipitação do líquido com o componente 1 puro ou do líquido com o componente 2 puro. A resolução baseada na primeira hipótese leva ao ponto (5), enquanto a resolução baseada na segunda hipótese leva ao ponto (2). O ponto (2), de pressão mais baixa, corresponde à resposta correta para o questionamento anterior. O ponto (3) corresponde a um ponto de equilíbrio trifásico (LLV), sendo que, na fronteira entre uma região LL e uma região LV, ele pode ser calculado como ponto de bolha heterogêneo (LL → LLV). Assim, para qualquer ponto acima do ponto (3), como é o caso do ponto (4), a solução de equilíbrio estável é a de equilíbrio líquido-líquido (LL), sem a presença de vapor.

A solução para o cálculo realizado sob a hipótese de equilíbrio $V + L^1$ foi a pressão do ponto (5); esta é, na verdade, uma solução metaestável. Analisando a estabilidade dessa solução, dado T e $z = y$ (i. e., ponto de orvalho), as variáveis P, x^{L1} encontradas satisfazem as equações de balanço de massa e a igualdade de potencial químico; porém, as composições x^{L1} e y não correspondem ao mínimo global de energia de Gibbs para a T especificada e a P do ponto (5). A condição de equilíbrio estável no ponto (5) é LL, assim como no ponto (4).

Exemplo Resolvido 7.2

Um tanque fechado, mantido à temperatura de 90 °C, contém (em mol) 10 % de n-octano (C8), 10 % de n-decano (C10) e 80 % de água (a). Considerando que n-octano e n-decano formam mistura ideal em fase líquida e que as fases líquidas aquosa (A) e orgânica (O) são completamente imiscíveis:

a) Calcule a maior pressão em que existiria apenas fase gás nesse tanque.

b) Calcule a menor pressão em que coexistiriam duas fases líquidas sem haver formação de fase gás nesse tanque. Dados: $P^{sat}_{C8} = 0{,}47$ bar; $P^{sat}_{C10} = 0{,}067$ bar; $P^{sat}_{a} = 0{,}66$ bar.

Resolução

A maior pressão em que o sistema apresenta apenas fase gás é a pressão limite em que passa de gás para equilíbrio líquido-vapor, com o aparecimento da primeira gota. Esse é o ponto de orvalho, em que a fase gás tem composição igual à composição global, e a composição da fase líquida poderá ser determinada pelas relações de equilíbrio.

Nesse caso, é dado que os componentes orgânicos não se misturam com a água em fase líquida, mesmo comportamento observado na Figura 7.16. Entretanto, nesse problema tem-se um sistema com três componentes, sendo que, na fase orgânica, dois componentes estarão presentes e a fase água será pura. Na fase vapor, três componentes estarão presentes.

Levanta-se a hipótese de que a primeira gota que se forma é uma gota orgânica, ou uma gota de água; então, será possível avaliar as soluções para determinar qual é a verdadeira.

Aproximando pressão baixa/moderada, equacionam-se as fugacidades dos componentes que se distribuem e anulam-se as frações molares dos componentes que não participam de cada fase.

a-1) Supondo que a precipitação de uma fase água é: $x_a^A = 1$.

No ponto de orvalho, tem-se que $y_a = z_a = 0{,}8$.

Igualando as fugacidades dos componentes que se distribuem (nesse caso, apenas a água) e anulando as frações molares daqueles que não participam da fase dada:

$$x_a^A \, P^{sat}{}_a = y_a P, \quad x_{C8}^A = 0 \quad \text{e} \quad x_{C10}^A = 0$$

Para pressão:

$$P = (x_a^A \, P_a^{sat} / y_a) = 0{,}825 \text{ bar}$$

a-2) Supondo a precipitação da fase orgânica.

Iguala-se a fugacidade daqueles componentes que se distribuem e anula-se a fração molar da água na fase orgânica:

$$x_{C8}^O \, P_{C8}^{sat} = y_{C8} P, \qquad x_{C10}^O \, P_{C10}^{sat} = y_{C10} P \qquad \text{e} \qquad x_a^O = 0$$

Para pressão, resolve-se usando a estratégia do ponto de orvalho $\left(\sum_i x_i = 1\right)$ para os orgânicos:

$$y_{C8} \, P/P_{C8}^{sat} + y_{C10} \, P/P_{C10}^{sat} = 1 \quad \Rightarrow \quad P = \frac{1}{\left(\dfrac{y_{C8}}{P_{C8}^{sat}} + \dfrac{y_{C10}}{P_{C10}^{sat}}\right)} = 0{,}5864 \text{ bar}$$

Quando se pensa em um processo partindo de um gás homogêneo a baixa pressão, a pressão mais baixa é aquela atingida primeiro. Aumenta-se a pressão aos poucos, até que o primeiro líquido apareça. Logo, o ponto de orvalho verdadeiro é o ponto de precipitação de líquido orgânico na pressão de 0,5864 bar. Enquanto isso, na pressão de 0,825 bar, haveria uma fase orgânica presente, não levada em consideração nos cálculos de precipitação da água. Trata-se, portanto, de uma solução metaestável.

b) Equilíbrio líquido-líquido → líquido-líquido-vapor.

A menor pressão em que coexistiriam duas fases líquidas, abaixo da qual haveria formação de gás, seria um ponto de bolha, mas no cenário heterogêneo.

Equacionando a igualdades de fugacidade, tem-se os, com x conhecido a partir do z dado e da hipótese de imiscibilidades, tem-se:

Para a fase água:

$$x_a^A = 1, \quad x_{C8}^A = 0 \quad \text{e} \quad x_{C10}^A = 0$$

Para a fase orgânica:

$$x_a^O = 0$$

Considere uma base de cálculo de 1 mol no sistema como um todo:

$$N_{C8} = z_{C8} \times n = 0{,}1 \text{ mol e } N_{C10} = z_{C10} \times n = 0{,}1 \text{ mol}$$

Na fase líquida,

$$n_L = N_{C8} + N_{C10} = 0{,}2 \text{ mol}$$

A composição na fase líquida corresponde a:

$$x_{C8}^O = N_{C8}/n_L = 0{,}5 \quad \text{e} \quad x_{C10}^O = N_{C10}/n_L = 0{,}5$$

Das igualdades de fugacidade de cada componente nas fases água e óleo, tem-se:

$$x_a^A P_a^{sat} = y_a P, \quad x_{C8}^A = 0 \quad \text{e} \quad x_{C10}^A = 0$$

$$x_a^O = 0, \quad x_{C8}^O P_{C8}^{sat} = y_{C8} P \quad \text{e} \quad x_{C10}^O P_{C10}^{sat} = y_{C10} P$$

$$\sum_i y_i = 1 \quad \Rightarrow \quad P = x_a^A P_a^{sat} + x_{C8}^O P_{C8}^{sat} + x_{C10}^O P_{C10}^{sat} = 0{,}9285 \text{ bar}$$

Essa é a pressão limite entre o equilíbrio líquido-líquido (LL) e líquido-líquido-vapor (LLV).

7.3.4 Ponto de orvalho: sistema de equações

O ponto de orvalho apresenta formulação matemática similar ao ponto de bolha. A diferença é que, no cálculo de ponto de orvalho, geralmente são conhecidas as frações molares dos componentes na fase vapor e deseja-se obter a temperatura ou pressão de aparecimento de uma quantidade infinitesimal de líquido, para uma determinada pressão ou temperatura fixa, respectivamente. Assim, o problema é caracterizado pelas seguintes equações:

$$\begin{cases} P^V = P^L \\ T^V = T^L \\ y_i = K_i x_i \text{ para } i = [1 \ldots C] \\ \sum_{i=1}^{C} x_i = 1 \end{cases} \tag{7.29}$$

Do mesmo modo que, no cálculo de ponto de bolha, a resolução desse problema é centrada na última equação do sistema anterior, vinda da soma das relações de equilíbrio.

$$\sum_{i=1}^{C} x_i = \sum_{i=1}^{C} \frac{y_i}{K_i} = 1 \tag{7.30}$$

Essa equação é conhecida como equação do ponto de orvalho. Caso seja considerada mistura ideal na fase líquida e a fase gasosa seja uma mistura de gases ideais, a equação se torna:

$$1 = \sum_{i=1}^{C} \frac{P}{P_i^{\text{sat}}} y_i = P \sum_{i=1}^{C} \frac{y_i}{P_i^{\text{sat}}} \tag{7.31}$$

$$\frac{1}{P} = \sum_{i=1}^{C} \frac{y_i}{P_i^{\text{sat}}} \tag{7.32}$$

que corresponde à Lei de Raoult aplicada ao ponto de orvalho.

Caso seja abandonada a hipótese de mistura ideal na fase líquida, a equação assume a seguinte forma:

$$1 = \sum_{i=1}^{C} \frac{P}{P_i^{\text{sat}} \gamma_i} y_i = P \sum_{i=1}^{C} \frac{y_i}{P_i^{\text{sat}} \gamma_i} \tag{7.33}$$

$$\frac{1}{P} = \sum_{i=1}^{C} \frac{y_i}{P_i^{\text{sat}} \gamma_i} \tag{7.34}$$

que é a chamada "Lei de Raoult modificada", em sua aplicação ao ponto de orvalho.

7.3.5 Ponto de orvalho: formas de resolução do problema

Diferentemente do ponto de bolha, o ponto de orvalho só pode ser resolvido de forma direta (i. e., com a resolução de apenas uma equação) se a fase líquida for considerada uma mistura ideal e a fase gasosa for uma mistura de gases ideais (i. e., Lei de Raoult). Qualquer outro caso de coeficiente de distribuição apresentado cria a necessidade de um procedimento iterativo, uma vez que todos os outros dependem de $\underline{x}$ cujos valores são desconhecidos *a priori*.

No caso da Lei de Raoult, a partir de um valor de pressão ou de temperatura, a sequência de cálculos necessária para a resolução do problema está ilustrada na Figura 7.17. Para uma dada temperatura, a pressão de orvalho pode ser calculada analiticamente por meio da Equação (7.32). Já para uma determinada pressão, é preciso resolver a Equação (7.32) de forma numérica, usando um método de busca de raízes.

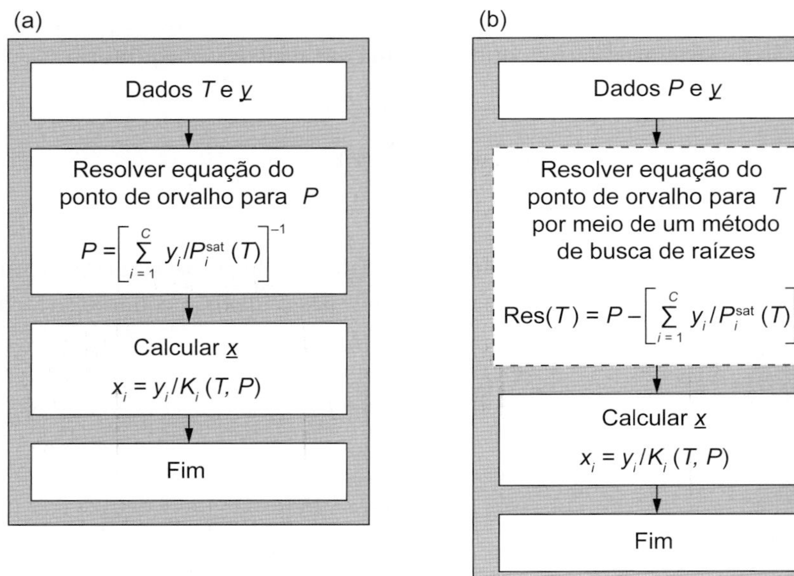

Figura 7.17 – (a) Sequência de cálculos de ponto de orvalho dada T para mistura ideal a pressão moderada; (b) sequência de cálculos de ponto de orvalho dada P para mistura ideal a pressão moderada.

Para modelagens mais complexas que dependam das frações molares da fase líquida, é preciso realizar cálculos de forma iterativa (Fig. 7.18). No ponto de orvalho, em uma temperatura determinada, assim como no cálculo de pressão do ponto de bolha, também será introduzida a variável K_i, que tem por função explicitar a pressão nessa equação. O algoritmo segue, então, etapas similares às do algoritmo de ponto de bolha.

Semelhanças na forma de cálculo também podem ser observadas entre os algoritmos de cálculo de temperatura de bolha e temperatura de orvalho a uma dada pressão. A partir de uma estimativa inicial de temperatura, são obtidos valores das frações molares da fase líquida e uma estimativa inicial para os coeficientes de distribuição. Após essa etapa, o procedimento segue para a resolução da equação do ponto de orvalho por um método de busca de raízes (p. ex., método da secante). Do valor de temperatura obtido, são calculadas novas frações molares da fase líquida e, posteriormente, novos coeficientes de distribuição. Esses coeficientes são comparados com os da iteração anterior e, se houver diferenças significativas, a equação do ponto de orvalho é resolvida novamente.

Para o cálculo de ponto de orvalho, o algoritmo de ponto de bolha pode ser adaptado pela substituição das frações molares de líquido pelas frações molares de vapor como variáveis fixas.

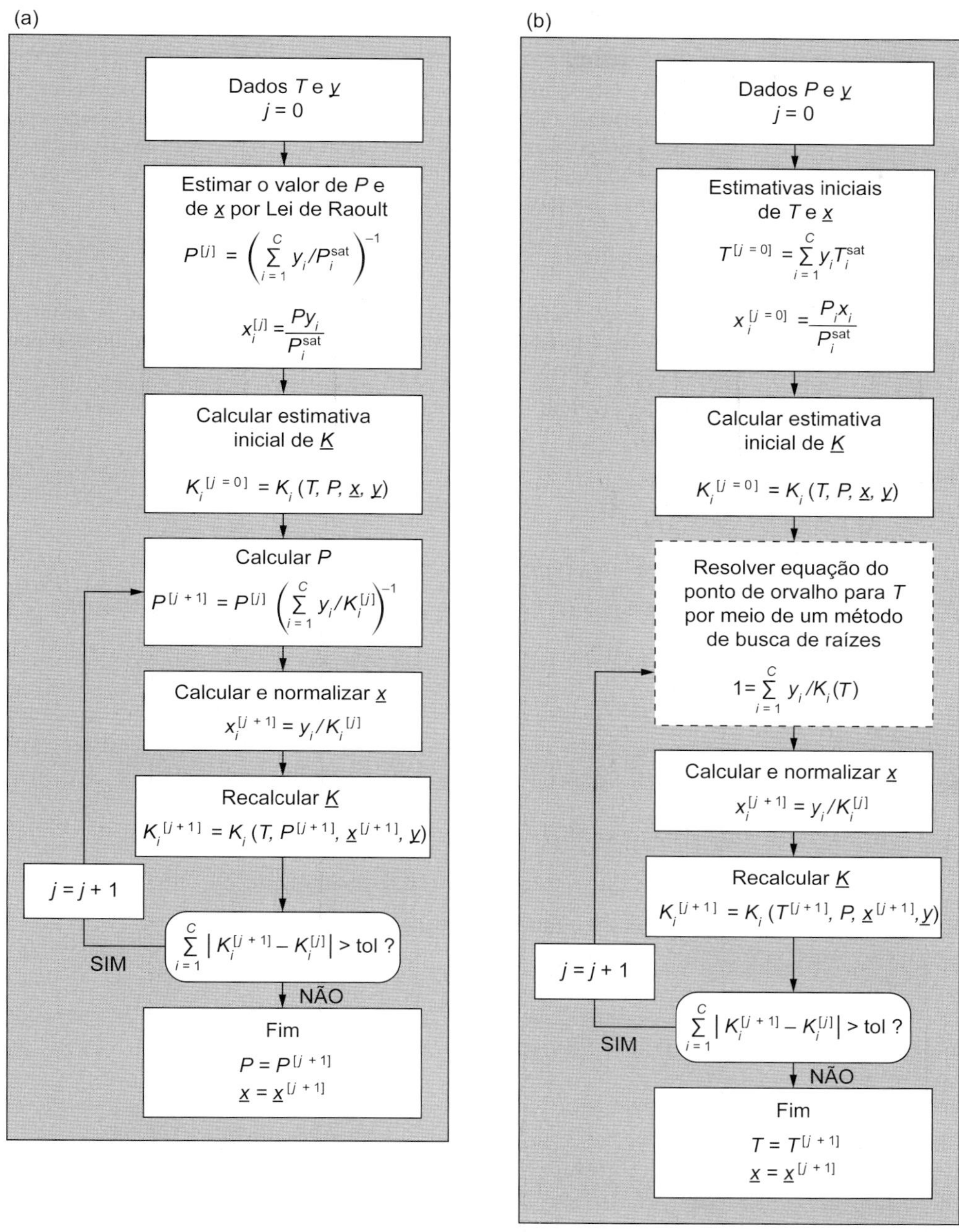

Figura 7.18 – (a) Algoritmos para cálculo de ponto de orvalho a T especificadas em mistura não ideal ou a alta pressão; (b) algoritmos para cálculo de ponto de orvalho a P especificadas em mistura não ideal ou a alta pressão.

Exemplo Resolvido 7.3

Uma mistura contendo 40 % (em mol) de um componente (1) e o restante de um componente (2) deve escoar em uma tubulação industrial a 35 °C. É dado que a mistura em fase líquida é bem representada pelo modelo de Margules com A adimensional igual a 0,9 e que as pressões de saturação são P_1^{sat} (35 °C) = 0,7 bar e = P_2^{sat} (35 °C) = 0,5 bar. Calcule a maior pressão de operação desse processo para que a corrente apresente apenas fase gás.

Resolução

A maior pressão em que há apenas gás, acima da qual aparecerá líquido, é a pressão de ponto de orvalho, em que a composição global é igual à composição do gás, e a composição do líquido pode ser determinada pelas relações de equilíbrio.

Como, a princípio, não se conhece a composição do líquido $\underline{x}$, estimam-se os coeficientes de atividade γ convergindo iterativamente.

Dados:

Método da pressão de ponto de orvalho: $y_1 = z_1 = 0{,}4$ e $y_2 = z_2 = 0{,}6$

Inicialização: $P^{[0]} = (1/(y_1/P^{sat}_1 + y_2/P^{sat}_2)) = 0{,}5645$ bar

$$x_1 = (P^{[0]}\, y_1/P^{sat}_1) = 0{,}3226 \text{ e } x_2 = (P^{[0]}\, y_2/P^{sat}_2) = 0{,}6774 \quad \Rightarrow \quad \sum_i x_i = x_1 + x_2 = 1$$

$$\gamma_1 = \exp(A(x_2)^2) = 1{,}5114 \text{ e } \gamma_2 = (\exp(A(x_1)^2) = 1{,}0982$$

$$K_1 = (\gamma_1 P^{sat}_1 / P^{[0]}) = 1{,}874 \text{ e } K_2 = (\gamma_2 P^{sat}_2 / P^{[0]}) = 0{,}9727$$

Primeira iteração: $P^{[1]} = P^{[0]}(1/(y_1/K_1 + y_2/K_2)) = 0{,}6799$ bar

$$x_1 = (y_1/K_1) = 0{,}2134 \text{ e } x_2 = (y_2/K_2) = 0{,}6169 \quad \Rightarrow \quad \Sigma x = (x_1 + x_2) = 0{,}8303$$

$$x_1 = (x_1/\Sigma x) = 0{,}2571 \text{ e } x_2 = (x_2/\Sigma x) = 0{,}7429$$

$$\gamma_1 = (\exp(A(x_2)^2) = 1{,}6434 \text{ e } \gamma_2 = (\exp(A(x_1)^2) = 1{,}0613$$

$$K_1 = \gamma_1 P_1^{sat}/P^{[1]} = 1{,}692 \text{ e } K_2 = \gamma_2 P_2^{sat}/P^{[1]} = 0{,}7805$$

Segunda iteração: $P^{[2]} = P^{[1]}\,(1/(y_1/K_1 + y_2/K_2)) = 0{,}6764$ bar

Repetindo por mais iterações, obtém-se:

j =	2	3	4	5	6	7	8	9
K_1 =	1,751972	1,77004	1,775603	1,777337	1,77788	1,778051	1,778104	1,778121
K_2 =	0,776945	0,775119	0,774463	0,774249	0,774181	0,774159	0,774152	0,77415
P =	0,6764	0,6762	0,6761	0,6760	0,6760	0,6760	0,6760	0,6760

A pressão final é 0,676 bar.

7.4 CÁLCULOS DE *FLASH*: FORMULAÇÃO DO PROBLEMA

Na seção anterior, foi formulado o problema de equilíbrio entre uma fase completamente desenvolvida e uma fase incipiente, sendo uma fase líquida e outra vapor. Nesta seção, o objetivo será incluir razões entre as massas presentes em cada fase no problema de equilíbrio de fases, de forma a realizar cálculos além das condições incipientes. Isso dá origem ao *cálculo de flash*. Assim, enquanto na determinação do surgimento de uma fase incipiente o objetivo é calcular uma pressão ou temperatura nas quais ocorre o aparecimento de uma quantidade infinitesimal de uma determinada fase, em um problema de cálculo de *flash* típico serão determinadas pressões e temperaturas que fornecem uma determinada razão mássica ou molar entre as fases em equilíbrio.

7.4.1 Equações de Rachford-Rice

Para a inclusão de razões mássicas no problema de equilíbrio de fases, parte-se da abstração de um tambor de *flash*, ou seja, o equipamento de separação de correntes bifásicas ilustrado na Figura 7.19. Pode-se modelar a unidade no volume de controle, composta por uma válvula, um vaso *flash*, e um aquecedor/resfriador acoplados. Na Figura 7.19, F representa a vazão molar da alimentação e $\underline{z}$ representa as frações molares dos C componentes presentes na corrente. Já L e V são as vazões molares das correntes líquida e vapor, que se encontram em equilíbrio termodinâmico. Os vetores $\underline{x}$ e $\underline{y}$ representam, respectivamente, as frações molares dos C componentes na corrente líquida e na corrente vapor.

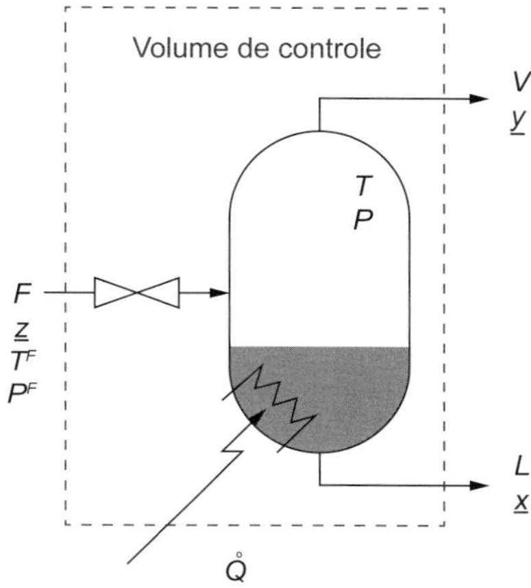

Figura 7.19 – Ilustração de um vaso de *flash* com duas fases (V e L) em equilíbrio a T e P.

Para essa unidade operando em estado estacionário, podem ser escritos dois tipos de balanço de massa: um global e um por componente. Eles são:

$$F = V + L \tag{7.35}$$

$$z_i F = y_i V + x_i L \text{ para } i = [1 \ldots C] \tag{7.36}$$

em que se tem C equações independentes e uma dependente, já que $\sum_i z_i = \sum_i x_i = \sum_i y_i = 1$.

Por conveniência, define-se uma nova variável β que representa a fração da fase vapor em relação à vazão total.

$$\boxed{\beta = \frac{V}{F} = \frac{V}{V+L}} \tag{7.37}$$

Assim, os balanços para cada componente se transformam em:

$$z_i = y_i \beta + x_i (1-\beta) \text{ para } i = [1 \ldots C] \tag{7.38}$$

Sabendo que as correntes líquida e vapor estão em equilíbrio, são válidas as relações de equilíbrio entre as composições no líquido e no vapor, assim como apresentado anteriormente.

$$y_i = K_i x_i \text{ para } i = [1 \ldots C] \tag{7.39}$$

Assim, os componentes dos vetores $\underline{x}$ e $\underline{y}$ podem ser expressos em função de β e dos componentes do vetor $\underline{z}$ por meio da junção das Equações (7.38) e (7.39).

$$x_i = \frac{z_i}{\beta(K_i - 1) + 1} \tag{7.40}$$

$$y_i = \frac{K_i z_i}{\beta(K_i - 1) + 1} \tag{7.41}$$

A partir dessas equações, obtém-se a equação de Rachford-Rice. Da subtração das somas das frações molares no líquido e no vapor, tem-se que:

$$\sum_{i=1}^{C} y_i - \sum_{i=1}^{C} x_i = 0 \tag{7.42}$$

Substituindo a expressão de y_i e x_i pelas das Equações (7.40) e (7.41), respectivamente, surge a seguinte equação:

$$\sum_{i=1}^{C} \frac{K_i z_i}{1 - \beta + \beta K_i} - \sum_{i=1}^{C} \frac{z_i}{1 - \beta + \beta K_i} = 0 \tag{7.43}$$

$$\sum_{i=1}^{C} \frac{z_i(K_i - 1)}{\beta(K_i - 1) + 1} = 0 \tag{7.44}$$

Ou seja, essa equação surge de um balanço de massa global, de uma série de balanços de massa por componente e das relações de equilíbrio entre a fase líquida e a fase vapor. É possível, ainda, incluir mais uma equação na modelagem do *flash*, referente a um balanço de energia. Partindo novamente da abstração da Figura 7.19, o balanço de energia em estado estacionário é:

$$F\bar{H}^F + \overset{o}{Q} = V\bar{H}^V + L\bar{H}^L \tag{7.45}$$

Nesta equação, $\bar{H}^F$ é a entalpia molar da corrente F, $\bar{H}^V$ é a entalpia molar da corrente em estado vapor, $\bar{H}^L$ é a entalpia molar da corrente em estado líquido e $\overset{o}{Q}$ é a taxa de calor adicionada ao sistema. Pode-se transformar a Equação (7.45) em uma forma mais conveniente, expressando-a em termos da razão entre as fases (β) e redefinindo Q como quantidade de calor inserida por mol da corrente de entrada da seguinte forma:

$$Q = \frac{\overset{o}{Q}}{F} [=] \frac{\text{energia}}{\text{número de mols}} \tag{7.46}$$

Surge, então, a seguinte equação:

$$(1 - \beta)\bar{H}^L + \beta\bar{H}^V - \bar{H}^F - Q = 0 \tag{7.47}$$

Assim, o problema completo do *flash* se torna um sistema algébrico que conta com as seguintes equações:

$$\begin{cases} a)\ x_i = \dfrac{z_i}{1-\beta(K_i-1)} \quad \text{para } i = [1 \ldots C] \\ b)\ y_i = \dfrac{K_i z_i}{1-\beta(K_i-1)} \quad \text{para } i = [1 \ldots C] \\ c)\ \displaystyle\sum_{i=1}^{C} \frac{z_i(K_i-1)}{1-\beta(K_i-1)} = 0 \\ d)\ (1-\beta)\bar{H}^L + \beta\bar{H}^V - \bar{H}^F - Q = 0 \end{cases} \tag{7.48}$$

que representam os conceitos de equilíbrio, balanço de massa, normalização das frações molares e balanço de energia.

Admitindo que se conhece a funcionalidade das variáveis K_i, $\bar{H}^F$, $\bar{H}^V$ e $\bar{H}^L$ com temperatura, pressão e frações molares, como no sistema da Equação (7.49), essas variáveis deixam de influenciar a análise de graus de liberdade do problema, pois cada uma delas possui uma equação proveniente de modelos termodinâmicos.

$$\begin{cases} K_i = K_i(T, P, \underline{x}, \underline{y}) \quad \text{para } i = [1 \ldots C] \\ \bar{H}^F = \bar{H}^F(T_F, P_F, \underline{z}) \\ \bar{H}^L = \bar{H}^L(T, P, \underline{x}) \\ \bar{H}^V = \bar{H}^V(T, P, \underline{y}) \end{cases} \tag{7.49}$$

Dessa maneira, a análise de graus de liberdade do problema de *flash* leva a $2C + 2$ equações – do sistema disponível em (7.48) – e suas variáveis, considerando que a composição global $\underline{z}$ é dada por C do vetor $\underline{x}$, C do vetor $\underline{y}$ e 4, contando com T, P, Q e β. A diferença entre variáveis e equações leva a:

$$F = \{\text{número de variáveis}\} - \begin{Bmatrix} \text{número de equações} \\ \text{independentes} \end{Bmatrix} \tag{7.50}$$

$$F = (2C+4) - (2C+2) = 2$$

Assim, resta fixar quaisquer outras duas variáveis para que todas as outras possam ser determinadas. Essa conclusão é equivalente ao teorema de Duhem, estendida com a equação do balanço de energia e a variável calor (Q).

Convém notar que cálculos de ponto de bolha e ponto de orvalho são casos limite do cálculo de *flash*. No caso do ponto de bolha, não há fase vapor bem desenvolvida, de forma que $\beta = 0$. Assim, a primeira equação de (7.48) leva a $x_i = z_i$.

Substituindo $\underline{z} = \underline{x}$ e $\beta = 0$ em todo o sistema, chega-se a:

$$\begin{cases} y_i = K_i x_i \quad \text{para } i = [1 \ldots C] \\ \displaystyle\sum_{i=1}^{C} x_i(K_i-1) = 0 \ \therefore\ \sum_{i=1}^{C} y_i = 1 \\ \bar{H}^L - \bar{H}^F - Q = 0 \end{cases} \tag{7.51}$$

O análogo pode ser feito para o ponto de orvalho, se $\underline{z} = \underline{y}$ e $\beta = 1$.

$$\begin{cases} x_i = \dfrac{y_i}{K_i} \quad \text{para } i = [1 \ldots C] \\ \displaystyle\sum_{i=1}^{C} \frac{y_i(K_i - 1)}{K_i} = 0 \;\;\therefore\;\; \sum_{i=1}^{C} x_i = 1 \\ \bar{H}^V - \bar{H}^F - Q = 0 \end{cases} \tag{7.52}$$

7.5 CÁLCULOS DE *FLASH*: ALGORITMOS POR SUBSTITUIÇÃO SUCESSIVA

Na seção anterior, verificou-se que, para a solução do problema de *flash*, é necessário, além da especificação de $C - 1$ frações molares globais, a especificação de duas outras variáveis, usualmente entre T, P, Q e β. No caso da resolução do problema por substituições sucessivas, a escolha do par de variáveis dá origem a diferentes particularidades. Somado a isso, a modelagem da fase líquida e da fase gasosa também é fonte de variações na resolução do problema. A seguir, são apresentadas sugestões de algoritmo para o cálculo de *flash* para os pares de variáveis especificadas (T, P), (P, β) e (P, Q).

Cálculos a T *e* P *especificados*

Dependendo do tipo de modelagem das fases em equilíbrio, o algoritmo para cálculo de *flash* com temperatura e pressão especificadas pode apresentar um ou dois *loops*. Caso os modelos das fases levem a um coeficiente de distribuição tal que $K_i = K_i(T, P)$, os valores de K_i serão constantes durante todo o procedimento, dado que T e P são conhecidas. Assim, resta resolver a equação de Rachford-Rice para β. Para isso, sugere-se o uso do método de busca de raízes de Newton-Raphson, apropriado para esse tipo de problema porque a derivada analítica da equação de Rachford-Rice em relação a β é de fácil obtenção, como mostram as equações a seguir:

$$\text{Res}(\beta) = \sum_{i=1}^{C} \frac{z_i(K_i - 1)}{1 - \beta + \beta K_i} \tag{7.53}$$

$$\frac{d}{d\beta}\left[\text{Res}(\beta)\right] = \frac{d}{d\beta}\left[\sum_{i=1}^{C} \frac{z_i(K_i - 1)}{1 - \beta + \beta K_i}\right] = \sum_{i=1}^{C} z_i(K_i - 1)\frac{d}{d\beta}\left[\frac{1}{1 - \beta + \beta K_i}\right] \tag{7.54}$$

$$\frac{d\text{Res}(\beta)}{d\beta} = \sum_{i=1}^{C} z_i(K_i - 1)\frac{d}{d\beta}\left[\frac{1}{1 - \beta + \beta K_i}\right] = -\sum_{i=1}^{C} \frac{z_i(K_i - 1)^2}{(1 - \beta + \beta K_i)^2} \tag{7.55}$$

A partir de um chute inicial em β e da aplicação do procedimento iterativo explicitado na Equação (7.56), é possível obter o valor que zera a equação de Rachford-Rice:

$$\beta^{[k+1]} = \beta^{[k]} - \frac{\text{Res}\left(\beta^{[k]}\right)}{\left.\dfrac{d\text{Res}}{d\beta}\right|_{\beta[k]}} \tag{7.56}$$

Porém, se forem utilizados modelos para as fases em equilíbrio que levem a funcionalidades do tipo $K_i = K_i(T, P, \underline{x})$ ou $K_i = K_i(T, P, \underline{x}, \underline{y})$, surge mais um *loop* no procedimento de cálculo, uma vez que não são conhecidos *a priori* os valores das frações molares dos componentes nas fases líquida e vapor.

A Figura 7.20 ilustra o procedimento mais geral para o cálculo de *flash* dadas T e P, que engloba esta última forma de resolução. Em primeiro lugar, mesmo que os coeficientes de distribuição dependam das frações molares das fases, usa-se, como estimativa inicial, uma expressão de K_i que é função apenas de temperatura e pressão. A partir dela, resolve-se a equação de Rachford-Rice para β, como anteriormente. A resolução desse cálculo de *flash* simplificado gera, então, valores para o vetor $\underline{x}$ e o vetor y, calculados pelas Equações (7.40) e (7.41), respectivamente. Com eles, pode-se obter novos valores de K_i, desta vez, porém, segundo a funcionalidade original postulada no problema.

É preciso, entretanto, garantir a convergência dos coeficientes de distribuição de forma a obter uma solução para o problema original, tal qual a sua formulação. Daí surge a necessidade de um segundo *loop*: caso não haja convergência entre valores de K_i, um novo cálculo de *flash* deve ser resolvido, desta vez com os valores dos coeficientes de distribuição obtidos ao fim da iteração anterior. Iterações devem ser realizadas até a convergência.

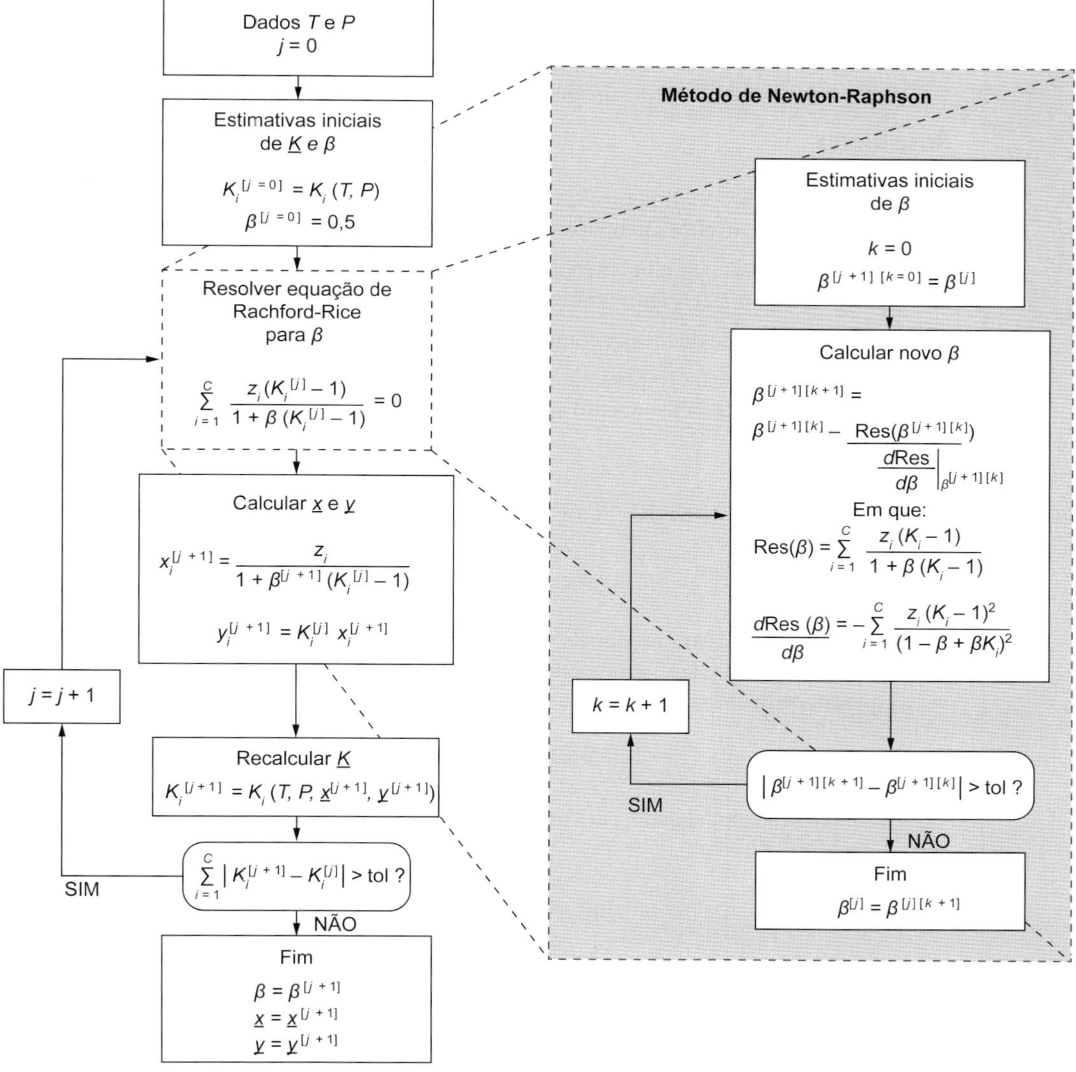

Figura 7.20 – Algoritmo para cálculo de *flash* a temperatura e pressão especificadas. A caixa tracejada indica a necessidade de método iterativo, explicitado na caixa sombreada.

Exemplo Resolvido 7.4

Uma mistura líquida, a 250 K e 1 atm e com composição (em mol) de 60 % de n-butano, 20 % de n-hexano e 20 % de n-octano é alimentada em uma unidade *flash* (vazão de 100 mol/h).

O tanque opera na pressão de 1 atm e na temperatura de 323 K.

a) Calcule as composições e vazões das fases líquida e vapor que saem do tanque.

b) Calcule o calor necessário nesse processo. Utilize a equação de pressão de saturação de Wilson e os valores médios de capacidade calorífica dados a seguir.

Compostos	Tc(K)	Pc(atm)	w	$\langle Cp\rangle^V$ (cal/gmol/K)	$\langle Cp\rangle^L$ (cal/gmol/K)
n-butano	425,2	38,0	0,166	28,0	35,0
n-hexano	507,5	30,0	0,295	20,0	25,0
n-octano	568,8	24,5	0,394	19,0	22,0

Dados

$$\Delta\overline{H}_1^{vap} = 6 \text{ kcal/mol}, \Delta\overline{H}_2^{vap} = 7 \text{ kcal/mol}, \Delta\overline{H}_3^{vap} = 8 \text{ kcal/mol}$$

Resolução

Usando a composição de alimentação como composição global e a temperatura e pressão de operação do tanque, é possível calcular as composições x e y, além da fração vaporizada β.

Em seguida, pode-se fazer o balanço de energia para determinar o calor Q necessário para levar a corrente de líquido a 250 K até a temperatura do tanque, com a fração vaporizada determinada.

a) Equilíbrio e balanço de massa: composições e fração vaporizada.

As pressões de saturação, importantes para determinar os fatores K_i, podem ser determinadas a partir da correlação de Wilson, com as propriedades críticas dadas e na temperatura de operação do tanque:

$$\ln\frac{P^{sat}}{P_c} = 5,373(1+w)(1-T_c/T) \quad \Rightarrow \quad P^{sat} = P_c \exp(5,373(1+w)(1-T_c/T))$$

$$P_1^{sat} = 5,2347 \text{ atm}, P_2^{sat} = 0,5637 \text{ atm e } P_3^{sat} = 0,08199 \text{ atm}$$

Nesse problema, vamos aproximar $K_i = P_i^{sat}/P$, pois as substâncias são similares (i. e., mistura ideal) e a pressão é moderada (i. e., atmosférica). Então, para determinar a fração vaporizada, basta resolver a equação de Rachford-Rice com os valores de K_i:

$$K_1 = 5,2347, K_2 = 0,5637 \text{ e } K_3 = 0,08199$$

Com a composição global dada, para uma estimativa inicial da fração vaporizada de $\beta = 0,5$, a equação de Rachford-Rice é:

$$RR = \sum \frac{z_i(K_i - 1)}{1+\beta(K_i - 1)} = 0,3641$$

As derivadas em relação à fração vaporizada são

$$\sum -\frac{z_i(K_i - 1)^2}{(1+\beta(K_i - 1))^2} = -1,7454$$

Determina-se uma aproximação de β com a fórmula de um passo do método de Newton:

$$\beta^{[j+1]} = \beta^{[j]} - \frac{\mathrm{RR}/d\mathrm{RR}}{d\beta} = 0{,}7086$$

Repetindo esses passos, é possível obter as sucessivas aproximações de β:

$$j = 0 \ldots 1 \ldots 2 \ldots 3$$
$$\beta = 0{,}5 \ldots 0{,}7086 \ldots 0{,}7008 \ldots 0{,}7008$$

Com o valor convergido de $\beta = 0{,}7008$, determinam-se as composições:

$$x_i = (z_i/(1 + \beta(K_i - 1))) \quad \Rightarrow \quad x_1 = 0{,}1512,\ x_2 = 0{,}2881 \text{ e } x_3 = 0{,}5607$$
$$y_i = K_i x_i \quad \Rightarrow \quad y_1 = 0{,}7916,\ y_2 = 0{,}1624 \text{ e } y_3 = 0{,}04597$$

b) Balanço de energia e cálculo do calor (método aproximado).

Equacionando a entalpia da saída, em função das duas fases presentes, e usando a temperatura e pressão da corrente de entrada (alimentação) como referência para os cálculos de entalpia, tem-se:

$$\overline{H}^{\text{saída}} = \beta\overline{H}^{V} + (1-\beta)\overline{H}^{L} \text{ e } \overline{H}_i^{\text{entrada}} = 0 \text{ kcal/mol para } i = [1 \ldots C]$$

Equacionando a entalpia de cada componente nas fases líquido e vapor da corrente de saída, em função da referência escolhida, tem-se:

$$\overline{H}_i^{L} = C_{Pi}^{L}\,(T - T_0) \text{ e } \overline{H}_i^{V} = C_{Pi}^{L}(T^{\text{sat}} - T_0) + \Delta\overline{H}_i^{\text{vap}} + C_{Pi}^{V}(T - T^{\text{sat}}), \text{ com } T_0 = 250 \text{ K}$$

E considerando mistura ideal em cada fase:

$$\overline{H}^{L} = \sum x_i \overline{H}_i^{L} \quad \text{e} \quad \overline{H}^{V} = \sum x_i \overline{H}_i^{V}$$

O balanço de energia no tanque é

$$\overline{H}^{\text{saída}} = \overline{H}^{\text{entrada}} + Q$$

As entalpias calculadas para cada componente em fase líquida são:

$$\overline{H}_1^{L} = 2{,}555 \times 10^3 \text{ cal/mol},\ \overline{H}_2^{L} = 1{,}825 \times 10^3 \text{ cal/mol e } \overline{H}_3^{L} = 1{,}606 \times 10^3 \text{ cal/mol}$$

É necessário calcular as temperaturas de saturação na pressão em que as entalpias de vaporização são válidas. Invertendo a correlação de Wilson, chega-se a:

$$T_i^{\text{sat}} = \frac{T_{ci}}{1 - \dfrac{\ln\left(P/P_{ci}\right)}{5{,}373\,(1 + w_i)}} \quad \Rightarrow \quad T_1^{\text{sat}} = 269{,}01 \text{ K},\ T_2^{\text{sat}} = 340{,}87 \text{ K e } T_3^{\text{sat}} = 398{,}58 \text{ K}$$

As entalpias calculadas para cada componente em fase vapor são:

$$\overline{H}_1^{V} = 8{,}177 \times 10^3 \text{cal/mol},\ \overline{H}_2^{V} = 8{,}914 \times 10^3 \text{cal/mol e } \overline{H}_3^{V} = 9{,}833 \times 10^3 \text{cal/mol}$$

A entalpia molar das correntes vapor e líquido são:

$$\bar{H} = \beta\,(\bar{H}_1^V y_1 + \bar{H}_2^V y_2 + \bar{H}_3^V y_3) = 8{,}373 \times 10^3 \text{ cal/mol}$$

$$\bar{H}^L = \beta\ \bar{H}_1^L x_1 + \bar{H}_2^L x_2 + \bar{H}_3^L x_3 = 1{,}813 \times 10^3 \text{ cal/mol}$$

A entalpia molar da corrente bifásica é

$$\bar{H}^{\text{saída}} = \beta \bar{H}^V + (1-\beta)\bar{H}^L = 6{,}41 \times 10^3 \text{ cal/mol}$$

A entalpia da corrente de entrada é

$$\bar{H}^{\text{entrada}} = \sum x_i\, \bar{H}_i^{\text{entrada}} = 0 \text{ kcal/mol}$$

O calor, finalmente, é dado por:

$$Q = \bar{H}^{\text{saída}} - \bar{H}^{\text{entrada}} = 6{,}41 \times 10^3 \text{ cal/mol}$$

Cálculos a P e β especificados

Analogamente ao problema anterior, os cálculos de *flash* a pressão e razão entre as fases β constantes apresentam dois *loops* distintos. Nesse caso, porém, os *loops* serão sempre necessários, já que mesmo no caso mais simples ($K_i = K_i\ (T, P)$) a temperatura que satisfaz o problema não é conhecida.

Primeiramente, nesse tipo de problema, resolve-se a equação de Rachford-Rice para temperatura a partir de estimativas iniciais de temperatura e de coeficientes de distribuição (Fig. 7.21). Nesta etapa do algoritmo, recomenda-se o uso do método da secante, uma vez que a obtenção de derivadas analíticas para o método de Newton-Raphson é mais custosa. Assim, a raiz da equação é encontrada iterativamente a partir da seguinte expressão:

$$T^{[k+1]} = T^{[k]} - \left(\text{Res}\left(T^{[k]}\right) \frac{\Delta T}{\Delta \text{Res}} \right) \tag{7.57}$$

na qual

$$\text{Res}(T) = \sum_{i=1}^{C} \frac{z_i\,(K_i - 1)}{1 + \beta\,(K_i - 1)} \tag{7.58}$$

$$\Delta \text{Res} = \text{Res}\left(T^{[k]}\right) - \text{Res}\left(T^{[k-1]}\right) \tag{7.59}$$

$$\Delta T = T^{[k]} - T^{[k-1]} \tag{7.60}$$

Iterações são realizadas até que a variação entre valores de temperatura subsequentes seja desprezível, isto é, menor que a tolerância estabelecida. Nessas iterações, o valor de K será obtido pelas expressões da Tabela 7.1, dependendo do problema. No caso da primeira iteração, como ainda não há valores de fração molar na fase gasosa ou na fase líquida, sempre será utilizada a expressão mais simples do coeficiente de distribuição. Além disso, em cada cálculo do resíduo em função de uma dada temperatura, os valores de K serão recalculados e as outras variáveis, as que não são corrigidas no *loop* (x, y, P), serão mantidas constantes.

Após a obtenção de um valor de temperatura, segue-se, então, para o cálculo das frações molares de cada espécie nas fases líquida e vapor e, por fim, para um cálculo de novos valores de coeficiente de distribuição de cada espécie.

Se houver mudança significativa no valor dos coeficientes de distribuição, parte-se para uma nova resolução da equação de Rachford-Rice, dessa vez com a correção das variáveis fixas ($\underline{x}$, $\underline{y}$) obtidas na iteração anterior. O procedimento é realizado até a convergência dos coeficientes.

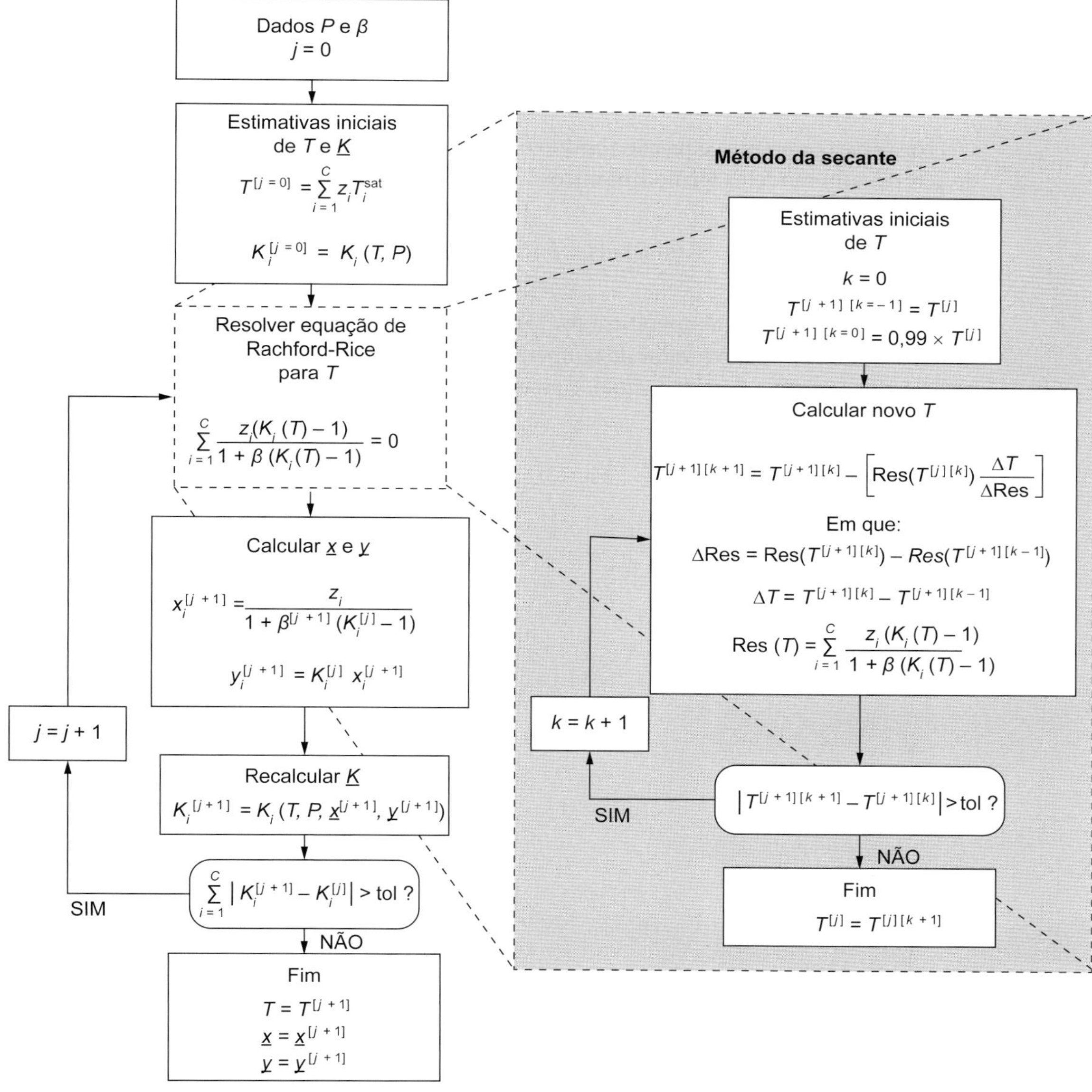

Figura 7.21 – Algoritmo de cálculo de *flash* a pressão e razão mássica das fases especificadas. A caixa tracejada indica a necessidade de método iterativo, explicitado na caixa sombreada.

Cálculos a P e Q especificados

No caso do *flash* com pressão e quantidade de calor por massa especificadas, a equação do balanço de energia é parte integrante da sequência de cálculos para determinação de todas as variáveis do problema. A solução proposta na Figura 7.22 resolve essa equação para temperatura por meio do método da secante que demanda, a cada iteração, dois valores de temperatura. Para cada um desses valores é necessário, porém, determinar um valor de β correspondente, uma vez que cada temperatura implica em uma razão entre fases diferente.

Em primeiro lugar, são feitas as estimativas iniciais para a temperatura. Depois, a resolução segue o esquema de um *flash TP*, em que se obtém um valor de β para cada uma das estimativas iniciais por meio do método de Newton-Raphson. Cabe lembrar que, se o coeficiente de distribuição depender das frações molares na fase líquida e/ou na fase vapor, surge um novo *loop*. Após a obtenção de valores de β correspondentes a cada temperatura, um novo valor de T é calculado da seguinte maneira:

$$T^{[j+1]} = T^{[j]} - \left(\text{Res}\left(T^{[j]}\right) \frac{\Delta T}{\Delta \text{Res}} \right) \tag{7.61}$$

Nesse caso, porém, a equação resíduo é o balanço de energia, no qual as entalpias são obtidas de acordo com modelos termodinâmicos.

$$\text{Res}(T) = (1-\beta)\bar{H}^L(T) + \beta\bar{H}^V(T) - \bar{H}^F - Q \tag{7.62}$$

Se o novo valor de temperatura for significativamente diferente do anterior, resolve-se um novo *flash TP* para o novo valor de temperatura, e um novo valor de β é obtido. Assim, é possível utilizar novamente a Equação (7.62), e esses procedimentos são obtidos até que se tenha convergência em temperatura.

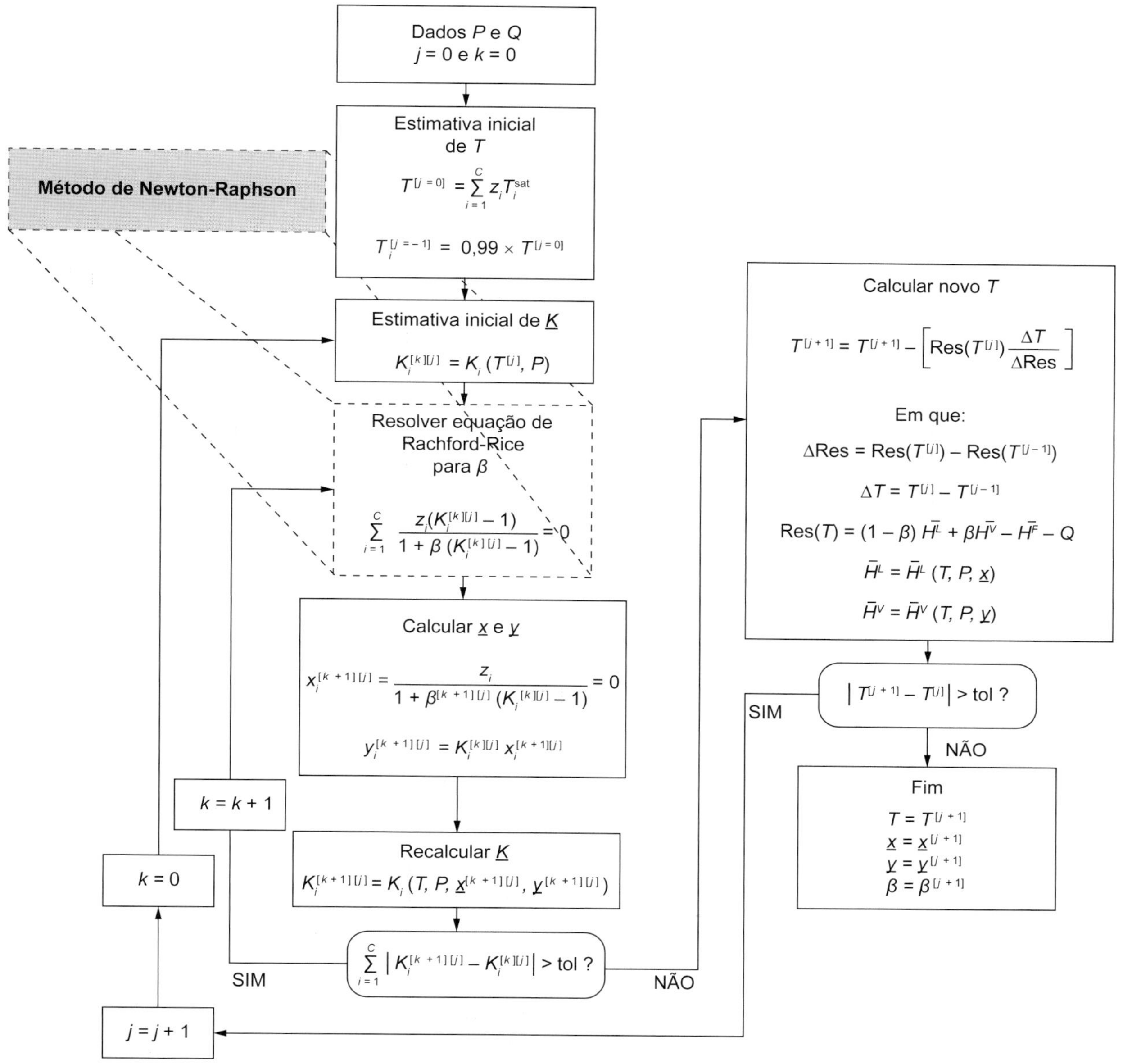

Figura 7.22 – Algoritmo de cálculo de *flash* a pressão e quantidade de calor por massa especificadas. A caixa tracejada indica a necessidade de método iterativo.

7.6 ESTABILIDADE DE FASES

Critério de estabilidade de fases

O cálculo de *flash* em dadas T e P considera que existem duas fases em equilíbrio naquela condição. A partir disso, inicia-se a busca por composição $\underline{x}$, $\underline{y}$, e fração de fase β, que satisfaçam as relações de equilíbrio e balanço de massa.

Caso se tente executar o cálculo de *flash* em uma condição em que o sistema se apresenta estável como monofásico, esse cálculo pode retornar $\beta < 0$, $\beta > 1$ ou não encontrar solução para β.

Uma forma mais robusta de determinar se um sistema é monofásico ou bifásico antes de iniciar o cálculo de *flash*, e adicionalmente obter boas estimativas iniciais para o vetor de distribuição $\underline{K}$, é a análise de estabilidade baseada na energia de Gibbs desse sistema.

Imagine um sistema monofásico como o desenhado na Figura 7.23, em dadas T, P, com dada quantidade de substâncias $\underline{N}$ e um sistema bifásico formado a partir da redistribuição dessa matéria, com uma fase com quantidade $\underline{N} - \underline{\epsilon}$ e uma fase com quantidade $\underline{\epsilon}$; uma fase com estado físico (α) e outra com estado físico (β) descrita por modelos adequados.

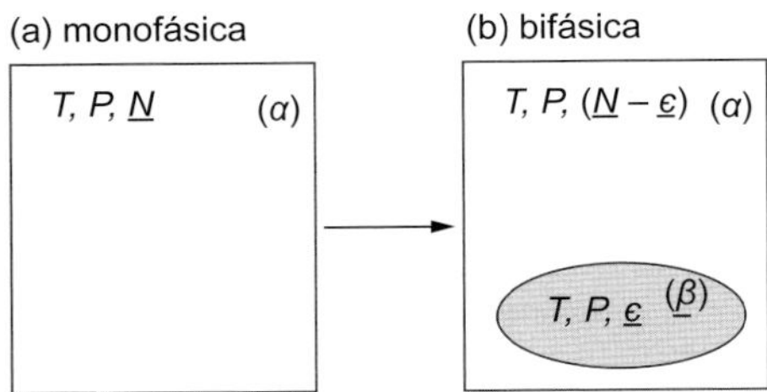

Figura 7.23 – Comparação entre manifestações (a) monofásica e (b) bifásica de um sistema com T, P e quantidade de substâncias global ($\underline{N}$) especificadas – motivação para análise de estabilidade, sendo α a fase original e β a fase criada (incipiente).

Podemos dizer que o sistema é mais estável na manifestação (a) se a sua energia de Gibbs for menor nessa configuração do que na manifestação (b).

A diferença de energia de Gibbs, $G^{(b)} - G^{(a)}$, é dada como

$$\Delta G = [G^{\alpha}(\underline{N} - \underline{\epsilon}) + G^{\beta}(\underline{\epsilon})] - [G^{\alpha}(\underline{N})] \tag{7.63}$$

Considerando, para essa análise, o surgimento de uma fase nova muito pequena em relação à fase original, é possível escrever a energia de Gibbs da fase maior no sistema (b) através da série de Taylor:

$$G^{\alpha}(\underline{N} - \underline{\epsilon}) = G^{\alpha}(\underline{N}) + \sum_{i=1}^{C} -\epsilon_i \left(\frac{\partial G^{\alpha}}{\partial N_i} \right)_{T,P,N_{j \neq i}} \tag{7.64}$$

Reescrevendo a diferença de energia de Gibbs através dessa expressão, corta-se o termo $G^{\alpha}(\underline{N})$:

$$\Delta G = \left[\sum_{i=1}^{C} -\epsilon_i \left(\frac{\partial G^{\alpha}}{\partial N_i} \right)_{T,P,N_{j \neq i}} + G^{\beta}(\underline{\epsilon}) \right] \tag{7.65}$$

Reconhecendo que a derivada $\left(\frac{\partial G^{\alpha}}{\partial N_i} \right)_{T,P,N_{j \neq i}}$ é o potencial químico do componente i e que o a energia de Gibbs G de uma fase é dada pela soma ponderada dos potenciais químicos $G = \sum N_i \mu_i$ (teorema de Euler), tem-se:

$$\Delta G = \left[\sum_{i=1}^{C} (-\epsilon_i) \mu_i^{\alpha} + \sum_{i=1}^{C} \epsilon_i \mu_i^{\beta}(\underline{\epsilon}) \right] \tag{7.66}$$

A composição da fase com quantidade $\underline{N}$ é $\underline{z} = \underline{N}/\sum \underline{N}$, e da fase com quantidade $\underline{\epsilon}$ é $\underline{w} = \underline{\epsilon}/\sum \underline{\epsilon}$.

Ao reescrever a diferença de energia de Gibbs usando a base molar, com $\epsilon = \sum \epsilon_i$, tem-se

$$\Delta G = \epsilon \left[\sum_{i=1}^{C} \left(-w_i \mu_i^{\alpha}(\underline{z}) + w_i \mu_i^{\beta}(\underline{w}) \right) \right] \tag{7.67}$$

Se o todo for dividido pela quantidade total ϵ não nula da fase β (incipiente),

$$\frac{\Delta G}{\epsilon}=\sum_{i=1}^{C} w_i\left(\mu_i^{\beta}(\underline{w})-\mu_i^{\alpha}(\underline{z})\right) \quad (7.68)$$

Esse é o critério de estabilidade de fases. Caso existia alguma quantidade $\underline{\epsilon}$ que gere uma fase com composição $\underline{w}$ e que resulte em $\Delta G/\epsilon$ negativo, a formação dessa fase é espontânea, e deve-se prosseguir com o cálculo do *flash*.

Algoritmo de estabilidade de fases

Uma forma de procurar por alguma quantidade $\underline{\epsilon}$ que gere $\Delta G/\epsilon$ negativo é procurar por mínimos em $\Delta G/\epsilon$. Se um mínimo negativo for encontrado, será possível seguir com o *flash*. Se um mínimo positivo for encontrado, não há $\Delta G/\epsilon$ negativo em composições próximas a esse mínimo.

A busca parte do critério de otimalidade convencional:

$$\min_{\underline{w}}\left(\frac{\Delta G}{\epsilon}\right) \quad (7.69)$$

com uma restrição de composição normalizada, $\sum w_i = 1$.

Através do método de mutiplicadores de Lagrange, tem-se:

$$\mathcal{L}=\frac{\Delta G}{\epsilon}-\lambda\left(\sum w_i-1\right) \quad (7.70)$$

sendo $\mathcal{L}$ a função lagrangiana e λ o multiplicador de Lagrange.

Ao aplicar as derivadas parciais na nova função objetivo sem restrição, tem-se:

$$\frac{\partial \mathcal{L}}{\partial w_j}=\frac{\partial\left[\sum_{i=1}^{C} w_i\left(\mu_i^{\beta}(\underline{w})-\mu_i^{\alpha}(\underline{z})\right)\right]}{\partial w_j}-\lambda=0 \text{ para } j=[1\ldots C] \quad (7.71)$$

O resultado, usando a regra do produto em que $d(w_i\mu_i)=w_i\,d\mu_i+\mu_i\,dw_i$ e a relação de Gibbs-Duhem em que $\sum_{i=1}^{C} w_i d\mu_i=0$, é o critério

$$\mu_j^{\beta}(\underline{w})-\mu_j^{\alpha}(\underline{z})=\lambda \text{ para } j=[1\ldots C] \quad (7.72)$$

e na função no ponto estacionário

$$\left(\frac{\Delta G}{\epsilon}\right)^{*}=\sum_{i=1}^{C} w_i\lambda=\lambda \quad (7.73)$$

Para aplicação prática, é preciso escolher um estado de referência para esses potenciais químicos. Para calcular através da equação de estado, escolhe-se o estado de gás ideal, como utilizado na definição de fugacidade:

$$\hat{f}_i^{\alpha}=P\exp\left(\frac{\mu_i^{\alpha}-\mu_i^{gi^\circ}}{RT}\right)=Pz_i\hat{\phi}_i^{\alpha} \quad (7.74)$$

$$\hat{f}_i^\beta = P\exp\left(\frac{\mu_i^\beta - \mu_i^{\text{gi,o}}}{RT}\right) = Pw_i\hat{\phi}_i^\beta \tag{7.75}$$

Logo,

$$\mu_i^\beta - \mu_i^\alpha = RT\left[\ln(w_i\hat{\phi}_i^\beta) - \ln(z_i\hat{\phi}_i^\alpha)\right] \tag{7.76}$$

Pela substituição no critério de otimalidade, tem-se:

$$[\ln w_i + \ln\hat{\phi}_i^\beta - \ln z_i - \ln\hat{\phi}_i^\alpha] = \lambda/RT \tag{7.77}$$

Nesse momento, é conveniente definir

$$h_i = \ln z_i + \ln\hat{\phi}_i^\alpha \tag{7.78}$$

pois esse termo só depende de $\underline{z}$, que é um dado do problema de estabilidade. Então, novas variáveis W_i são definidas:

$$\ln W_i = \ln w_i - \lambda/RT \tag{7.79}$$

de modo que

$$w_i = \frac{W_i}{\exp(-\lambda/RT)} = \frac{W_i}{\sum_{j=1}^{C} W_j} \tag{7.80}$$

Então, o novo critério é dado por

$$\ln W_i + \ln\hat{\phi}_i^\beta - h_i = 0 \text{ para } i = [1\ldots C] \tag{7.81}$$

Supondo que $\ln\hat{\phi}_i^\beta$ não é fortemente dependente da composição $\underline{w}$, a busca por $\ln W_i$ nesse sistema de equações converge com facilidade através do método de substituição sucessiva dado por:

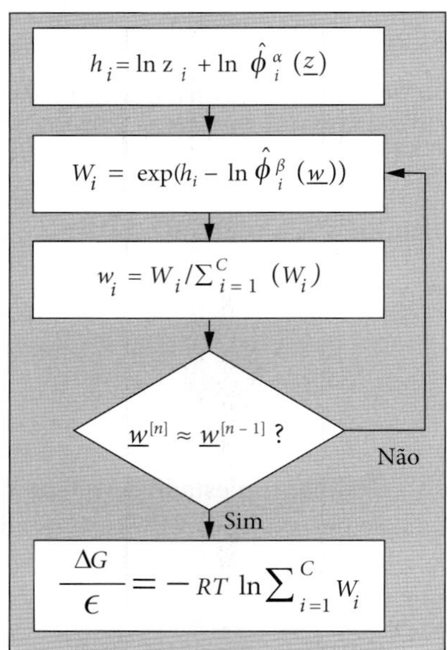

Figura 7.24 – Algoritmo de análise de estabilidade através da equação de estado.

Os termos $\ln\hat{\phi}_i^\alpha$ e $\ln\hat{\phi}_i^\beta$ presentes nesse algoritmo podem ser determinados diretamente a partir da equação de estado, tanto para fase líquida como fase vapor; ou indiretamente, para fase líquida, como $\hat{\phi}_i = \frac{\hat{f}_i}{x_i P} = \frac{\gamma_i \phi_i^{sat} P^{sat} \exp\left(\int \bar{V}/RTdP\right)}{P}$, que pode ser aproximado de $\hat{\phi}_i = \frac{\gamma_i P^{sat}}{P}$ para aplicações em equilíbrio líquido-vapor ou líquido-líquido em pressão baixa a moderada.

Esse sistema necessita de uma estimativa inicial para a composição da fase incipiente β, que pode ser dada empiricamente de acordo com as características de miscibilidade e volatilidade esperadas para as substâncias em estudo. Cada nova proposta de estimativa inicial gera uma nova análise com o raciocínio explicado na Figura 7.24. Ao final, deve-se avaliar se o sinal de $\Delta G/\epsilon$ é negativo ou positivo. Se negativo, usam-se os valores finais do vetor $\underline{w}$ como estimativa inicial do *flash*.

Esse método e algoritmo, por uma interpretação geométrica, é conhecido como *análise do plano tangente* (TPD). Vale ressaltar que o método de análise de estabilidade apresentado é diretamente aplicável para qualquer número de fases originais.[3]

Aplicação Computacional 7-a

Uma mistura contendo 40 % (em mol) de um componente (1) e o restante de um componente (2) deve escoar em uma tubulação industrial a 300 K.

Dado que a mistura em fase líquida é bem representada pelo modelo de Margules com parâmetro adimensional $A = 2$, $P_1^{sat}(300\text{K}) = 0{,}7$ bar e $P_2^{sat}(300\text{K}) = 0{,}5$ bar, desenhe o gráfico de ponto de bolha *versus* x_1 e ponto de orvalho *versus* y_1 em $T = 300$ K. Identifique no gráfico:

a) A menor pressão de operação desse processo para que a corrente apresente apenas fase líquida.

b) A faixa de pressões em que a mistura se encontra em equilíbrio líquido-vapor para essa temperatura (utilize a aproximação de pressões moderadas/baixas).

c) Programe um algoritmo de ponto de orvalho e confira seu funcionamento com o gráfico elaborado previamente.

Resolução

Pode-se implementar o modelo como função, para uso durante a elaboração do diagrama:

```
def calc_lngamma(t,x1, a):
  x2 = 1-x1
  return a*x2**2, a*x1**2
```

Então, colocando o método de cálculo de pressão de ponto de bolha em outra função que usa a anterior:

```
def calc_pbol(t, x1, psat1,psat2, a):
  lngamma = calc_lngamma(t, x1, a) #tuple
  gamma1 = np.exp(lngamma[0])
  gamma2 = np.exp(lngamma[1])
  x2 = 1-x1
  pbol = x1*gamma1*psat1 + x2*gamma2*psat2
  y1 = x1*gamma1*psat1/pbol
  return pbol, y1
```

3 Esse método e esse algoritmo são discutidos em maior profundidade por MICHELSEN e MOLLERUP, *Thermodynamic Models: Fundamentals and Computational Aspects* (2007).

Para fazer o gráfico, basta construir os vetores e executar o cálculo repetidamente:

```
vx = np.zeros(101)
for i in range(100):
  vx[i+1] = vx[i]+0.01

for i in range(101):
  x1 = vx[i]
  vpbol[i], vy[i] = calc_pbol(t,x1,psat1,psat2,a)
```

Como resultado, ao traçar pressão calculada *versus* fração molar na fase líquida, tem-se a curva de ponto de bolha, e ao traçar pressão calculada *versus* fração molar na fase vapor, tem-se a curva de ponto de orvalho como resultado secundário da repetição do cálculo do ponto de bolha.

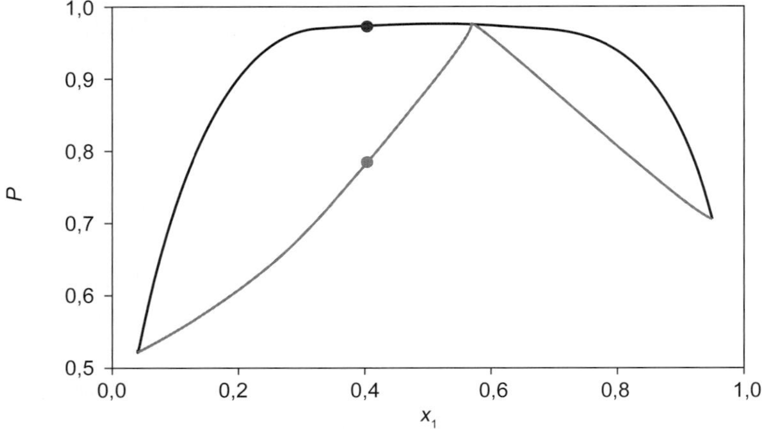

Para a fração molar do componente 1 igual a 0,4, identifica-se que:

a) A menor pressão em que há apenas fase líquida é o ponto marcado sobre a linha superior, a curva de ponto de bolha; cerca de 0,99 bar.

b) A faixa de pressões em que há equilíbrio líquido-vapor para essa mistura (com essa composição definida), é a faixa entre a pressão de ponto de bolha e a pressão de ponto de orvalho, ponto marcado sobre a linha inferior, a curva de ponto de orvalho; cerca de 0,78 bar.

c) Algoritmo de ponto de orvalho.

Na resolução anterior, identifica-se graficamente qual é o ponto de orvalho para a fração molar especificada $y_1 = 0{,}4$ a partir de sucessivos cálculos de ponto de bolha, em que são dados valores de x_1 entre 0 e 1, e o valor de y_1 correspondente é determinado, dando forma tanto às curvas de ponto de bolha como às de ponto de orvalho. A seguir, programa-se um método numérico que, dado o valor de y_1, consiga calcular a pressão de ponto de orvalho e a fração molar x_1 correspondente, sem depender da elaboração gráfica.

A implementação da função de ponto de orvalho a seguir cumpre as instruções dadas na Figura 7.18.

```
def calc_porv(t, y1, psat1,psat2, a):
  y2 = 1-y1
  j = 0
  p = 1/(y1/psat1+y2/psat2)
  x1 = p*y1/psat1
  x2 = p*y2/psat2
```

```
  lngamma = calc_lngamma(t, x1, a) #tuple
 gamma1 = np.exp(lngamma[0])
  gamma2 = np.exp(lngamma[1])
  k1 = gamma1*psat1/p
  k2 = gamma2*psat2/p
  for j in range(100): #0,1, ... 99
    p = p*(1/(y1/k1+y2/k2))
    x1 = y1/k1
    x2 = y2/k2
    sx = x1+x2
    x1 = x1/sx
    x2 = x2/sx
    lngamma = calc_lngamma(t, x1, a) #tuple
    gamma1 = np.exp(lngamma[0])
    gamma2 = np.exp(lngamma[1])
    k1n = gamma1*psat1/p
    k2n = gamma2*psat2/p
    res = (k1-k1n)**2 + (k2-k2n)**2
    if res < 1e-12:
      print('convergiu')
      break
    if j = = 99:
      print('não convergiu')
    k1 = k1n*1
    k2 = k2n*1
  porv = p*1
  return porv, x1
```

Usa-se um número máximo de iterações igual a 100 e uma tolerância empírica de 10–12 no erro quadrático, um erro de aproximadamente 0,000001 no erro entre $K^{[j+1]}$ e $K^{[j]}$.

É possível realizar um teste na condição dada para verificar se o valor convergido concorda com o valor lido no gráfico.

```
y1 = .4
calc_porv(t, y1, psat1,psat2, a)
#>>> convergiu
#>>> (0.7752591498604193, 0.08216618123291902)
```

A versão completa do código para resolver essa questão está disponível no material suplementar.

Aplicação Computacional 7-b

Uma corrente industrial a 300 K contém (em mol) 30 % de propanol, 40 % de n-hexano e o restante de um líquido iônico, uma substância que, nessas condições, não é volátil, podendo-se desprezar sua presença na fase gás.

Programe a equação de Rachford-Rice e resolva-a para calcular a pressão e as composições das fases em equilíbrio para que essa corrente apresente 30 % de vapor (em mol). Sugestão: usar método de Newton e programar a função FRR(P) e a derivada dFRR/dP.

Dados:

$$P^{sat}_{propanol} = 68 \text{ kPa}; \; P^{sat}_{n\text{-}hexano} = 45 \text{ kPa}$$

Considere que a fase líquida se comporta como mistura ideal.

Resolução

Foi dado que o terceiro componente (líquido iônico) não é volátil. Assim, a fração molar na fase gás é zero.

$$y_{\text{liq iônico}} = 0$$

Desse modo, o fator de distribuição é

$$K_{\text{liq iônico}} = \frac{y_{\text{liq iônico}}}{x_{\text{liq iônico}}} = 0$$

Pode-se realizar os cálculos considerando que o fator K nulo é consequência da aproximação de zero de sua pressão de saturação.

$$P^{sat}_{\text{liq iônico}} = 0 \text{ kPa}$$

$$K_{\text{liq iônico}} = \frac{P^{sat}_{\text{liq iônico}}}{P} = 0$$

Programa-se uma função resíduo, que representa a equação de Rachford-Rice a ser resolvida:

```
def calc_rr(p):
  k1 = psat1/p
  k2 = psat2/p
  k3 = 0.
  m1 = z1*(1-k1)/(1-beta*(1-k1)) #termo 1
  m2 = z2*(1-k2)/(1-beta*(1-k2)) #termo 2
  m3 = z3*(1-k3)/(1-beta*(1-k3)) #termo 3
  res = m1+m2+m3 #somatório
  return res
```

Pode-se analisar essa equação resíduo por método gráfico em uma faixa de pressões inferior à maior pressão de saturação dos componentes presentes:

```
for i in range(101):
  dp = (10e3-68e3)/99
  vp[i] = 68e3 + dp*(i+1)
for i in range(101):
  vres[i] = calc_rr(vp[i])
```

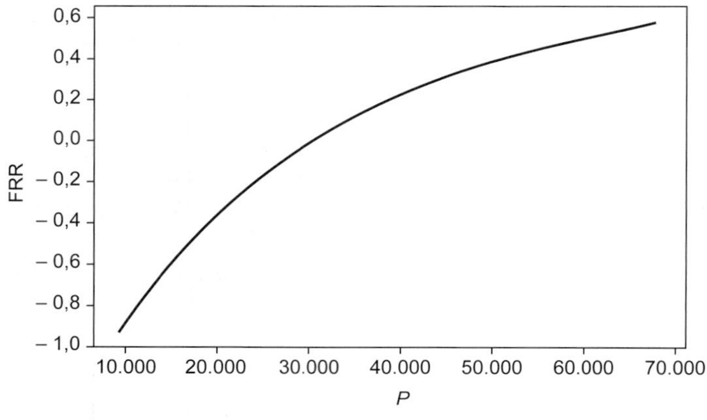

Nota-se que a solução (RES = 0) está próxima a 30 kPa.

Para resolver através do método de Newton, é conveniente programar também sua derivada analítica.

```
def calc_drr(p):
  k1 = psat1/p
  dk1 = -psat1/p**2
  k2 = psat2/p
  dk2 = -psat2/p**2
  k3 = 0.
  dk3 = 0.
  dm1 = -z1*dk1/(1-beta*(1-k1)) + z1*(1-k1)/(1-beta*(1-k1))**2 * beta * dk1
  dm2 = -z2*dk2/(1-beta*(1-k2)) + z2*(1-k2)/(1-beta*(1-k2))**2 * beta * dk2
  dm3 = -z3*dk3/(1-beta*(1-k3)) + z3*(1-k3)/(1-beta*(1-k3))**2 * beta * dk3
  dres = dm1+dm2+dm3
  return dres
```

O método de Newton é usado na forma mais simples, com uma tolerância e um critério de parada:

```
p = 30_000
tol = 1e-9
for i in range(100):
  res = calc_rr(p)
  dres = calc_drr(p)
  pn = p-res/dres
  if abs(pn-p)<tol:
    break
  else:
    p = pn
```

Com a estimativa inicial de 30 kPa, esse exemplo converge em 25 iterações para o valor final de $P = 30{,}777$ kPa.

A versão completa do código para resolver essa questão está disponível no material suplementar.

EXERCÍCIOS PROPOSTOS

Conceituação

7.1 É possível afirmar que, em um sistema em estado de ponto de bolha, as frações molares dos componentes na fase líquida são iguais às frações molares globais?

7.2 É possível afirmar que, em um sistema em estado de ponto de bolha, as frações molares dos componentes na fase vapor tendem a zero?

7.3 É possível afirmar que a Lei de Raoult é válida para misturas contendo hidrocarbonetos similares?

7.4 É possível afirmar que, para descrever o comportamento de fases usando uma equação de estado, ela deve ser pelo menos cúbica em volume?

7.5 É possível afirmar que não se deve usar uma equação de estado para descrever o comportamento de fases de misturas em temperaturas acima da temperatura crítica de um ou mais componentes?

7.6 É possível afirmar que, devido ao número de graus de liberdade, não se pode traçar um diagrama *P versus T* em um sistema contendo mais de cinco componentes?

Cálculos e problemas

7.1 Sabe-se que um sistema binário de um componente (1) e um componente (2) forma azeótropo.

a) Dado que, a 35 °C, a fração molar do componente (1) na condição de azeótropo é de 0,27, estime o valor do parâmetro A do modelo de Margules que se ajusta a esse dado.

As pressões de saturação dos componentes (1) e (2) são dadas pela equação de Antoine:

$$P^{sat}[kPa] = \exp\,(A - B/(T[°C] + C))$$

$A1 = 14{,}31$	$A2 = 15{,}07$
$B1 = 2756$	$B2 = 2780$
$C1 = 228{,}1$	$C2 = 224{,}7$

b) Deseja-se operar um vaso *flash* na pressão de 75 kPa. Determine a temperatura de projeto necessária para que a corrente líquida saia com composição igual a [0,4; 0,6]. Nesse cenário, qual é a composição esperada para a fase vapor?

7.2 Uma mistura deve escoar em uma tubulação industrial a 45 °C. A mistura contém 70 % (em mol) de um componente (1) e o restante de um componente (2). É dado que a mistura em fase líquida é bem representada pelo modelo de Margules com A adimensional igual a 0,9. Calcule a menor pressão de operação desse processo para que a corrente apresente apenas fase líquida.

$$\frac{\bar{G}^E}{RT} = Ax_1x_2 = P_1^{sat}\,(55\ °C) = 1{,}2 \text{ bar e } = P_2^{sat}\,(55\ °C) = 2{,}5 \text{ bar}$$

7.3 Um tanque fechado contém (em mol) 15 % de n-heptano (c7), 20 % de benzeno (*b*) e 65 % de água (*a*). O tanque é mantido à temperatura de 80 °C. Considerando que n-heptano e benzeno formam mistura ideal em fase líquida e que as fases líquidas aquosa (*A*) e orgânica (*O*) são completamente imiscíveis:

a) Calcule a maior pressão em que existiria apenas fase gás nesse tanque.

b) Calcule a menor pressão em que coexistiriam duas fases líquidas sem haver formação de fase gás nesse tanque. Utilize a correlação de Antoine para pressão de saturação.

7.4 Um processo envolve o escoamento de uma mistura contendo 20 % (em mol) de um componente (1) e o restante de um componente (2) a 20 °C. É dado que a mistura em fase líquida é bem representada pelo modelo de Margules com A adimensional igual a 0,92 e que as pressões de saturação são $P_1^{sat}\,(20\ °C) = 0{,}6$ bar e $P_2^{sat}\,(20\ °C) = 0{,}25$ bar. Calcule a maior pressão de operação desse processo para que a corrente apresente apenas fase gás.

7.5 Por meio de correlações para ponto de sublimação e volume molar, determinou-se que a fugacidade do CO_2 puro, em fase sólida, à pressão de 5 bar e temperatura de 200 K, é igual a 1,5 bar. Determine qual é a concentração máxima de CO_2 tolerável em uma mistura gasosa de CO_2 com metano nessa temperatura e pressão, sem que o CO_2 sólido seja formado. É dado que o CO_2 e o metano, nessas condições, são bem representados pela equação de estado do Virial com as regras de combinação e de mistura simplificadas: $B_{ii} = B_i \rightarrow B_{ij} = (B_{ii} + B_{jj})/2 \rightarrow B = \sum_i \sum_j y_i y_j B_{ij}$, com os parâmetros $B_{11} = -0{,}000106$ m^3/mol e $B_{22} = -0{,}000243$ m^3/mol para (1:CH_4, 2:CO_2).

7.6 Uma mistura líquida a 300 K e 1 atm, com composição (em mol) de 60 % de n-butano, 20 % de n-hexano e 20 % de n-octano é alimentada em uma unidade *flash* (vazão de 100 mol/h). O tanque opera na pressão de 0,1 atm e na temperatura de 200 K.

a) Calcule as composições e vazões das fases líquida e vapor que saem do tanque.

b) Calcule o calor necessário nesse processo. Utilize a equação de pressão de saturação de Wilson e os valores médios de capacidade calorífica dados.

Compostos	**Tc(K)**	**Pc(atm)**	**w**	**$\langle Cp \rangle^V$ (cal/gmol/K)**	**$\langle Cp \rangle^L$ (cal/gmol/K)**
n-butano	425,2	38,0	0,166	28,0	35,0
n-hexano	507,5	30,0	0,295	20,0	25,0
n-octano	568,8	24,5	0,394	19,0	22,0

$\Delta\bar{H}_1^{vap} = 6$ kcal/mol, $\Delta\bar{H}_2^{vap} = 7$ kcal/mol, $\Delta\bar{H}_3^{vap} = 8$ kcal/mol

7.7 Considerando o vapor de CO_2 como gás ideal, calcule a solubilidade do CO_2 em água utilizando a constante de Henry para T = 25 °C igual a 1,67 × 10^3 bar na pressão de 1 bar e na pressão de 10 bar. Considere que a volatilidade da água é desprezível nessas condições.

7.8 Uma mistura binária de n-hexano e benzeno em fase líquida deve escoar a 0,1 bar sem a presença de uma fase vapor. Determine a temperatura máxima a que essa corrente pode ser submetida. Utilize a correlação de Antoine e considere mistura ideal em fase líquida.

7.9 Uma corrente industrial a 300 K contém (em mol) 50 % de clorofórmio, 30 % de etanol e o restante de hidrogênio, uma substância muito volátil que, nessas condições, pode ter sua presença na fase líquida desprezada.

a) Calcule a maior pressão de operação em que o sistema não apresentaria fase líquida.

b) Calcule a pressão e as composições das fases em equilíbrio para que essa corrente apresente 40 % de líquido (em mol).

Dados: P^{sat} (clorofórmio) = 82 kPa; P^{sat} (etanol) = 37 kPa.

Considere que a fase líquida se comporta como mistura ideal. Utilize a aproximação de pressões moderadas/baixas.

7.10 Uma mistura binária com composição equimolar tem ponto de bolha na condição de 75 °C e 1,2 bar.

a) Estime o valor do parâmetro A do modelo de Margules.

b) Calcule a pressão e a composição azeotrópicas da mistura a 100 °C.

Dados: $\ln(P_1^{sat}[bar]) = 11{,}0 - 3860/T[K]$ e $\ln(P_2^{sat}[bar]) = 13{,}5 - 4730/T[K]$.

Resumo de equações

■ *Critério de equilíbrio de fases*

$$\hat{f}_i^V = \hat{f}_i^{L\alpha} = \hat{f}_i^{L\beta} = \hat{f}_i^S = \ldots \text{ para } i = [1\ldots C]$$

■ *Expressões para cálculo de fugacidade*

$$\hat{f}_i(T,P,\underline{x}) = x_i P \exp\left(\frac{\mu_i^R(T,P,\underline{x})}{RT}\right)$$

$$\hat{f}_i(T,P,\underline{y}) = y_i P \hat{\phi}_i$$

$$\hat{f}_i(T,P,\underline{x}) = x_i \gamma_i P_i^{sat} \phi_i^{sat} \exp\left(\int_{P_i^{sat}}^{P} \frac{\bar{V}_i^{L,o}}{RT} dP\right)$$

■ *Definições*

$$K_i = y_i / x_i$$

Abordagem $\gamma\phi$

$$K_i = \frac{\gamma_i P_i^{sat} \phi_i^{sat} \exp\left(\int_{P_i^{sat}}^{P} \frac{\bar{V}_i^{L,o}}{RT} dP\right)}{P \hat{\phi}_i^V}$$

Lei de Raoult modificada

$$K_i = \frac{\gamma_i P_i^{sat}}{P}$$

Abordagem $\phi\phi$

$$K_i = \frac{\hat{\phi}_i^L(T,P,\underline{x})}{\hat{\phi}_i^V(T,P,\underline{y})}$$

■ *Equação de Rachford-Rice*

$$RR = \sum_{i=1}^{C} \frac{z_i(K_i - 1)}{1 + \beta(K_i - 1)} \qquad \beta = \frac{n^V}{n^L + n^V}$$

Ponto de bolha com Lei de Raoult modificada

$$P = \sum_{i=1}^{C} P_i^{sat} \gamma_i x_i$$

Ponto de orvalho com Lei de Raoult modificada

$$\frac{1}{P} = \sum_{i=1}^{C} \frac{y_i}{P_i^{sat} \gamma_i}$$

CAPÍTULO 8

Equilíbrio em Sistemas com Reação Química

O objetivo deste capítulo é o estudo das reações químicas dentro do escopo da Termodinâmica. Para tal, inclui-se nos sistemas analisados a possibilidade de transformação de espécies químicas entre si, o que gera uma série de consequências em sua modelagem. Há notadamente dois paradigmas sob os quais se pode analisar os sistemas reacionais: a forma estequiométrica e a não estequiométrica. Neste capítulo, será utilizada a forma estequiométrica, e a equação fundamental da termodinâmica será estendida para sistemas reacionais por meio de conceitos como grau de avanço e constante de equilíbrio reacional. Além disso, equações úteis, empregadas no estudo de reações químicas, como a Lei de van't Hoff, serão apresentadas.

8.1 FORMALISMOS NÃO ESTEQUIOMÉTRICO E ESTEQUIOMÉTRICO

Até este capítulo, os sistemas fechados abordados não apresentavam mudança no número de mols global das espécies. Ou seja, ainda que um componente pudesse se distribuir em várias fases, seu número total de mols no sistema não aumentava ou diminuía. Quando reações químicas são introduzidas, isso deixa de ser verdadeiro, já que certos componentes podem se transformar em outros obedecendo a uma estequiometria estabelecida. Entretanto, há uma equação de conservação mais geral que ainda é respeitada em sistemas reacionais. Como exemplo, tem-se a seguinte reação hipotética com os componentes A e B que reagem para formar um componente AB:

$$A + B \rightleftharpoons AB \tag{8.1}$$

Nessa equação, o componente A é formado por um átomo de um elemento químico A, B é formado por um átomo de um elemento químico B e o AB é formado por um átomo de cada elemento químico A e B. No caso mais geral, é possível trabalhar com *unidades estruturais* conservadas que englobem mais de um átomo.

Para um sistema reacional com C componentes e R reações, o método não estequiométrico deve contar com o número de unidades estruturais dado por: $E = C - R$. No exemplo a seguir, tem-se a reação de conversão de trióxido de enxofre em ácido sulfúrico:

$$SO_3 + H_2O \rightleftharpoons H_2SO_4 \tag{8.2}$$

Nesse caso, temos 3 componentes, 1 reação e 3 elementos químicos, mas deve-se formular o método não estequiométrico com $C - R = 3 - 1 = 2$ unidades estruturais. Uma forma válida é usar a relação entre componentes C_i e unidades estruturais E_j como:

$$C_1 = E_1 = [SO_3], \quad C_2 = E_2 = H_2O \quad \text{e} \quad C_3 = H_2SO_4 = E_1\,E_2 = [H_2O][SO_3]$$

$$[SO_3] + [H_2O] \rightleftharpoons [H_2O]\,[SO_3] \tag{8.3}$$

É possível notar que, caso a reação progrida no sentido dos produtos, dois mols do sistema (i. e., um mol de A e um mol de B) desaparecem para que surja um mol de AB. Isso mostra que a conservação de número de mols não é mais válida, já que nenhum número de mols se conserva, seja ele o de A, o de B, o de AB ou o número de mols total do sistema. Entretanto, a conservação das unidades estruturais A e B é verdadeira. Portanto, ainda que, como componentes, A e B desapareçam, o número de mols de unidades estruturais A e B permanece inalterado. Uma das maneiras de descrever esse problema de forma matemática é o formalismo não estequiométrico, que faz uso de multiplicadores de Lagrange. Para um dado sistema, a temperatura e pressão constantes, dada uma composição inicial, a condição de equilíbrio será obtida pelas condições estacionárias da seguinte função:

$$\boxed{\mathcal{L} = \sum_{i=1}^{C} N_i \mu_i - \sum_{k=1}^{E} \lambda_k \left(\sum_{i=1}^{C} A_{k,i} N_i - b_k \right)} \tag{8.4}$$

Condição suficiente de equilíbrio: mínimo da energia de Gibbs restrita à conservação de unidades estruturais

Na Equação (8.4), $\mathcal{L}$ representa o lagrangiano do problema, que por sua vez é uma soma da energia de Gibbs com um termo que representa a conservação das unidades estruturais; E corresponde ao número total de unidades estruturais; λ_k é o multiplicador de Lagrange da unidade estrutural k; e b_k é o número de mols global da unidade estrutural k presente no sistema. As condições estacionárias de $\mathcal{L}$ com respeito a N_i e λ_k levam a:

$$\boxed{\mu_i - \sum_{k=1}^{E} \lambda_k A_{k,i} = 0 \quad \text{para } i = [1 \ldots C]} \tag{8.5}$$

$$\boxed{\sum_{i=1}^{C} A_{k,i} N_i - b_k = 0 \quad \text{para } k = [1 \ldots E]} \tag{8.6}$$

Condição necessária de equilíbrio: equações de equilíbrio químico e equações de conservação de unidades estruturais

É possível desenvolver o formalismo não estequiométrico a tal ponto que ele seja capaz de descrever propriedades termodinâmicas de sistemas reacionais em equilíbrio. Porém, em sistemas homogêneos com poucas reações químicas, o uso desse formalismo não é vantajoso.[1]

Na sequência deste capítulo, dá-se preferência ao formalismo estequiométrico, baseado na introdução de novas variáveis, nomeadamente os graus de avanço das reações químicas. O uso

[1] A abordagem não estequiométrica pode ser encontrada em mais detalhes em O'CONNELL e HAILE, *Thermodynamics: Fundamentals for Applications* (2005) ou MICHELSEN e MOLLERUP, *Thermodynamic Models: Fundamentals and Computational Aspects* (2007).

dessas novas variáveis resulta em condições de equilíbrio que são convenientemente representadas por meio das constantes de equilíbrio reacional.

8.2 GRAU DE AVANÇO

Antes de analisar a equação fundamental da Termodinâmica e deduzir condições de equilíbrio em sistemas reacionais, é necessário introduzir o conceito de *grau de avanço*. O grau de avanço é uma medida da evolução de uma reação química em que as quantidades relativas dos componentes estão relacionadas com os coeficientes estequiométricos. Dada uma reação na qual *a* mols do reagente *A* e *b* mols do reagente *B* reagem para formar *c* mols do produto *C* e *d* mols do produto *D*, como na Equação (8.7), o grau de avanço (ξ) em sua forma diferencial é definido pela Equação (8.8).

$$aA + bB \rightleftharpoons cC + dD \tag{8.7}$$

$$d\xi = \frac{dN_A}{-a} = \frac{dN_B}{-b} = \frac{dN_C}{c} = \frac{dN_D}{d} \tag{8.8}$$

A definição generaliza-se para uma reação qualquer da seguinte forma, se seguida a convenção de que reagentes possuem coeficientes estequiométricos (ν_i) negativos e produtos possuem coeficientes estequiométricos positivos.

$$\boxed{d\xi = \frac{dN_i}{\nu_i}} \tag{8.9}$$

Grau de avanço

Assim, as quantidades molares de cada componente podem ser expressas como funções do grau de avanço, por meio da integração da Equação (8.10):

$$dN_i = \nu_i d\xi \tag{8.10}$$

$$N_i - N_i^{\text{inicial}} = \nu_i \left(\xi_i - \xi_i^{\text{inicial}} \right) \tag{8.11}$$

Como o grau de avanço no estado inicial é definido como zero, tem-se que:

$$\boxed{N_i = N_i^{\text{inicial}} + \nu_i \xi} \tag{8.12}$$

Se *i* for um índice para todos os componentes presentes em uma mistura reacional – incluindo aqueles que não participam da reação, isto é, que possuem coeficiente estequiométrico igual a zero (inertes) –, é possível expressar as frações molares y_i em função da quantidade de mols inicial de cada componente e do grau de avanço da reação.

Por definição:

$$y_i = \frac{N_i}{n} = \frac{N_i}{\sum_{i=1}^{C} N_i} \tag{8.13}$$

Fazendo uso da Equação (8.12), tem-se que:

$$y_i = \frac{N_i^{\text{inicial}} + \nu_i \xi}{\sum_{i=1}^{C} \left(N_i^{\text{inicial}} + \nu_i \xi \right)} = \frac{N_i^{\text{inicial}} + \nu_i \xi}{\sum_{i=1}^{C} N_i^{\text{inicial}} + \xi \sum_{i=1}^{C} \nu_i} \tag{8.14}$$

Finalmente,

$$\boxed{y_i = \frac{N_i^{\text{inicial}} + \nu_i \xi}{n^{\text{inicial}} + \xi \sum_{i=1}^{C} \nu_i}} \tag{8.15}$$

Ou, expressando em termos de variação do número de mols dada pela reação $\left(\Delta n = \sum_{i=1}^{C} \nu_i\right)$,

$$\boxed{y_i = \frac{N_i^{\text{inicial}} + \nu_i \xi}{n^{\text{inicial}} + \xi \Delta n}} \tag{8.16}$$

Essas formas de expressar frações molares serão de grande utilidade ao longo deste capítulo.

8.3 CONDIÇÃO DE EQUILÍBRIO

A relação fundamental da termodinâmica para sistemas fechados, multicomponentes, homogêneos e com reação química em termos de energia de Gibbs, possui a seguinte forma:

$$d\left(n\bar{G}\right) = -\left(n\bar{S}\right)dT + \left(n\bar{V}\right)dP + \sum_{i=1}^{C} \mu_i dN_i \tag{8.17}$$

Conforme o demonstrado anteriormente, a variação infinitesimal de cada componente *i* pode ser expressa em termos de grau de avanço. A introdução dessa variável na Equação (8.17) leva a:

$$d\left(n\bar{G}\right) = -\left(n\bar{S}\right)dT + \left(n\bar{V}\right)dP + \left(\sum_{i=1}^{C} \mu_i \nu_i \right) d\xi \tag{8.18}$$

Porém, a temperatura e pressão constantes, a equação se simplifica em:

$$d\left(n\bar{G}\right) = \left(\sum_{i=1}^{C} \mu_i \nu_i \right) d\xi \tag{8.19}$$

Assim, dado que, em um sistema a temperatura e pressão constantes, um estado de equilíbrio termodinâmico é aquele que leva a um mínimo de energia de Gibbs, a condição necessária de equilíbrio se torna, então:

$$\left[\frac{\partial \left(n\bar{G}\right)}{\partial \xi} \right]_{T,P,\underline{N}^{\text{inicial}}} = 0 \tag{8.20}$$

Pela Equação (8.19), nota-se, como consequência, que:

$$\sum_{i=1}^{C} \mu_i \nu_i = 0 \tag{8.21}$$

Surge, então, uma equação que relaciona potenciais químicos de espécies diferentes, ponderados pelos seus respectivos coeficientes estequiométricos em uma dada reação. Isso difere do que foi apresentado até o momento, já que no equilíbrio de fases a condição necessária de equilíbrio leva a uma igualdade de potencial químico de único componente em duas fases diferentes. A aplicação da Equação (8.21) para um sistema de uma só fase no qual ocorre uma reação, como em (8.7), leva a:

$$a\mu_A + b\mu_B = c\mu_C + d\mu_D \tag{8.22}$$

Por exemplo, para a reação

$$CO(g) + \tfrac{1}{2}O_2(g) \rightarrow CO_2(g) \tag{8.23}$$

tem-se:

$$\mu_{CO} + \tfrac{1}{2}\mu_{O_2} = \mu_{CO_2} \tag{8.24}$$

8.4 CONSTANTE DE EQUILÍBRIO

Embora a equação de condição de equilíbrio seja suficiente para descrever a condição de equilíbrio (i. e., em conjunto com o balanço de massa e a definição de grau de avanço), a escala de potencial químico não é conveniente, conforme discutido anteriormente nas seções em que são definidas fugacidade e atividade. De forma similar a problemas de cálculos de propriedades de mistura e equilíbrio de fases, utiliza-se uma escala transformada de potencial químico.

O potencial químico de uma espécie i pode ser expresso em termos de fugacidade da seguinte forma:

$$\mu_i = \mu_i^{\ominus} + RT \ln\left(\frac{\hat{f}_i}{f_i^{\ominus}}\right) \tag{8.25}$$

sendo $\mu_i^{\ominus}$ e $\hat{f}_i^{\ominus}$ o potencial químico e a fugacidade do componente i no estado de referência conveniente. Costuma-se utilizar, como estado de referência, o componente puro em uma pressão fixa P_0 e na temperatura do sistema.

A razão de fugacidades da Equação (8.25) pode ser convenientemente substituída pela atividade do componente i ($\hat{a}_i$).

$$\hat{a}_i = \hat{f}_i / f_i^{\ominus} \tag{8.26}$$

leva à Equação (8.27),

$$\mu_i = \mu_i^{\ominus} + RT \ln(\hat{a}_i) \tag{8.27}$$

em que $\mu_i^{\ominus}$, de acordo com a escolha do estado de referência, é o potencial químico do componente em uma pressão fixa P_0, mas como função de T.

Se essa forma de expressão do potencial químico for combinada à condição necessária de equilíbrio em sistemas com reação química da Equação (8.21), surge a seguinte equação:

$$\sum_{i=1}^{C} \mu_i \nu_i = 0 \tag{8.28}$$

$$\sum_{i=1}^{C} \nu_i \left[\mu_i^{\ominus} + RT \ln\left(\hat{a}_i\right) \right] = 0 \tag{8.29}$$

$$\sum_{i=1}^{C} \nu_i \mu_i^{\ominus} + \sum_{i=1}^{C} \nu_i RT \ln\left(\hat{a}_i\right) = 0 \tag{8.30}$$

O somatório de logaritmos dá origem a um produtório de atividades no argumento do logaritmo.

$$\sum_{i=1}^{C} \nu_i \mu_i^{\ominus} + RT \ln\left(\prod_{i=1}^{C} \hat{a}_i^{\nu_i} \right) = 0 \tag{8.31}$$

A partir da aplicação de exponencial na Equação (8.31), tem-se:

$$\prod_{i=1}^{C} \hat{a}_i^{\nu_i} = \exp\left(-\frac{\sum_{i=1}^{C} \nu_i \mu_i^{\ominus}}{RT} \right) \tag{8.32}$$

O somatório de potenciais químicos das C espécies no estado de referência, na temperatura do sistema e a uma pressão fixa, ponderados pelos coeficientes estequiométricos em uma dada reação, pode ser entendido como uma variação de energia de Gibbs molar causada pela reação nos estados de referência. Essa quantidade é definida como a variação de energia de Gibbs padrão de uma reação ($\Delta\bar{G}^{\ominus}$, função de T).

$$\boxed{\Delta\bar{G}^{\ominus} = \sum_{i=1}^{C} \nu_i \mu_i^{\ominus}} \tag{8.33}$$

Dessa definição surge o conceito de constante de equilíbrio de uma reação ($\mathbb{K}$), conforme a seguir:

$$\boxed{\mathbb{K} = \exp\left(-\frac{\Delta\bar{G}^{\ominus}}{RT} \right)} \tag{8.34}$$

A constante de equilíbrio é adimensional e diretamente relacionada com o estado de referência escolhido, $\mu_i^{\ominus}$ e $f_i^{\ominus}$, para os compostos que participam da reação. Nota-se, também, que o valor da constante depende da base estequiométrica escolhida, como mostra a Equação (8.33). O estado de referência para cada componente i é escolhido a uma pressão fixa, P_0, e na temperatura do sistema. Assim, $\mathbb{K}(T)$ é dependente da temperatura em que a reação é conduzida no reator.

A Equação (8.32) relaciona de forma direta a constante de equilíbrio com o produtório das atividades dos participantes de uma reação, sendo esta a sua grande utilidade. Disso se origina a Equação (8.35), que é completamente geral e será usada em todas as condições aqui apresentadas.

$$\mathbb{K} = \prod_{i=1}^{C} \hat{a}_i^{\nu_i} \tag{8.35}$$

Embora a atividade de cada componente dependa das condições dentro do meio reacional, $\hat{a}_i\,(T, P, \underline{y})$ – temperatura, pressão e composição dentro do reator –, o produtório das atividades só depende da escolha do estado de referência utilizado (indicado pelo símbolo $\ominus$ nas Equações (8.34) e (8.33)) e da temperatura do sistema, $\mathbb{K}(T)$. O estado de referência, a princípio, é arbitrário e escolhido conforme conveniência.

$$\mathbb{K} = \prod_{i=1}^{C} \hat{a}_i^{\nu_i} = \exp\left(-\frac{\Delta \bar{G}^{\ominus}}{RT}\right) \tag{8.36}$$

8.5 REAÇÕES EM DIVERSAS FASES

8.5.1 Reações em fase gasosa

Um caso particular bastante frequente em problemas da Engenharia Química é o caso de reações que ocorrem em fase gasosa. No Capítulo 6, discutiram-se as diversas formas de expressar a fugacidade de um determinado componente em diversos tipos de fases. No caso de gases, viu-se que a forma mais conveniente é através do uso de equações de estado estendidas para sistemas multicomponentes. O uso dessa abordagem para expressar a fugacidade de um componente leva à seguinte equação para atividade:

$$\hat{a}_i = \frac{\hat{f}_i}{f_i^{\ominus}} = \frac{\hat{\phi}_i y_i P}{f_i^{\ominus}} \tag{8.37}$$

em que o estado de referência mais conveniente é de substância pura, em condição de gás ideal, a 1 atm e temperatura do sistema.

Nessa equação, y_i representa a fração molar do componente i em uma fase gasosa. Se todas as atividades dos componentes que participam da reação utilizam o mesmo estado de referência de gás ideal puro na pressão P_0 ($f_i^{\ominus} = P_0$), o produtório das atividades dos reagentes e produtos, que define a constante de equilíbrio da reação, passa a possuir uma forma particular:

$$\mathbb{K} = \prod_{i=1}^{C} \left(\frac{y_i \hat{\phi}_i P}{f_i^{\ominus}}\right)^{\nu_i} = \prod_{i=1}^{C} \left(\frac{y_i \hat{\phi}_i P}{P_0}\right)^{\nu_i} \tag{8.38}$$

O produtório das atividades, nesse caso, pode ser separado em três tipos de contribuição: uma relacionada às frações molares dos componentes, uma relacionada aos coeficientes de fugacidade e uma outra associada à pressão do sistema. De forma matemática, pode-se afirmar que:

$$\mathbb{K} = \prod_{i=1}^{C} y_i^{\nu_i} \prod_{i=1}^{C} \hat{\phi}_i^{\nu_i} \prod_{i=1}^{C} \left(\frac{P}{P_0}\right)^{\nu_i} = K_y K_{\phi} \left(\frac{P}{P_0}\right)^{\sum_{i=1}^{C} \nu_i} \tag{8.39}$$

A fugacidade de referência dos componentes puros depende das condições de reação padrão. Fundamentalmente, ela será igual à pressão na qual um determinado valor de $\Delta\bar{G}^{\ominus}$ é observado se o estado padrão for gás ideal:

$$\mathbb{K}(T) = \exp\left(\frac{-\Delta\bar{G}^{\ominus}}{RT}\right) = K_y K_\phi \left(P/P_0\right)^{\Delta n} \tag{8.40}$$

em que Δn é o somatório dos coeficientes estequiométricos de produtos e reagentes. A baixas pressões, entretanto, a equação pode ainda ser simplificada considerando $K_\phi = 1$ como uma compensação de correções entre reagentes e produtos ou sob a hipótese de fase gasosa ideal.

Note que, apesar de a pressão de 1 atm ser a mais comumente utilizada, pode-se medir e tabelar constantes de equilíbrio utilizando uma pressão de referência P_0 diferente, como 2 atm ou 0,5 atm. Nesse caso, a pressão de referência continua evidente na notação, enfatizando que a constante de equilíbrio é adimensional. Deve-se lembrar qual foi a pressão de referência utilizada na obtenção das constantes de equilíbrio, para que sejam usadas de forma consistente.

Exemplo Resolvido 8.1

A reação $A + B \leftrightarrow C$ ocorre em um sistema gasoso fechado ideal, no qual a temperatura e a pressão são mantidas constantes e iguais a 400 K e 20 bar, respectivamente. A constante de equilíbrio da reação, calculada a partir da energia livre de Gibbs padrão de reação na temperatura de 400 K, na pressão de 1 bar e no estado de gás ideal, é igual a 1. No instante inicial, há 1 mol de A, 2 mols de B e 10 mols de C. Determine os números de mols dos compostos no equilíbrio.

Resolução

A partir das informações do enunciado, pode-se obter diretamente uma expressão para a constante de equilíbrio:

$$\mathbb{K} = \exp\left(-\frac{\Delta\bar{G}^{\ominus}}{RT}\right) = \prod_{i=1}^{C} \hat{a}_i^{\nu_i} = \frac{\hat{a}_C}{\hat{a}_A \hat{a}_B} = \frac{\left(\hat{f}_C / f_C^{\ominus}\right)}{\left(\hat{f}_A / f_A^{\ominus}\right)\left(\hat{f}_B / f_B^{\ominus}\right)}$$

O estado de referência é o de gás ideal a 1 bar e a fase gasosa pode ser considerada ideal. Logo:

$$\mathbb{K} = \frac{\left(\hat{f}_C / 1\,\text{bar}\right)}{\left(\hat{f}_A / 1\,\text{bar}\right)\left(\hat{f}_B / 1\,\text{bar}\right)} = \frac{\left(P y_C \hat{\phi}_C / 1\text{bar}\right)}{\left(P y_A \hat{\phi}_A / 1\,\text{bar}\right)\left(P y_B \hat{\phi}_B / 1\,\text{bar}\right)} = \frac{1\,\text{bar}}{P}\left(\frac{y_C}{y_A y_B}\right)$$

Para escrever as frações molares em termos de número de mols inicial de cada componente e do grau de avanço, define-se:

$$N_A = N_A^{\text{inicial}} - \xi, \qquad N_B = N_B^{\text{inicial}} - \xi \qquad \text{e} \qquad N_C = N_C^{\text{inicial}} + \xi$$

O número de mols do sistema dado pela soma de N_A, N_B e N_C é:

$$N_{\text{total}} = N_A^{\text{inicial}} - \xi + N_B^{\text{inicial}} - \xi + N_C^{\text{inicial}} + \xi = N_A^{\text{inicial}} + N_B^{\text{inicial}} + N_C^{\text{inicial}} - \xi$$

Assim, a constante de reação pode ser reescrita em função do número de mols inicial de cada componente (dados do problema) e do grau de avanço (variável a ser descoberta).

$$\mathbb{K} = \frac{1\text{ bar}}{P}\left(\frac{y_C}{y_A y_B}\right) = \frac{1\text{ bar}}{P}\left(\frac{N_C}{N_{\text{total}}}\right) \times \left(\frac{N_{\text{total}}}{N_A}\right) \times \left(\frac{N_{\text{total}}}{N_B}\right) = \frac{1\text{ bar}}{P}\left(\frac{N_C N_{\text{total}}}{N_A N_B}\right)$$

$$\mathbb{K} = \frac{1}{P}\left[\frac{\left(N_C^{\text{inicial}} + \xi\right)\left(N_A^{\text{inicial}} + N_B^{\text{inicial}} + N_C^{\text{inicial}} - \xi\right)}{\left(N_A^{\text{inicial}} - \xi\right)\left(N_B^{\text{inicial}} - \xi\right)}\right]$$

Ao substituir as variáveis dadas e com manipulação algébrica, obtém-se a seguinte equação de segundo grau:

$$0 = \xi^2 - 3\text{ mol}\xi - 4{,}285\text{ mol}^2 \quad \Rightarrow \quad \xi = \begin{cases} 4{,}05636\text{ mol} \\ -1{,}0563\text{ mol} \end{cases}$$

Deve ser feita uma análise do intervalo de valores de grau de avanço com significado físico a partir das condições iniciais do problema. Como não pode haver número de mols negativo, estabelece-se que:

$$N_A = N_A^{\text{inicial}} - \xi \geq 0 \quad \Rightarrow \quad \xi \leq N_A^{\text{inicial}} \quad \Rightarrow \quad \xi \leq 1$$

$$N_B = N_B^{\text{inicial}} - \xi \geq 0 \quad \Rightarrow \quad \xi \leq N_B^{\text{inicial}} \quad \Rightarrow \quad \xi \leq 2$$

$$N_C = N_C^{\text{inicial}} + \xi \geq 0 \quad \Rightarrow \quad \xi \geq -N_C^{\text{inicial}} \quad \Rightarrow \quad \xi \geq -20$$

O intervalo de valores possíveis é, então, $-20\text{ mol} < \xi < 1\text{ mol}$.

Nesse caso, a única solução possível nesse caso é: $\xi = -1{,}05636\text{ mol}$.

Prossegue-se, então, para o cálculo do número de mols de cada componente no equilíbrio:

$$N_A = N_A^{\text{inicial}} - \xi = 2{,}056\text{ mol}, \; N_B = N_B^{\text{inicial}} - \xi = 3{,}056\text{ mol} \; \text{ e } \; N_C = N_C^{\text{inicial}} + \xi = 18{,}94\text{ mol}$$

8.5.2 Reações em fase líquida

Caso os produtos e reagentes se encontrem em uma mesma fase líquida homogênea, pode ser interessante descrever a sua atividade por meio de modelos de energia de Gibbs em excesso. Como mostrado anteriormente, a constante de equilíbrio é relacionada com o produtório das atividades da seguinte forma:

$$\mathbb{K} = \prod_{i=1}^{C} \hat{a}_i^{\nu_i} = \prod_{i=1}^{C}\left(\frac{\hat{f}_i}{f_i^{\ominus}}\right)^{\nu_i} \tag{8.41}$$

No Capítulo 6, mostrou-se que a fugacidade de i em uma mistura pode ser expressa a partir do coeficiente de atividade e da fugacidade de i puro na mesma temperatura e pressão. A relação é retomada na Equação (8.42):

$$\hat{f}_i\left(T, P, \underline{x}\right) = x_i \gamma_i f_i^{\text{o}}\left(T, P\right) \tag{8.42}$$

Porém, como a fugacidade do componente puro no estado de referência está em outra pressão, é necessária a correção de Poynting. A aplicação dessa correção é feita da mesma forma que na Seção 8.5.2. Assim, a Equação (8.42) é adaptada para quando a fugacidade do componente puro está em outra pressão, da seguinte forma:

$$\hat{f}_i\left(T,P,\underline{x}\right)=x_i\gamma_i f_i^{\ominus}\left(T,P_{\mathrm{ref}}\right)\exp\left(\int_{P_{\mathrm{ref}}}^{P}\frac{\overline{V}_i^{L,\mathrm{o}}}{RT}dP\right) \tag{8.43}$$

$$\frac{\hat{f}_i\left(T,P,\underline{x}\right)}{f_i^{\ominus}\left(T,P_{\mathrm{ref}}\right)}=x_i\gamma_i\exp\left(\int_{P_{\mathrm{ref}}}^{P}\frac{\overline{V}_i^{L,\mathrm{o}}}{RT}dP\right) \tag{8.44}$$

Se todos os componentes estiverem na fase líquida, a substituição da Equação (8.44) na expressão da constante de equilíbrio leva à forma geral apresentada na Equação (8.45).

$$\mathbb{K}=\prod_{i=1}^{C}\left[x_i\gamma_i\exp\left(\frac{\overline{V}_i^{L,\mathrm{o}}}{RT}\left(P-P_0\right)\right)\right]^{\nu_i}=\prod_{i=1}^{C}\left[x_i\gamma_i\right]^{\nu_i}\left(\exp\left(\frac{\Delta\overline{V}_i^{L,\mathrm{o}}}{RT}\left(P-P_0\right)\right)\right) \tag{8.45}$$

Despreza-se a correção de Poynting, para reações usuais em fase líquida, em que a variação de volume da reação $\Delta\overline{V}_i^{L,\mathrm{o}}=\sum_{i=1}^{C}\nu_i\overline{V}_i^{L,\mathrm{o}}$ é muito pequena.

$$\mathbb{K}=\prod_{i=1}^{C}\left[x_i\gamma_i\right]^{\nu_i} \tag{8.46}$$

Exemplo Resolvido 8.2

Avalie o valor do fator de Poynting presente na equação do equilíbrio químico para reações em fase líquida no seguinte cenário:

Suponha que uma reação em fase aquosa provoca uma expansão correspondente ao aumento de 5 % no volume, para uma reação conduzida na pressão de 1.000 atm e temperatura próxima à ambiente (T = 300 K). Considere o estado de referência 1 atm.

Dado: volume molar da fase aquosa aproximadamente igual ao volume molar da água pura: 1 dm^3/mol × 18 g / mol = 1,8 × 10^{-5} m^3/mol.

Resolução

$$\Delta\overline{V}_i^{L,\mathrm{o}}=(5\,\%)\times\left(1{,}8\times10^{-5}\,\frac{\mathrm{m}^3}{\mathrm{mol}}\right)=9{,}0\times10^{-7}\,\frac{\mathrm{m}^3}{\mathrm{mol}}$$

$$f=\exp\left(\frac{\Delta\overline{V}_i^{L,\mathrm{o}}}{RT}\left(P-P_0\right)\right)=1{,}037$$

O fator de Poynting causará um aumento de menos de 4 % no produtório de atividades. Nesse caso extremo de pressão de 1000 atm, com um aumento de volume de 5 %. Frequentemente, mudanças de volume em fase líquida não chegam a 5 %, é raro as pressões de operação ultrapassarem 100 atm. Por essa razão, é possível desprezar a correção de Poynting na maioria das aplicações da Engenharia Química.

8.5.3 Reações heterogêneas

Não é raro que na indústria química sejam encontrados processos com reações que envolvem múltiplas fases. A essas reações, cujos produtos ou reagentes não se encontram na mesma fase, dá-se o nome de *reações heterogêneas*. Nesta seção, serão abordadas reações heterogêneas entre fluidos e sólidos. Para isso, parte-se da seguinte reação hipotética entre A (sólido) e B (gás) que, juntos, produzem C (gás). Neste exemplo, não há A na fase gasosa nem B ou C na fase sólida:

$$aA(\mathrm{s}) + bB(\mathrm{g}) \rightleftharpoons cC(\mathrm{g}) \tag{8.47}$$

Nesse contexto, a constante de equilíbrio possui a mesma definição apresentada anteriormente. Assim:

$$\mathbb{K} = \exp\left(-\frac{\Delta\bar{G}^{\ominus}}{RT}\right) = \prod_{i=1}^{C} \hat{a}_i^{\nu_i} \tag{8.48}$$

A diferença desse caso para o caso de reações homogêneas reside na fugacidade dos componentes nos estados de referência. Como o sólido não está presente na fase gasosa e nem os componentes gasosos estão presentes na fase sólida, o produtório de atividades para o exemplo se torna:

$$\mathbb{K} = \prod_{i=1}^{C} \hat{a}_i^{\nu_i} = \frac{\left(\hat{f}_C/f_C^{\ominus}\right)^c}{\left(\hat{f}_B/f_B^{\ominus}\right)^b \left(f_A/f_A^{\ominus}\right)^a} \tag{8.49}$$

As fugacidades dos componentes possuem, então, as seguintes dependências:

Fugacidade do componente A como sólido puro a T e P:

$$f_A = f_A^{\mathrm{o}}(T,P) \tag{8.50}$$

Fugacidade do componente B na mistura gasosa a T e P:

$$\hat{f}_B = \hat{f}_B(T,P,y_B,y_C) \tag{8.51}$$

Fugacidade do componente C na mistura gasosa a T e P:

$$\hat{f}_C = \hat{f}_C(T,P,y_B,y_C) \tag{8.52}$$

Supondo que a variação de energia de Gibbs padrão da reação tenha como estados de referência para as espécies B e C a condição de gás ideal puro, a P_0 na temperatura do sistema, e o estado de referência para a espécie A a condição de sólido puro, a P_0 na temperatura do sistema, a Equação (8.49) modifica-se tal que:

$$\mathbb{K} = \prod_{i=1}^{C} \hat{a}_i^{\nu_i} = \frac{\left(\hat{f}_C/P_0\right)^c}{\left(\hat{f}_B/P_0\right)^b \left(f_A^{S,\mathrm{o}}(T,P)/f_A^{S,\mathrm{o}}(T,P_0)\right)^a} \tag{8.53}$$

A fugacidade de um sólido a T e P pode ser expressa por meio da correção de Poynting. Com relação à fugacidade do sólido puro a T e P_0, tem-se que:

$$f_A^{S,o}(T,P) = f_A^{S,o}(T,P=P_0)\exp\left[\int_{P=P_0}^{P} \frac{\overline{V}_A^{S,o}}{RT}dP\right] \quad (8.54)$$

$$\frac{f_A^{S,o}(T,P)}{f_A^{S,o}(T,P_0)} = \exp\left[\int_{P=P_0}^{P} \frac{\overline{V}_A^{S,o}}{RT}dP\right] \approx \exp\left[\frac{\overline{V}_A^{S,o}}{RT}(P-P_0)\right] \quad (8.55)$$

Substituindo a Equação (8.55) e a fugacidade dos gases pelas expressões oriundas de equações de estado para misturas, como na Seção 8.5.1, a Equação (8.53) se transforma em:

$$\mathbb{K} = \frac{\left(y_C\hat{\phi}_C P\right)^c}{\left(y_B\hat{\phi}_B P\right)^b\left(\exp\left[\frac{\overline{V}_A^{S,o}}{RT}(P-P_0)\right]\right)^a} \quad (8.56)$$

Exemplo Resolvido 8.3

Carbono e hidrogênio podem ser formados a partir de gás natural via a seguinte reação química: CH_4 (g) $\rightleftharpoons$ C(s) + $2H_2$ (g). Calcule a composição de equilíbrio para uma reação a 800 °C e 5 atm quando são alimentados 80 % (em mol) de metano e 20 % de nitrogênio (inerte). Sabe-se que, considerando os estados de referência de gás ideal a 1 atm para o metano e o hidrogênio e de sólido puro, em estado grafita, a 1 atm para o carbono, a constante de equilíbrio da reação a 800 °C é 7.4.

Resolução

A reação é dada por

$$CH_4\,(g) \rightleftharpoons C(s) + 2H_2\,(g) \quad \Rightarrow \quad \nu_{CH4} = -1,\ \nu_C = +1 \text{ e } \nu_{H2} = +2$$

Usando uma base de cálculo para o número de mols total na alimentação, o número de mols de cada componente é:

$$n_0 = 100 \text{ mol} \quad \Rightarrow \quad N_{0,\,CH4} = 80 \text{ mol e } N_{0,H2} = 20 \text{ mol}$$

O equacionamento do equilíbrio é:

$$\mathbb{K} = (\hat{a}_{H2})^2\,\hat{a}_C\,(\hat{a}_{CH4})^{-1}$$

em que os cálculos das atividades são feitos de acordo com o estado de referência estabelecido para cada substância.

A atividade componente C em fase sólida pura, desprezando o fator de Poynting e as atividades dos componentes presentes na fase gás, equivale a:

$$\hat{a}_C = 1,\ \hat{a}_{CH4} = y_{CH4}\,P/P_0 \quad \text{e} \quad \hat{a}_{H2} = y_{H2}P/P_0$$

As composições são dependentes do grau de avanço por meio da definição de fração molar, considerando o número de mols na fase gás.

$$y_{CH4} = N_{CH4}/(N_{CH4} + N_{H2}) \quad \text{e} \quad y_{H2} = N_{H2}/(N_{CH4} + N_{H2})$$

Por meio das equações de geração e consumo dos componentes em função do grau de avanço da reação, tem-se que:

$$N_{CH4} = N_{0,CH4} - \xi \quad \text{e} \quad N_{H2} = N_{0,H2} + 2\,\xi$$

Por meio da combinação de todas as equações para obter uma solução para ξ:

$$\mathbb{K} = \frac{\left(\dfrac{(N_{0,H2} + 2\xi)}{(N_{0,CH4} - \xi + N_{0,H2} + 2\xi)} \dfrac{P}{P_0} \right)^2}{\dfrac{(N_{0,CH4} - \xi)}{(N_{0,CH4} - \xi + N_{0,H2} + 2\xi)} \dfrac{P}{P_0}}$$

Finalmente, chega-se à solução de:

$$\begin{aligned} &\xi^2 \left(-\mathbb{K} P_0 - 4P \right) \\ &+\xi \left(-\mathbb{K} N_{0,H2} P_0 - 4 N_{0,H2} P \right) \\ &+\left(\mathbb{K} (N_{0,CH4})^2 P_0 + \mathbb{K} N_{0,CH4} N_{0,H2} P_0 - (N_{0,H2})^2 P \right) = 0 \end{aligned} \quad \Rightarrow \quad \xi = \begin{cases} 36{,}772 \text{ mol} \\ -56{,}772 \text{ mol} \end{cases}$$

A segunda solução não é física, uma vez que, sendo menor que –10, implica em um tal consumo de H_2 que a quantidade final de H_2 seria negativa. Com esse valor de grau de avanço, as composições de equilíbrio são:

$$N_{CH4} = N_{0,CH4} - \xi = 43{,}228 \text{ mol} \quad \text{e} \quad N_{H2} = N_{0,H2} + 2\xi = 93{,}543 \text{ mol}$$

$$y_{CH4} = N_{CH4}/(N_{CH4} + N_{H2}) = 0{,}3161 \quad \text{e} \quad y_{H2} = N_{H2}/(N_{CH4} + N_{H2}) = 0{,}6839$$

8.6 EFEITO DA TEMPERATURA NO EQUILÍBRIO REACIONAL

Na Seção 8.2, introduziu-se a constante de equilíbrio como uma grandeza que relaciona potenciais químicos padrão (i. e., estado de referência) de espécies que participam de uma reação em certas condições fixas de temperatura e pressão. Por conveniência, as condições padrão de reação (i. e., estado de referência para μ_i° e f_i°) não são aquelas em que processos químicos reacionais ocorrem. Faz-se então necessário calcular a variação da constante $\mathbb{K}$ com uma determinada variação de temperatura. Nesta seção, aborda-se uma metodologia para obter $\mathbb{K}$ em qualquer temperatura a partir das propriedades dos componentes que participam da reação.

Dado que a energia de Gibbs padrão de uma reação possui a definição retomada na Equação (8.57) e que a energia de Gibbs molar varia com temperatura e pressão de acordo com a Equação (8.58), apresentada no Capítulo 4, é possível mostrar que:

$$\Delta \bar{G}^{\circ} \left(T_{ref}, P_{ref} \right) = \sum_{i=1}^{C} \nu_i \mu_i^{\circ} \left(T_{ref}, P_{ref} \right) \qquad (8.57)$$

$$d\left(\frac{\bar{G}}{RT} \right) = -\frac{\bar{H}}{RT^2} dT + \frac{\bar{V}}{RT} dP \qquad (8.58)$$

$$d\left(\frac{\Delta \bar{G}^{\circ}}{RT} \right) = \sum_{i=1}^{C} \nu_i \left(-\frac{\bar{H}_i^{\circ}}{RT^2} dT + \frac{\bar{V}_i^{\circ}}{RT} dP \right) \qquad (8.59)$$

Considerando a pressão constante e o fato de que o somatório de uma propriedade ponderada pelo coeficiente estequiométrico dá origem a uma variação de propriedade por conta da reação, tem-se que:

$$d\left(\frac{\Delta \bar{G}^{\ominus}}{RT}\right)=-\frac{\Delta \bar{H}^{\ominus}}{RT^2}dT \tag{8.60}$$

A relação anterior é oportuna. Entretanto, é possível torná-la ainda mais útil relacionando-a à constante de reação, definida como:

$$\mathbb{K}=\exp\left(-\frac{\Delta \bar{G}^{\ominus}}{RT}\right) \tag{8.61}$$

Assim, aplicando logaritmo aos membros da Equação (8.61) e diferenciando a equação resultante, sabe-se que:

$$d\left(\ln \mathbb{K}\right)=d\left(\frac{-\Delta \bar{G}^{\ominus}}{RT}\right) \tag{8.62}$$

Ao comparar a Equação (8.62) com a Equação (8.60), nota-se que é possível escrever a variação infinitesimal do logaritmo da constante de equilíbrio com a entalpia padrão de reação.

$$d\left(\ln \mathbb{K}\right)=\frac{\Delta \bar{H}^{\ominus}}{RT^2}dT \tag{8.63}$$

Essa manipulação dá origem, então, à equação de van't Hoff, comumente enunciada na forma a seguir:

$$\boxed{\frac{d\left(\ln \mathbb{K}\right)}{dT}=\frac{\Delta \bar{H}^{\ominus}}{RT^2}} \tag{8.64}$$

Finalmente, torna-se possível relacionar a variação na constante de equilíbrio com a variação da temperatura. Cabe ressaltar, ainda, que a variação de entalpia de reação é uma função da temperatura e depende das capacidades caloríficas a pressão constante dos produtos e reagentes nos estados de referência. A dependência está explicitada matematicamente na Equação (8.65), a Equação de Kirchhoff,

$$\Delta \bar{H}^{\ominus}\left(T\right)=\Delta \bar{H}^{\ominus}\left(T_{\text{ref}}\right)+\int_{T_{\text{ref}}}^{T}\Delta C_P\left(T\right)dT \tag{8.65}$$

em que ΔC_P é a variação das capacidades caloríficas (i. e., produtos menos reagentes) referente aos componentes em seus estados de referência. Se a variação de capacidade calorífica por conta da reação for desprezível ($\Delta C_P \simeq 0$), a integração da Equação (8.64) fornece:

$$\ln\left(\frac{\mathbb{K}\left(T\right)}{\mathbb{K}\left(T_{\text{ref}}\right)}\right)=-\frac{\Delta \bar{H}^{\ominus}}{R}\left(\frac{1}{T}-\frac{1}{T_{\text{ref}}}\right) \tag{8.66}$$

Se a diferença de capacidade calorífica não puder ser desprezada, é necessário conhecer sua dependência com a temperatura para a integração da Equação (8.65) e da Equação (8.64), sucessivamente. Um exemplo seria uma dependência linear com a temperatura. Tem-se a capacidade calorífica de cada componente ($C_{P,i}$) da seguinte forma:

$$C_{P,i}(T) = a_i + b_i T \tag{8.67}$$

$$\Delta C_P(T) = \sum_{i=1}^{C} \nu_i C_{P,i} = \sum_{i=1}^{C} \nu_i (a_i + b_i T) = \Delta a + \Delta b T \tag{8.68}$$

sendo que

$$\Delta a = \sum_{i=1}^{C} \nu_i a_i \tag{8.69}$$

$$\Delta b = \sum_{i=1}^{C} \nu_i b_i \tag{8.70}$$

Substituindo essa Equação em (8.65),

$$\Delta \bar{H}^{\ominus}(T) = \Delta \bar{H}^{\ominus}(T_{\text{ref}}) + \int_{T_{\text{ref}}}^{T} (\Delta a + \Delta b T)\, dT \tag{8.71}$$

$$\Delta \bar{H}^{\ominus}(T) = \Delta \bar{H}^{\ominus}(T_{\text{ref}}) + \Delta a (T - T_{\text{ref}}) + \Delta b \left(\frac{T^2}{2} - \frac{T_{\text{ref}}^2}{2} \right) \tag{8.72}$$

Finalmente, integrando e substituindo essa Equação em (8.64), tem-se que:

$$\ln\left(\frac{\mathbb{K}(T)}{\mathbb{K}(T_{\text{ref}})} \right) = \int_{T_{\text{ref}}}^{T} \left[\frac{\Delta \bar{H}^{\ominus}(T_{\text{ref}})}{RT^2} + \frac{\Delta a (T - T_{\text{ref}})}{RT^2} + \frac{\Delta b}{RT^2} \left(\frac{T^2}{2} - \frac{T_{\text{ref}}^2}{2} \right) \right] dT \tag{8.73}$$

Agrupando os termos em potências de T:

$$\ln\left(\frac{\mathbb{K}(T)}{\mathbb{K}(T_{\text{ref}})} \right) = \int_{T_{\text{ref}}}^{T} \left[\frac{1}{RT^2} \left(\Delta \bar{H}^{\ominus}(T_{\text{ref}}) - \Delta a\, T_{\text{ref}} - \frac{\Delta b\, T_{\text{ref}}^2}{2} \right) + \frac{1}{RT} (\Delta a) + \frac{\Delta b}{2R} \right] dT \tag{8.74}$$

Com a integração, a Equação (8.75) se torna:

$$\ln\left[\frac{\mathbb{K}(T)}{\mathbb{K}(T_{\text{ref}})} \right] = \left[-\frac{\Delta \bar{H}^{\ominus}(T_{\text{ref}})}{R} + \frac{\Delta a T_{\text{ref}}}{R} + \frac{\Delta b T_{\text{ref}}^2}{2R} \right] \left(\frac{1}{T} - \frac{1}{T_{\text{ref}}} \right) + \\ + \frac{\Delta a}{R} \ln\left(\frac{T}{T_{\text{ref}}} \right) + \frac{\Delta b}{2R} (T - T_{\text{ref}}) \tag{8.75}$$

Exemplo Resolvido 8.4

De acordo com a seguinte reação, o etanol pode ser produzido via hidrogenação de acetaldeído:

$$CH_3CHO(g) + H_2\,(g) \rightleftharpoons C_2H_5OH(g)$$

Supondo-se que, em fase gasosa, a alimentação do reator contenha (em mol) 20 % de CH_3CHO (A), 20 % de H_2 (B), 20 % de C_2H_5OH (C), 30 % de N_2 (D) e 10 % de CO_2 (E), calcule a composição de equilíbrio a 700 K e 5 atm. Para o estado de referência de gás ideal a 1 atm, os seguintes dados são conhecidos:

$\Delta G^{\ominus}$ (500 K) = 200 cal/mol, $\Delta H^{\ominus}$ (500 K) = 0 cal/gmol e $\Delta C_P^{\ominus}$ (1 atm, gás ideal) = 5 cal/(gmol K)

Resolução

Em primeiro lugar, é necessário elevar a variação de energia livre padrão de 500 K até 700 K, a temperatura em que ocorre a reação. Para isso, utiliza-se a seguinte equação deduzida neste capítulo:

$$\ln\left[\frac{\mathbb{K}(T)}{\mathbb{K}(T_{\text{ref}})}\right]=\left[-\frac{\Delta\bar{H}^{\ominus}(T_{\text{ref}})}{R}+\frac{\Delta a T_{\text{ref}}}{R}+\frac{\Delta b T_{\text{ref}}^{2}}{2R}\right]\left(\frac{1}{T}-\frac{1}{T_{\text{ref}}}\right)+\frac{\Delta a}{R}\ln\frac{T}{T_{\text{ref}}}+\frac{\Delta b}{2R}(T-T_{\text{ref}})$$

$$\mathbb{K}(T)=\exp\left(\frac{-\Delta\bar{G}^{\ominus}}{RT}\right) \Rightarrow \mathbb{K}(T_{\text{ref}})=0{,}8177$$

$$\ln\left[\frac{\mathbb{K}(T)}{\mathbb{K}(T_{\text{ref}})}\right]=\left[\frac{\Delta a T_{\text{ref}}}{R}\right]\left(\frac{1}{T}-\frac{1}{T_{\text{ref}}}\right)+\frac{\Delta a}{R}\ln\frac{T}{T_{\text{ref}}}=0{,}1277$$

$$\mathbb{K}\big|_{T=700\text{K}}=\mathbb{K}\big|_{T=500\text{K}}\exp(0{,}1277)=0{,}929$$

A condição de equilíbrio químico leva a:

$$\mathbb{K}=\prod_{i=1}^{C}\hat{a}_i^{\nu_i}=\frac{\hat{a}_C}{\hat{a}_A\hat{a}_B}=\frac{(\hat{f}_C/1\text{ atm})}{(\hat{f}_A/1\text{ atm})(\hat{f}_B/1\text{ atm})}=\frac{Py_C\hat{\phi}_C}{Py_A\hat{\phi}_A Py_B\hat{\phi}_B}=\left(\frac{y_C}{y_Ay_B}\right)\underbrace{\left(\frac{\hat{\phi}_C}{\hat{\phi}_A\hat{\phi}_B}\right)}_{=1}\frac{1\text{ atm}}{P}$$

Sabendo que:

$$N_A=N_A^{\text{inicial}}-\xi,\; N_B=N_B^{\text{inicial}}-\xi \text{ e } N_C=N_C^{\text{inicial}}+\xi$$

e o número de mols total:

$$N_{\text{total}}=N_A^{\text{inicial}}+N_B^{\text{inicial}}+N_C^{\text{inicial}}+N_I-\xi$$

reescreve-se a equação de equilíbrio em termos de número de mols iniciais e grau de avanço:

$$\mathbb{K}\frac{P}{1\text{ atm}}=\left(\frac{N_C}{N_{\text{total}}}\right)\left(\frac{N_{\text{total}}}{N_A}\right)\left(\frac{N_{\text{total}}}{N_B}\right)=\frac{\left(N_C^{\text{inicial}}+\xi\right)\left(N_A^{\text{inicial}}+N_B^{\text{inicial}}+N_C^{\text{inicial}}+N_I-\xi\right)}{\left(N_A^{\text{inicial}}-\xi\right)\left(N_B^{\text{inicial}}-\xi\right)}$$

Substituindo valores numéricos (i. e., número de mols total em base 1 por conveniência), uma equação de segundo grau é obtida:

$$\xi^2\,(-5{,}645) + \xi\;(2{,}658\text{ mol}) + 0{,}0142\text{ mol}^2 = 0 \quad\Rightarrow\quad \xi = \begin{cases} -0{,}0052831\text{ mol} \\ 0{,}476142\text{ mol} \end{cases}$$

Valores de grau de avanço possíveis são aqueles que não levam a valores negativos de número de mols. Logo,

$$N_A = 0{,}2\text{ mol} - \xi \geq 0 \quad\Rightarrow\quad \xi \leq 0{,}2\text{ mol}$$

$$N_A = 0{,}2\text{ mol} - \xi \geq 0 \quad\Rightarrow\quad \xi \leq 0{,}2\text{ mol}$$

$$N_C = 0{,}2\text{ mol} + \xi \geq 0 \quad\Rightarrow\quad \xi \geq -0{,}2\text{ mol}$$

Desse modo, o único valor físico do grau de avanço é $\xi = -0{,}0052831$:

As frações molares no equilíbrio são, então, aproximadamente as mesmas da alimentação:

$$N_{\text{total}} = N_A^{\text{inicial}} + N_B^{\text{inicial}} + N_C^{\text{inicial}} + N_I + \xi = 1{,}005283\text{ mol}$$

$$y_A = 0{,}205,\ y_B = 0{,}205,\ y_C = 0{,}194\text{ mol},\ y_D = 0{,}298\text{ e } y_E = 0{,}098$$

8.7 MÚLTIPLAS REAÇÕES

Até o momento, tratou-se neste capítulo apenas do caso em que há uma só reação no sistema. Nesta seção, estende-se o raciocínio apresentado para sistemas em que diversas reações ocorrem ao mesmo tempo. Assim como anteriormente, a condição de equilíbrio em sistemas com múltiplas reações vem da relação fundamental da termodinâmica em termos de energia de Gibbs.

$$d\left(n\bar{G}\right) = -\left(n\bar{S}\right)dT + \left(n\bar{V}\right)dP + \sum_{i=1}^{C} \mu_i dN_i \tag{8.76}$$

A temperatura e pressão constantes, a equação se simplifica exatamente como na Seção 8.3.

$$d\left(n\bar{G}\right) = \sum_{i=1}^{C} \mu_i dN_i \tag{8.77}$$

A diferença entre o caso com múltiplas reações e o caso com apenas uma reação reside nos próximos passos. Se forem propostas R reações linearmente independentes (i. e., nenhuma reação é a combinação linear de outras), surgem R graus de avanço referentes a cada uma das reações. Assim, se a variação de número de mols for expressa em termos dessas variáveis, chega-se a mais um somatório referente a R reações.

$$d\left(n\bar{G}\right) = \sum_{j=1}^{R}\sum_{i=1}^{C} \mu_i \nu_{ij} d\xi_j \tag{8.78}$$

sendo ξ_j o grau de avanço da reação j e v_{ij} o coeficiente estequiométrico da espécie i na reação j.

Desse modo, as condições de equilíbrio são as mesmas, ou seja, o mínimo de energia de Gibbs. Porém, a energia de Gibbs, neste caso, é função de R novas variáveis ξ_i e, para que ela atinja um mínimo, a condição necessária de equilíbrio é a de que a derivada da energia de Gibbs com respeito a todas elas seja nula.

$$\left[\frac{\partial\left(n\bar{G}\right)}{\partial\xi_j}\right]_{T,P,\xi_{i\neq j}} = 0 \text{ para } j = [1 \ldots R] \tag{8.79}$$

Da comparação entre a Equação (8.79) e a Equação (8.78), tem-se que a condição necessária de equilíbrio é dada para cada reação independente:

$$\sum_{i=1}^{C} \mu_i \nu_{ij} = 0 \quad \text{para} \quad j = [1 \ldots R] \tag{8.80}$$

Isso significa que o equilíbrio em um sistema com múltiplas reações só pode ser atingido se o somatório dos potenciais químicos das espécies envolvidas nas reações ponderados por seus coeficientes estequiométricos for igual a zero para todas as reações linearmente independentes dos sistemas.

Exemplo Resolvido 8.5

Para o esquema reacional descrito pelas duas reações químicas a seguir,

$$C + O_2 \rightleftharpoons CO_2 \qquad\qquad C + \frac{1}{2}O_2 \rightleftharpoons CO$$

a) Identifique os coeficientes estequiométricos ν_{ij}.

b) Demonstre que a terceira reação, descrita a seguir, não é linearmente independente.

$$CO + \frac{1}{2}O_2 \rightleftharpoons CO_2$$

Resolução

a) Para as espécies químicas identificadas como

$$i = 1)\ C;\ i = 2)\ O_2;\ i = 3)\ CO;\ i = 4)\ CO_2$$

os coeficientes estequiométricos na reação $j = 1$ são

$$\nu_{11} = -1 \quad \nu_{21} = -1 \quad \nu_{31} = 0 \quad \nu_{41} = +1$$

(i. e., negativos para reagentes, positivos para produtos, nulos para espécies que não participam).

Os coeficientes estequiométricos na reação $j = 2$ são

$$\nu_{12} = -1 \quad \nu_{22} = -\frac{1}{2} \quad \nu_{32} = +1 \quad \nu_{42} = 0$$

Eles podem ser expressos na forma de uma matriz estequiométrica:

	C	O_2	CO	CO_2
	$i=1$	$i=2$	$i=3$	$i=4$
$j=1$	-1	-1	0	$+1$
$j=2$	-1	$-\frac{1}{2}$	$+1$	0

b) Para a terceira reação apresentada, corresponderia uma nova linha para a matriz estequiométrica com os seguintes elementos:

	C	O_2	CO	CO_2
	$i=1$	$i=2$	$i=3$	$i=4$
$j=3$	0	$-\frac{1}{2}$	-1	$+1$

Nota-se que a nova linha pode ser expressa como uma combinação linear das demais anteriores. Por isso, é possível dizer que não se trata de uma reação linearmente independente. Essa terceira equação química poderia até ser considerada uma rota cinética independente, com sua própria constante cinética, em uma modelagem de taxas de reação; mas não pode ser considerada simultaneamente às demais em um equacionamento de equilíbrio termodinâmico.

8.7.1 Aspectos de sistemas com múltiplas reações: frações molares

Para obter as frações molares de componentes envolvidos em diversas reações, basta estender a definição de grau de avanço para múltiplas reações, como foi feito implicitamente na seção anterior. Assim, o número de mols de um componente i se relaciona com os graus de avanço das R reações químicas por meio da relação a seguir:

$$dN_i = \sum_{j=1}^{R} \nu_{ij} d\xi_{ij} \tag{8.81}$$

Da integração dessa equação, surge, então:

$$N_i - N_i^{\text{inicial}} = \sum_{j=1}^{R} \nu_{ij} \left(\xi_j - \xi_j^{\text{inicial}} \right) \tag{8.82}$$

E, considerando $\xi_j^{\text{inicial}} = 0$ como base do cálculo de grau de avanço,

$$N_i = N_i^{\text{inicial}} + \sum_{j=1}^{R} \nu_{ij} \xi_j \tag{8.83}$$

Dessa expressão, podem ser obtidas as frações molares de um dado componente i em uma mistura reacional (considerando todas as fases presentes):

$$y_i = \frac{N_i}{n} = \frac{N_i}{\sum_{i=1}^{C} N_i} \tag{8.84}$$

$$y_i = \frac{N_i^{\text{inicial}} + \sum_{j=1}^{R} \nu_{ij}\xi_j}{\sum_{i=1}^{C}\left(N_i^{\text{inicial}} + \sum_{j=1}^{R} \nu_{ij}\xi_j\right)} = \frac{N_i^{\text{inicial}} + \sum_{j=1}^{R} \nu_{ij}\xi_j}{\sum_{i=1}^{C} N_i^{\text{inicial}} + \sum_{i=1}^{C}\sum_{j=1}^{R} \nu_{ij}\xi_j} \quad (8.85)$$

E, finalmente:

$$y_i = \frac{N_i^{\text{inicial}} + \sum_{j=1}^{R} \nu_{ij}\xi_j}{n^{\text{inicial}} + \sum_{j=1}^{R} \Delta n_j \xi_j} \quad (8.86)$$

8.7.2 Aspectos de sistemas com múltiplas reações: constantes de equilíbrio

Não há mudança na definição das constantes de equilíbrio para sistemas com múltiplas reações. Porém, é preciso levar em consideração que as atividades dos componentes dependem das frações molares de cada um deles, que, por sua vez, dependem dos graus de avanço de todas as reações ocorrendo simultaneamente.

Das condições necessárias de equilíbrio (ver Eq. (8.80)) e expressando os potenciais químicos em função de atividades, tem-se que:

$$\sum_{i=1}^{C}\left(\mu_i^{\ominus} + RT \ln \hat{a}_i\right)\nu_{ij} = 0 \text{ para cada reação independente } j = 1\ldots R \quad (8.87)$$

$$\sum_{i=1}^{C}\nu_{ij}\mu_i^{\ominus} + \sum_{i=1}^{C}\nu_{ij}RT \ln \hat{a}_i = 0 \text{ para cada reação independente } j = 1\ldots R \quad (8.88)$$

Manipulações análogas levam a:

$$\mathbb{K}_j = \exp\left(-\frac{\Delta \bar{G}_j^{\ominus}}{RT}\right) = \prod_{i=1}^{C} \hat{a}_i^{\nu_{ij}} \text{ para cada reação independente } j = 1\ldots R \quad (8.89)$$

Nota-se que os cálculos de $\mathbb{K}_j$ para múltiplas reações são realizados da mesma forma como exemplificado nas seções anteriores. A diferença entre resolver um problema com uma ou com múltiplas reações pelo método estequiométrico está no cálculo numérico, ou seja, para resolver um problema com R reações, é necessário resolver um conjunto de R equações não lineares contendo R variáveis independentes: ξ_j para $j = [1\ldots R]$.

Aplicação Computacional 8

Considere uma reação de decomposição em fase gasosa de A:

$$A(g) \rightarrow 3B(g)$$

O reator opera a $T = 300$ K e $P = 2$ bar, com condição inicial de alimentação de $N_{A0} = 100$ mol e $N_{B0} = 0$ mol.

Determine a composição de equilíbrio e mostre graficamente que essa solução corresponde a um mínimo de energia de Gibbs para os valores de T, P e quantidades iniciais dadas.

Dados:

$\mathbb{K}$ (300 K) = 2; a condição de referência é de gás ideal puro a 1 bar, tanto para A como para B.

Resolução

Equaciona-se o processo no reator.

A equação química é:

$$\nu_A A \rightarrow \nu_B B$$

Dela, tira-se o equacionamento do grau de avanço,

$$N_A = N_{A_0} + \nu_A \xi \text{ e } N_B = N_{B_0} + \nu_B \xi$$

e a estequiometria da constante de equilíbrio:

$$\Delta G^{\ominus} = \nu_A \mu_A^{\ominus} + \nu_B \mu_B^{\ominus}$$

Com $\mathbb{K}$ dado, pode-se expressar $\Delta G^{\ominus}$ por

$$\Delta G^{\ominus} = -RT \ln(\mathbb{K})$$

As atividades, usando a referência de gás ideal pura a 1 bar, são dadas por

$$\hat{a}_A = \hat{f}_A / 1 \text{ bar e } \hat{a}_B = \hat{f}_B / 1 \text{ bar}$$

com

$$\hat{f}_A = x_A P \text{ e } \hat{f}_B = x_B P$$

As composições dependem do grau de avanço da reação, pois N_A e N_B variam:

$$x_A = N_A/(N_A + N_B) \text{ e } x_B = N_B/(N_A + N_B)$$

Ao inserir no *script* de resolução os seguintes dados fornecidos, em notação simplificada:

```
#quantidade de mol inicial
na0 = 100
nb0 = 0
#coeficiente estequiométrico
va = -1
vb = +3
#pressao de referência
p0 = 1e5 #Pa
#pressao e temperatura do sistema
p = 2e5 #Pa
t = 300 #K
#constante de equilíbrio na temperatura do sistema
k = 2 #k(t = 300K)
#constante do gás ideal
r = 8.314 #J/mol/K
```

Monta-se a função de energia de Gibbs, buscando minimizar G em:

$$G = \sum N_i \mu_i$$

Entretanto, não se sabe calcular G na escala completa.

Logo, transforma-se a função em um problema de otimização equivalente, subtraindo estados de referência dos dois lados, que se comportem como constantes na seguinte formulação:

Dedução da energia de Gibbs para esse sistema em função de graus de liberdade.

O critério de equilíbrio – condição suficiente – é mínimo global na energia de Gibbs completa, dados T, P, e $\underline{N}_0$.

A energia de Gibbs completa corresponde a:

$$G^{\text{completo}} = N_A \mu_A + N_B \mu_B$$

Já o balanço de massa na reação química (i. e., grau de avanço), a

$$N_A = \mathrm{N}_{A0} + \nu_A\, \xi \text{ e } N_B = \mathrm{N}_{B0} + \nu_B\, \xi$$

Combinando a energia de Gibbs na escala completa com o balanço de mols com grau de avanço, tem-se:

$$G^{\text{completo}} = (N_{A0} + \xi\, \nu_A)\mu_A + (N_{B0} + \xi\, \nu_B)\mu_B$$

$$G^{\text{completo}} = (N_{A0}\, \mu_A + N_{B0}\, \mu_B + \xi\, \nu_A\, \mu_A + \xi\, \nu_B\, \mu_B$$

A diferença de energia de Gibbs no estado de referência é:

$$\Delta G^{\circ} = (+\nu_A \mu_A^{\circ} + \nu_B \mu_B^{\circ})$$

Somando e subtraindo o produto de ΔG° pelo grau de avanço ξ, tem-se:

$$G^{\text{completo}} = N_{A0}\, \mu_A + N_{B0}\, \mu_B + \xi\, \nu_A\, \mu_A + \xi\, \nu_B\, \mu_B + \xi(\Delta G^{\circ} - \nu_A \mu_A^{\circ} - \nu_B \mu_B^{\circ})$$

Substituindo a definição de $\mathbb{K} = \exp\left(-\Delta G^{\circ}/RT\right)$, tem-se:

$$G^{\text{completo}} = N_{A0}\, \mu_A + N_{B0}\, \mu_B + \xi(-RT \ln \mathbb{K}) + \xi(\nu_A\, (\mu_A - \mu_A^{\circ}) + \nu_B\, (\mu_B - \mu_B^{\circ}))$$

Substitui-se as definições de atividades $\hat{a}_i = \exp\left(\dfrac{\mu_i - \mu_i^{\circ}}{RT}\right)$

$$G^{\text{completo}} = N_{A0}\, \mu_A + N_{B0}\, \mu_B + \xi(-RT \ln \mathbb{K}) + \xi(\nu_A\, (RT \ln \hat{a}_A) + \nu_B\, (RT \ln \hat{a}_B))$$

Subtrai-se um termo $n_{A0}\mu_A^{\circ} + n_{B0}\mu_B^{\circ}$ constante dos dois lados:

$$\begin{aligned} G^{\text{completo}} - N_{A0}\mu_A^{\circ} + N_{B0}\mu_B^{\circ} &= N_{A0}\, \mu_A + N_{B0}\, \mu_B - N_{A0}\mu_A^{\circ} + N_{B0}\mu_B^{\circ} \\ &+ \xi(-RT \ln \mathbb{K}) + \xi(\nu_A\, (RT \ln \hat{a}_A) + \nu_B\, (RT \ln \hat{a}_B)) \end{aligned}$$

O lado esquerdo é um G relativo, deslocado do G completo por uma constante. Logo, ele serve como função objetivo de critério suficiente.

$$G^{\text{relativo}} = N_{A0}(\mu_A - \mu_A^{\ominus}) + N_{B0}(\mu_B - \mu_B^{\ominus}) + \xi(-RT\ln\mathbb{K}) + \xi(\nu_A(RT\ln\hat{a}_A) + \nu_B(RT\ln\hat{a}_B))$$

O lado direito define atividades, novamente:

$$G^{\text{relativo}} = N_{A0}(RT\ln\hat{a}_A) + N_{B0}(RT\ln\hat{a}_B) + \xi(-RT\ln\mathbb{K}) + \xi(\nu_A(RT\ln\hat{a}_A) + \nu_B(RT\ln\hat{a}_B))$$

Calculando sequencialmente para esse G relativo:

```
ve = np.linspace(1e-9,99.99999,100)
vg = np.zeros(100)

for i in range(100):
  e = ve[i]
  na = na0+va*e
  nb = nb0+vb*e
  xa = na/(na+nb)
  xb = nb/(na+nb)
  fa = xa*p
  fb = xb*p
  aa = fa/p0
  ab = fb/p0
  vg[i] = ( e*(r*t*np.log(aa)*va+r*t*np.log(ab)*vb
          - r*t*np.log(k)) + na0*r*t*np.log(aa) + nb0*r*t*np.log(ab)
        )
```

Ao fazer o gráfico do resultado, tem-se:

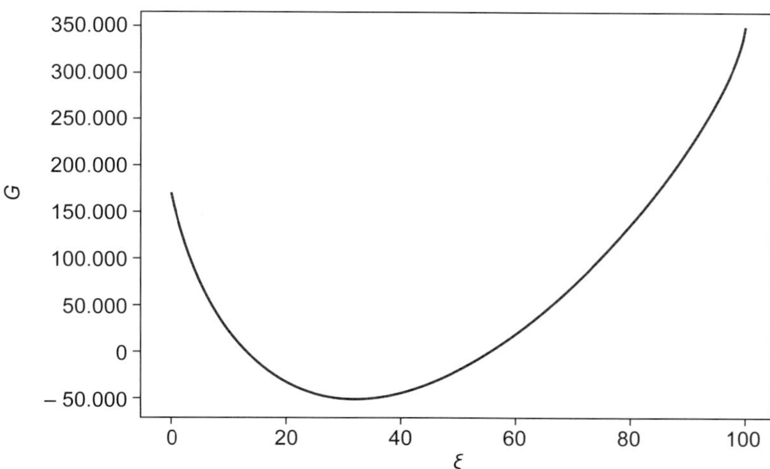

É possível observar um mínimo nítido para grau de avanço próximo a 30.

Esse problema pode ser resolvido pela abordagem estequiométrica e uma ferramenta *solver* para conferir que a solução obtida será a mesma. Busca-se resolver a equação:

$$\mathbb{K} = (\hat{a}_A)^{\nu_A}(\hat{a}_B)^{\nu_B}$$

Define-se um resíduo que deverá ser zero na solução:

$$res = \mathbb{K} - (\hat{a}_A)^{\nu_A}\,(\hat{a}_B)^{\nu_B} = 0$$

Escreve-se as atividades em função dos graus de avanço, compondo as seguintes equações:

$$\hat{a}_i = \hat{f}_i/P_0 \ , \hat{f}_i = x_i P, x_i = N_i / \sum N_j \text{ e } N_i = N_{i0} + \nu_i \xi$$

Chega-se, então, à seguinte proposta de implementação:

```
def res(e):
  na = na0+va*e
  nb = nb0+vb*e
  xa = na/(na+nb)
  xb = nb/(na+nb)
  fa = xa*p
  fb = xb*p
  aa = fa/p0
  ab = fb/p0
  return k - (aa)**va * (ab)**vb
```

Ao resolver com a ferramenta *solver*, tem-se:

```
from scipy import optimize as opt
ans = opt.root(res,0.01)
```

Ao conferir a solução:

```
ans
#>>> fjac: array([[1.]])
#>>> fun: array([2.22044605e-16])
#>>> message: 'The solution converged.'
#>>> nfev: 15
#>>> qtf: array([-1.83208559e-10])
#>>> r: array([-0.16624901])
#>>> status: 1
#>>> success: True
#>>> x: array([32.39535489])
```

O valor ótimo encontrado é de ξ = 32,4, assim como observado no gráfico da energia de Gibbs.

A versão completa do código para resolver essa questão está disponível no material suplementar.

EXERCÍCIOS PROPOSTOS

Conceituação

8.1 O grau de avanço da reação pode ser negativo? Ele pode ser maior que a unidade?

8.2 É possível afirmar que a constante de equilíbrio de reação em fase gasosa tem dimensão de pressão e depende da temperatura e da pressão do reator?

8.3 É possível afirmar que o valor da constante de equilíbrio de uma reação depende da estequiometria da reação?

8.4 É possível afirmar que a variação de energia de Gibbs da reação que acontece dentro do reator define se a reação é espontânea ou não?

8.5 É possível afirmar que, para uma reação química exotérmica, um aumento da temperatura diminuirá a conversão de equilíbrio no sentido de produtos?

8.6 Para um sistema com *R* reações linearmente independentes, pode-se afirmar que haverá *R* equações independentes que relacionam os potenciais químicos dos componentes presentes?

8.7 Para encontrar a condição de equilíbrio em um sistema reacional em dadas *T* e *P* é sempre necessário selecionar *R* reações químicas linearmente independentes explicitando a estequiometria de todos os componentes?

Cálculos e problemas

8.1 A dissociação do tetróxido de nitrogênio acontece segundo a reação: $N_2O_4\ (g) \rightleftharpoons 2NO_2\ (g)$. Partindo de 1 mol de N_2O_4, a 25 °C, em um recipiente com 20 ℓ de capacidade, o equilíbrio dessa reação ocorre quando a pressão no recipiente atinge 1,43 bar.

a) Quais as quantidades dos gases em equilíbrio?

b) Qual é o valor da constante de equilíbrio da reação?

c) O que ocorrerá com esse equilíbrio após a introdução no recipiente de 1 mol de gás inerte (p. ex., argônio)? Calcule o grau de avanço e a pressão de equilíbrio.

d) Se a admissão do gás inerte se der a uma pressão constante (1,43 bar), com a correspondente variação de volume, qual o novo valor do grau de avanço da reação? Para todos os casos, considere que a fase gasosa pode ser descrita como gás ideal.

8.2 Uma mistura de 20 % de A, 50 % de B e o restante de inerte I entra em um reator e os componentes participam das seguintes reações a 500 K e 4 atm:

$$A(g) \rightleftharpoons B(g) + C(g) \text{ e } B(g) \rightleftharpoons C(g)$$

Considerando o comportamento de gás ideal dentro do reator, calcule a composição da fase gasosa de equilíbrio na saída do reator.

Dados:

Energias livres de Gibbs e entalpias de formação dos componentes a 400 K e 1 bar no estado de referência de gás ideal para os compostos A, B e D.

Componentes	$\Delta\bar{G}_f^\circ$ **[cal/mol]**	$\Delta\bar{H}_f^\circ$ **[cal/mol]**	$<C_p>$ **[cal/(mol K)]**
A	200	4000	5
B	250	3000	10
C	150	3000	10

8.3 A reação química 2 *A*(g) ↔ *B*(g) ocorre a 500 K e 10 bar em um reator alimentado com uma mistura gasosa de 40 % (em mol) de A, 10 % (em mol) de B e o restante de inerte *I*. Considerando o comportamento de mistura ideal dentro do reator, calcule as frações molares de A e de B no equilíbrio. Dados de propriedade de formação dos compostos puros de gás ideal para A, B, e I a 2 bar. Encontram-se, também, valores de B (segundo coeficiente do Virial) a 500 K para cada substância.

	A(g)	**B(g)**	**I(g)**
$\Delta\bar{G}_f^\circ$ [kJ/mol] a 500 K e 2 bar	–40	–84	–50
B [cm^3/gmol] a 500 K	150	200	100

8.4 Em um processo químico, são usadas três substâncias, *A*, *B* e *C*, que estão envolvidas nas duas reações em série a seguir:

$$(\text{reação 1}): A \leftrightharpoons B; (\text{reação 2}): 2B \leftrightharpoons C$$

As constantes de equilíbrio em $T = 300$ K para reações descritas pelas duas reações químicas anteriores, considerando como estado padrão a condição para todos os componentes, a condição de gás ideal puro e $P = 1$ bar são iguais a $\mathbb{K}_1 = 5\ \mathbb{K}_2 = 0{,}2$. Considerando que os três componentes formam mistura ideal em fase líquida e que em fase gás se comportam como gás ideal, determine a pressão em que uma fase líquida e uma fase gás coexistiriam no reator e a composição dessas fases.
Dados: $P_A^{sat} = 50$ kPa, $P_B^{sat} = 5$ kPa, $P_C^{sat} = 200$ kPa.

8.5 Sabe-se que, para um reator trabalhando a 2 atm e 900 °C, alimentado com 100 % de metano, ocorre a reação química $CH_4\ (g) \rightleftharpoons C(s) + 2H_2\ (g)$ e a composição de equilíbrio é de $y_{CH_4} = 0{,}108$. Sabe-se, também, que a constante de equilíbrio da reação a 700 °C é 7,4 (considerando os estados de referência de gás ideal a 1 atm para o metano e o hidrogênio; e de sólido puro, em estado grafita, a 1 atm para o carbono). Calcule a composição de equilíbrio para uma reação a 800 °C e 5 atm quando são alimentados 80 % (em mol) de metano e 20 % de nitrogênio (inerte).

8.6 A reação de síntese de metanol, $CO(g) + 2\ H_2\ (g) \rightleftharpoons CH_4O(g)$, é conduzida em um processo em fase gasosa a 190 °C e 20 bar. Calcule a composição de equilíbrio e a vazão de produto de um sistema alimentado com 10 mol/s de cada reagente. Utilize os valores de energia de Gibbs e entalpia do Apêndice D, Tabela D.5, para 298,15 K fazendo as correções de estado de referência adequadas e considere os valores de capacidade calorífica do Apêndice D, Tabela D.3, dados para 298,15 K como constantes.

8.7 Uma reação de decomposição é dada por $A(s) \rightleftharpoons B(s) + C(g)$. Calcule a pressão de equilíbrio do sistema se a temperatura for 900 °C.

	A	B	C
$\Delta\bar{G}_f^{\circ}(25\ °C)$ [kJ/mol]	–1100	–60	–415
$\Delta\bar{H}_f^{\circ}(25\ °C)$ [kJ/mol]	–1200	–630	–400
C_p [J/(mol K)]	100	50	45

8.8 A reação $CH_4\ (g) + 2\ O_2\ (g) \rightleftharpoons CO_2\ (g) + 2\ H_2O\ (g)$ ocorre a 2 bar. A alimentação do reator está a 200 °C e contém 50 % de CH_4, 20 % de O_2 e 30 % de N_2. A saída está em equilíbrio a 600 °C. Calcule a quantidade de calor (por mol de alimentação) envolvida no processo, considerando comportamento de gás ideal. Utilize os valores de energia de Gibbs e entalpia do Apêndice D, Tabela D.5, para 298,15 K, fazendo as correções de estado de referência adequadas e considere os valores de capacidade calorífica do Apêndice D, Tabela D.3, dados para 298,15 K como constantes.

8.9 Duas reações em série, $A \rightleftharpoons B$ e $B \rightleftharpoons 2C$, ocorrem a 120 °C e 4,5 bar, em fase gasosa. Se o sistema é alimentado com 70 % de *A* e 30 % do inerte *I*, qual é a composição de equilíbrio?

	A	B	C
$\Delta\bar{G}_f^{\circ}(25\ °C)$ [kJ/mol]	–60	–65	–30
$\Delta\bar{H}_f^{\circ}(25\ °C)$ [kJ/mol]	–210	–215	–65

8.10 Um processo químico a 200 °C e 15 bar envolve duas fases. São alimentadas as substâncias *A*, *B* e *C*. Ocorre a reação $2A \rightleftharpoons B$, e *C* é inerte. Considere que, nessas condições, *B* não é condensável e *C* não é volátil. Calcule as composições de ambas as fases no equilíbrio.

$$\ln(P_A^{sat}[\text{bar}]) = 10 - 3700/T[K]$$

	A (l)	B (g)
$\Delta\bar{G}_f^{\ominus}(200\ °C)$ [kJ/mol]	55	40

Resumo de equações

- *Equação química e coeficientes estequiométricos*

$$(-\nu_{R1})R1 + (-\nu_{R2})R2 + \ldots \rightleftharpoons (\nu_{P1})P1 + (\nu_{P2})P2 + \ldots$$

- *Relação de geração/consumo e grau de avanço*

reação única:

$$N_i = N_i^{\text{inicial}} + \nu_i \xi$$

para i=[1...C]

mútiplas reações:

$$N_i = N_i^{\text{inicial}} + \sum_{j=1}^{R} \nu_{ij} \xi_j$$

para i=[1...C]

- *Equilíbrio químico*

$$\sum_{i=1}^{C} \nu_i \mu_i = 0$$

- *Constante de reação nos estados de referência*

$$\Delta\bar{G}^{\ominus} = \sum_{i=1}^{C} \nu_i \mu_i^{\ominus} \qquad \exp\left(\frac{-\Delta\bar{G}^{\ominus}}{RT}\right) = \mathbb{K}$$

- *Equilíbrio químico em termos de atividade*

$$\mathbb{K} = \prod_{i=1}^{C} \left(\hat{a}_i^{\nu_i}\right) \qquad \hat{a}_i = \hat{f}_i / f_i^{\ominus}$$

- *Equação de van't Hoff*

$$\frac{d(\ln \mathbb{K})}{dT} = \frac{\Delta\bar{H}^{\ominus}}{RT^2}$$

- *Equação de Kirchhoff*

$$\Delta\bar{H}^{\ominus}(T) = \Delta\bar{H}^{\ominus}(T_{\text{ref}}) + \int_{T_{\text{ref}}}^{T} \Delta C_P(T)\, dT$$

APÊNDICE 

Conversão de Unidades

Tabela A.1 – Fatores de conversão de unidade.

Grandeza (dimensões)	Fatores de conversão	
Comprimento (L)	1 m	= 100 cm = 3,28084 ft = 39,3701 in
Massa (M)	1 kg	= 10^3 g = 2,20462 lb_m
Força (MLT^{-2})	1 N	= 1 kg m s^{-2} = 10^{5-} dina = 0,224809 lb_f
Pressão ($ML^{-1}T^{-2}$)	1 bar	= 10^5 kg m^{-1} s^{-2} = 10^5 N m^{-2} = 10^5 Pa = 10^6 dina cm^{-2} = 0,986923 atm = 14,5038 psia = 750,061 torr
Volume (L^3)	1 m^3	= 10^6 cm^3 = 35,3147 ft^3 = 1.000 ℓ
Densidade ($L^{-3}M$)	1 g cm^{-3}	= 10^3 kg m^{-3} = 62,4278 lb_m ft^{-3}
Energia (L^2MT^{-2})	1 J	= 1 kg m^2 s^{-2} = 1 N m = 1 m^3 Pa = 10^{-5} m^3 bar = 10 cm^3 bar = 9,86923 cm^3 atm = 10^7 dina cm = 10^7 erg = 0,239006 cal = $5,12197 \times 10^{-3}$ ft^3 psia = 0,737562 ft lb_f = $9,47831 \times 10^{-4}$ Btu

(continua)

Tabela A.1 – Fatores de conversão de unidade. (*Continuação*)

Grandeza (dimensões)	Fatores de conversão	
Potência (L^2MT^{-3})	1 kW	= 10^3 W = 10^3 J s^{-1} = 10^3 kg m^2 s^{-3} = 239,006 cal s^{-1} = 737,562 Btu s^{-1} = 1,34102 hp
Quantidade de matéria (N)	1 mol	= 1 g/mol = 10^{-3} kg/mol
Temperatura absoluta (Θ)	1 K	= 1,8 R

Tabela A.2 – Valores da constante do gás ideal em diversas unidades.

R =	8,314	J mol^{-1} K^{-1}
	8,314	m^3 Pa mol^{-1} K^{-1}
	83,14	cm^3 bar mol^{-1} K^{-1}
	8,314	cm^3 kPa mol^{-1} K^{-1}
	82,06	cm^3 atm mol^{-1} K^{-1}
	62,356	cm^3 torr mol^{-1} K^{-1}
	1,987	cal mol^{-1} K^{-1}
	1,986	Btu $lbmol^{-1}$ R^{-1}
	0,7302	ft^3 atm $lbmol^{-1}$ R^{-1}
	10,73	ft^3 psia lbmol R^{-1}
	1,545	ft lb_f $lbmol^{-1}$ R^{-1}

$$R = k_B N_{Av}$$
$$k_B = 1{,}3800^{-23}\ JK^{-1}$$
$$N_{Av} = 6{,}02214076 \times 10^{23}\ mol^{-1}$$

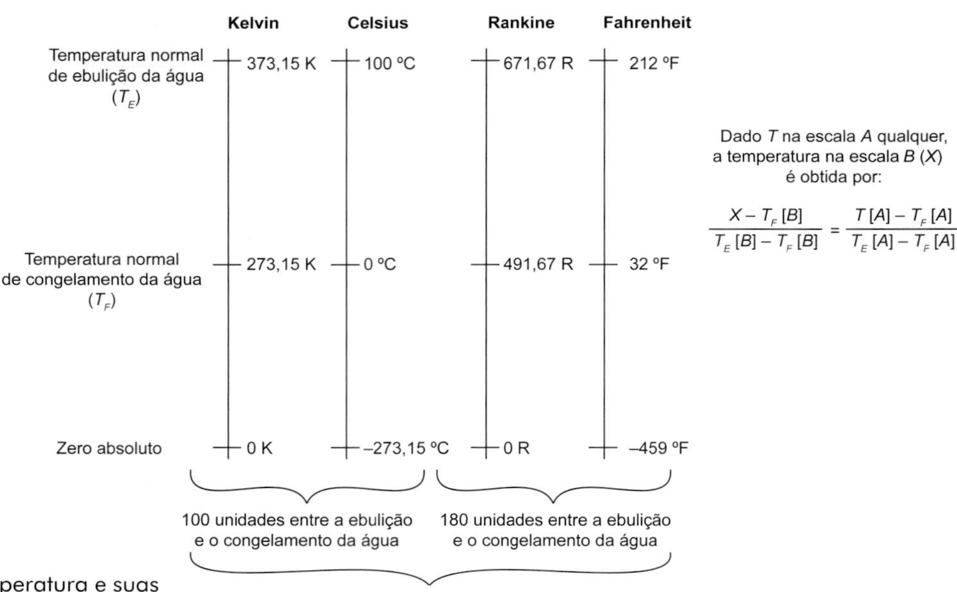

Figura A.1 – Escalas de temperatura e suas conversões.

APÊNDICE B

Diagramas Termodinâmicos

Neste apêndice, são apresentados diagramas $P \times \overline{H}$ para amônia, metano, propeno e o refrigerante R134a.

Os diagramas foram elaborados a partir de dados do programa ALLPROPS, v4.02 (1993), do The Center for Applied Thermodynamic Studies, College of Engineering, University of Idaho, Moscow, Idaho. Os diagramas aqui apresentados foram elaborados para uso educacional, sem o intuito de fornecer acurácia para uso industrial.

Para informações mais detalhadas, ver:

- *GPSA Engineering Databook*, da The Gas Processors Suppliers Association, 12. ed., Tulsa (2004).
- *ASHRAE Handbook*, da American Society of Heating, Refrigeration and Air-Conditioning Engineers, Atlanta, (1993).

O estado de referência (T_0, P_0, estado físico), em que é arbitrado $\overline{H} = 0$ e $\overline{S} = 0$, é dado em cada diagrama como líquido na pressão de 1 bar e na temperatura de saturação correspondente.

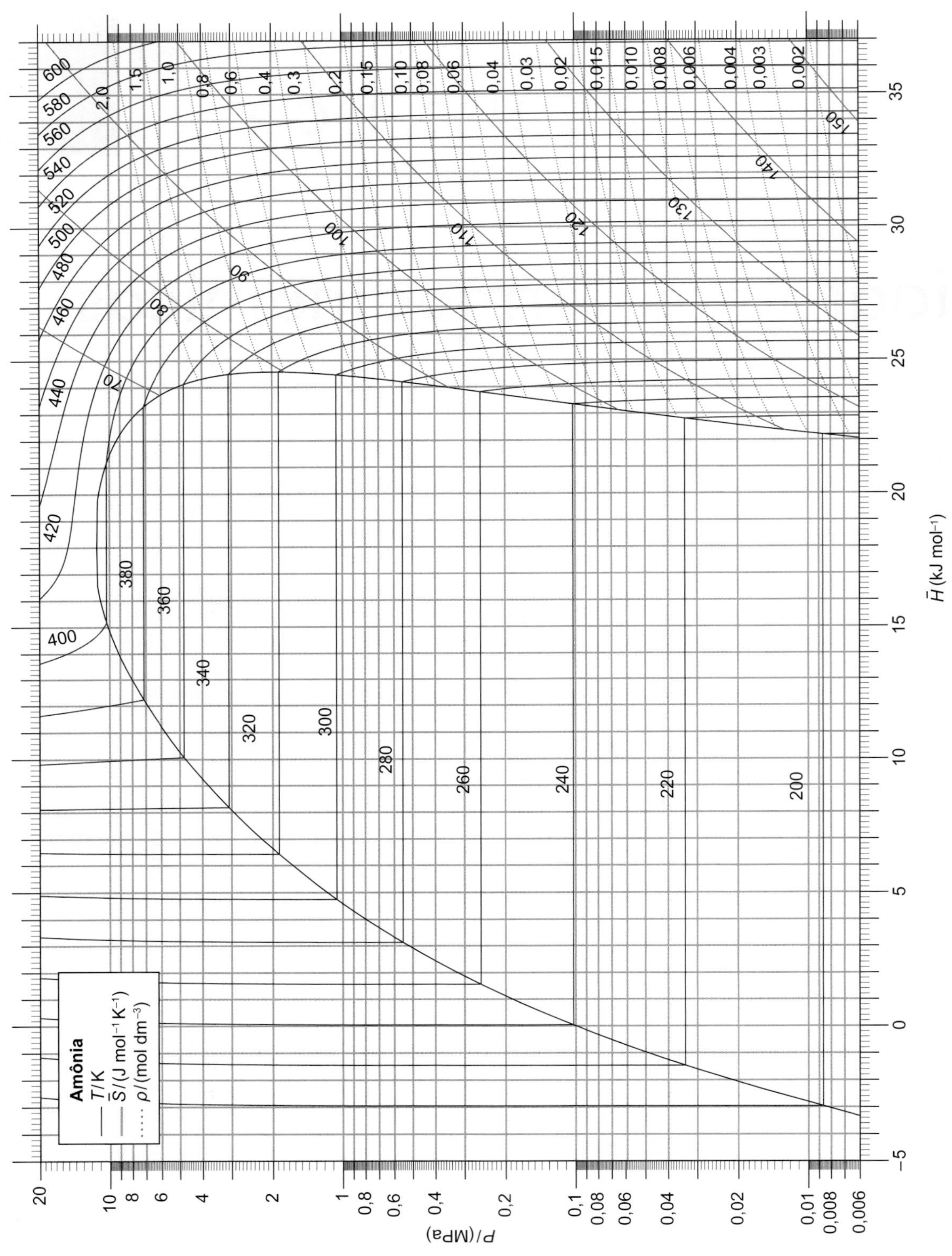
Amônia
— T/K
— S̄/(J mol⁻¹ K⁻¹)
····· ρ/(mol dm⁻³)
P/(MPa)
H̄ (kJ mol⁻¹)

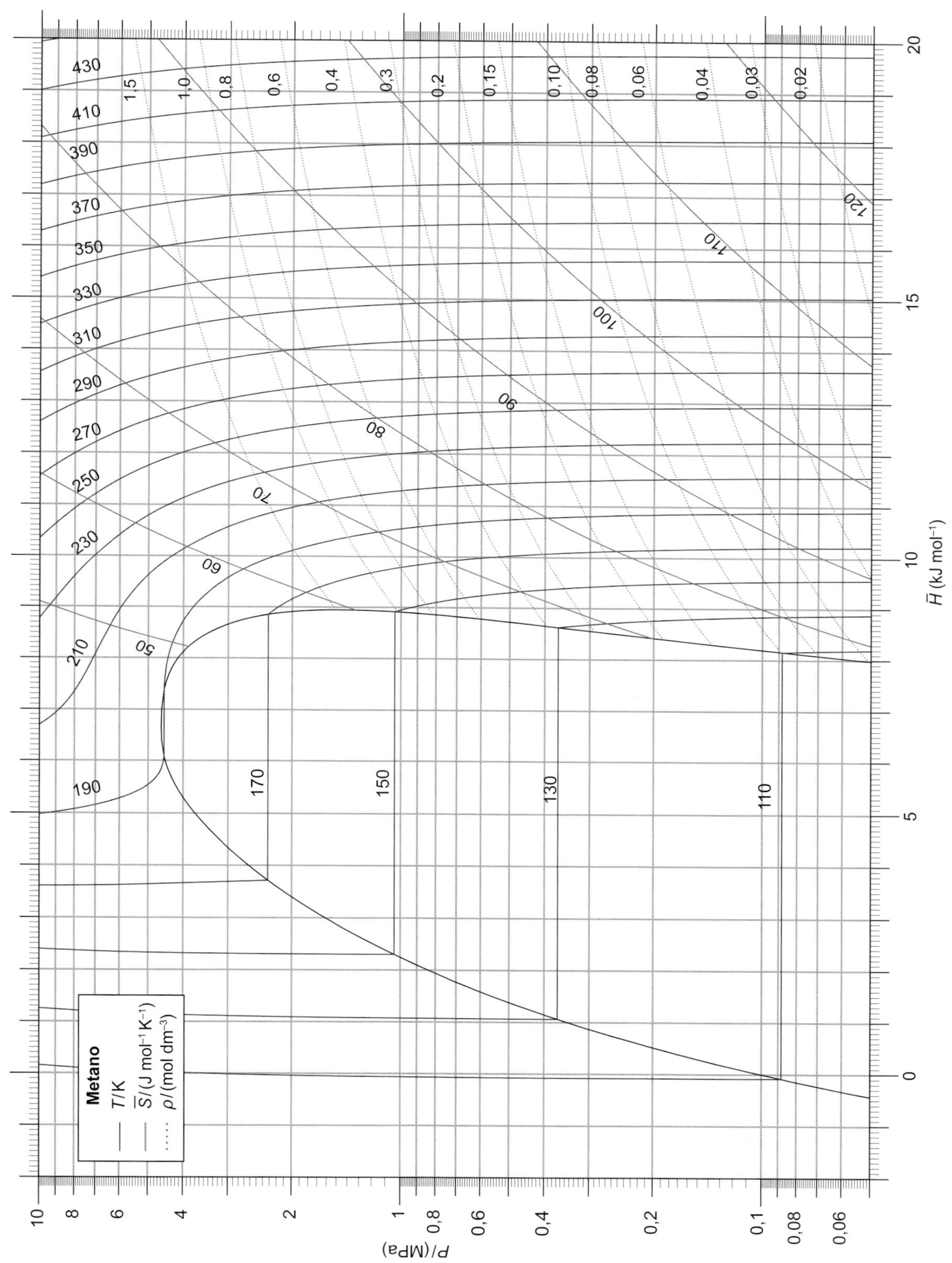
Metano
T/K
$\bar{S}$/(J mol⁻¹ K⁻¹)
ρ/(mol dm⁻³)
P/(MPa)
$\bar{H}$ (kJ mol⁻¹)
0
5
10
15
20
10
8
6
4
2
1
0,8
0,6
0,4
0,2
0,1
0,08
0,06
430
410
390
370
350
330
310
290
270
250
230
210
190
170
150
130
110
50
60
70
80
90
100
110
120
1,5
1,0
0,8
0,6
0,4
0,3
0,2
0,15
0,10
0,08
0,06
0,04
0,03
0,02

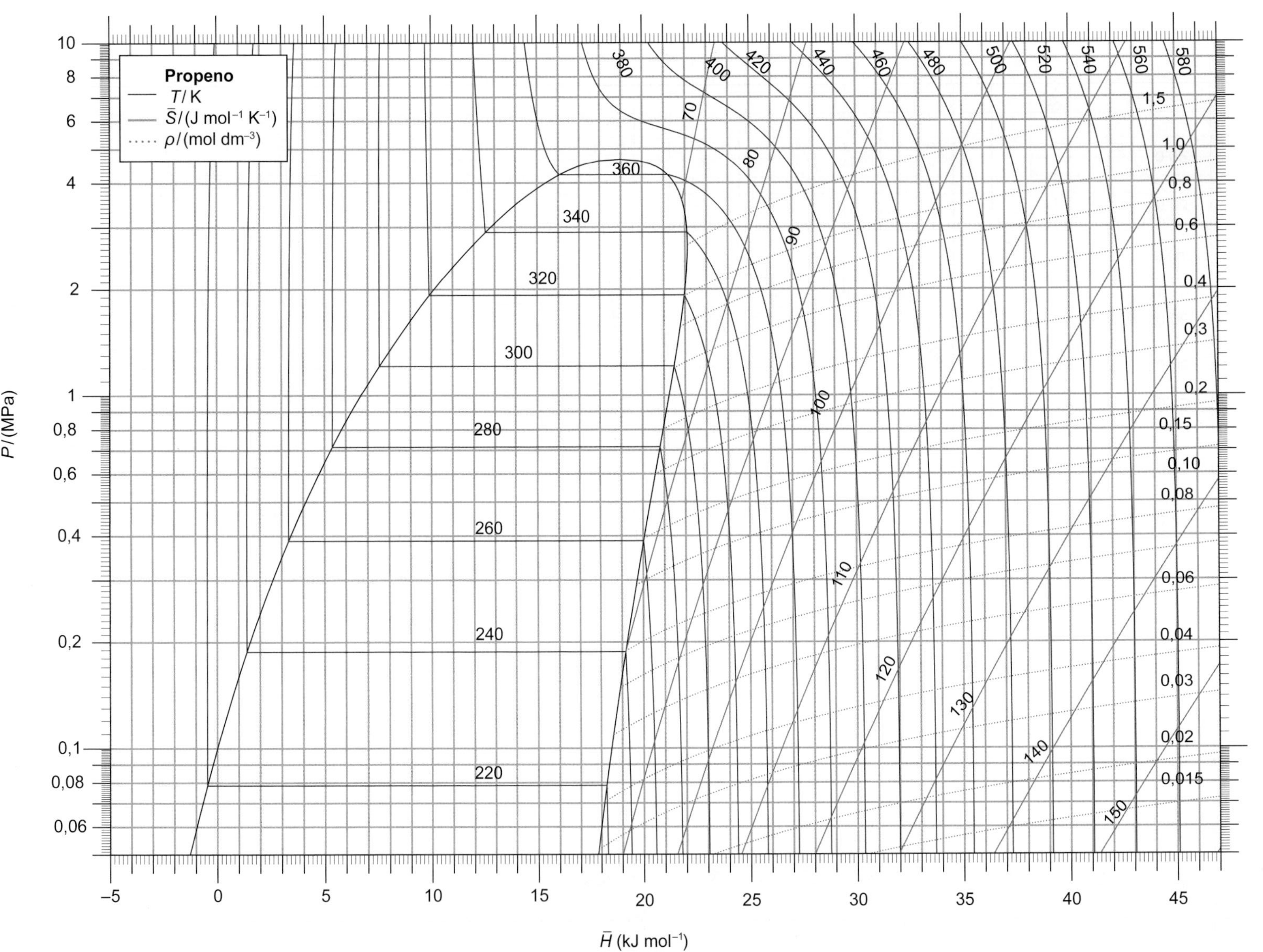
Propeno
T / K
$\bar{S}$/(J mol^{-1} K^{-1})
ρ / (mol dm^{-3})
P / (MPa)
$\bar{H}$ (kJ mol^{-1})

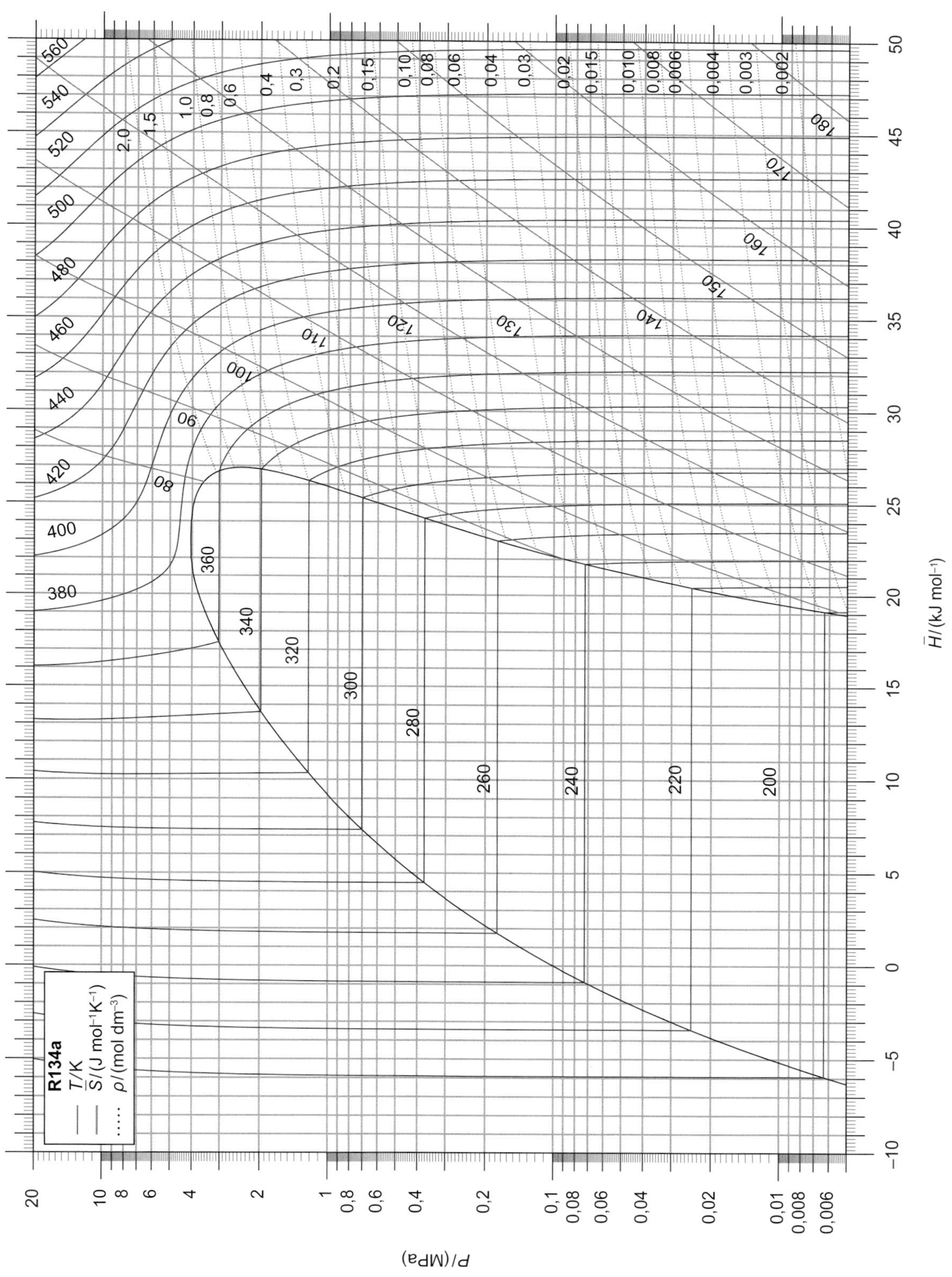
R134a
— T/K
— S̄/(J mol⁻¹K⁻¹)
····· ρ/(mol dm⁻³)
P/(MPa)
H̄/(kJ mol⁻¹)

A P Ê N D I C E C

Tabelas de Propriedades Termodinâmicas da Água

Neste apêndice, são apresentadas tabelas de propriedades termodinâmicas da água.

Primeiro, é apresentada a tabela de propriedades para líquido e vapor saturados e para vapor superaquecido. Os valores foram gerados a partir do programa ALLPROPS, v. 4.02 (1993), do The Center for Applied Thermodynamic Studies, College of Engineering, University of Idaho, Moscow, Idaho.

Essas tabelas foram geradas com o objetivo de uso educacional, sem o intuito de uso industrial; correlações acuradas podem ser encontradas em *Keep your steam tables up to date*, de HAREY e PARRY, *Chemical Engineering Process*, v. 95, n. 11, p. 45 (1999).

Em seguida, é apresentada a tabela de parâmetros para líquido sub-resfriado.

Esses dados foram obtidos da base *Water Structure and Science*, de Martin Chaplin, London South Bank University, disponível em: https://water.lsbu.ac.uk/water/data1.html.

O estado de referência (T_0, P_0, estado físico), em que é arbitrado $\overline{H} = 0$ e $\overline{S} = 0$, é dado em cada diagrama como líquido na pressão de 1 bar e na temperatura de saturação correspondente.

Tabela C.1 – Propriedades de líquido saturado, vapor saturado e vapor superaquecido para água a pressão baixa-moderada.

$\overline{H}$/(kJ/kg) $\overline{S}$/(kJ/kg/K) $\overline{V}$/(dm³/kg)

P/kPa T^{sat}/K		L^{sat}	V^{sat}	T/K = 325	350	400	450
10,00	$\overline{H}$	–225,91	2.167,97	2.179,58	2.227,40	2.322,78	2.418,89
319	$\overline{S}$	–654,1	6.851,0	6.887,0	7.028,8	7.283,5	7.509,9
	$\overline{V}$	1,0111	14.684,8	14.967,7	16.134,9	18.457,0	20.772,3
20,00	$\overline{H}$	–166,23	2.193,16		2.225,76	2.321,92	2.418,34
333	$\overline{S}$	–471,1	6.609,4		6.704,8	6.961,7	7.188,8
	$\overline{V}$	1,0180	7.656,1		8.051,3	9.218,7	10.379,8
30,00	$\overline{H}$	–128,35	2.208,84		2.224,07	2.321,05	2.417,79
342	$\overline{S}$	–359,0	6.469,7		6.513,7	6.772,7	7.000,6
	$\overline{V}$	1,0231	5.234,2		5.356,3	6.139,3	6.915,4
40,00	$\overline{H}$	–99,97	2.220,41		2.222,34	2.320,18	2.417,25
349	$\overline{S}$	–276,9	6.371,2		6.376,8	6.638,1	6.866,8
	$\overline{V}$	1,0273	3.997,4		4.008,9	4.599,7	5.183,4
50,00	$\overline{H}$	–77,04	2.229,61			2.319,29	2.416,70
354	$\overline{S}$	–211,8	6.295,3			6.533,3	6.762,8
	$\overline{V}$	1,0308	3.243,6			3.675,8	4.144,1
60,00	$\overline{H}$	–57,66	2.237,29			2.318,41	2.416,14
359	$\overline{S}$	–157,5	6.233,4			6.447,4	6.677,7
	$\overline{V}$	1,0339	2.734,7			3.059,7	3.451,1
70,00	$\overline{H}$	–40,79	2.243,88			2.317,51	2.415,59
363	$\overline{S}$	–110,8	6.181,3			6.374,4	6.605,5
	$\overline{V}$	1,0368	2.367,4			2.619,8	2.956,2
80,00	$\overline{H}$	–25,82	2.249,67			2.316,61	2.415,04
367	$\overline{S}$	–069,8	6.136,2			6.311,0	6.542,9
	$\overline{V}$	1,0394	2.089,3			2.289,8	2.584,9
90,00	$\overline{H}$	–12,32	2.254,82			2.315,69	2.414,48
370	$\overline{S}$	–033,2	6.096,5			6.254,8	6.487,5
	$\overline{V}$	1,0418	1.871,4			2.033,1	2.296,3
100,00	$\overline{H}$	0,00	2.259,47			2.314,78	2.413,92
373	$\overline{S}$	0,00	6.061,1			6.204,3	6.437,9
	$\overline{V}$	1,0440	1.695,8			1.827,8	2.065,3
200,00	$\overline{H}$	87,31	2.290,84			2.305,07	2.408,23
393	$\overline{S}$	227,7	5.829,1			5.864,9	6.108,1
	$\overline{V}$	1,0614	886,6			903,3	1.025,8
300,00	$\overline{H}$	144,11	2.309,51				2.402,34
407	$\overline{S}$	369,4	5.693,7				5.910,7
	$\overline{V}$	1,0741	606,3				679,2
400,00	$\overline{H}$	187,40	2.322,67				2.396,22
417	$\overline{S}$	474,3	5.597,4				5.767,3
	$\overline{V}$	1,0845	462,8				505,8
500,00	$\overline{H}$	222,89	2.332,71				2.389,86
425	$\overline{S}$	558,3	5.522,5				5.653,2
	$\overline{V}$	1,0935	375,1				401,7

500	550	600	650	700	750	800	850	900
2.516,19	2.614,88	2.715,06	2.816,81	2.920,17	3.025,18	3.131,90	3.240,34	3.350,54
7.714,9	7.903,0	8.077,3	8.240,2	8.393,4	8.538,3	8.676,0	8.807,5	8.933,4
23.085,6	25.398,0	27.708,5	30.020,3	32.329,8	34.640,0	36.950,8	39.259,1	41.571,1
2.515,81	2.614,59	2.714,84	2.816,63	2.920,03	3.025,07	3.131,80	3.240,26	3.350,47
7.394,2	7.582,4	7.756,9	7.919,8	8.073,0	8.218,0	8.355,7	8.487,2	8.613,2
11.538,3	12.695,2	13.851,5	15.007,7	16.163,0	17.318,4	18.473,6	19.628,9	20.784,0
2.515,43	2.614,32	2.714,63	2.816,46	2.919,89	3.024,95	3.131,71	3.240,18	3.350,40
7.206,3	7.394,8	7.569,3	7.732,3	7.885,6	8.030,5	8.168,4	8.299,9	8.425,9
7.688,9	8.461,1	9.232,5	10.003,5	10.774,3	11.544,7	12.315,0	13.085,4	13.855,6
2.515,04	2.614,03	2.714,41	2.816,29	2.919,74	3.024,84	3.131,61	3.240,09	3.350,33
7.072,8	7.261,5	7.436,2	7.599,3	7.752,6	7.897,6	8.035,4	8.166,9	8.292,9
5.764,3	6.344,0	6.923,0	7.501,5	8.079,8	8.657,8	9.235,7	9.813,6	10.391,2
2.514,67	2.613,75	2.714,19	2.816,12	2.919,61	3.024,72	3.131,51	3.240,01	3.350,26
6.969,2	7.158,0	7.332,8	7.496,0	7.649,4	7.794,4	7.932,2	8.063,8	8.189,8
4.609,7	5.073,6	5.537,3	6.000,3	6.463,1	6.925,7	7.388,1	7.850,4	8.312,6
2.514,28	2.613,47	2.713,98	2.815,94	2.919,47	3.024,61	3.131,41	3.239,93	3.350,19
6.884,4	7.073,5	7.248,4	7.411,6	7.565,0	7.710,0	7.847,9	7.979,5	8.105,5
3.839,6	4.227,0	4.613,5	4.999,6	5.385,4	5.770,9	6.156,3	6.541,6	6.926,9
2.513,90	2.613,18	2.713,76	2.815,77	2.919,33	3.024,49	3.131,32	3.239,84	3.350,12
6.812,7	7.001,9	7.176,9	7.340,2	7.493,7	7.638,7	7.776,6	7.908,2	8.034,3
3.289,8	3.622,1	3.953,6	4.284,7	4.615,4	4.946,2	5.276,4	5.606,9	5.937,1
2.513,52	2.612,91	2.713,54	2.815,60	2.919,19	3.024,37	3.131,22	3.239,77	3.350,04
6.750,4	6.939,8	7.114,9	7.278,3	7.431,8	7.576,9	7.714,8	7.846,4	7.972,5
2.877,3	3.168,4	3.458,6	3.748,4	4.038,1	4.327,4	4.616,5	4.905,6	5.194,5
2.513,13	2.612,62	2.713,32	2.815,43	2.919,04	3.024,26	3.131,12	3.239,68	3.349,97
6.695,4	6.885,0	7.060,3	7.223,7	7.377,3	7.522,4	7.660,3	7.792,0	7.918,0
2.556,5	2.815,5	3.073,8	3.331,5	3.589,1	3.846,3	4.103,4	4.360,4	4.617,3
2.512,74	2.612,34	2.713,11	2.815,26	2.918,91	3.024,14	3.131,02	3.239,60	3.349,91
6.646,2	6.836,0	7.011,3	7.174,8	7.328,4	7.473,7	7.611,6	7.743,2	7.869,3
2.300,0	2.533,2	2.765,7	2.998,0	3.229,8	3.461,4	3.692,9	3.924,2	4.155,6
2.508,86	2.609,49	2.710,92	2.813,52	2.917,50	3.022,98	3.130,05	3.238,77	3.349,19
6.320,2	6.511,9	6.688,4	6.852,7	7.006,8	7.152,3	7.290,5	7.422,3	7.548,5
1.145,1	1.263,0	1.380,1	1.496,7	1.613,1	1.729,2	1.845,1	1.961,1	2.076,8
2.504,92	2.606,62	2.708,72	2.811,79	2.916,09	3.021,82	3.129,07	3.237,94	3.348,48
6.126,9	6.320,8	6.498,4	6.663,4	6.818,0	6.963,9	7.102,3	7.234,3	7.360,7
760,1	839,5	918,2	996,3	1.074,2	1.151,8	1.229,3	1.306,7	1.384,0
2.500,91	2.603,72	2.706,52	2.810,04	2.914,68	3.020,65	3.128,09	3.237,11	3.347,76
5.987,9	6.183,9	6.362,8	6.528,5	6.683,7	6.829,8	6.968,5	7.100,7	7.227,2
567,6	627,8	687,2	746,1	804,7	863,1	921,3	979,5	1.037,6
2.496,83	2.600,79	2.704,29	2.808,29	2.913,27	3.019,48	3.127,12	3.236,27	3.347,04
5.878,7	6.076,9	6.257,0	6.423,5	6.579,0	6.725,6	6.864,5	6.996,9	7.123,5
452,1	500,7	548,6	596,0	643,0	689,9	736,6	783,2	829,7

Tabela C.2 – Propriedades de líquido saturado, vapor saturado e vapor superaquecido para água a pressão moderada-alta.

$\overline{H}$/(kJ/kg) $\overline{S}$/(kJ/kg/K) $\overline{V}$/(dm^3/kg)

P/kPa T^{sat}/K		L^{sat}	V^{sat}	T/K= 450	475	500	525
600,00	$\overline{H}$	253,23	2.340,73	2.383,22	2.438,91	2.492,68	2.545,51
432	$\overline{S}$	628,9	5.461,0	5.557,4	5.677,8	5.788,2	5.891,3
	$\overline{V}$	1,1015	315,8	332,2	353,9	375,0	395,7
700,00	$\overline{H}$	279,89	2.347,32	2.376,29	2.433,66	2.488,47	2.542,00
438	$\overline{S}$	689,9	5.408,7	5.473,9	5.598,0	5.710,5	5.815,0
	$\overline{V}$	1,1089	273,0	282,5	301,6	319,9	337,9
800,00	$\overline{H}$	303,78	2.352,86	2.369,02	2.428,26	2.484,17	2.538,45
444	$\overline{S}$	743,9	5.363,2	5.399,4	5.527,5	5.642,3	5.748,2
	$\overline{V}$	1,1157	240,5	245,1	262,3	278,6	294,5
900,00	$\overline{H}$	325,51	2.357,57	2.361,39	2.422,71	2.479,80	2.534,86
449	$\overline{S}$	792,3	5.322,8	5.331,3	5.464,0	5.581,1	5.688,6
	$\overline{V}$	1,1221	215,0	216,0	231,7	246,5	260,8
1.000,00	$\overline{H}$	345,49	2.361,63		2.417,00	2.475,34	2.531,22
453	$\overline{S}$	836,4	5.286,4		5.405,8	5.525,5	5.634,6
	$\overline{V}$	1,1282	194,5		207,2	220,8	233,8
2.000,00	H	491,61	2.382,76			2.425,47	2.491,97
486	$\overline{S}$	1.145,3	5.040,1			5.126,8	5.256,7
	$\overline{V}$	1,1777	99,7			104,5	112,1
3.000,00	$\overline{H}$	591,48	2.387,64				2.446,26
507	$\overline{S}$	1.344,2	4.886,7				5.000,3
	$\overline{V}$	1,2177	66,7				71,1
4.000,00	$\overline{H}$	670,63	2.385,37				2.391,07
524	$\overline{S}$	1.495,4	4.770,7				4.781,5
	$\overline{V}$	1,2535	49,8				50,1
5.000,00	$\overline{H}$	737,77	2.378,81				
537	$\overline{S}$	1.619,6	4.674,8				
	$\overline{V}$	1,2873	39,5				
6.000,00	$\overline{H}$	797,05	2.369,22				
549	$\overline{S}$	1.726,4	4.591,3				
	$\overline{V}$	1,3201	32,5				
7.000,00	$\overline{H}$	850,79	2.357,27				
559	$\overline{S}$	1.821,0	4.515,9				
	$\overline{V}$	1,3527	27,4				
8.000,00	$\overline{H}$	900,47	2.343,28				
568	$\overline{S}$	1.906,7	4.446,0				
	$\overline{V}$	1,3855	23,5				
9.000,00	$\overline{H}$	947,06	2.327,47				
577	$\overline{S}$	1.985,6	4.380,0				
	$\overline{V}$	1,4189	20,5				
10.000,00	$\overline{H}$	991,29	2.309,91				
584	$\overline{S}$	2.059,4	4.316,6				
	$\overline{V}$	1,4534	18,0				

550	575	600	650	700	750	800	850	900
2.597,84	2.649,97	2.702,06	2.806,54	2.911,85	3.018,32	3.126,13	3.235,44	3.346,33
5.988,7	6.081,3	6.170,0	6.337,3	6.493,3	6.640,2	6.779,4	6.911,9	7.038,7
416,0	436,2	456,2	495,9	535,2	574,4	613,4	652,3	691,1
2.594,87	2.647,41	2.699,82	2.804,78	2.910,43	3.017,14	3.125,16	3.234,61	3.345,62
5.913,4	6.006,8	6.096,0	6.264,0	6.420,6	6.567,9	6.707,3	6.840,0	6.966,9
355,5	372,9	390,2	424,4	458,3	491,9	525,4	558,8	592,2
2.591,86	2.644,82	2.697,56	2.803,01	2.909,01	3.015,97	3.124,17	3.233,77	3.344,90
5.847,6	5.941,7	6.031,5	6.200,3	6.357,4	6.505,0	6.644,7	6.777,5	6.904,6
310,1	325,5	340,7	370,8	400,5	430,1	459,4	488,7	517,9
2.588,83	2.642,21	2.695,29	2.801,24	2.907,58	3.014,79	3.123,18	3.232,94	3.344,18
5.789,0	5.883,9	5.974,3	6.143,9	6.301,5	6.449,4	6.589,3	6.722,4	6.849,5
274,8	288,6	302,2	329,1	355,6	381,9	408,1	434,2	460,2
2.585,77	2.639,59	2.693,01	2.799,46	2.906,14	3.013,62	3.122,20	3.232,10	3.343,46
5.736,2	5.831,8	5.922,8	6.093,2	6.251,3	6.399,6	6.539,8	6673,0	6.800,3
246,6	259,1	271,4	295,7	319,7	343,4	367,1	390,6	414,0
2.553,47	2.612,27	2.669,47	2.781,29	2.891,63	3.001,73	3.112,28	3.223,69	3.336,26
5.371,2	5.475,7	5.573,1	5.752,1	5.915,7	6.067,6	6.210,3	6.345,4	6.474,0
119,2	126,1	132,7	145,5	158,0	170,2	182,3	194,2	206,1
2.517,60	2.582,77	2.644,51	2.762,44	2.876,74	2.989,62	3.102,22	3.215,21	3.329,00
5.133,1	5.249,0	5.354,2	5.543,0	5.712,4	5.868,2	6.013,5	6.150,5	6.280,6
76,5	81,6	86,3	95,4	104,0	112,4	120,7	128,8	136,8
2.477,16	2.550,68	2.617,93	2.742,86	2.861,47	2.977,29	3.092,03	3.206,64	3.321,69
4.941,9	5.072,7	5.187,2	5.387,3	5.563,1	5.722,9	5.871,0	6.010,0	6.141,5
55,0	59,2	63,1	70,3	77,1	83,5	89,9	96,1	102,2
2.430,58	2.515,45	2.589,51	2.722,47	2.845,79	2.964,74	3.081,72	3.197,99	3.314,33
4.770,1	4.921,1	5.047,2	5.260,2	5.443,0	5.607,2	5.758,2	5.899,2	6.032,2
41,8	45,6	49,0	55,2	60,8	66,2	71,4	76,4	81,4
2.375,07	2.476,27	2.558,94	2.701,23	2.829,70	2.951,97	3.071,26	3.189,26	3.306,92
4.601,9	4.782,0	4.922,9	5.150,9	5.341,3	5.510,1	5.664,1	5.807,2	5.941,7
32,7	36,5	39,6	45,1	50,0	54,6	59,1	63,3	67,5
	2.431,92	2.525,82	2.679,06	2.813,16	2.938,95	3.060,68	3.180,44	3.299,46
	4.647,6	4.807,6	5.053,2	5.252,1	5.425,7	5.582,8	5.728,0	5.864,1
	29,8	32,8	37,9	42,3	46,4	50,2	54,0	57,6
	2.380,33	2.489,58	2.655,87	2.796,17	2.925,70	3.049,95	3.171,55	3.291,94
	4.510,8	4.697,0	4.963,7	5.171,7	5.350,5	5.510,9	5.658,4	5.796,0
	24,6	27,6	32,4	36,5	40,2	43,6	47,0	50,2
		2.449,43	2.631,54	2.778,69	2.912,20	3.039,09	3.162,57	3.284,39
		4.587,6	4.879,8	5.098,0	5.282,3	5.446,2	5.595,9	5.735,2
		23,5	28,1	31,9	35,3	38,5	41,5	44,4
		2.404,13	2.605,97	2.760,70	2.898,44	3.028,09	3.153,52	3.276,78
		4.475,9	4.799,9	5.029,4	5.219,6	5.386,9	5.539,0	5.680,0
		20,1	24,7	28,3	31,4	34,4	37,1	39,8

Tabela C.3 – Propriedades de líquido sub-resfriado para água a pressão atmosférica.

Temperatura T/°C	Compressibilidade isotérmica κ/GPa^{-1}	Densidade ρ/(kg/m^3)	Capacidade calorífica a pressão constante C_P/(J mol^{-1} K^{-1})	Capacidade calorífica a volume constante C_V/(J mol^{-1} K^{-1})	Expansividade térmica α/(10^{-3}K^{-1})
0	0,5089	999,8	76,01	75,97	–0,068
10	0,4781	999,7	75,57	75,49	0,088
20	0,4589	998,2	75,38	74,88	0,207
30	0,4477	995,7	75,30	74,17	0,303
40	0,4424	992,2	75,29	73,38	0,385
50	0,4417	988,0	75,33	72,53	0,458
60	0,4450	983,2	75,39	71,64	0,523
70	0,4516	977,8	75,49	70,71	0,584
80	0,4614	971,8	75,61	69,77	0,641
90	0,4743	965,4	75,76	68,82	0,696
100	0,4902	958,4	75,95	67,89	0,750

Dados obtidos da base *Water Structure and Science*, de Martin Chaplin, London South Bank University. Disponível em: https://water.lsbu.ac.uk/water/data1.html.

APÊNDICE D

Tabelas de Parâmetros para o Cálculo de Propriedades de Espécies Puras

Neste apêndice, estão listados parâmetros de espécies puras selecionadas. Os valores apresentados aqui são apresentados com o objetivo educacional de acompanhar os exercícios propostos; para uso industrial, recomendam-se as bases: *DIPPR* (Design Institute for Physical Properties Data), do American Institute of Chemical Engineers; *Physical and Thermodynamic Properties of Pure Chemicals Data Compilation*, de Daubert, Danner, Sibul, Stebbins; *NIST chemistry WebBook*, disponível em https://webbook.nist.gov/chemistry/; e *The properties of gases and liquids*, 5th, de Poling, Prausnitz, O'Connell.

- Tabela de propriedades características (propriedades críticas).
- Tabela de coeficientes de pressão de vapor (correlação de Antoine).
- Tabela de parâmetros de C_P de gás ideal.
- Tabela de parâmetros de C_P de líquido.
- Tabela de energia de Gibbs de formação padrão.

Os valores apresentados são um subconjunto dos valores que constam nas tabelas de SMITH, VAN NESS e ABBOTT, *Introdução à Termodinâmica da Engenharia Química*, 7. ed. (2007).

Tabela D.1 – Propriedades características (propriedades críticas).

	Massa molar/(g/mol)	Fator acêntrico	Tc/K	Pc/bar	Zc
Hidrocarbonetos					
Metano	16,04	0,012	190,6	45,99	0,286
Etano	30,07	0,100	305,3	48,72	0,279
Propano	44,10	0,152	369,8	42,48	0,276
n-Butano	58,12	0,200	425,1	37,96	0,274
n-Pentano	72,15	0,252	469,7	33,70	0,270
n-Hexano	86,18	0,301	507,6	30,25	0,266
n-Heplano	100,20	0,350	540,2	27,40	0,261
n-Octano	114,23	0,400	568,7	24,90	0,256
n-Nonano	128,26	0,444	594,6	22,90	0,252
n-Decano	142,29	0,492	617,7	21,10	0,247
Isobutano	58,12	0,181	408,1	36,48	0,282
Ciclopentano	70,13	0,196	511,8	45,02	0,273
Ciclohexano	84,16	0,210	553,6	40,73	0,273
Etileno	28,05	0,087	282,3	50,40	0,281
Propileno	42,08	0,140	365,6	46,65	0,289
Benzeno	78,11	0,210	562,2	48,98	0,271
Tolueno	92,14	0,262	591,8	41,06	0,264
Outros orgânicos					
Formaldeído	30,03	0,282	408,0	65,90	0,223
Acetaldeído	44,05	0,291	466,0	55,50	0,221
Acetato de metila	74,08	0,331	506,6	47,50	0,257
Acetona	58,08	0,307	508,2	47,01	0,233
Éter dietílico	74,12	0,281	466,7	36,40	0,263
Metanol	32,04	0,564	512,6	80,97	0,224
Etanol	46,07	0,645	513,9	61,48	0,240
Fenol	94,11	0,444	694,3	61,30	0,243
Etilenoglicol	62,07	0,487	719,7	77,00	0,246
Ácido acético	60,05	0,467	592,0	57,86	0,211
Metilamina	31,06	0,281	430,1	74,60	0,321
Tetracloreto de carbono	153,82	0,193	556,4	45,60	0,272
Clorofórmio	119,38	0,222	536,4	54,72	0,293
Tetrafluoroetano (r134a)	102,03	0,327	374,2	40,60	0,258
Inorgânicos					
Argônio	39,95	0,000	150,9	48,98	0,291
Criptônio	83,80	0,000	209,4	55,02	0,288
Xenônio	131,30	0,000	289,7	58,40	0,286
Hélio	4,00	–0,390	5,2	2,28	0,302
Hidrogênio	2,02	–0,216	33,2	13,13	0,305
Oxigênio	32,00	0,022	154,6	50,43	0,288
Nitrogênio	28,01	0,038	126,2	34,00	0,289
Cloro	70,91	0,069	417,2	77,10	0,265
Monóxido de carbono	28,01	0,048	132,9	34,99	0,299
Dióxido de carbono	44,01	0,224	304,2	73,83	0,274
Sulfeto de hidrogênio	34,08	0,094	373,5	89,63	0,284
Cloreto de hidrogênio	36,46	0,132	324,7	83,10	0,249
Água	18,02	0,345	647,1	220,55	0,229
Amônia	17,03	0,253	405,7	112,80	0,242

Para informações mais detalhadas, ver *DIPPR* (Design Institute for Physical Properties Data), do American Institute of Chemical Engineers; e *Physical and Thermodynamic Properties of Pure Chemicals Data Compilation*, de DAUBERT, DANNER, SIBUL e STEBBINS.

Tabela D.2 – Tabela de coeficientes de pressão de saturação (correlação de Antoine), calor latente e ponto normal de ebulição.

$$\ln\left(P^{sat}\,[\text{kPa}]\right) = A - B/\left(T\,[^\circ\text{C}] + C\right)$$

	A	B	C	Faixa de T/°C	$\Delta \overline{H}_n$/(kJ/mol)	T_n/°C
Hidrocarbonetos						
n-Butano	13,6608	2.154,70	238,79	–73... 19	22,44	–0,5
iso-Butano	13,8254	2.181,79	248,87	–83... 7	21,30	–11,9
n-Pentano	13,7667	2.451,88	232,01	–45... 58	25,79	36,0
Ciclopentano	13,9727	2.653,90	234,51	–35... 71	27,30	49,2
Ciclohexano	13,6568	2.723,44	220,62	9...105	29,97	80,7
n-Hexano	13,8193	2.696,04	224,32	–19... 92	28,85	68,7
n-Heptano	13,8622	2.910,26	216,43	4...123	31,77	98,4
n-Octano	13,9346	3.123,13	209,63	26...152	34,41	125,6
iso-Octano	13,6703	2.896,31	220,77	2...125	30,79	99,2
n-Nonano	13,9854	3.311,19	202,69	46...178	36,91	150,8
n-Decano	13,9748	3.442,76	193,86	65...203	38,75	174,1
Benzeno	13,7819	2.726,81	217,57	6...104	30,72	80,0
Tolueno	13,9320	3.056,96	217,62	13...136	33,18	110,6
o-Xileno	14,0415	3.358,79	212,04	40...172	36,24	144,4
m-Xileno	14,1387	3.381,81	216,12	35...166	35,66	139,1
p-Xileno	14,0579	3.331,45	214,63	35...166	35,67	138,3
Outros orgânicos						
Metanol	16,5785	3.638,27	239,5	–11... 83	35,21	64,7
Etanol	16,8958	3.795,17	230,92	3... 96	38,56	78,2
1-Propanol	16,1154	3.483,67	205,81	20...116	41,44	97,2
2-Propanol	16,6796	3.640,20	219,61	8...100	39,85	82,2
1-Butanol	15,3144	3.212,43	182,74	37...138	43,29	117,6
2-Butanol	15,1989	3.026,03	186,50	25...120	40,75	99,5
iso-Butanol	14,6047	2.740,95	166,67	30...128	41,82	107,8
tert-Butanol	14,8445	2.658,29	177,65	10-...101	39,07	82,3
Etilenoglicol	15,7567	4.187,46	178,65	100...222	50,73	197,3
Fenol	14,4387	3.507,80	175,40	80...208	46,18	181,8
Ácido acético	15,0717	3.580,80	224,65	24...142	23,70	117,9
Acetato de metila	14,2456	2.662,78	219,69	–23... 78	30,32	56,9
Acetona	14,3145	2.756,22	228,06	–26... 77	29,10	56,2
Metil etil cetona	14,1334	2.838,24	218,69	–8...103	31,30	79,6
Éter dietílico	14,0735	2.511,29	231,20	–43... 55	26,52	34,4
Diclorometano	13,9891	2.463,93	223,24	–38... 60	28,06	39,7
Clorofórmio	13,7324	2.548,74	218,55	–23... 84	29,24	61,1
Tetracloreto de carbono	14,0572	2.914,23	232,15	–14...101	29,82	76,6
1-Clorobutano	13,7965	2.723,73	218,26	–17... 79	30,39	78,5
Clorobenzeno	13,8635	3.174,78	211,70	29...159	35,19	131,7
Acetonitrila	14,8950	3.413,10	250,52	–27... 81	30,19	81,6
Inorgânicos						
Água	16,3872	3885,70	230,17	0...200	40,66	100,0

Para informações mais detalhadas, ver *The Properties of Gases and Liquids*, 5th, de POLING, PRAUSNITZ e O'CONNELL; e *DECHEMA – Vapor-Liquid Equilibrium Data Collection Chemistry Data Series*, v. 1, partes 1-8, de GMEHLING, ONKEN e ARLT (1974-1990).

Tabela D.3 – Tabela de coeficientes de capacidade calorífica de gás ideal.

$$C_P^{gi}/R = A + B\left(T[\text{K}]\right) + C\left(T[\text{K}]\right)^2 + D/\left(T[\text{K}]\right)^2$$

	A	1×10^3 B	1×10^6 C	1×10^{-5} D	C_p^{gi}/R a 298 K
Hidrocarbonetos					
Metano	1,702	9,081	–2,164		4,217
Etano	1,131	19,225	–5,561		6,369
Propano	1,213	28,785	–8,824		9,011
n-Butano	1,935	36,915	–11,402		11,928
iso-Butano	1,677	37,853	–11,945		11,901
n-Pentano	2,464	45,351	–14,111		14,731
n-Hexano	3,025	53,722	–16,791		17,550
Ciclo-hexano	–3,876	63,249	–20,928		13,121
n-Heptano	3,570	62,127	–19,486		20,361
n-Octano	4,108	70,567	–22,208		23,174
Etileno	1,424	14,394	–4,392		5,325
Propileno	1,637	22,706	–6,915		7,792
1-Buteno	1,967	31,630	–9,873		10,520
1-Penteno	2,691	39,753	–12,447		13,437
1-Hexeno	3,220	48,189	–15,157		16,240
1-Hepteno	3,768	56,588	–17,847		19,053
1-Octeno	4,324	64,960	–20,521		21,868
Outros orgânicos					
Acetaldeído	1,693	17,978	–6,158		6,506
Acetileno	6,132	1,952	—	–1,299	5,253
Benzeno	–0,206	39,064	–13,301		10,259
1,3-Butadieno	2,734	26,786	–8,882		10,720
Etanol	3,518	20,001	–6,002		8,948
Etilbenzeno	1,124	55,380	–18,476		15,993
Óxido de etileno	–0,385	23,463	–9,296		5,784
Formaldeído	2,264	7,022	–1,877		4,191
Metanol	2,211	12,216	–3,45		5,547
Tolueno	0,290	47,052	–15,716		12,922
Inorgânicos					
Amônia	3,578	3,020	—	–0,186	4,269
Bromo	4,493	0,056	—	–0,154	4,337
Monóxido de carbono	3,376	0,557	—	–0,031	3,507
Dióxido de carbono	5,457	1,045	—	–1,157	4,467
Dissulfeto de carbono	6,311	0,805	—	–0,906	5,532
Cloro	4,442	0,089	—	–0,344	4,082
Hidrogênio	3,249	0,422	—	0,083	3,468
Dissulfeto de hidrogênio	3,931	1,490	—	–0,232	4,114
Cloreto de hidrogênio	3,156	0,623	—	0,151	3,512
Nitrogênio	3,280	0,593	—	0,040	3,502
Óxido nitroso	5,328	1,214	—	–0,928	4,646
Oxido nítrico	3,387	0,629	—	0,014	3,590
Dióxido de nitrogênio	4,982	1,195	—	–0,792	4,447
Tetróxido de dinitrogênio	11,660	2,257	—	–2,787	9,198
Oxigênio	3,639	0,506	—	–0,227	3,535
Dióxido de enxofre	5,699	0,801	—	–1,015	4,796
Trióxido de enxofre	8,060	1,056	—	–2,028	6,094
Água	3,470	1,450	—	0,121	4,038

Constantes recomendadas para aplicação na faixa 273 K < T < 1500 K.

Para informações mais detalhadas, ver *Empirical Heat Capacity Equations of Gases and Graphite*, de H. M. SPENCER, *Industrial & Engineering Chemistry Research*, v. 40, p. 2152-2154 (1948); *Contributions to the data on theoretical metallurgy XIII, High-temperature heat-content, heat-capacity, and entropy data for the elements and inorganic compounds*, de KELLEY, *U. S. Bur Mines Bull*, p. 584 (1960); *Thermodynamic properties of elements and oxides*, de PANKRATZ, *US. Bur. Mines Bull*, p. 672 (1982).

Tabela D.4 – Tabela de coeficientes de capacidade calorífica de líquidos na pressão de 1 atm.

$$C_P^L/R = A + B\left(T[\mathrm{K}]\right) + C\left(T[\mathrm{K}]\right)^2$$

	A	$1\times10^3 B$	$1\times10^6 C$	C_{PL}/R a 298 K
Hidrocarbonetos				
Ciclo-hexano	–9,048	141,38	–161,62	18,737
1,3-Butadieno	22,711	–87,96	205,79	14,779
Benzeno	–0,747	67,96	–37,78	16,157
Tolueno	15,133	6,79	16,35	18,611
Outros orgânicos				
Metanol	13,431	–51,28	131,13	9,798
Etanol	33,866	–172,60	349,17	13,444
n-Propanol	41,653	–210,32	427,20	16,921
Óxido de etileno	21,039	–86,41	172,28	10,590
Clorofórmio	19,215	–42,89	83,01	13,806
Tetracloreto de carbono	21,155	–48,28	101,14	15,751
Clorobenzeno	11,278	32,86	–31,90	18,240
Fenilamina	15,819	29,03	–15,80	23,070
Inorgânicos				
Água	8,712	1,25	–0,18	9,069
Amônia	22,626	–100,75	192,71	9,718
Trióxido de enxofre	–2,930	137,08	–84,73	30,408

Constantes recomendadas para aplicação na faixa 273 K < T < 373 K.

Para informações mais detalhadas, ver *Correlation constants for liquids-heat capacities*, de MILLER JR., SCHORR e YAWS, *Chem. Eng*, v. 83, n. 23, p. 129 (1976).

Tabela D.5 – Entalpia e Energia de Gibbs de formação a 298,15 K e pressão de 1 bar.

Estado de referência		$\Delta\bar{H}^{\circ}$/(kJ/mol)	$\Delta\bar{G}^{\circ}$/(kJ/mol)
Hidrocarbonetos			
Metano	(g)	–74,520	–50,460
Etano	(g)	–83,820	–31,855
Propano	(g)	–104,680	–24,290
n-Butano	(g)	–125,790	–16,570
n-Pentano	(g)	–146,760	-8,650
n-Hexano	(g)	–166,920	0,150
n-Heptano	(g)	–187,780	8,260
n-Octano	(g)	–208,750	16,260
Etileno	(g)	52,510	68,460
Propileno	(g)	19,710	62,205
1-Buteno	(g)	–0,540	70,340
1-Penteno	(g)	–21,280	78,410
1-Hexeno	(g)	–41,950	86,830
Outros orgânicos			
Acetaldeído	(g)	–166,190	–128,860
Ácido acético	(l)	–484,500	–389,900
Acetileno	(g)	227,480	209,970
Benzeno	(g)	82,930	129,665
Benzeno	(l)	49,080	124,520
1,3-Butadieno	(g)	109,240	149,795
Ciclo-hexano	(g)	–123,140	31,920

(*continua*)

Tabela D.5 – Entalpia e Energia de Gibbs de formação a 298,15 K e pressão de 1 bar. (*Continuação*)

Estado de referência		$\Delta\bar{H}^{\ominus}$/(kJ/mol)	$\Delta\bar{G}^{\ominus}$/(kJ/mol)
Ciclo-hexano	(l)	−156,230	26,850
1,2-Etanodiol	(l)	−454,800	−323,080
Etanol	(g)	−235,100	−168,490
Etanol	(l)	−277,690	−174,780
Etilbenzeno	(g)	29,920	130,890
Óxido de etileno	(g)	−52,630	−13,010
Formaldeído	(g)	−108,570	−102,530
Metanol	(g)	−200,660	−161,960
Metanol	(l)	−238,660	−166,270
Metilciclo-hexano	(g)	−154,770	27,480
Metilciclo-hexano	(l)	−190,160	20,560
Tolueno	(g)	50,170	122,050
Tolueno	(l)	12,180	113,630
Inorgânicos			
Ácido hidroclorídrico	(g)	−92,307	−95,299
Ácido nítrico	(l)	−174,100	−80,710
Ácido sulfúrico	(l)	−813,989	−690,003
Água	(g)	−241,818	−228,572
Água	(l)	−285,830	−237,129
Amônia	(g)	-46,110	-16,450
Monóxido de carbono (CO)	(g)	−110,525	−137,169
Dióxido de carbono (CO_2)	(g)	−393,509	−394,359
Dióxido de enxofre (SO_2)	(g)	−296,830	−300,194
Trióxido de enxofre (SO_3)	(g)	−395,720	−371,060
Oxido nítrico (NO)	(g)	90,250	86,550
Dióxido de nitrogênio (NO_2)	(g)	33,180	51,310
Oxido nitroso (N_2O)	(g)	82,050	104,200
Tetróxido de nitrogênio (N_2O_4)	(g)	9,160	97,540
Sulfeto de hidrogênio (H_2S)	(g)	−20,630	−33,560

As propriedades de formação padrão são as variações nas propriedades $\bar{G}$ ou $\bar{H}$ quando 1 mol da espécie é formado no seu estado de referência – (g): gás ideal puro; (l) líquido puro – a partir de cada um de seus elementos no estado padrão correspondente.

Para informações mais detalhadas, ver *TRC Thermodynamic Tables – Hydrocarbons*, de Thermodynamic Research Center, Texas A & M Univ. System, College Station.Texas; The NBS Tables of Chemical Thermodynamic Properties, *J. Phys. and Chem. Reference Data*, v. 11, supp. 2 (1982).

APÊNDICE E

Lógica de Programação em Python Científico para Aplicações Computacionais

Neste livro, são apresentados conceitos fundamentais da termodinâmica e aplicações em problemas de engenharia. Alguns desses problemas podem ser resolvidos manualmente, com o uso de modelos simples e calculadoras científicas, e com interpolação usando diagramas e tabelas de propriedades termodinâmicas. Até mesmo alguns problemas com sistema de equações não lineares podem ser expressos em forma de um algoritmo de substituição sucessiva e resolvidos com poucas iterações. Em contrapartida, outros problemas precisam de modelos matematicamente mais complicados, sistemas de equações algébricas mais difíceis de convergir, exigindo o cômputo de muitas iterações ou o uso de métodos numéricos mais robustos. Também pode-se querer fazer uma grande quantidade de cálculos para levantar gráficos de propriedades ou diagramas de fases, ou repetir cálculos para comparar com resultados experimentais e ajustar parâmetros. Para abordar esses casos, usa-se computação: a programação de cálculos em computador permite a definição de estratégias de cálculo consideradas adequadas a cada problema, e a execução muito mais rápida desses cálculos, pelos processadores. No uso da programação para a resolução de problemas de termodinâmica aplicada, é preciso considerar a linguagem e as ferramentas disponíveis.

Primeiramente, a linguagem permite que o desenvolvedor se comunique com a máquina e abstraia um problema em instruções usando lógica. Os elementos básicos da lógica de programação são: estado das variáveis, operações matemáticas, decisões condicionais, repetições e encapsulamento de rotinas. Cada linguagem de programação apresenta uma sintaxe para representar esses elementos de lógica.

Com relação à disponibilidade de ferramentas, é interessante ter acesso a formas encapsuladas para fazer atividades comuns de forma prática, como uma biblioteca de funções matemáticas, criação de estruturas de dados para representar vetores e matrizes, métodos numéricos "prontos para uso", elaboração de gráficos e interações com bases de dados, por exemplo.

A ferramenta escolhida para oferecer aplicações neste livro é o Python científico: Python + SciPy. O Python científico pode ser instalado em um computador pessoal por meio de uma distribuição como a Anaconda (anaconda.com) com a interface Jupyter, ou por meio de plataformas *online*, como o Google Colab (colab.research.google.com).

A seguir, há um material básico sobre lógica, sintaxe e as ferramentas do Python científico, que são importantes para os exemplos trabalhados e propostos neste livro.

E.1 VARIÁVEIS E OPERAÇÕES

O primeiro tópico apresentado em programação é o conceito de variáveis, estado e operações. É possível definir uma variável para representar a temperatura de uma corrente e atribuir o valor de 273 K:

```
T=273 #K
```

Nessa linha de código, atribui-se o valor de 273 à variável T. O símbolo # marca os chamados "comentários", que são ignorados pelo computador, mas importantíssimos para que o desenvolvedor deixe clara a sua intenção: no caso, a intenção de que o valor de temperatura dado esteja em Kelvin.

Para conferir o estado de uma variável, pode-se usar a função `print`:

```
print(T)
```

```
273
```

A função `print` pega uma variável, entre parênteses, e imprime o estado dessa variável na seção de saída da célula de código da interface Jupyter.

A funcionalidade mais básica da programação, nesse contexto, é a de uma calculadora. É possível usar as operações matemáticas básicas para, por exemplo, converter unidades:

```
T = T - 273.15 # de K para ºC
```

Nesse exemplo, o estado da variável T é modificado, fazendo uma operação de subtração com o valor antigo de T e salvando o valor novo de T, isto é, primeiro o programa interpreta o que está do lado direito do símbolo = e depois registra o resultado na variável à esquerda (atribui o valor à variável).

Esses conceitos podem ser combinados em um *script* – uma sequência de linhas de código que são interpretadas *na ordem em que aparecem*.

```
T = 273 #K
print(T)
T = T - 273.15 # de K para ºC
print(T)
```

```
273
-0.14999999999997726
```

Nesse exemplo, define-se uma variável T com o valor de 273, confere-se esse valor com o comando `print`, faz-se uma operação de subtração para converter unidades, atualiza-se o estado da variável com o valor novo e imprime-se o valor final. Na seção de saída, abaixo da célula com o *script*, vê-se as saídas dos comandos `print` na ordem em que foram executados.

Note que, no Jupyter, uma variável "solta" na última linha de código de uma célula tem seu estado exibido na seção de saída dessa célula, como se o comando `print` tivesse sido usado, convenientemente.

```
T = 298 #K
T #confere
```

```
298
```

Números em ordem de grandeza muito grande ou pequena podem ser expressos em notação científica:

```
P = 1e7
V = 1e-3
P,V
```

```
(10000000.0, 0.001)
```

Além da subtração, as outras operações básicas, adição, multiplicação, divisão e exponenciação, são representadas pelos símbolos (+), (*), (/) e (**), respectivamente:

```
T_K = T_C + 273
P_Pa = P_kPa * 1000
Vm = V / N
invT = T**(-1)
```

É importante ressaltar que, em uma expressão, a ordem em que as operações são realizadas segue uma convenção de prioridades. Além disso, as operações são executadas da esquerda para a direita, após a seleção das prioridades: primeiro são realizadas operações de exponenciação, depois de multiplicação ou divisão e depois soma ou subtração. Pode-se usar parênteses para agrupar as prioridades!

```
P=1e5
V=1e-1
R=8.314
T=900
Z=P*V/R*T
Z #ERRADO
108.2511426509502
```

```
P=1e5
V=1e-1
R=8.314
T=900
Z=P*V/(R*T)
Z #CERTO
1.3364338598882741
```

Nesse exemplo, a primeira forma apresenta um erro comum de iniciantes no cálculo do fator de compressibilidade Z: esquece-se de agrupar R e T, e a conta é feita na ordem a1=(P)*(V), depois a2=(a1)/(R) e, finalmente, Z=(a2)*(T).

Na segunda forma, os parênteses agrupam (R*T) para que o termo a1=(R)*(T) seja calculado primeiro e, em seguida, são feitos, na ordem, a2=(P)*(V) e finalmente Z=(a2)/(a1).

Algumas funções matemáticas muito utilizadas na aplicação da termodinâmica são aquelas presentes nas calculadoras científicas. O Python oferece essas funções como ferramentas adicionais por meio do pacote math ou, no caso de uma distribuição do Python científico, no pacote numpy:

```
import numpy as np
A=14.3145
B=2756.22
C=228.060
T_C=25 #ºCelsius
Psat_kPa = np.exp(A - B/( T_C + C )) #Antoine
print(Psat_kPa) #kPa
30.65920006943869
```

Nesse exemplo, usa-se a função exp do pacote numpy para calular a pressão de vapor a partir da correlação de Antoine para uma substância pura.

Na primeira linha, o pacote numpy é carregado no código e é possível estabelecer que ele será usado por meio do nome np.

Algumas variáveis A, B e C são definidas com os parâmetros da correlação e um valor de temperatura em graus Celsius na variável T_C. Então, é feita a conta com a correlação de Antoine para obter a pressão de vapor e registrar na variável Psat_kPa.

Para usar a função exponencial, chamada exp, disponibilizada a partir do pacote numpy sob o nome np, é preciso chamar por np.exp e, entre parênteses, passa-se o argumento para função exp.

Outras funções importantes nas aplicações de termodinâmica, disponíveis no módulo numpy, são logaritmos natural e base 10, funções trigonométricas como seno e cosseno, raiz quadrada e módulo, nas funções com os nomes apresentados a seguir, respectivamente:

e^x	$\ln x$	$\log x$	$\text{sen}\, x$	$\cos x$	$\sqrt{x}$	$\lvert x \rvert$
np.exp(x)	np.log(x)	np.log10(x)	np.sin(x)	np.cos(x)	np.sqrt(x)	np.abs(x)

Existe um tipo de variável dedicado a registrar mensagens literais, usadas em interação com usuário, por exemplo, na formatação de resultados.

```
texto = "Temperatura + 273 = "
print(texto, T)
```

```
Temperatura + 273 =  900
```

Qualquer coisa entre aspas é texto literal; números e operadores não são interpretados e executados; uma variável que guarda um texto literal é chamada *string*.

E.2 CONDICIONAIS

Existe um tipo de variável dedicado a representar operações de lógica e tomadas de decisão para a elaboração de algoritmos: são as variáveis lógicas, que podem ter valor verdadeiro (True) ou falso (False).

```
s1 = True
s2 = False
```

As variáveis lógicas aparecem naturalmente nas comparações entre números:

```
T = 273
T>298
```

```
False
```

Nesse exemplo, o operador > é usado para perguntar se o valor atual de T é maior que 298, e a resposta foi negativa: False.

As outras comparações mais importantes utilizadas nas aplicações são: "menor que" (<), "maior ou igual" (>=) e "menor ou igual" (<=), exatamente igual (==) e diferente (!=).

Nesse ponto, vale lembrar que, para o cálculo numérico – feito na termodinâmica aplicada – nunca se deve comparar os valores das variáveis com "exatamente igual", pois os números reais são representados no computador por uma forma chamada "ponto flutuante" (float), em que há um truncamento e perda de precisão nas operações matemáticas.

Por exemplo, ao verificar se as frações molares de uma mistura equimolar de 7 componentes soma 1, pode-se tentar usando (==):

```
x=1/7 #fração molar para uma mistura equimolar a partir de 7 componentes
#1   2   3   4   5   6   7== ?
x + x + x + x + x + x + x == 1
```

```
False
```

Por um lado, percebe-se que o computador está errado; ele não consegue fazer a conta perfeitamente. Por outro lado, verifica-se que ele fornece um resultado próximo o suficiente para as aplicações de termodinâmica:

```
#1  2   3   4   5   6   7== ?
x + x + x + x + x + x + x
```

```
0.9999999999999998
```

Então, a forma prática de comparar, usada nos métodos numéricos, é feita por meio de resíduos e tolerâncias:

```
x = 1/7
tol = 1e-9
res = np.abs( ( x+x+x+x+x+x+x ) - 1 )
res<tol
```

```
True
```

Nesse exemplo, em vez de perguntar se uma variável, ou o resultado de uma operação, é exatamente igual a um valor, pergunta-se se o módulo da diferença entre esse resultado e aquele valor – a distância do resultado ao valor – é satisfatoriamente pequena, em relação a uma tolerância arbitrada para o problema em questão.

A principal aplicação das variáveis lógicas e comparações é criar tomadas de decisão em um programa, usando a sintaxe `if`:

```
T = 298 #entre com a temperature em K

if T<=273:
  print("temos gelo")
elif 273<T<=373:
  print("temos água líquida")
else:
  print("temos vapor")

print("análise concluída")
```

```
temos água líquida
análise concluída
```

Nesse exemplo, a sintaxe `if/elif/else` é usada para analisar três cenários em relação à temperatura de um processo com água a pressão ambiente. Para cada condição no bloco de comparação, há um trecho de código indentado – afastado quatro espaços da margem esquerda. Se a primeira comparação for avaliada como verdadeira, as instruções no trecho indentado em seguida são executadas, todas as outras comparações e instruções em trechos indentados em seguida são ignoradas, e a execução pula para a próxima linha não indentada fora do bloco de comparação. Se essa primeira condição for falsa, o código testa a segunda condição para decidir se executa as instruções no segundo trecho de código indentado. Se todas as condições forem falsas, o código executa o último trecho indentado (`else`) antes de sair do bloco condicional.

O diagrama de blocos a seguir ilustra a lógica de execução do código desse exemplo.

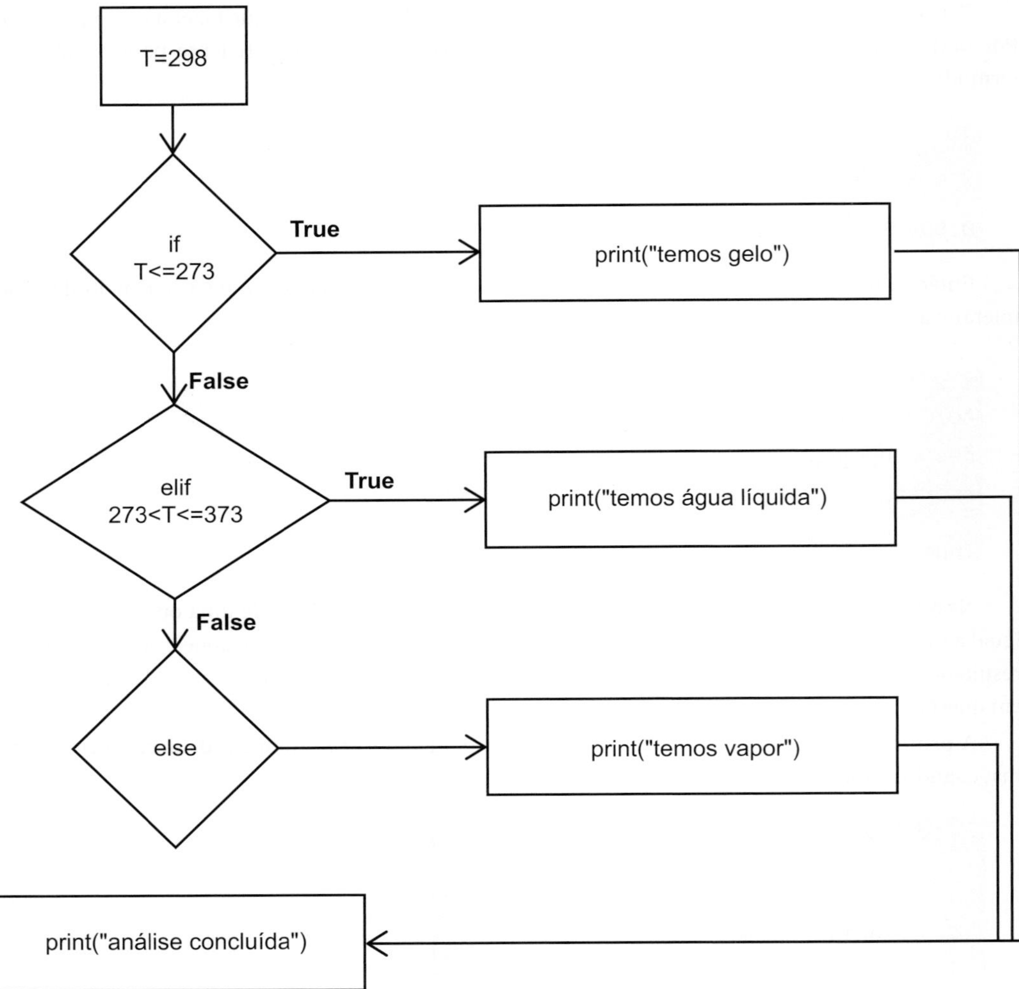

Figura E.1 – Diagrama de blocos de um exemplo `if/elif/else`.

É possível comparar mais de um critério simultaneamente usando os operadores lógico-lógico `and`, `or` e `not`.

```
if (T>Tc) and (P>Pc):
  print("condição supercrítica")
```

Os operadores lógico-lógico pegam um ou dois valores lógicos e geram um novo valor lógico, de acordo com a clássica tabela de lógica a seguir:

Tabela E.1 – Estados e operadores lógico-lógico.

A	B	A and B	A or B	not A
True	True	True	True	False
True	False	False	True	
False	True	False	True	True
False	False	False	False	

O operador `and` em "`A and B`" deve ser lido como "São ambos A e B verdadeiros?"; o operador `or` em "`A or B`" deve ser lido como "pelo menos um desses dois A e B é verdadeiro?"; e o operador `not` em "`not A`" deve ser lido como "A é falso?".

E.3 REPETIÇÕES

Pode-se explorar o conceito de condicional para gerar repetições (i. e., recursão). A sintaxe usada para isso é `while`; ela é especialmente útil para desenvolver métodos numéricos, como exemplificado a seguir:

```
res = 1
tol = 1e-12

a=1
b=1e-5
R=8.314
T=298
P=1e6

Vn=1e-5

while res>tol:
  Va = Vn
  Vn = b + (Va**2)*(R*T+b*P-Va*P)/a
  res=np.abs(Vn-Va)
  print(Va, Vn, res)

print("Solução =", Vn)
```

```
1e-05 1.0247757200000001e-05 2.4775720000000016e-07
1.0247757200000001e-05 1.0260159989792853e-05 1.2402789792851569e-08
1.0260159989792853e-05 1.026078880490423e-05 6.288151113768544e-10
1.026078880490423e-05 1.0260820705641593e-05 3.190073736345346e-11
1.0260820705641593e-05 1.0260822324065812e-05 1.6184242192392694e-12
1.0260822324065812e-05 1.0260822406173669e-05 8.210785702603488e-14
Solução = 1.0260822406173669e-05
```

Compare o código desse exemplo com o diagrama de blocos a seguir:

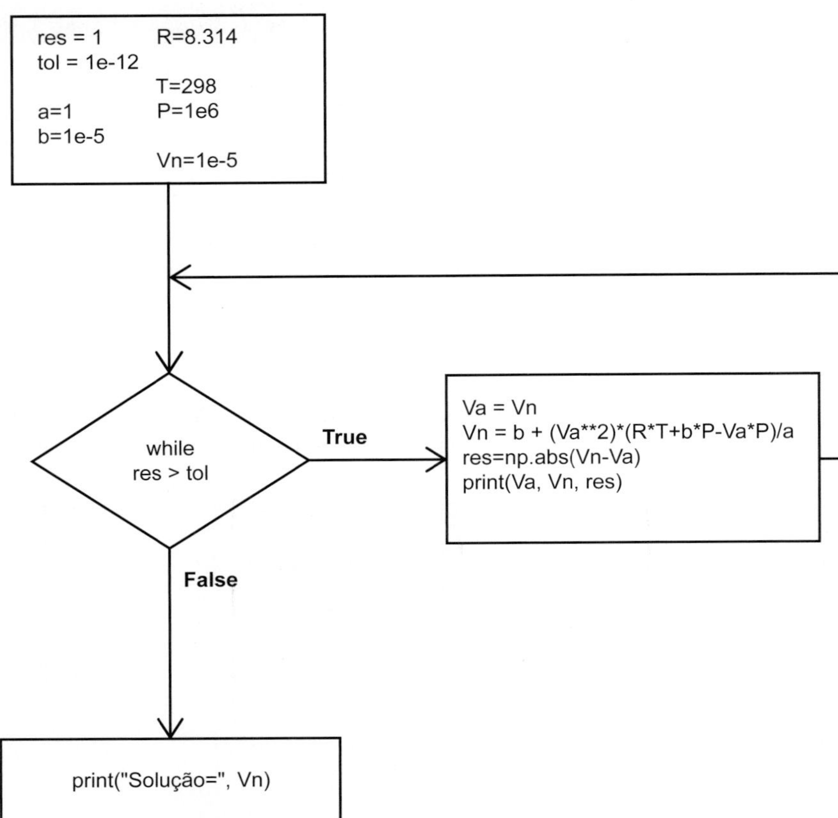

Figura E.2 – Diagrama de blocos de um exemplo `while`.

Esse exemplo usa uma manipulação algébrica da equação de estado de van der Waals para calcular o volume de líquido por substituição sucessiva. A cada iteração, registra-se o valor do volume novo (`Vn`) na variável correspondente ao volume antigo (`Va`) e, então, calcula-se um volume novo atualizado (`Vn`) a partir do uso do volume antigo (`Va`) na expressão. Calcula-se o resíduo, ou seja, a distância entre `Va` e `Vn`, para decidir se o método convergiu. Caso não tenha atingido o critério de convergência, a execução volta para a primeira linha do bloco `while` e realiza mais uma iteração.

Outra forma de repetição é aquela usada para repetir um procedimento no processamento de uma série de casos, aplicada, por exemplo, para levantar uma curva de modelos e simulações: cálculo de pressão *versus* volume para desenhar isotermas de uma equação de estado, cálculo de pressão de ponto de bolha e ponto de orvalho *versus* fração molar para desenhar diagrama de fases etc.

A primeira ideia a ser trabalhada, para propor um *script* de repetição desse tipo, é definir os elementos a serem processados; para isso, tem-se um novo tipo de variável, a lista:

```
T=[200,250,300,350]
```

Definida por valores separados por vírgulas, entre colchetes, a lista é a forma básica da linguagem Python para representar vetores em $\mathbb{R}^n$. Ela é útil para colecionar valores em uma variável, que são identificados por um índice inteiro.

Para se referir a um elemento do vetor, usam-se colchetes com o índice desejado. Note que o primeiro elemento, em Python, tem o índice zero.

```
print( T[0] )
```

```
200
```

Com vetores em mãos, é possível usar a sintaxe `for i in range(n)` para processar cada elemento do vetor definido:

```
n=4
for i in range(n):
  print("Temperatura ",i, "em graus Celcius = ",T[i]-273)
```

```
Temperatura  0 em graus Celcius =  -73
Temperatura  1 em graus Celcius =  -23
Temperatura  2 em graus Celcius =  27
Temperatura  3 em graus Celcius =  77
```

Com essa sintaxe, a operação descrita no trecho indentado é repetida n vezes, sendo que, em cada repetição, é usado um valor distinto para a variável `i`, que vai de `0` até `n-1`.

Contudo, as operações matemáticas mais convenientes no cálculo com vetores não estão definidas para as listas. Por exemplo, a adição ou subtração de vetor por escalar:

```
T-273
---------------------------------------------------------------------------
TypeError                                 Traceback (most recent call last)
<ipython-input-3-67b5953ded76> in <module>
----> 1 T-273

TypeError: unsupported operand type(s) for -: 'list' and 'int'
```

Para realizar essa operação convenientemente, são utilizadas variáveis do tipo `array` do pacote `numpy`, em vez de listas, nas aplicações numéricas que interessam.

```
vT = np.array([200,250,300,350])
```

A função `array` usa como argumento uma lista e o resultado é uma variável do tipo `array` registrada, nesse exemplo, sob o nome vT. Esse tipo de variável permite as operações com escalares e operações entre vetores elemento-a-elemento.

```
vT - 273.15 #conversão de unidades aplicada elemento-a-element
```

```
array([-73.15, -23.15,  26.85,  76.85])
```

A função `array` também pode ser usada para compor matrizes, utilizando listas de listas:

```
M = np.array( [[  1, 2],
               [  3, 4]] )
```

Os elementos das matrizes podem ser acessados com dois índices, separados por vírgula: o primeiro identifica a linha e, o segundo, a coluna.

```
M[0,1]
```

```
2
```

É comum que se precise fazer vetores e matrizes "pré-alocados", cujos valores serão preenchidos aos poucos ao longo de algum processamento; para isso, é usada a função `zeros`.

```
v=np.zeros([3])
v
```

```
array([0., 0., 0.])
```

```
m=np.zeros([2,4])
m
```

```
array([[0., 0., 0., 0.],
       [0., 0., 0., 0.]])
```

A função `zeros` requer, como argumento, uma lista com o tamanho desejado para o `array` em cada dimensão, isto é, tamanho do vetor ou número de linhas e colunas da matriz.

E.4 FUNÇÕES

Foram vistas algumas funções relacionadas ao ambiente de programação, como `print`, à estruturação de dados, como `array`, e à matemática, como `exp` e `log`.

Também é possível definir as próprias funções $f(x)$, encapsulando expressões matemáticas e rotinas de algoritmos para uso mais conveniente na elaboração de *scripts*. Pode-se definir uma função particular usando a sintaxe `def`:

```
def f_Pgi(R,T,V):
  P = R*T/V
  return P
```

Nesse exemplo, define-se uma função chamada `f_Pgi`, que se propõe a calcular a pressão de um gás ideal, dados como argumento os valores de `R, T e V` (volume molar). O resultado dessa função é o valor calculado de `P` em `return P`.

Para uma função assim definida, é preciso chamá-la pelo nome e atribuir o resultado a uma variável que ficará registrada no *script*:

```
P1 = f_Pgi(8.314,298,1e5)
P1
```

```
0.02477572
```

Nesse exemplo, a função é chamada `f_Pgi`, para que calcule a pressão `P` a partir dos valores de 8.314, 298 e 1e5 passados para `R, T e V`, respectivamente, na mesma ordem em que aparecem quando a função é definida. Por fim, atribui-se o resultado `P` da função à variável `P1` do *script*.

E.5 GRÁFICOS

É possivel elaborar gráficos a partir do Python científico usando o pacote `matplotlib`. Desse pacote, o módulo `pyplot` oferece as funções mais úteis. O módulo `pyplot` é carregado com

```
from matplotlib import pyplot as plt
```

As funções `plot` e `scatter` funcionam passando-se vetores (em forma de lista ou `arrray`).

```
x=[1,2,3,4,5,6]
y=[3,3,4,5,4,8]
plt.plot(x,y)

x=[3,6]
y=[6,5]
plt.scatter(x,y)

plt.show()
```

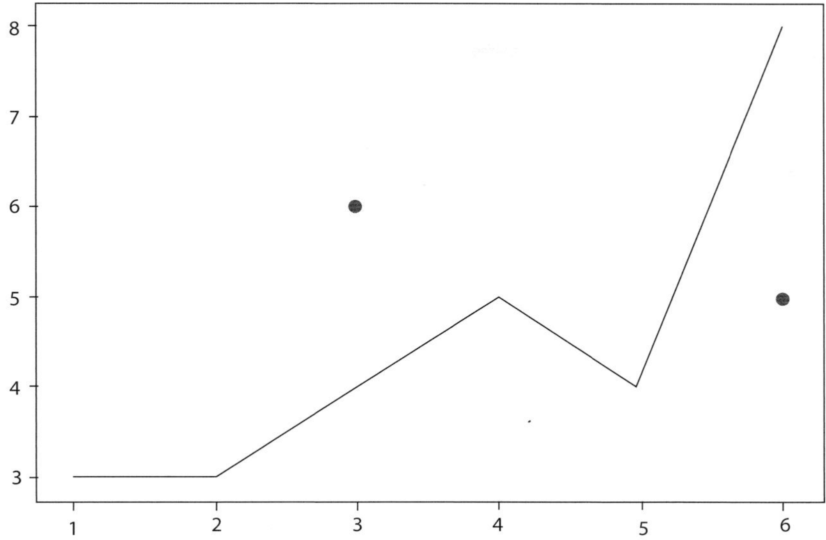

Ambas as funções recebem dois argumentos, um vetor correspondente aos valores de x e um vetor correspondente aos valores de y, para representar uma relação de y *versus* x. A função `plot` gera um gráfico de linhas que liga os pontos descritos por esses vetores, enquanto a função `scatter` marca os pontos individualmente. Opções adicionais para configurar as cores, estilos e tamanhos podem ser consultadas nas referências oficiais do pacote.

A função `show` atua analogamente à função `print`, ordenando a exibição do gráfico na seção de resultado da célula.

E.6 MÉTODOS NUMÉRICOS

O pacote `SciPy` possui métodos numéricos que podem ser utilizados para resolver problemas de termodinâmica aplicada expressos como sistema de equação algébrica não linear, integrais definidas, equações diferenciais e problemas de minimização. Em geral, o uso desses métodos envolve importar o pacote contendo o método e passar uma função como argumento para o método trabalhar. Tem-se, por exemplo, o cálculo de um *flash P-T* com fatores K constantes:

```
n=3
K=np.array([.1, 1.2, 3.0])
z=np.array([.4, .4, .2])

def f_RR(v): #função de Rachford-Rice
    B=v[0] #primeiro elemento do vetor v
    Res0=0
    for i in range(n):
        #resíduo da primeira equação
        Res0 += z[i]*(-1+K[i])/(1+B*(K[i]-1))
    print(B,Res0)
    Res = [Res0] #vetor de resíduos com tamanho 1
    return Res

from scipy import optimize as opt
sol = opt.root(f_RR, [.5] ) #vetor de estimativas iniciais
sol

```

```
0.5 -0.3818181818181818
0.5 -0.3818181818181818
0.5 -0.3818181818181818
0.5000000074505806 -0.3818181913869442
0.20270270908489701 -0.07883208278681125
0.1253507621650895 -0.00791418951600853
0.11671855470486556 0.00021651433644953588
0.11694842369336403 -8.364702107632738e-07
0.11694753904718207 -9.075240559042186e-11
0.11694753895119242 0.0

    fjac: array([[-1.]])
     fun: array([0.])
 message: 'The solution converged.'
    nfev: 8
     qtf: array([9.07524056e-11])
       r: array([0.94543952])
 status: 1
 success: True
       x: array([0.11694754])
```

Nesse exemplo, define-se a função `f_RR`, isto é, a função de Rachford-Rice, como uma função de uma variável. Essa função permite descobrir a quantidade relativa de vapor no sistema bifásico (B), para uma composição global definida (z) e fatores de volatilidade K. Note que essa função consegue ler os valores de n, z e K definidos para esse exemplo a partir do contexto, isto é, variáveis definidas no *script*, fora do corpo da função (indentado).

Para descobrir o valor de `B` que torna `f_RR=0`, essa equação não linear é resolvida por meio de um método numérico implementado na função `root`, do módulo `optimize` do pacote `SciPy`. Para usar a função `root`, são passados dois argumentos: o primeiro é a função em que se busca achar o zero; o segundo é a estimativa inicial do método numérico. Os critérios de convergência e tolerâncias estão definidos dentro da função `root`. Se for necessário configurar esses parâmetros, pode-se consultar opções adicionais nas referências oficiais do pacote. Como essa ferramenta foi desenvolvida para trabalhar com sistemas de equações algébricas, a função resíduo `f_RR` é uma função vetorial (i. e., recebe vetor `v` e retorna vetor `Res`), e a chamada do método `root` recebe, como segundo argumento, um vetor de estimativas iniciais `v0`. No caso apresentado, como o problema do *flash* é escalar, são usados vetores de tamanho 1: `v`⇔`[B]`, `Res`⇔`[Res0]`, `v0`⇔`[0.5]`.

Note que a instrução `print` utilizada denuncia que o método numérico chamou a função ao todo 10 vezes. A variável de resposta do método, `sol`, é de um tipo diferente. Esse tipo de variável é usado de forma análoga a um `array`. Entretanto, no lugar de índices inteiros, usa-se palavra-chave na forma de *string*:

```
sol['x']
```

```
array([0.11694754])
```

ou como atributo do objeto:

```
sol.x
```

```
array([0.11694754])
```

Além disso, como se trata de um método desenvolvido para resolver sistemas de equações algébricas (multivariáveis), deve-se tratar o argumento e a variável de resposta da função resíduo, assim como a estimativa inicial e a solução `x` do método `root`, como vetores, no caso de um problema naturalmente escalar, adaptando-o para usar vetores de tamanho 1.

E.7 CONSIDERAÇÕES FINAIS

Essa foi uma apresentação resumida de lógica de programação, sintaxe de Python e ferramentas do Python científico, com o objetivo de fornecer uma base para as aplicações de termodinâmica, como os exercícios computacionais ao fim de cada capítulo. Para buscar uma formação em programação e computação científica, o leitor deve buscar materiais específicos[1, 2, 3 e 4] como os recomendados nas referências desta seção. Para mais aplicações em termodinâmica, além do que está ao fim de cada capítulo, o leitor pode conferir o material apresentado no *site* PyTherm.[5]

---

1 Hans Fangohr, *Python for Computational Science and Engineering*, 2018, DOI: 10.5281/zenodo.1411868. Disponível em: https://github.com/fangohr/introduction-to-python-for-computational-science-and-engineering.

2 Hans Petter Langtangen, *Programming for computations – Python*, 2016.

3 Cyrille Rossant, *IPython Interactive Computing and Visualization Cookbook*, 2018.

4 Hans Petter Langtangen, *Python Scripting for Computational Science*, 2008.

5 *PyTherm – Applied Thermodynamics*. Disponível em: https://iurisegtovich.github.io/PyTherm-applied-thermodynamics/.

Recomendações Bibliográficas

Termodinâmica Clássica

- SMITH, J. M.; VAN NESS, H. C.; ABBOTT, M. M.; SWIHART, M. T. *Introdução à Termodinâmica da Engenharia Química*. 8. ed. São Paulo: LTC, 2020.
  - Livro excelente, bem-organizado e tradicionalmente utilizado em cursos de Engenharia Química em todo o mundo, assim como suas várias edições anteriores.
- AZEVEDO, E. G. Termodinâmica Aplicada. 4. ed. Lisboa: Editora Escolar, 2018.
  - Excelente livro de Termodinâmica da Engenharia Química, principalmente as 3ª e 4ª edições. O material tem como destaque o capítulo sobre eletrólitos, além da grande quantidade de exercícios propostos. A segunda parte do livro é um texto introdutório dedicado à Termodinâmica Estatística.
- BORGNAKKE, C.; SONNTAG, R. E. *Fundamentos da Termodinâmica*. 8. ed. São Paulo: Editora Blucher, 2018.
  - Livro é referência na formação de engenheiros mecânicos, útil principalmente para a parte de Termodinâmica de Processos com Escoamento.
- MATSOUKAS, T. *Fundamentos de Termodinâmica para Engenharia Química*. São Paulo: LTC, 2012.
  - Com uma abordagem diferenciada, o capítulo de Equilíbrio de Fases aparece antes do capítulo de Equacionamento de Propriedades Termodinâmicas, tanto na parte de Puros quanto de Misturas. Mostra, por exemplo, equações de estado cúbicas antes da "Primeira Lei". Essa abordagem é considerada por alguns alunos motivadora e geradora de "coragem", pois os incentiva a se debruçar sobre os capítulos mais abstratos.
- ÇENGEL, Y.; BOLES, M. *Termodinâmica*. 7. ed. Nova Iorque: McGraw-Hill, 2013.
  - Direcionado à Engenharia Mecânica e Aeroespacial possui ênfase diferenciada dos livros de Engenharia Química. Especialmente interessante na parte de Ciclos de Potência e Refrigeração discutidos ao longo de três capítulos.
- KORETSKY, M. D. *Termodinâmica para Engenharia Química*. 2. ed. São Paulo: LTC, 2013.
  - Faz uma apresentação diferenciada do tópico "Relações entre Propriedades Termodinâmicas", no capítulo intitulado *Thermodynamic web*.
- ATKINS, P.; DE PAULA, J. *Físico-Química 1*. 8. ed. São Paulo: LTC, 2008.
  - A Parte 1 desse livro é um texto conciso sobre Termodinâmica usada em cursos introdutórios. Em geral, em um curso de Engenharia Química é usado em conjunto com um livro com aplicações de Engenharia, e em um segundo curso de Termodinâmica, com um livro mais detalhado de Físico-Química para aprofundamento e revisão de conceitos.
- TERRON, L. R. *Termodinâmica Química Aplicada*. Barueri: Editora Manole, 2008.
  - Livro com enfoque diferenciado em tópicos que não são abordados com profundidade em outros livros de Termodinâmica Química. Apresenta discussão abrangente de equações variadas de esta-

do para gases e líquidos, e também algumas aplicações mais específicas, como psicrometria e destilação.

- ELLIOT, J. R.; LIRA, C. T. *Introductory Chemical Engineering Thermodynamics*. 2. ed. Hoboken: Prentice Hall, 2012.
  - Livro excelente e bem-organizado com objetivo de ser um material de graduação e pós-graduação para cursos de Engenharia Química. Tem como propósito unir a estrutura microscópica com as propriedades macroscópicas dos fluidos.
- TESTER, J. W.; MODELL, M. *Thermodynamics and Its Applications*. 3. ed. Hoboken: Prentice Hall, 1996.
  - Excelente livro utilizado em cursos de Engenharia Química do MIT (Massachusetts Institute of Technology). O material é escrito com aprofundamento para cursos de pós-graduação, apresenta vasto conteúdo sobre o assunto, sendo interessante principalmente para professores de Termodinâmica. Utiliza abordagem postulatória, procurando estabelecer esses postulados de forma mais intuitiva em uma lógica histórica.
- DENBIGH, K. G. *The Principles of Chemical Equilibrium:* With Applications in Chemistry and Chemical Engineering. 40. ed. Cambridge: Cambridge University Press, 1981.
  - Trata-se de um dos livros mais tradicionais da área, pertencendo à história da Termodinâmica. A parte conceitual é muito bem trabalhada.
- FIROOZABADI, A. *Thermodynamics and Applications in Hydrocarbon Energy Production*. Nova Iorque: McGraw-Hill, 2016.
  - O livro é direcionado para formação de Engenheiros de Petróleo. Também apresenta excelentes ferramentas de Termodinâmica de Superfície, além de ser recomendado para tratar sistemas em não equilíbrio.
- SANDLER, S. I. *Chemical and Engineering Thermodynamics*. 3. ed. Hoboken: John Wiley, 1999.
  - Muito bem escrito e relevante com vários exemplos e problemas em Engenharia Química. Apresenta as Leis da Termodinâmica e as relações fundamentais a partir de "um sumário de 10 importantes observações experimentais" de modo bastante didático, em contraste à abordagem de quatro postulados usada em outros textos.
- O'CONNELL, J. P.; HAILE, J. M. *Thermodynamics:* Fundamentals for Applications. Cambridge: Cambridge University Press, 2005.
  - Muito interessante em conceituação, no escopo da Termodinâmica Clássica. Apresenta discussões diferenciadas sobre alguns conceitos, como regra das fases e propriedades residuais isobáricas/isométricas.

Bibliografia Complementar

- ABBOTT, M.; VAN NESS, H. *Schaum Outline Series – Theory and Problems of Thermodynamics (with Chemical Applicattions)*. 2. ed. Nova Iorque: McGraw-Hill, 1989.
  - Os autores resumem cada tópico de Termodinâmica a um capítulo de cerca de 15 páginas, seguidos de aproximadamente 20 exemplos resolvidos e 15 propostos. Trata-se de um livro Recomendado como material complementar.
- CALLEN, H. B. *Thermodynamics and an Introduction to Thermostatics*. 2. ed. Hoboken: John Wiley, 1985.
  - Livro de formação básica e direcionado para discussão mais formal, mais matemática, e que fornece leitura com abordagem postulatória, bem diferente dos textos usados em disciplinas de graduação.
- PRAUSNITZ, J. M.; LICHTENTHALER, R. N.; AZEVEDO, E. G. *Molecular Thermodynamics of Fluid-Phase Equilibria*. 3. ed. Hoboken: Prentice Hall, 1999.
  - Livro dedicado a explicar os modelos, as equações de estado e os modelos de líquidos (GE) usados em Engenharia Química. Muito interessante para complementar a formação em Termodinâmica, principalmente em pós-graduação.

- POLING, B. E.; PRAUSNITZ, J. M.; O'CONNELL, J. P. *The Properties of Gases and Liquids*. 5. ed. Hoboken: John Wiley, 2001.
  - Livro dedicado a como calcular propriedades termodinâmicas e físicas de fluidos puros e misturas. O material apresentado não pretende ser didático e é usado como livro de consulta para projetos de Engenharia.
- HILL, T. *Introduction to Statistical Thermodynamics*. Mineola: Dover, 1960.
  - Livro clássico de Termodinâmica Estatística, com excelente discussão sobre funções de partição, conjuntos estatísticos e teoria de rede (*Lattice Fluid Theory*).
- McQUARRIE, D. A. *Statistical Mechanics*. Nova Iorque: Harper and Row Publishers, 1976.
  - Material bastante utilizado em pós-graduação de Química e Física. O destaque do livro é a apresentação da Teoria da Perturbação, Cálculo de Propriedades de Transporte e Equação de Transporte de Boltzmann.
- SANDLER, S. I. *An Introduction to Applied Statistical Thermodynamic*. Hoboken: John Wiley & Sons, 2011.
  - Livro com visão de Engenheiro Químico para a Termodinâmica Estatística. Pode ser usado como material complementar e em disciplinas de pós-graduação.
- KONTOGEORGIS, G.; FOLAS, G. *Thermodynamics Models for Industrial Applications*. Hoboken: John Wiley, 2010.
  - Discute os variados modelos de equação de estado e energia de Gibbs em excesso atualmente usados na Engenharia Química. Livro essencial para pós-graduação, especialmente nos cálculos de propriedades termodinâmicas de misturas complexas.
- MICHELSEN, M.; MOLLERUPP, J. *Thermodynamic Models:* Fundamentals and Computational Aspects. Denmark: Tie Line publications, 2007.
  - Referência fundamental para implementação de análise de estabilidade e algoritmos de equilíbrio avançado de fases com equações de estado.
- WALAS. *Phase Equilibria in Chemical Engineering*. Oxônia: ButterWorth Heineman, 1985.
  - Ampla discussão em modelos e equilíbrio de fases em cenários de Engenharia Química. Recomendado para um segundo curso em Termodinâmica, com ênfase em modelagem de misturas.
- SANDLER, S. I. *Using Aspen Plus in Thermodynamics Instruction:* A Step-By-Step Guide. Hoboken: John Wiley, 2015.
  - Material preparado para treinamento de Engenheiros de Processos. Embora o material seja interessante e didático, ele é direcionado para ser usado em conjunto com o Programa Comercial Aspen Tech.

Índice Alfabético

D

E

F

G

H

I

L

M

P

R

S

T

V

1
2
3
4
5
6
7
8
9
10
2023